中国节能理论、方法和前沿技术丛书
丛书总主编　黄素逸

先进通用节能技术

黄素逸　林一歆　编著

华中科技大学出版社
中国·武汉

内 容 提 要

节能是我国的基本国策,在节能工作中涉及许多重要的通用节能技术。本书系统地介绍各种先进的通用节能技术,包括各种燃料的稳定燃烧和低污染燃烧技术、强化传热技术、余能利用技术、隔热保温技术、热泵技术、热管及其在工业中的应用、各种新型热交换器,以及空冷技术等。

本书可供能源生产、能源管理、节能技术研究及应用等领域的科研人员、工程技术人员及管理人员使用。

图书在版编目(CIP)数据

先进通用节能技术/黄素逸,林一歆编著.—武汉:华中科技大学出版社,2019.9
(中国节能理论、方法和前沿技术丛书)
ISBN 978-7-5680-5422-5

Ⅰ.①先… Ⅱ.①黄… ②林… Ⅲ.①节能-技术 Ⅳ.①TK018

中国版本图书馆 CIP 数据核字(2019)第 181229 号

先进通用节能技术   黄素逸 林一歆 编著
Xianjin Tongyong Jieneng Jishu

策划编辑:王新华
责任编辑:王新华
封面设计:原色设计
责任校对:曾 婷
责任监印:周治超

出版发行:华中科技大学出版社(中国·武汉)   电话:(027)81321913
             武汉市东湖新技术开发区华工科技园   邮编:430223

录　排:华中科技大学惠友文印中心
印　刷:武汉科源印刷设计有限公司
开　本:710 mm×1000 mm　1/16
印　张:22
字　数:440 千字
版　次:2019 年 9 月第 1 版第 1 次印刷
定　价:68.00 元

前　言

能源是国民经济的命脉,与人民生活和人类的生存环境休戚相关,在社会可持续发展中起着举足轻重的作用。我国是最大的发展中国家,节能对我国经济和社会发展更有着特殊的意义,表现在以下几个方面:

(1) 节能是实现我国经济持续、高速发展的保证;

(2) 节能是调整国民经济结构、提高经济效益的重要途径;

(3) 节能将缓解我国运输的压力;

(4) 节能有利于我国的环境保护。

改革开放 40 年来,中国经济发生了巨大的变化,人民的生活也有了显著的改善,其中能源起了至关重要的作用。"十三五"是我国建成小康社会的关键时期,新时期新阶段能源发展既有新的机遇,也面临更为严峻的挑战。其挑战主要表现在:消费需求不断增长,资源约束日益加剧;结构矛盾比较突出,可持续发展面临挑战;国际市场剧烈波动,安全隐患不断增加;能源效率亟待提高,节能降耗任务艰巨;科技水平相对落后,自主创新任重道远;体制约束依然严重,各项改革有待深化;农村能源问题突出,滞后面貌亟待改观。

节能是我国的基本国策。特别值得提出的是,随着习近平新时代中国特色社会主义建设的不断深入,节能工作显得更加重要。

我国在节能方面做了大量工作,但目前还缺少有关节能的系统丛书。为了进一步推动节能工作,华中科技大学出版社组织编写了《中国节能理论、方法和前沿技术丛书》。该丛书的出版适应了目前我国节能形势的需要,将对我国企业的节能工作有重要的借鉴作用。

在节能工作中涉及许多重要的通用节能技术。本书系统地介绍各种先进的通用节能技术,包括各种燃料的稳定燃烧和低污染燃烧技术、强化传热技术、余能利用技术、隔热保温技术、热泵技术、热管及其在工业中的应用、各种新型热交换器、空冷技术等。

由于编者水平有限,书中难免有不足之处,敬请同行和读者批评指正。

编　者

2019 年 1 月 3 日

目　　录

第1章 高效低污染燃烧技术

1.1 燃 料

1.1.1 概述

燃料通常是指能够通过燃烧过程而将化学能转换为热能的物质。它包括：所有的化石燃料（如煤、石油、天然气、油页岩等），以及由化石燃料加工而成的其他含能体（如煤气、焦炭、汽油、煤油、柴油、重油、液化石油气、丙烷、甲烷、乙醇等）；生物质燃料（如薪柴），以及由生物质燃料加工而成的含能体（如沼气）。

随着核能的发现及核电的发展，人们也将通常所说的燃料概念扩展到核领域，即把能实现核裂变或核聚变的材料，如铀、氘等称为核燃料。也就是说，通过核反应能将原子核内部的核能转换成热能的物质通称为核燃料。由此可知，燃料作为能量的载体，主要以热能的形式被利用。为此有些研究人员也将太阳辐射看作能量转换的主要燃料之一，因为太阳辐射很容易直接转换为热能。

所有化石燃料都是由碳水化合物的腐化作用形成的。这些碳水化合物的化学式为 $C_x(H_2O)_y$，它们是有生命的植物通过光合作用将太阳能直接转换成化学能时形成的。植物枯死后，经过亿万年的变迁，压力和热量的作用使其转换为碳水化合物，并在缺氧的条件下再转变成烃类，其一般化学式为 C_xH_y。所有矿物燃料都是由烃类组成的。常用的化石燃料为煤、石油和天然气。化石燃料有时又称矿物燃料。

1.1.2 煤炭

煤炭是世界上储量最多、分布最广的化石燃料。煤炭分布于约 76 个国家和地区，60 多个国家进行了规模性开采。在世界一次能源生产和消费总量中，煤炭占 $25\% \sim 30\%$。煤炭是世界经济发展的重要支柱。

1. 煤炭的组成

煤是由有机物质和无机物质混合组成的。煤中有机物质主要由碳（C）、氢（H）、氧（O）、氮（N）四种元素构成，还有一些元素则组成煤中的无机物质，主要有硫（S）、磷（P）以及稀有元素等。

碳是煤中有机物质的主导成分，也是最主要的可燃成分。一般来说，煤中碳含量越多,煤的发热量也越大。煤中碳含量的规律是随煤的变质程度的加深而增加。例如,在泥炭中碳含量为 50%～60%,褐煤中碳含量为 60%～75%,而在烟煤中则增至 75%～90%,在变质程度最高的无烟煤中则高达 90%～98%。碳完全燃烧时生成二氧化碳(CO_2),因此每千克纯碳可放出 32866 kJ 热量;碳在不完全燃烧时生成一氧化碳(CO),此时每千克纯碳放出的热量仅为 9270 kJ。由于碳的着火与燃烧都比较困难,因此含碳量高的煤难以着火和燃尽。

氢也是煤中重要的可燃成分。氢的发热量最高,燃烧时每千克氢的低位发热量可高达 120370 kJ,是纯碳发热量的 4 倍。煤中氢含量的规律一般是随煤的变质程度的加深而减少。正因为如此,变质程度最深的无烟煤,其发热量还不如某些优质的烟煤。此外,煤中氢含量多少还与原始成煤植物有很大的关系。一般由低等植物如藻类等形成的煤,其氢含量较高,有时可以超过 10%;而由高等植物形成的煤,其氢含量较低,一般小于 6%。

氧是煤中不可燃的元素。煤的氧含量也随变质程度的加深而减少。例如,在泥炭中氧含量高达 30%～40%,褐煤中氧含量为 10%～30%,而在烟煤中为 2%～10%,无烟煤中则更少,不足 2%。

煤中氮含量较少,仅为 1%～3%。煤中氮主要来自成煤植物。在煤燃烧时,氮常呈游离状态逸出,不产生热量。但在炼焦过程中,氮能转化成氨及其他含氮化合物。

硫是煤中的有害物质。煤中的硫可以分为无机硫和有机硫两大部分。前者多以矿物杂质的形式存在于煤中,可进一步按所属的化合物类型分为硫化物硫和硫酸盐硫。有机硫则是直接结合于有机母体中的硫。煤中有机硫主要由硫醇、硫化物以及二硫化物三部分组成。近年来,随着分析技术的进步,许多学者还在煤中检出了硫的另一种存在形态,即单质硫。

据统计,我国煤中有 60%～70% 的硫为无机硫,30%～40% 为有机硫,单质硫的比例一般很低。在无机硫中绝大多数是黄铁矿,因此,煤中黄铁矿的治理对于煤的清洁燃烧、减少硫的危害具有十分重要的意义。

大量的煤样资料表明,含硫率小于 0.5% 的低硫煤中的硫以有机硫为主,黄铁矿硫较少,硫酸盐硫含量甚微;而含硫量大于 2% 的高硫煤中,主要为黄铁矿硫,小部分为有机硫,硫酸盐硫一般不超过 0.2%。

根据煤中含硫的多少,常将煤分成不同的级别(见表 1-1),以便于用户选用。

表 1-1　煤炭硫分等级划分标准

代　　号	等 级 名 称	硫含量/(%)
SLS	特低硫煤	≤0.50
LS	低硫分煤	0.51～1.00

代　　号	等级名称	硫含量/(%)
LMS	低中硫煤	1.01～1.50
MS	中硫分煤	1.51～2.00
MHS	中高硫煤	2.01～3.00
HS	高硫分煤	＞3.00

　　磷也是煤中有害成分。磷在煤中的含量一般不超过 1%。炼焦时煤中的磷可全部转入焦炭之中,炼铁时焦炭中的磷又转入生铁中,这不仅增加溶剂和焦炭的消耗量,降低高炉生产率,还严重影响生铁的质量,使其发脆。因此,一般规定炼焦用煤中的磷含量不超过 0.01%。

　　煤中含有的稀有元素有锗(Ge)、镓(Ga)、铍(Be)、锂(Li)、钒(V)以及放射性元素铀(U)等,一般含量甚微。

　　2. 常用的煤质指标

　　为了使燃料高效燃烧,必须了解各种燃料的成分和化学组成,因此需要对燃料进行分析。通常燃料分析有元素分析、工业分析和成分分析。对固体燃料主要进行元素分析和工业分析,对液体燃料使用元素分析,对气体燃料多用成分分析。

　　为了正确使用煤炭资源,对不同产地和矿井的煤都需要进行煤的工业分析、元素分析及发热值测定,并将测定结果提供给用户。工业分析主要是测定煤的水分、灰分、挥发分,并据以计算固定碳。元素分析主要包括碳、氢、氮、硫等元素分析。对于动力、冶金和气化用煤,还需要进行专门的试验,如对动力用煤需进行与燃烧有关的性能测定,主要包括:煤对二氧化硫的化学反应性;煤的稳定性;煤的结渣性、煤灰熔融性等。对于冶金炼焦用煤,需进行烟煤胶质层指数测定。

　　在煤的利用中,常用的煤质指标有水分、灰分、挥发分和发热量。

　　水分是煤中不可燃成分,其来源有三种,即外部水分、内部水分和化合水分。煤中水分含量的多少取决于煤内部结构和外界条件。含水分高的煤发热量低,不易着火、燃烧,而且在燃烧过程中水分的汽化要吸取热量,降低炉膛的温度,使锅炉的效率下降,还易在低温处腐蚀设备;煤的水分高还易使制粉设备难以工作,需要用高温空气或烟气进行干燥。

　　灰分是指煤完全燃烧后其中矿物质的固体残余物。灰分的来源,一是形成煤的植物本身的矿物质和成煤过程中进入的外来矿物杂质,二是开采运输过程中掺杂进来的灰、沙、土等矿物质。煤的灰分几乎在煤的燃烧、加工、利用的全部场所都带来不利影响。灰分含量高不仅使煤发热量减少,而且影响煤的着火和燃烧。灰分每增加 1%,燃料消耗量即增加 1%。由于燃烧的烟气中飞灰浓度大,受热面易受污染而影响传热,降低效率,同时易受磨损而缩短寿命。为了控制排烟中粉尘的浓度,保护大气环境,对烟气中的尘粒必须进行除尘处理。

根据煤中灰分含量的多少,又可将煤分成不同的级别,其等级划分标准见表1-2。

表 1-2　煤炭灰分等级划分标准

代　号	等级名称	灰分含量/(%)
SLA	特低灰煤	≤5.00
LA	低灰分煤	5.01～10.00
LMA	低中灰煤	10.01～20.00
MA	中灰分煤	20.01～30.00
MHA	中高灰煤	30.01～40.00
HA	高灰分煤	40.01～50.00

在隔绝空气的条件下,将煤加热到850 ℃左右,从煤中有机物质分解出来的液体和气体产物称为挥发分。煤的挥发分常随煤的变质程度而有规律地变化,变质程度越高的煤,挥发分越少。挥发分高的煤易着火、燃烧。由于挥发分是表征煤炭性质的主要指标,因此通常也根据挥发分的多少对煤炭进行分级,其分级标准见表1-3。

表 1-3　煤的挥发分分级标准

名　称	低挥发分煤	中挥发分煤	中高挥发分煤	高挥发分煤
挥发分/(%)	≤20.0	20.01～28.00	28.01～37.00	>37.00

单位质量煤完全燃烧时所放出的热量称为煤的发热量。煤的发热量分为高位发热量 Q_{gr} 和低位发热量 Q_{net}。煤的发热量因煤种不同而不同,含水分、灰分多的煤发热量较低。煤炭发热量等级划分标准见表1-4。

表 1-4　煤炭发热量等级划分标准

代　号	等级名称	Q_{net}/(MJ/kg)
LQ	低热值煤	8.50～12.50
MLQ	中低热值煤	12.51～17.00
MQ	中热值煤	17.01～21.00
MHQ	中高热值煤	21.01～24.00
HQ	高热值煤	24.01～27.00
SHQ	特高热值煤	>27.00

3. 煤的分类

煤的科学分类为煤炭的合理开发和利用提供了基础,通常最简单的分类方法是根据煤中干燥无灰基挥发分含量 V_{daf} 将煤分成褐煤、烟煤和无烟煤三大类,见表1-5。根据不同用途,每大类中又可细分为几小类。我国动力用煤则将烟煤中 V_{daf} 小于 19% 的煤称为贫煤,并将 V_{daf} 大于 20% 的分为低挥发分烟煤和高挥发分烟煤,见表1-6。我国现行煤炭分类标准是将煤炭分为十大类。

表 1-5　煤的分类方法

煤　　种	干燥无灰基挥发分含量 V_{daf} /(%)	低位发热量 Q_{net} /(MJ/kg)
无烟煤	≤10	26～33
烟煤	10～37	20～33
褐煤	>37	10～17

表 1-6　我国动力煤的分类方法

煤　　种	干燥无灰基挥发分含量 V_{daf} /(%)	低位发热量 Q_{net} /(MJ/kg)
无烟煤	≤10	>20.9
贫煤	10～20	>18.4
低挥发分烟煤	20～30	>16.3
高挥发分烟煤	30～37	>15.5
褐煤	>37	>11.7

1) 褐煤

褐煤是煤中埋藏年代最短、炭化程度最低的一类。其颜色大多为褐色,因此称为褐煤。褐煤相对密度最小的在 0.9～1.25 之间,由于含水分较多,在空气中极易风化,碎裂成小块。碳含量低,为 60%～75%;挥发分含量高,V_{daf} >37%;氧含量高,为 20%～25%。褐煤的水分、灰分含量都较高,煤质松,发热量低,无黏结性,一般作为化工、气化或民用煤。

2) 长焰煤

长焰煤的煤化程度仅稍高于褐煤,是最"年轻"的烟煤,常呈褐黑色,因燃烧时发出较长的火苗而得名。它的挥发分高,V_{daf} >37%,黏结性差,在低温干馏时能析出较多的焦油,所以除作为动力用煤外,还常用于气化及低温干馏。

3) 不黏煤

不黏煤的煤化程度仅高于长焰煤,亦属"年轻"烟煤。煤质特征为几乎不具任何黏结性,故称之为不黏煤。不黏煤的化学反应活性好,煤灰熔点低,其燃点也低,有的用火柴即可点燃,一般作为气化、动力或民用煤。

4）弱黏煤

弱黏煤是煤化程度较低,又具有弱黏性的烟煤。该煤种胶质层厚度 Y 值在 $0\sim9$ mm 之间。挥发分较高,灰分较低,灰熔点亦较低,主要作为气化、动力和民用煤。

5）贫煤

贫煤是煤化程度最高的烟煤。其主要煤质特征是干燥无灰基挥发分 V_{daf} 仅高于无烟煤,一般为 $10\%\sim20\%$,胶质层厚度 Y 值为 0。我国贫煤含硫量、含灰量均高。贫煤燃点高,燃烧时火焰短,但热值较高。贫煤经洗选加工后多用作动力煤。

6）气煤

气煤属于煤化程度低的煤种,颜色黑,具弱玻璃光泽,挥发分较高,V_{daf} 为 $28\%\sim37\%$,胶质层厚度 Y 值为 $5\sim25$ mm。加热时产生大量气体和较多焦油,是制造城市用煤气和工业用煤气的良好原料,因此称为气煤。黏结性较强,是良好的炼焦配煤,也可作为低温干馏或动力用煤。

7）肥煤

肥煤属于中等煤化程度的煤种,黑色,具玻璃光泽,胶质层厚度 Y 值大于 25 mm,黏结性最强,加热时能产生比焦煤更多的胶质体,所以称之为肥煤,它是炼焦配煤中的主要成分。

8）焦煤

焦煤也属于中等煤化程度的煤种,黑色,具玻璃光泽,是结焦性最好的煤种。由于以往单一煤种炼焦时用这种煤能炼出强度大、块度大的优质焦煤,是最好的炼焦用煤,因此称之为焦煤。

9）瘦煤

瘦煤属高煤化程度的煤种,黑色,具玻璃光泽,黏结性较弱,与焦煤相比在加热时仅能产生少量的胶质体,所以称之为瘦煤。一般作为炼焦配煤。

10）无烟煤

无烟煤是煤化程度最高的煤种,呈带有银白或古铜色彩的灰黑色,似金属光泽,因其燃烧时无烟而得名。它的硬度和密度在煤中是最大的,干燥无灰基挥发分的含量最少,$V_{daf}\leqslant10\%$,挥发分析出的温度也较高,因此着火困难,着火后也难以燃尽。无烟煤燃烧时出现的青蓝色火焰没有烟,它的结焦性差,储藏时稳定不易自燃,可作为民用煤和化工用煤。

我国煤炭的具体分类指标在国家标准(GB/T 5751—2009)中都有具体规定。世界各产煤国多根据各自煤炭资源的情况规定不同的煤炭分类方法。表 1-7 即为美国煤的分类方法。

表 1-7 美国煤的分类方法

煤　种	干燥基固定碳 FC_d/(%)	干燥基高位发热量 Q_{gr}/(MJ/kg)	干燥无灰基元素含量/(%)		
			C	H	Q
褐煤	25~30	15~19	70~75	4~5	20~25
半烟煤		19~17	75~85	5	10~25
低挥发分烟煤	68~86		85~90	4~5	5~10
中挥发分烟煤	69~78		85~90	4~5	5~10
高挥发分烟煤 A	<69	<33	85~90	4~5	5~10
高挥发分烟煤 B	30~33	30~33	85~90	4~5	5~10
高挥发分烟煤 C		27~30	85~90	4~5	5~10
无烟煤	86~98		90~97	3~5	1~3

1.1.3 石油及其制品

1. 概述

石油是仅次于煤的化石燃料。按照有机成油理论,水体中沉积于水底的有机物和其他淤积物一道随着地壳的变迁,埋藏的深度不断增加,有机物开始经历生物和化学转化阶段。先是被好氧细菌,然后是被厌氧细菌改造。细菌活动停止后,便开始了以地温为主导的地球化学转化阶段。一般认为,有效的生油阶段在 50~60 ℃开始,150~160 ℃结束。过高的地温将使石油逐步裂解成甲烷,最终演化为石墨。因此严格地说,石油只是有机物在地球演化过程中的一种中间产物。

石油主要由烷烃、环烷烃、芳香烃等烃类化合物组成。组成石油的主要元素是碳、氢、硫、氧、氮。其中碳、氢元素最多。硫、氮、氧以化合物、胶质、沥青质等非烃类物质形态存在。一般硫、氧、氮三种元素的含量小于 1%,此外还有微量钠、铅、铁、镍、钒等金属元素存在。

天然石油(又称原油)通常是黑褐色或黑色的流动或半流动的黏稠液体,密度为 0.65~0.85 t/m³。通常有许多物性指标用以说明石油的特性,包括黏度、凝点、盐含量、硫含量、蜡含量、胶质、沥青质、残碳、沸点和馏程等。

石油的组成极其复杂,确切分类相当困难。通常在市场上有以下三种分类方法。

(1) 按石油的密度分类:根据密度由小到大,相应地将石油分为轻质石油、中质石油、重质石油和特重质石油。

（2）按石油中的硫含量分类：硫含量小于 0.5％的为低硫石油，硫含量为 0.5％～2.0％的为含硫石油，硫含量大于 2.0％的为高硫石油。世界石油总产量中，含硫石油和高硫石油约占 75％。石油中的硫化物对石油产品的性质影响较大，加工含硫石油时应对设备采取防腐蚀措施。

（3）按石油中的蜡含量分类：蜡含量为 0.5％～2.5％的为低蜡石油，蜡含量在 2.5％～10％之间的为含蜡石油，含量大于 10％的为高蜡石油。

2. 主要石油产品的种类与用途

石油由许多组分组成，每一组分各有其沸点。通过炼制加工，可以把石油分成几种不同沸点范围的组分。一般来说，沸点范围为 40～205 ℃的组分作为汽油，180～300 ℃的组分作为煤油，250～350 ℃的组分作为柴油，350～520 ℃的组分作为润滑油（或重柴油），高于 520 ℃的渣油作为重质燃料油。

按石油产品的用途和特性，可将石油产品分成 14 大类，即溶剂油、燃料油、润滑油、电器用油、液压油、真空油脂、防锈油脂、工艺用油、润滑脂、石蜡和地蜡、沥青、石油焦、石油添加剂和石油化学品。主要石油产品的用途简述如下：

（1）溶剂油：按用途可分为石油醚、橡胶溶剂油、香花溶剂油等。可用于橡胶、油漆、油脂、香料、药物等工业，作为溶剂、稀释剂、提取剂，在毛纺工业中作为洗涤剂。

（2）燃料油：按燃料油的馏分组成，可分为石油气、汽油、煤油、柴油、重质燃料油。柴油以前的各种油品通称为轻质燃料油。各种燃料油按使用对象或使用条件又可分成不同的级别，如煤油可分为灯用、信号灯用和拖拉机用三个级别。柴油可分为轻级、重级、船用级和直馏级。重油可分为陆用级和船用级。

石油气可用于制造合成氨、甲醇、乙烯、丙烯等。汽油分为车用汽油和航空汽油，前者供各种形式的汽车使用，后者供螺旋桨式飞机使用。煤油分为航空煤油和灯用煤油，前者作为喷气式飞机燃料，后者供灯用，也可作为洗涤剂和农用杀虫药溶剂。柴油又分轻柴油和重柴油，前者用于高速柴油机，后者用于低速柴油机。

（3）润滑油：品种很多，几种典型的润滑油如下。

①汽油机和柴油机油，前者用于各种汽油发动机，后者用于柴油机，主要供润滑和冷却。

②机械油，用于纺织缝纫机及各种切削机床。

③压缩机油、汽轮机油、冷冻机油和汽缸油。

④齿轮油，又分为工业齿轮油和拖拉机、汽车齿轮油，前者用于工业机械的齿轮传动机构，后者用于拖拉机、汽车的变速箱。

（4）电器用油：又分为变压器油、电缆油，其用途并不是润滑，主要起绝缘作用。因其原料属润滑油馏分范围，通常也将其包括在润滑油中。

（5）液压油：用作各类液压机械的传动介质。

（6）润滑脂：在润滑油中加入稠化剂制成，根据稠化剂的不同又可分为皂基脂、烃基脂、无机脂和有机脂四大类。用于不便于使用润滑油润滑的设备，如低速、重负荷和高温下工作的机械，工作环境潮湿、水和灰尘多且难以密封的机械。

（7）石蜡和地蜡：不同结构的高分子固体烃。石蜡分成精白蜡、白石蜡、黄石蜡、食品蜡等，可分别用于火柴、蜡烛、蜡纸、电绝缘材料、橡胶、食品包装、制药工业等。

（8）沥青：可分为道路沥青、建筑沥青、油漆沥青、橡胶沥青、专用沥青等多种类型。主要用于建筑工程防水、铺路，以及涂料、塑料、橡胶等工业中。

（9）石油焦：石油焦是优良的碳质材料，用于制造电极，也可作为冶金过程的还原剂和燃料。

（10）石油添加剂：石油产品中大都需要加入添加剂，以改善其性能。如汽油中大多加入抗爆剂，柴油中加入抗氧剂、十六烷值增进剂，航空煤油中加入抗氧剂、防冰剂，重质燃料油中加入抗凝剂，沥青中加入抗老化剂等。

（11）石油化学品：采用催化剂可促进石油在加工过程中的变化，提高产品质量和生产效率。炼油催化剂有上百种之多，常分成金属型、金属氧化物型、酸碱型和金属配合物型。如催化裂化采用硅酸铝或分子筛催化剂，催化重整采用铂催化剂，加氢裂化采用钯催化剂等。

1.1.4 天然气及其他气体燃料

1. 天然气

以天然气为代表的气体燃料通常包括四大类：天然气、人工煤气、液化石油气和沼气。天然气是一种重要的一次能源，燃烧时有很高的发热值，对环境的污染也较小，而且是一种重要的化工原料。天然气的生成过程同石油类似，但比石油更容易生成。天然气主要由甲烷、乙烷、丙烷和丁烷等烃类组成，其中甲烷占 $80\%\sim90\%$。通常天然气可以分为纯天然气、石油伴生气、凝析气和矿井气四种，纯天然气是从矿井中开采出来的干天然气，也称气田气，石油伴生气是开采石油时的副产品，矿井气又称煤层气，是伴随煤矿开采而产生的，俗称"瓦斯"。通常 60% 的天然气为气田气，40% 的为伴生气，煤层气则可能附于煤层中或另外聚集，在 $7\sim17$ MPa 和 $40\sim70$ ℃时每吨煤可吸附 $13\sim30$ m^3 甲烷。

天然气中主要的有害杂质是二氧化碳、水、硫化氢和其他含硫化合物。因此天然气在使用前也需净化，即脱硫、脱水、脱二氧化碳、脱杂质等。从天然气中脱除硫化氢和二氧化碳一般采用醇胺类溶剂。脱水则采用二甘醇、三甘醇、四甘醇等，其中三甘醇用得最多；也可采用多孔性的吸附剂，如活性氧化铝、硅胶、分子筛等。

最近十年液化天然气技术有了很大发展。液化后的天然气体积仅为原来体积的 1/600，因此可以用冷藏油轮运输，运到使用地后再予以汽化。另外，天然气液化后,可为汽车提供方便的污染小的天然气燃料。

2. 其他气体燃料

人工煤气是人为地利用固体燃料或液体燃料加工而得到的二次能源,按制气原料和制气工艺不同,又可分为干馏煤气、气化煤气和油制气。

1) 干馏煤气

煤在隔绝空气的条件下,加热分解而成煤气、焦油和焦炭等。此过程称为煤的干馏。产生的煤气称为干馏煤气。干馏煤气主要是由氢气、甲烷、一氧化碳、碳氢化合物及氮气、二氧化碳组成。标态下热值为 17000 kJ/m³ 左右。我国城市煤气主要由焦炉、连续式直立炭化炉等提供。焦炉是以一定配比的炼焦煤、气煤、肥煤为原料,干馏温度为 900～1100 ℃,主要产品为焦炭,副产品为煤气,即为焦炉煤气。直立炭化炉是以肥煤或气煤为原料,干馏温度为 800～850 ℃,主要产品是煤气,即为炭化炉煤气,标态下热值为 16000 kJ/m³。

2) 气化煤气

以固体燃料为原料,以空气、水蒸气或氢气为气化剂,在高温条件下,气化剂与固体燃料通过化学反应,转化为气体燃料,即气化煤气。主要成分有一氧化碳、氢气和少量甲烷。由于气化剂不同,生成的煤气也有区别,主要有发生炉煤气和水煤气两种。这两种煤气热值低,且毒性大。气化煤气多作为工业用气。不可单独作为城市煤气气源,与热值高的天然气、油制气、液化石油气掺混后作为城市气源。

3) 油制气

油制气是用石油系列产品为制气原料,在一定的压力、温度和催化剂作用下,原料油分子发生裂解反应,生成的可燃气体。裂解方法不同,则得不同煤气。重油蓄热裂解制得的油制气,主要成分有甲烷、乙烯、丙烯等,可直接作为城市气源,也可与其他煤气掺混作为城市气源。用重油蓄热催化裂解得到的油制气,主要成分有氢气、甲烷、一氧化碳等,可直接作为城市气源。油制气投资少、成本低,生产自动化程度高。

液化石油气是呈液体状态的石油气,简称液化气,主要由丙烷、丁烷等碳氢化合物组成。它从气田或油田开采中获得,也可从石油炼制过程中作为副产品提取。前者为天然石油气,后者为炼油石油气。在常温环境中呈气体状态,在一定压力下或低温条件下,呈液体状态。液化后体积缩小,气态与液态体积相差约 250 倍。液化石油气是城市主要气源之一。

沼气是生物质能源,由各种有机物如粪便、垃圾、杂物、酒糟等,其中蛋白质、纤维素、淀粉在隔绝空气条件下,因微生物发酵作用产生的可燃气体。其主要成分是甲烷,占 60% 左右。沼气在农村应用较为广泛。

我国常用气体燃料的特性如表 1-8 所示。

表 1-8　我国常用气体燃料的特性

煤气种类	相对分子质量	密度/(kg/m³)	体积定压热容/[kJ/(m³·℃)]	标态下高位发热量/(kJ/m³)	标态下低位发热量/(kJ/m³)	标态下理论空气量/m³	标态下理论烟气量/m³	理论燃烧温度/℃
炼焦煤气	10.4966	9.4686	1.390	19820	17618	4.21	4.88/3.76	1998
直立炉煤气	12.3805	0.5527	1.383	18045	16136	3.80	4.44/3.47	2003
混合煤气	14.9968	0.6695	1.369	15412	13858	3.18	3.85/3.06	1986
发生炉煤气	20.1421	1.1627	1.319	6003.8	5744	1.16	1.98/1.84	1600
水煤气	15.6912	0.7005	1.329	11451	10383	2.16	3.19/2.19	2175
催化油煤气	12.0355	0.5374	1.390	18472	16521	3.89	4.55/3.54	2009
热裂油煤气	17.7162	0.7909	1.618	37953	34779	8.55	9.39/7.81	2038
干井天然气	16.6544	0.7435	1.560	40403	36442	9.64	10.64/8.65	1970
油田伴生气	23.3296	1.0415	1.812	52833	48383	12.51	13.73/11.33	1986
矿井气	22.7557	1.0100		20934	18841	4.6	5.90/4.80	1900

煤气种类	相对分子质量	密度/(kg/m³)	体积定压热容/[kJ/(m³·℃)]	标态下高位发热量/(kJ/m³)	标态下低位发热量/(kJ/m³)	标态下理论空气量/m³	标态下理论烟气量/m³	理论燃烧温度/℃
液化石油气	56.6093	2.5272	3.519	123678	115061	28.28	30.67/26.58	2050
液化石油气	56.6003	2.5268	3.425	122284	113780	28.94	30.04/25.87	2060
液化石油气	52.6512	2.3505	3.335	177498	108375	27.37	29.62/25.12	2020

注:理论烟气量两个值表示最高值和最低值。

1.2　有关燃烧的基本知识

1.2.1　概述

燃料燃烧是获取热能的最主要方式。燃料燃烧过程是一个很复杂的化学、物理过程,燃料燃烧必须具备的条件如下:

(1)有可能燃烧的可燃物(燃料);

(2)有使可燃物着火的能量(或称热源),即使可燃物的温度达到着火温度以上;

(3)供给足够的氧气或空气(因为空气中也含有助燃的氧气)。

缺少任何一个条件,燃烧就无法进行。此外,为了维持燃烧过程,还必须保证:

(1)把温度维持在燃烧的着火温度以上;

(2)把适当的空气量以正确的方式供应给燃料,使燃料能充分地与空气接触;

(3)及时而妥善地排走燃烧产物;

(4)提供燃烧所必需的足够空间(燃烧室)和时间。

根据燃烧状况的好坏,可以把燃烧分成完全燃烧和不完全燃烧。完全燃烧是指燃料中的可燃成分全部燃尽,而不完全燃烧时燃烧产物中会含有一些可燃物质,如游离碳、炭黑、一氧化碳、甲烷、氢等。为衡量燃烧的完善程度,引入了燃烧效率的概念。燃烧效率是燃料燃烧时实际所产生的热量与燃料标准发热量之比。对于煤、油和气体燃料,其燃烧各有特点。

1. 煤的燃烧

煤的燃烧基本上有两种:第一种是煤粉悬浮在空间燃烧,称为室燃或粉状燃烧;第二种就是煤块在炉排上燃烧,称为层燃或层状燃烧。其他燃烧方式,如旋风燃烧,只是空间燃烧的一种特殊形式,流化床则是介于第一种和第二种之间,它既有空间燃烧,又有固定炉排。

煤从进入炉膛到燃烧完,一般要经过三个过程,即着火前的准备阶段(水分蒸发、挥发分析出、温度升高到着火点)、挥发分和焦炭着火与燃烧阶段、残碳燃尽形成灰渣阶段。

2. 油的燃烧

油的燃烧有内燃和外燃两种方式。所谓内燃,是在发动机汽缸内部极为有限的空间进行高压燃烧,是一种瞬间的燃烧过程。所谓外燃,就是不在机器内部燃烧,而在燃烧室内燃烧,并直接利用燃烧发出的热量,如锅炉、窑炉内进行的燃烧。

油燃烧的全过程包含着传热过程、物质扩散过程和化学反应过程。

3. 气体燃料的燃烧

气体燃料的燃烧可以分为容器内燃烧和燃烧器燃烧,它们和油的两种燃烧方式相近。气体燃料的燃烧过程包括三个阶段,即混合、着火和正常燃烧。

根据不同燃料燃烧的特点,采用各种措施提高燃料的燃烧效率是节能的重要途径。此外,燃料燃烧时会产生严重的环境污染问题,因此发展和推广高效低污染的燃烧技术既是节能的需要,也是保护环境,实现可持续发展的重要措施。

1.2.2 燃料的着火温度和闪点

燃料的燃烧反应是氧化反应。燃料中的可燃元素碳、氢、硫和空气中的氧急剧化合时就会发出显著的光和热。同氢和硫相比,碳的氧化较为缓慢和困难,因此在任何燃烧过程中氢和硫都是在碳之前完全燃烧,其中氢燃烧最为激烈。

任何燃料的燃烧过程都有着火和燃烧两个阶段。由缓慢的氧化反应转变为剧烈的氧化反应(即燃烧)的瞬间叫做着火,转变时的最低温度叫做着火温度。燃烧的着火温度主要取决于燃料的组成,此外还与周围介质的压力、温度有关。各种燃料的着火温度见表1-9。

表 1-9　各种燃料的着火温度

燃料种类		着火温度/℃
固体燃料	硬木	250～300
	木炭（黑炭）	320～370
	木炭（白炭）	350～400
	褐煤（风干）	250～450
	烟煤	325～400
	无烟煤	440～500
	半焦炭	450～500
	焦炭	500～600
	泥煤（风干）	225～280
液体燃料	汽油	300～320
	石油（原油）	400～450
	重油	530～580
	焦油	580～650
气体燃料	焦炉煤气	650～750
	水煤气	700～800
	高炉煤气	700～800
	煤层气	650～750

　　汽油、乙醇之类的液体燃料极易挥发，即使在较低温度下其挥发物也能够与空气混合而形成可燃的混合气体。当它们与火焰或火花接近时，即使在低温下也可被引燃，这种现象称为闪火或引火。使燃料引火的最低温度称为闪点或引火点。各种液体燃料的闪点见表 1-10。

表 1-10　各种液体燃料的闪点

燃料	闪点/℃
石油（原油）	一般 0 以下
汽油	－50～0
煤油	30～70
轻油	60～80
重油	60～120
乙醇	9～32

1.2.3 燃烧的空气量、烟气量和燃烧温度

1. 理论空气量

燃烧过程是一种激烈的氧化反应过程,燃烧过程所需的氧气通常来自空气,空气可以看作主要是由氧和氮所组成的混合气体,两种气体的体积比为 21:79。提供充足的空气是完全燃烧的必备条件。

根据燃烧的化学反应式,单位燃料完全燃烧时理论上所需的干空气量称为理论空气量。理论空气量的单位对固体及液体燃料为 m^3/kg(燃料),对气体燃料为 m^3/m^3(燃料)。可以由燃料的化学反应式算出各种元素完全燃烧时的理论空气量,每千克碳完全燃烧时需要的理论空气量为 8.89 m^3。每千克硫完全燃烧时所需要的理论空气量为 3.33 m^3。每千克氢完全燃烧时所需要的理论空气量为 26.7 m^3。对于各种不同的燃料,由于燃料中所含碳、硫、氢的比例不同,因而其燃烧时的理论空气量也不相同。表 1-11 给出了各种燃料的理论空气量的大致范围。理论空气量的准确值则需依据燃料的工业分析结果再加以计算。

表 1-11　各种燃料的理论空气量的大致范围

燃料类型	燃料名称	理论空气量/(m^3/kg(燃料)或 m^3/m^3(燃料))
固体燃料	褐煤	3.5~6.5
	烟煤	7.5~8.5
	无烟煤	9~10
	焦炭	8.5~8.8
液体燃料	重油	10~11
	轻油	11.2
气体燃料	焦炉煤气	4.0~4.8
	高炉煤气	0.6~0.8
	水煤气	2.1~2.2
	城市煤气	4.0
	液化天然气	11.0
	液化石油气	21.5~31

2. 实际空气量

实际燃烧时,燃料中的可燃元素与空气中的氧不可能有理想的混合、接触和化合,因此对于任何燃料都要根据其特性和燃烧方式供应比理论空气量更多些的空

气,使燃料完全燃烧。为了使燃料完全燃烧而实际供应的空气量就称为实际空气量。

实际空气量与理论空气量的比值称为过量空气系数(或空气系数)。表 1-12 列出了锅炉中常采用的过量空气系数的大致数值。显然,过量空气系数的大小与燃料的种类及燃烧方式有关。知道了过量空气系数,即可由理论空气量求出实际燃烧时所需供应的空气量。通常燃烧设备中的过量空气系数大于 1,只有对陶瓷窑炉,由于工艺上的需要,有时要求烟气中含有 CO,以采取还原焰烧成作业,此时过量空气系数小于 1。

表 1-12   锅炉中常采用的过量空气系数的大致数值

燃料种类		燃烧方法		
		手烧炉	机械炉排炉	室燃炉
固体燃料	无烟煤	1.5	1.3~1.4	
	烟煤	1.5~2.0	1.3~1.7	
	煤粉			1.2~1.4
液体燃料				1.1~1.3
气体燃料				1.05~1.2

3. 燃烧产生的烟气量

1) 理论烟气量

燃烧过程产生的热能都包含在烟气中,因此燃烧所产生的烟气是热能的携带者,烟气量则是热力计算中的基础数据。如供给燃料以理论空气量,燃料又达到完全燃烧,烟气中只含有二氧化碳(CO_2)、二氧化硫(SO_2)、水蒸气(H_2O)及氮气(N_2)四种气体,这时烟气所具有的容积就称为理论烟气量。其单位,对固体和液体燃料为 m^3/kg(燃料),对气体燃料为 m^3/m^3(燃料)。

若已知燃料的化学组成,则可根据燃烧的化学反应式计算出理论烟气量,即理论烟气量等于燃烧所产生的 CO_2、SO_2、H_2O 及 N_2 四种气体之和。当缺少燃料的化学组成资料时,可利用经验公式近似地计算理论烟气量。

2) 实际烟气量

实际燃烧过程是在不同的过量空气系数下进行的。当完全燃烧时,实际烟气量可按下式计算:

$$V_a = V_0 + (\alpha - 1)L_0 \tag{1-1}$$

式中,V_a 为实际烟气量;V_0 为理论烟气量;α 为过量空气系数;L_0 为理论空气量。

4. 燃烧温度

燃料燃烧时燃烧产物达到的温度称为燃烧温度。燃烧温度与燃料的种类和成

分、燃烧条件、传热情况等多种因素有关。实际的燃烧温度 T 可由热平衡方程求出,即

$$T = \frac{Q_{net} + Q_a + Q_r + Q_{ch} + Q_b - Q_f}{V_a c_p} \tag{1-2}$$

式中,Q_{net} 为燃料低位发热量;Q_a 为空气带入的物理热;Q_r 为燃料带入的物理热;Q_{ch} 为燃烧产物传给周围物体的热量;Q_b 为未完全燃烧的热损失;Q_f 为某些气体热分解消耗的热量;V_a 为实际烟气量;c_p 为烟气的平均定压比热容。

1.3　煤燃烧的高效低污染技术

1.3.1　煤粉燃烧稳定技术

我国大型锅炉和工业窑炉大多采用煤粉燃烧。煤粉燃烧技术发展至今已经历半个多世纪,为了适应煤种多变、锅炉调峰及稳燃和强化燃烧的需要,煤粉燃烧技术得到了迅速的发展。随着环保要求的日益严格,低污染煤粉燃烧技术也越来越受重视。近几年为了将稳燃和低污染燃烧结合起来,高浓度煤粉燃烧技术发展也非常迅速。这些先进的煤粉燃烧技术有些是中国独创的,不但提高了燃烧效率,节约了煤炭,减少了污染,还为锅炉的调峰和安全运行创造了条件。

煤粉燃烧稳定技术是通过各种新型燃烧器来实现煤粉的稳定着火和燃烧强化。采用新型燃烧器不但能使锅炉适应不同的煤种,特别是燃用劣质煤和低挥发分煤,而且能提高燃烧效率,实现低负荷稳燃,防止结渣,并节约点火用油。

1. 煤粉钝体燃烧器

煤粉钝体燃烧器是 20 世纪 80 年代由华中理工大学(现为华中科技大学)开发的(见图 1-1)。它利用煤粉气流绕流钝体时的脱体分离现象产生的内、外回流而使煤粉着火提前、燃烧稳定。钝体的采用不但提高了气流的湍流强度,形成一个高温烟气的回流区(温度可达 900 ℃),而且在回流区边缘形成一个局部的高浓度煤粉区。这些条件非常有利于煤粉的稳定着火和燃烧强化。煤粉钝体燃烧器特别适合于燃用劣质煤和低挥发煤的锅炉和窑炉,并已得到广泛的应用。

2. 稳燃腔燃烧器

稳燃腔燃烧器是在钝体燃烧器基础上发展起来的另一种新型燃烧器。它是在钝体燃烧器的外面罩上一个稳燃腔,利用腔壁来消除钝体上下端部效应带来的端部卷吸,从而使来自钝体后方的高温烟气的回流强度得到大大提高。由于钝体被罩在稳燃器中,钝体不易烧坏,延长了使用寿命。这种燃烧器对低负荷稳燃,节约点火用油,提高燃烧效率起到了明显的效果。

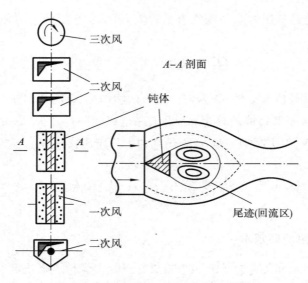

图 1-1　煤粉钝体燃烧器示意图

3. 开缝钝体燃烧器

开缝钝体燃烧器也是在钝体燃烧器基础上开发的新型燃烧器。它是在三角形钝体中间开一条中缝,它除了具有钝体的基本功能外,由于中缝的存在,又具有大速差的功能,即在回流区中形成一定的煤粉浓度,这是钝体所没有的;而且中缝射流充分利用了回流区中高温、低速、高湍流度的特点,可以首先着火,从而进一步提高回流区和尾流恢复区的温度,更有利于主流的点燃。此外,中缝射流可以屏蔽从正面来的部分辐射热,有利于保护喷口和开缝钝体使其不被烧坏,这种燃烧器也得到了广泛的应用。

4. 夹心风燃烧器

夹心风燃烧器是西安交通大学和武汉锅炉厂合作研制的一种直流式煤粉燃烧器,它的特点是在二次风口中间加装一个狭长的喷口,从中喷射出一股速度较高但不带煤粉的空气流。该股射流能增强一次风的抗偏转能力,使两侧的一次风气流向喷口中心牵引,减少了煤粉的散射,有利于煤粉气流的着火和火焰稳定。

5. 火焰稳定船式燃烧器

火焰稳定船式燃烧器是将船型火焰稳定器装设在一次风口内,由于船形作用,在出风口处将形成一种束腰形的气固两相流结构,在腰束外缘会形成局部的高温区,并由于气流作用,煤粉浓淡分离。高浓度的煤粉也集中在腰束外缘,这种高温和高浓度煤粉对着火和稳燃是非常有利的,以致在低负荷运行时不投油也能稳定燃烧。

6. 双通道自稳燃式燃烧器

双通道自稳燃式燃烧器是清华大学开发的一种新燃烧器。它的特点是在同一喷口上开上、下两个一次风喷口,在两个喷口之间设计一个回流空间。这样一次风射流自身将产生一个强烈的回流区,利用高温烟气回流加热一次风粉,使煤粉稳定燃烧。

1.3.2　煤粉低氮氧化物燃烧技术

一般而言,煤粉高效燃烧技术与低 NO_x(氮氧化物)燃烧技术是互相矛盾的两种技术。降低 NO_x 生成与排放根本在于控制燃烧区域的温度不能太高,但低温燃烧又影响煤粉的燃烧率,协调好这两种技术的应用使之达到综合最佳效果,要求对煤粉燃烧的全过程加以控制。既能够保证煤粉着火的稳定性,又有较低的燃烧温度,同时有足够长的并在一定温度下的燃烧时间保证燃尽,目前世界上较先进的燃烧技术基本兼顾了这些因素,其中以直流燃烧器为主的有:ABB-CE 公司利用一次风弯头的惯性分离作用,在弯头出口中间设置有孔隔板,将煤粉气流分成上浓下淡两段气流,形成上浓下淡煤粉燃烧器,并在喷口处装有轴向距离可调整的 V 形钝体,通过合理组织二次风,达到了稳定、高效、低 NO_x 排放的燃烧效果;日本三菱重工(MHI)开发了 PM 型燃烧器,利用弯头的离心作用,把一次风分成上浓下淡两股气流,同时采用烟气再循环和炉内整体分级燃烧技术,也达到了较好的效果。

以旋流燃烧器为主的有:FW 公司利用旋风子使进入主燃烧器的一次风浓度增加,降低一次风速以保证煤粉气流着火稳定性,并控制 NO_x 的生成量;有较多工业应用的还有 B&W 公司的 PAX 型旋流煤粉燃烧器、日本 IHI 公司的宽调解范围旋流煤粉燃烧器、德国斯坦米勒公司多级分级供风旋流燃烧器等。上述这些工业产品均能够保证 NO_x 排放量在 400 mg/Nm³ 以下,并具有较高的燃烧效率。目前国外正在开发的低 NO_x 燃烧技术可以控制 NO_x 生成量在 200 mg/Nm³ 左右,已达到了比较高的水平。但由于世界上很多先进国家对 NO_x 排放规定了严格的标准,仅靠改进和提高燃烧技术难以达到 NO_x 控制值,因而有些锅炉机组在尾部增设了烟气脱硝装置。

我国近年来也开发了很多低 NO_x 燃烧技术,具有代表性的是浓淡煤粉燃烧器,包括水平浓淡、上下浓淡直流燃烧器,旋流燃烧器和可控浓淡旋流煤粉燃烧器等。但由于我国存在煤种多变等问题,这些技术在应用中遇到了一些问题,采用国外类似技术制造的燃煤机组也遇到了同样的问题。通过努力,最近针对褐煤锅炉已开发并已工业应用了具有一定煤种自适应性的低负荷稳燃低 NO_x 排放成套燃烧技术,可以控制 NO_x 排放量在 400 mg/Nm³ 以下,燃烧效率在 99% 以上,比较先进。

燃煤电站对环境的污染是十分严重的。目前世界上大多数燃煤电站对粉尘和二氧化硫的排放已有相当成熟的控制和处理技术,但对如何减少另一种污染物——NO_x 的排放仍在进一步深入研究之中。目前降低 NO_x 的排放比较成熟的办法是采用分级燃烧和烟气再循环燃烧等技术。

1. 低过量空气燃烧

如果使煤粉燃烧过程接近理论空气量,则由于烟气中过氧量的减少,将有效地抑制 NO_x 的生成。显然这是一种最简单的降低 NO_x 排放量的方法。一般来说,采用低过量空气燃烧可以降低 NO_x 排放量 15%～20%。值得注意的是,采用这种方法有一定的限制。如炉内氧的浓度过低,例如低于 3% 时,将造成 CO 浓度急剧增加,从而大大增加化学未完全燃烧损失;同时飞灰含碳量也会增加,这些都会使燃烧效率降低;还有引起炉壁结渣和腐蚀的危险。因此在设计和运行锅炉和窑炉时,应选取最合理的过量空气系数,避免出现为降低 NO_x 排放量而产生的其他问题。

2. 空气分级燃烧

空气分级燃烧是目前国内外燃煤电厂采用最广泛、技术上也比较成熟的低 NO_x 燃烧技术。空气分级燃烧的基本原理是,将燃料的燃烧过程分阶段来完成。在第一阶段,将从主燃烧器供入炉膛的空气量减少到总燃烧空气量的 70%～75%(相当于理论空气量的 80% 左右),使燃料先在缺氧的富燃料燃烧条件下燃烧,此时由于过量空气系数小于 1,因此降低了该燃烧区内的燃烧速率和温度水平,抑制了 NO_x 在这一燃烧区中的生成量。为了完成全部燃烧过程,完全燃烧所需的其余空气则通过布置在主燃烧器上方的专门空气喷口(称为"火上风"喷口)送入炉膛,与在"贫氧燃烧"条件下所产生的烟气混合,在过量空气系数大于 1 的条件下完成全部的燃烧过程。图 1-2 即为空气分级燃烧原理的示意图。实践表明,采用空气分级燃烧的方法可以降低 NO_x 排放量 15%～30%。

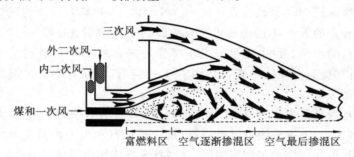

图 1-2　空气分级燃烧原理的示意图

3. 燃料的分级燃烧

燃料的分级燃烧与空气分级燃烧类似,它是先将 80%～85% 的燃料送入第一级燃烧区,使之在过量空气系数大于 1 的条件下燃烧,并生成 NO_x;其余的 15%～20% 的燃料则在主燃烧器的上部送入第二级燃烧区,在过量空气系数小于 1 的情况下形成很强的还原气氛,从而使得在第一级燃烧区中生成的 NO_x 在第二级燃烧区中被还原成氮分子(N_2);与此同时,新的 NO_x 的生成也受到了抑制,采用此法可

使 NO_x 的排放浓度降低 50%。通常将进入第一级燃烧区的燃料称为一次燃料,送入第二级燃烧区的称为二次燃料,第二次燃烧区又称为再燃区。不过为了保证再燃区中生成的未完全燃烧产物能够燃尽,通常在再燃区上方还需布置"火上风"喷口,以形成第三级燃烧区,即燃烬区。

4. 烟气再循环

除了利用空气和燃料分级燃烧降低 NO_x 排放量外,目前还采用烟气再循环来减少 NO_x 的排放,它是在锅炉尾部空气预热器前抽取一部分低温烟气,或直接送入炉膛,或与一次风或二次风混合后再送入炉膛。这样不但可以降低进入炉膛的氧气浓度,而且可以降低燃烧温度,这些都有利于抑制 NO_x 的生成。经验表明,当烟气再循环率为 15%~20% 时,煤粉炉 NO_x 的排放量可降低 25% 左右。

1.3.3　高浓度煤粉燃烧技术

高浓度煤粉燃烧技术不但能实现煤粉锅炉低 NO_x 燃烧,而且能实现无烟煤等难燃煤种的稳燃。为了实现高浓度煤粉燃烧技术,必须提高一次风中的煤粉浓度,目前主要有以下三种提高煤粉浓度的方法。

(1) 高浓度给粉。它是直接采用高浓度输粉,即用独立的风源或其他介质把高浓度的煤粉经比常规给粉管细得多的管道直接送至燃烧器进行高浓度的燃烧。这种技术已用于燃用无烟煤、褐煤和烟煤的 200 MW、300 MW、500 MW 和 800 MW 的锅炉机组上,取得了良好的效果。

(2) 采用燃烧器浓缩技术。这种技术或是形成浓淡偏差燃烧,或是大范围地调节一、二次风粉流,间接形成高浓度燃烧,或是通过特殊的喷嘴设计形成局部浓缩着火区。日、美等国多采用这种技术。实际运行证明,这种燃烧器浓缩技术除了能大幅度地降低 NO_x 的生成量外,还具有明显的低负荷稳燃性能。

(3) 采用浓缩器浓缩技术。它是在燃烧器之外设置专门的浓缩机构,从而浓缩一次风粉流,实现高浓度煤粉燃烧。浓缩器可以分为惯性式和离心式。采用设计优良的浓缩器浓缩技术,无油稳燃负荷可低至 20%。

1.3.4　流化床燃烧技术

煤的流化床燃烧是继层煤燃烧和粉煤燃烧后,于 20 世纪 60 年代开始迅速发展起来的一种新的煤的燃烧方式。这种方式煤种适应性广,易于实现炉内脱硫和低 NO_x 排放,且燃烧效率高,负荷调节性好,能有效地利用灰渣。

1. 特殊的气固流动形态——流态化

固体颗粒本身是没有流动性的,但在气体的作用下固体颗粒也能表现出流体的宏观特性。图 1-3 所示为气固两相随气流速度变化所呈现出的不同流态。固体颗粒被置于一块开有小孔的托板上,当气流速度较低时,气体只能通过静止固体颗粒之间的间隙,而不会使固体颗粒运动。这就是所谓的固定床,层煤燃烧方式就是处于这种固定床状态(图1-3(a))。

当气体流速升高到使全部固体颗粒都刚好悬浮于向上流动的气体时,颗粒与气体的摩擦力与其重力正好平衡,颗粒在垂直方向的作用力等于零,通过床层任一截面的压降大致等于该截面上颗粒的重力。此时认为颗粒处于临界流态化。当气体速度超过临界流化速度时,床层就会出现不稳定状态;超过临界流态化所需的气体大多以气泡的形式通过床层。这时的床层成为鼓泡流化床,整个床从表象上看极像处于沸腾状态的液体,因此工业界也将之形象地称为沸腾床(图1-3(b))。

进一步增加气流速度,使得它高到足以超过固体颗粒的终端速度时,床层上界面就消失,固体颗粒将随气体从床层中带出,此时成为气体输送状态。若在床层出口处用气固分离器将固体颗粒分离下来,再用颗粒回送装置将颗粒不断地送回床层之中,就形成了颗粒的循环,此时就称它为循环流化床(图1-3(c))。

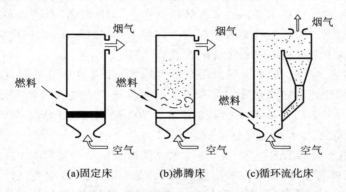

(a)固定床　　　(b)沸腾床　　　(c)循环流化床

图1-3　气固两相随气流速度变化所呈现出的不同流态

将流态化技术应用于煤的燃烧,就发展出鼓泡流化床燃烧(也称常规流化床燃烧)和循环流化床燃烧这两种介于层煤燃烧和粉煤燃烧之间的新的燃烧方式。流化床燃烧又可分为常压流化床燃烧和增压流化床燃烧两大类。

2. 流化床锅炉的优点

1) 燃料的适应性好

由于固体颗粒在流化气体的作用下处于良好的混合状态,燃料进入炉膛后很快与床料混合,燃料被迅速加热至高于着火温度,只要燃烧的放热量大于加热燃料本身和燃烧所需的空气至着火温度所需的热量,流化床锅炉就可不添加辅助燃料而直接燃用该种燃料。所以它可燃用常规燃烧方式难于使用的燃料,如各种高灰分、高水分、低热值、低灰熔点的劣质燃料和难于点燃和燃尽的低挥发分煤。

2) 污染物排放量低

低的燃烧温度(800～950 ℃)和床内碳粒的还原作用,使流化床燃烧过程中

NO_x 的生成量大幅度地减少。而流化床内的燃烧温度又恰好是石灰石脱硫的最佳温度,在燃烧过程中加入廉价易得的石灰石或白云石,就可方便地实现炉内脱硫。流化床燃烧与采用煤粉炉和烟道气净化装置的电站相比,二氧化硫和 NO_x 的排放量可降低 50% 以上。

3) 燃烧效率高使流化床燃烧的燃烬度高,再采用飞灰回燃或循环燃烧技术后,燃烧效率通常在 97.5%~99.5% 范围内。

4) 负荷调节性好

采用流化床燃烧,既可实现低负荷的稳定燃烧,又可在低负荷时保证蒸汽参数。其负荷的调节速率可达每分钟 4%,调节范围可从 20% 到 100%。

5) 有效利用灰渣

低温燃烧所产生的灰渣具有较好的活性,可以用作水泥熟料或其他建筑材料的原料。由于燃料中的钾、磷成分保留在灰渣中,故灰渣有改良土壤和作为肥料添加剂的作用。有的石煤中含有稀有元素,如钒、硒等,在石煤燃烧后,还可从灰渣中提取稀有金属。

正是上述这些优点,使流化床燃烧技术在较短的时间内得到了迅速发展和广泛应用。

3. 流化床锅炉的发展

流化床锅炉从 20 世纪 60 年代的第一代鼓泡流化床锅炉发展到 80 年代的第二代循环流化床锅炉,锅炉的容量也从以 75 t/h 以下为主逐步发展到 220 t/h、410 t/h,目前正向 800 t/h 和更大容量发展,以与 200 MW 汽轮发电机组配套。目前以流化床锅炉部分取代煤粉锅炉,以大幅度地减少污染物的排放,降低电站治理污染的投资和运行费用,已成为全世界洁净煤技术的重要发展方向之一。与 600 MW 机组配套的循环流化床锅炉将投入运行。图 1-4 为美国 ACE 热电公司 180 MW 循环流化床锅炉的示意图。

目前为发展燃气-蒸汽联合循环发电装置,一种与燃汽轮机配套的增压流化床锅炉也正在迅速发展之中。因此根据我国能源以煤为主且煤质较差的国情,大力发展流化床燃烧技术是十分必要的。

1.3.5 水煤浆燃烧技术

水煤浆是一种煤基的液体燃料,一般是指由 60%~70% 的煤粉、40%~30% 的水和少量的化学添加剂组成的混合物。它是 20 世纪 70 年代世界范围内出现石油危机的时候,人们在寻找以煤代油的过程中发展起来的石油替代技术。水煤浆既保持了煤炭原有的物理化学特性,又具有和石油类似的流动性和稳定性,而且工艺过程简单,投资少,燃烧产物污染较小,具有很强的实用性和商业推广价值。水煤浆的用途十分广泛,它可以像油一样管运、储存、泵送、雾化和稳定着火燃烧,其

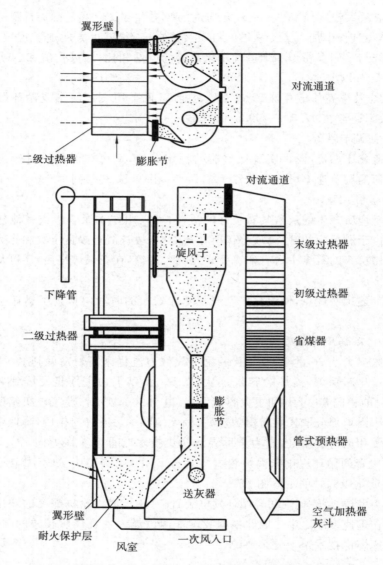

翼形壁

对流通道

二级过热器   膨胀节

对流通道

旋风子

末级过热器

下降管

初级过热器

二级过热器

省煤器

膨胀节

管式预热器

送灰器

翼形壁

耐火保护层   风室   一次风入口

空气加热器
灰斗

图 1-4　美国 ACE 热电公司 180 MW 循环流化床锅炉的示意图

热值相当于燃料油的一半,因而可直接替代燃煤、燃油作为工业锅炉或电站的直接燃料;水煤浆还是理想的气化原料,产生的煤气可以用于煤化工或联合循环发电;特制的精细水煤浆还可以作为燃气轮机的燃料使用。可见,水煤浆技术是洁净煤技术的一个重要组成部分,发展水煤浆技术具有如下重要的意义。

(1)替代石油,合理利用我国能源资源。由于水煤浆具有同石油一样的流动和雾化特性,因此,以水煤浆替代石油可以利用原有设备,改动工作量很小,投资少。

（2）解决煤炭运输问题。我国煤炭资源丰富,但地区分布极不平衡,北煤南运和西煤东运的局面将长期存在。靠铁路运输既增加了铁路的负担,又对沿途环境造成了污染。发展水煤浆进行管道运输将在很大程度上缓解能源运输的压力和污染问题。

（3）降低煤利用过程中的污染。制备水煤浆的原料煤是经过洗选的,含灰量和含硫量都大为降低,燃烧后产生的飞灰和 SO_2 都比一般的燃煤低。同时由于水煤浆中的水分在燃烧时具有还原作用,理论燃烧温度也比相同煤质的煤粉燃烧低200 ℃左右,因此可以在一定程度上降低 NO_x 的排放量。

1.4　液体燃料燃烧的节能技术

1.4.1　提高燃油的雾化质量

油是最常用的液体燃料。由于油的沸点总是低于其着火温度,因此油总是先蒸发成油蒸气,再在蒸气状态下燃烧。其燃烧和气体燃料燃烧几乎完全相同。油的燃烧实际上包含油加热蒸发、油蒸气和助燃空气的混合以及着火燃烧三个过程。其中油加热蒸发是制约燃烧速率的关键。为了加速油的蒸发,扩大油的蒸发面积是主要的方法,为此油总是被雾化成细小油滴来燃烧。

油雾化质量的好坏直接影响燃烧效率。雾化细度是衡量雾化质量的一个主要指标。通常雾化气流中油滴的大小各不相同,显然油滴的直径越小,单位质量的表面积就越大。例如 1 cm^3 的球形油滴,其表面积仅为 4.83 cm^2,如将它分成 10^7 个直径相同的小油滴,它的表面积将增加到 1200 cm^2,即增加约 250 倍。从雾化的角度讲,不仅雾化油滴的平均直径要小,而且要求油滴的直径尽量均匀,通常用所谓索太尔平均直径来表征油滴的尺寸分布。索太尔平均直径可以这样理解:实际的油雾与一个假想的油雾其雾化油的质量和油滴的总表面积都相同,所不同的是假想油雾是由等直径的油滴组成的,此时假想油雾的直径就称为实际油雾的索太尔平均直径。显然索太尔平均直径越小,油滴雾化得越好,其蒸发混合即燃烧的速率也越快。

影响雾化质量的主要因素是喷射速度和燃油温度。研究表明,雾化油滴的尺寸取决于油气间相对速度的平方,相对速度越大,雾化油滴越细。同时燃油温度增加,由于其表面张力和黏度下降,雾化油滴的直径变小。

为了实现油的高效低污染燃烧,应从以下两方面着手:提高燃油的雾化质量和实现良好的配风。

燃油的雾化是通过各种雾化器实现的。雾化器又称喷油嘴,按其工作形式可以分为两大类:机械式喷油嘴(压力式和旋杯式);介质式喷油嘴(以蒸汽或空气作介质)。压力式雾化喷油嘴是借送入燃烧器的油的压力来实现雾化,它又可分为简单式和回油式两种形式。旋杯式雾化喷油嘴则利用高速旋转的金属杯,油通过中心轴内的油管注入转杯内壁,在内壁形成的油膜被从杯口高速甩出,并与送入的高速一次风相遇而雾化。在蒸汽雾化喷油嘴中,油雾化的能量不是来自油压,而是来自雾化介质蒸汽。一定压力的蒸汽以很高的速度冲击油流,并把油流撕裂成很细的雾滴。蒸汽雾化喷油嘴通常又有两种形式,即外混式蒸汽雾化喷油嘴和内混式蒸汽雾化喷油嘴(Y形蒸汽雾化喷油嘴)。新开发的所谓超声波喷油嘴也是蒸汽雾化喷油嘴的一种(见图1-5)。进入汽室1的蒸汽从环形间隙2中喷出,激发谐振器3产生超声波。油从喷油孔4中喷出后,在超声波作用下因振动而进一步破碎。另一种低压空气雾化喷油嘴是利用空气作雾化介质,油以较低的压力从喷嘴中心喷出,而高速(约80 m/s)空气从油四周喷入,使油雾化。

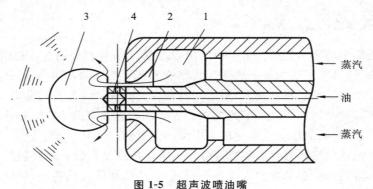

图 1-5　超声波喷油嘴

1—汽室;2—环形间隙;3—谐振器;4—喷油孔

　　要提高燃油的雾化质量,首先就应根据各种喷油嘴的特性正确选用它们。例如对简单压力式雾化喷油嘴,因为其喷油量的调节是依靠改变油压来实现的,低负荷时油压将降低,雾化质量也随之下降。因此这种喷油嘴只适于带基本负荷的锅炉和窑炉。对于负荷变动较大的情况,特别是低负荷运行较多时,可以采用回油式压力雾化喷油嘴,这种喷油嘴设有回油道,可以依靠回油压力的调整来调节喷嘴的流量特性,而油的旋流强度基本不变。

　　当企业有蒸汽源时,可以考虑优先选用蒸汽雾化喷油嘴,因为蒸汽雾化喷油嘴雾化特性好、雾化油滴细,而且雾化角与喷油量无关,火焰形状易于控制,调节性能好,负荷调节比可达1:6以上。此外,这种喷嘴对燃油的适应性好,燃油黏度变化对雾化特性影响很小;对燃油压力要求不高,可简化供油系统;结构简单,操作方便,不易堵塞。当然这种喷油嘴也存在一些明显的缺点,如耗汽量大,且雾化蒸汽不能回收;噪声大,启动性差;烟气中的蒸汽含量会使锅炉尾部受热面腐蚀和积灰等。值得注意的是近几年蒸汽雾化喷油嘴已有很大的改进,耗汽量大大减小,噪声和启动性能也有很大的改善。特别是 Y 形蒸汽雾化喷油嘴,它综合了压力雾化喷油嘴和蒸汽雾化喷油嘴的优点,采用比压力雾化喷油低的油压,又不消耗太多的蒸汽,因此雾化质量更好,单台喷油嘴出力高,且不受油压和油温的影响,适合于大型燃油锅炉。为了节能和提高经济效益,雾化燃油的品质越来越差,而使用上又要求锅炉对负荷的适应能力越来越好,这一因素也促进了蒸汽雾化喷油嘴的广泛应用。

对于小型燃油锅炉和窑炉,多优先采用低压空气雾化喷油嘴。这是由于这种喷油嘴雾化质量好,火焰较短,油量调节范围广,对油质要求不高,且结构和系统均较简单。此外,旋杯式雾化喷油嘴对油压、油质要求不高,调节性能优良,特别是低负荷运行时,因油膜减薄雾化质量反而好。因此也适合于小型工业锅炉,但因有高速运转部件,且旋杯易沾污,故影响它的应用。

由于雾化质量与喷射速度和燃油温度有很大的关系,因此也可以从这两方面来改善雾化质量。例如当燃油黏度较大时,可以将油预热温度提高,对重油更应将加热温度提高到 110~130 ℃。此外,重油中相对分子质量大的碳氢化合物占相当大的比重,它们不易蒸发,且在缺氧的情况下易受热(600 ℃左右)裂解,形成炭黑微粒,致使重油燃烧时间延长,为此在燃烧重油时,还应保证火焰尾部有足够高的温度和充足的氧气供应。

1.4.2　实现良好的配风

油燃烧器由喷油嘴和配风器两部分组成。配风器的任务是供给适量的空气,以形成有利于空气和油雾混合的空气动力场。好的配风器应满足如下的要求。

(1)将空气分为一次风和二次风,一次风量占总风量的 15%~30%,一次风在点火前就已和油雾混合,其作用是避免油雾着火时,由于缺氧严重而分解,产生大量炭黑。

(2)一次风应当是旋转的,从而可以产生一个适当的回流区,以保持火焰的稳定。

(3)二次风可以是直流的,也可以有小的旋流强度。后者是为了控制火焰的形状,以有利于早期混合。

配风器通常分为直流式和旋流式两大类。直流式配风器是最简单的配风器,它有两种形式,即直管式和文托利管式。图 1-6 即为直管式配风器的示意图,它多用于小型锅炉和窑炉。

旋流式配风器按进风方式可以分为蜗壳型和叶片型,其中叶片型又可分为切向叶片和轴向叶片两种型式。旋转气流从旋流式配风器喷出后,由于强烈的湍流运动,能使油雾和空气很好地混合。早期的蜗壳式配风器由于通风阻力大,且沿喷口周围气流分布不均,目前已很少采用。切向或轴向叶片型的旋流配风器既可使

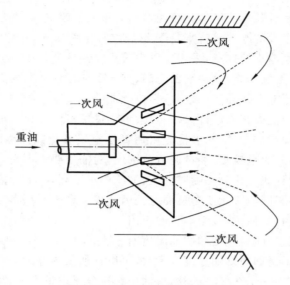

图 1-6　直管式配风器的示意图

一次风直吹、二次风旋转,也可使一、二次风同时反向旋转,甚至还可在两股旋转风之间再加入一股不旋转的三次风,因此湍流强烈,喷进炉膛后可以形成强烈的油气混合气流,十分有利于燃烧,适合于大、中型的锅炉和窑炉。

　　不管何种配风方式,都应该使空气流扩展角和油雾扩展角很好配合,一般空气流扩展角应比油雾扩展角稍小些,以使空气能高速喷入油雾中形成良好的配合。(见图1-7)

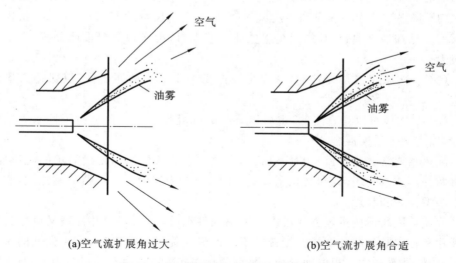

(a)空气流扩展角过大　　　　　　　　　(b)空气流扩展角合适

图 1-7　空气流扩展角和油雾扩展角的配合

1.5　气体燃料燃烧的节能技术

1.5.1　概述

气体燃料便于储存、运输，燃烧方便，随着天然气的开发和煤的气化，其应用越来越广。气体燃料燃烧的效率主要取决于气体燃烧器。对气体燃烧器的基本要求如下：

(1) 不完全燃烧损失小，燃烧效率高；

(2) 燃烧速率高，燃烧强烈，燃烧热负荷高；

(3) 着火容易，火焰稳定性好，既不回火，又不脱火；

(4) 燃烧产物有害物质少，对大气污染小；

(5) 操作方便，调节灵活，寿命长，能充分利用炉膛空间。

常用的气体燃烧器有扩散式燃烧器，对这类燃烧器可燃气体与助燃空气不预先混合，燃烧所需空气由周围环境或相应管道供应、扩散而来。图 1-8 所示为简单的扩散式燃烧器。另一种是预混式燃烧器。其特点是燃烧前可燃气体与氧化剂已经混合均匀。燃烧时这种燃烧器通常无焰，故也称无焰燃烧器。此外还有一种部分预混式燃烧器，这种燃烧器的特点是在燃烧器头部设预混段，可燃气体与空气进行部分预混，其余空气靠扩散供应。目前家庭用的煤气灶大多属此类。

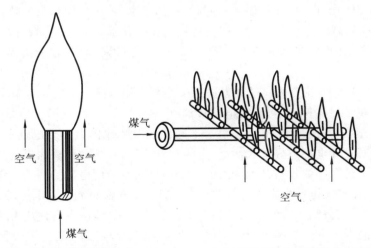

(a)最简单的煤气扩散式燃烧器　　　　　　　(b)多排喷孔的煤气扩散式燃烧器

图 1-8　简单的扩散式燃烧器

预混可燃气体的燃烧过程可分为两个阶段：着火阶段和着火后的燃烧阶段。

着火是燃烧的预备阶段，在这一阶段，可燃气体与氧化剂在缓慢氧化的基础上不断积累热量和活化分子。到某一时刻，化学反应会自行加速，达到着火点后开始着火燃烧。

预混可燃气体的着火方法有两种：自燃和点燃。自燃是自发的，点燃是强制的。自燃是预混可燃气体由于自身温度的提高而导致化学反应速率自行加快引起的燃料自行着火。点燃则是由于外界能量的加入（如采用电火花）而使预混可燃气体的化学反应速率急剧加快而引起着火。不论是自燃还是点燃，都称为着火。

自燃和点燃都是化学反应由低速突然加速到极高速度的过程。自燃着火有两个条件：①可燃混合物应有一定的能量积聚过程；②可燃混合物在温度提高到一定程度后，活化分子（活化中心）数量积聚到一定程度，便从不显著的反应自动地转变到剧烈的反应。

在燃烧理论中自燃有两种类型，即热力自燃和链式自燃。前者是由于热力爆燃而引起，后者是由于链式爆燃而产生。在实际的燃烧过程中不可能有纯粹的热力自燃和链式自燃，它们是同时存在和相互促进的。

点燃主要取决于点火方式。用来点火的热源可以是电火花、高温气体、炽热的物体、小火焰或电弧等。

电火花点火是在燃烧装置上安装点火电嘴电极，通过电极之间的火花放电，点燃可燃混合气。电火花点火可分为以下几种。

（1）高压电火花点火。利用高电压（5～8 kV），在点火电嘴电极之间产生放电火花点火，其点火能量较低，但当极间积炭、沾油水时，易发生点火失败。

（2）高频高压电火花点火。利用高频高压振荡器产生 100 Hz、10～20 kV 的高频高压电，在点火电嘴电极之间产生放电火花点火，其击穿能力强，点燃可靠性大。

（3）高能电火花点火。这种方法在中心和旁侧电极之间充填以氧化铁为主要成分的陶质半导体材料，当点火电嘴接通 2～4 kV 电压后，电流便由中心电极经过半导体充填物流向旁侧电极。由于不同部位上半导体材料导电性的不均匀性，大量电流通过导电性较好的表面层，电能转换为热能，从而使表面温度达到相当高的水平。于是半导体材料开始蒸发。将中心电极与旁侧电极之间的气体电离成等离子体，而在点火电嘴中发生电容放电，并在半导体表面上形成电火花，其优点是释放能量大，在极间积炭和沾油的情况下仍能正常工作，缺点是使用寿命较短。

另外的点火方法是利用炽热物体点火，例如利用电阻丝通电产生热量，点燃气体燃料。其方法简单，但是电阻丝寿命短，易氧化烧蚀。

火焰点火也是一种常用的点火方法，在燃烧低热值煤气、重油或煤粉的工业燃烧装置中，往往采用火焰点火的方法。

在某些情况下甚至还采用多级点火的方式。所谓多级点火，就是由电火花点火设备发火,逐级点燃比较容易着火的气体燃料或轻质液体燃料,形成点火能量较大的引燃火焰,再由引燃火焰点燃重油、煤粉。引燃火焰点火能量大,点火可靠。在常压下、空气中燃烧时一些气体燃料的着火温度和浓度极限见表 1-13。

表 1-13　在常压下、空气中燃烧时一些气体燃料的着火温度和浓度极限

可燃物	着火温度/℃	着火浓度极限(体积分数)/(%)	
		下限	上限
H_2	510～590	4.0	80.0
CO	610～658	12.5	80.0
CH_4	537～750	2.5	15.4
C_2H_6	510～630	2.5	14.95
C_2H_4	540～547	2.75	35.0
C_2H_2	355～480	1.53	82.0
C_3H_8	466	2.0	9.5
C_4H_{10}	430	1.55	8.5
C_6H_6	570～740	1.3	9.5
天然气	530	3.0	14.8
高炉煤气	530	35.0	74.0
焦炉煤气	500	5.6	30.4
发生炉煤气	530	20.7	74.0

气体燃料的燃烧效率通常都很高,在气体燃料的燃烧技术中应将注意力放在以下几方面:正确选用燃烧器;控制好燃烧器的参数;提高火焰的稳定性。

各种燃烧器的特点均不相同,在选用时应充分掌握其特点。例如:扩散式燃烧器,其安全性较好,不会回火,因此没有回火爆炸的危险,但其火焰较长,仅适合于高热值燃烧;预混式燃烧器,燃烧强度高,而且不会产生炭黑,其缺点是燃烧不稳定,可能出现回火或脱火,它主要适用于低热值燃烧。又如对某些供热量很大的工业炉,以天然气为燃料时所需流量很大,此时采用部分预混式燃烧器不但可以提高燃烧热负荷,而且还能控制火焰的发光程度,有利于改善炉内辐射传热。

1.5.2　控制好燃烧器的参数

燃烧器的参数包括结构参数和流动参数。结构参数的改变会对燃烧情况(如火焰长度)产生明显的影响。例如扩散式燃烧器,如果助燃空气喷口和煤气喷口相邻平行布置,其火焰长度就明显长于煤气喷口位于空气喷口内并彼此同心布置的情况。此外,煤气喷口放在空气喷口内,两喷口均为不收缩的圆形时,火焰长度也明显长于同样结构,但两喷口收缩为扁形时的情况。流动参数对燃烧的影响也是很明显的,例如对于预混火焰,当燃烧器喷出的气流速度小于火焰传播速度时,火焰可能传到燃烧器内部,产生回火,显然回火有引起爆炸的危险。另一方面,如果燃烧器喷出的气流速度大于火焰传播速度,火焰有可能被吹熄,产生脱火。因此应控制好燃烧器的流动参数。

1.5.3　提高火焰的稳定性

火焰的稳定性是指火焰能够连续稳定地维持在某个空间位置上,既不熄火,又不随意移动位置。显然火焰稳定性是高效低污染燃烧的关键,因此在燃烧过程中应采取各种措施提高火焰的稳定性。提高火焰的稳定性必须针对各种不同的情况采取不同的措施。例如对层流火焰,为提高火焰的稳定性防止回火,可以将单喷口改成许多小喷口,以加强散热。又如喷口气流速度过大有可能脱火时,可在喷口外加障碍物,以降低气流速度,保持火焰稳定。

在工程应用中,通常喷口气流速度都较高,为湍流状态,如不采取措施,火焰很难稳定,甚至会被吹熄。为避免这一问题,工程上常利用回流的高温烟气或用小火焰不断地向可燃气体提供足够的热量,以保证火焰连续稳定地燃烧。产生高温烟气回流有很多方法,其中最简单的方法是在湍流火焰后放置一个钝体,在钝体后将形成高温烟气的回流区,以持续地向可燃气体提供热量,维持火焰稳燃。除了钝体稳焰器外,还有其他形式的稳焰器,如船形稳焰器、多孔板稳焰器(它相当于多个小钝体)等。此外旋转射流、复杂射流(如射流突然扩张、突然转弯等),也都能产生高温烟气回流区。小股高速射流和主流气体之间形成的大速差,也会造成高温烟气回流。另一种维持火焰稳定的简捷方法是采用点火火焰,通常又将此火焰称为值班火焰。

1.5.4　燃烧器的改进和开发

燃烧器的改进和开发一直是高效低污染燃烧技术的一个主要方面,其发展非常迅速。例如,使气流旋转将有利于可燃气体和助燃空气的混合和燃烧,因此根据这一原理设计的旋流式燃烧器,燃烧热负荷高,火焰稳定性好。如进一步提高气流的旋转强度,燃烧时将形成燃烧旋涡,此时燃烧更加激烈,热负荷更高,此种燃烧器则称为旋风燃烧器。此外还有所谓高速煤气燃烧器,它是提高煤气和空气从各自喷口喷出的速度,使它们喷出后能迅速混合燃烧,不但燃烧室热负荷高,而且高速烟气对强化传热十分有利,这种燃烧器适合于加热炉,工件升温快,效率高。

另外一种多喷口板式无焰燃烧器(见图 1-9),由于煤气与空气经过混合器均匀混合后,再通过分配室分配到许多由耐火砖砌成的燃烧道,不但燃烧效率高,而

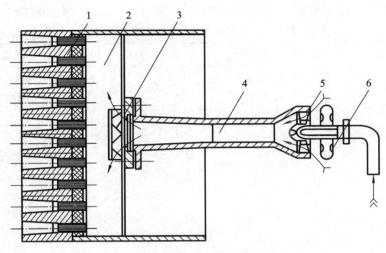

图 1-9　板式无焰燃烧器

1—耐火砖燃烧道；2—分配室；3—分配锥；4—混合器；5—喷嘴；6—空气调节阀

且温度场均匀，烧嘴寿命长，非常适合于烧低热值的煤气。与上述燃烧器相类似的有所谓平焰式燃烧器，这种部分预混燃烧器，煤气从中心管端部四周小孔喷出并与四周扩展的空气相混合，形成平展的圆盘形火焰，其火焰短而且展开，因此温度场均匀，适于作为加热炉的燃烧器。

1.5.5　低热值气体燃料燃烧

1. 低热值气体燃料

低热值气体燃料是指发热量小于 6.28 MJ/m³ 的气体燃料，常见的有高炉煤气、煤层气、化工过程低热值尾气、有机废气等。而按照性质划分，低热值气体又可分为富氧低热值气和无氧低热值气。高炉煤气、化工过程低热值尾气等属于无氧低热值气，而煤层气、有机废气等则属于富氧低热值气。其性质不同，燃烧利用方法也不同。

我国低热值气体种类繁多，且总量巨大。以煤层气为例，每年全世界因煤矿开采而排入大气层中的甲烷（CH_4）气体总量为 2.5×10^7 t，总热值相当于 3.37×10^7 t 标准煤的热值，而我国就占其中的 45%，造成了巨大的能源浪费。而且甲烷是仅次于 CO_2 的第二大温室气体，单位质量的甲烷对大气温室效应影响是 CO_2 的 24.5 倍，排入大气会引起全球变暖。表 1-14 为我国典型的低热值气体有关数据。

为优化我国能源结构，我们应充分利用工业生产和居民生活中产生的低热值气体。而如何实现低热值气体稳定燃烧，减少直接排放造成的环境问题，实现低热值气体能源的高效清洁利用，一直是困扰燃烧界的难题。因此，开发低热值气体燃烧技术,对缓解能源紧张,提高能源利用率,改善居住环境,具有重要的意义。

表 1-14 我国典型低热值气体有关数据

低热值气体	性质	主要可燃成分	燃气热值	年生产量
煤矿乏风	富氧	CH_4(含量在 0.75%以下)	0.3 MJ/m^3 以下	折合天然气 $1.2×10^{10}$ m^3,完全排空
煤层瓦斯气	含氧	CH_4(含量在 3%~30%)	1.1~11 MJ/m^3	折合天然气 $4.0×10^9$ m^3,部分利用
VOCs	富氧	有机挥发分混合物(浓度大于 5000 mg/m^3)	0~0.8 MJ/m^3	难以准确统计
高炉煤气	无氧	CO、CH_4	2.8~4.2 MJ/m^3	年产量 $3.0×10^{11}$ m^3,利用率不到 20%
生物质气化气	无氧	H_2、CO、CH_4 等气体	3~5 MJ/m^3	折合 $9.0×10^6$ t 标准煤
垃圾填埋气	无氧	CH_4(含量在 30%~70%)	5 MJ/m^3 以上	折合天然气 $1.0×10^9$~$7.0×10^9$ m^3

2. 低热值气体燃料燃烧条件

根据燃烧理论可知,气体燃料稳定燃烧也必须满足三个条件:达到着火温度;燃气浓度在着火极限内;燃气与空气均匀混合。为保证低热值气体燃料稳定燃烧,一般主要从火焰温度和着火极限这两点着手。

1)提高火焰温度

火焰温度越高,提供着火辐射能就越多。而实际火焰温度与燃烧装置及燃料有关。同时依据公式:

$$T = (\eta H_1 + Q - q) / \sum (Gc) + t_0$$

式中,T 为实际火焰温度,℃;η 为燃烧效率;H_1 为燃料低位发热量,kJ/kg;Q 为燃料和空气物理显热,kJ/kg;q 为燃烧散热,kJ/kg;G 为实际燃烧产物中烟气成分含量,m^3/kg;c 为实际燃烧产物的平均定压比热容,kJ/(kg·℃);t_0 为基准温度,℃。

为此,提高低热值气体燃料火焰温度一般可采取如下措施:

(1)提高燃烧效率;

(2)改善燃烧条件,减少系统散热量;

(3)提高燃料热值;

(4)提高燃料或空气温度。

2)降低着火极限

气体燃料燃烧存在着火极限,即当气体燃料在混合物中所占的比例高于着火上限或者低于着火下限时,气体燃料均不能燃烧。而着火下限低,表明气体易于燃烧;燃气着火下限高,表明该气体着火困难。

低热值气体燃料属于着火下限高的类型,为此,要改善低热值气体燃料的着火特性,就要降低燃气的着火下限。采取的一般措施如下:

(1) 提高火焰温度;

(2) 掺烧着火下限低的燃气,降低着火下限,通常情况下高热值气体的着火下限较低;

(3) 制造局部高浓度区域,这部分气体先着火会提高火焰温度,有利于其他部位气体的着火。

3. 低热值气体燃料燃烧强化方法

燃料的燃烧特性由其成分特性决定。由于低热值气体燃料中可燃物浓度低、不可燃成分高、着火点高,不易控制且容易出现回火等,其稳定燃烧很难实现,因此,需要根据气体燃料稳定燃烧的条件和成分特点制定相应的燃烧措施。

1) 掺烧高热值气体燃料

根据前面气体燃料稳定燃烧条件可知,掺烧高热值燃气可降低混合燃料的着火下限,使混合燃料更容易着火。同时掺烧高热值燃气还可提高单位体积燃气热值,提高炉内的火焰温度,即改善了燃烧条件。这是最常用的燃烧低热值气体的方法。

需要注意的是,因高热值燃料成本较高,在保证低热值气体燃料稳定燃烧的前提下,高热气体燃料的掺烧比例越小,则经济性越好。因此,稳燃性能强的燃烧器和良好的配风条件显得尤为重要。

2) 富氧燃烧

富氧燃烧是指以氧浓度大于 21% 的空气与低热值气体燃料混合燃烧。在相同的空气总量下,氧气浓度的提高可减少燃烧烟气量,炉内火焰温度也会大幅度提高,而且还可以降低燃气着火下限。但富氧燃烧需要配备空气分离装置,比较耗能,因此,采用富氧燃烧方法时,掺烧的空气中的氧浓度不宜太高,否则会影响系统经济性。这就需要在低热值气体燃料回收的经济性和稳定燃烧所需的最低氧浓度之间找到一个最佳平衡点。

3) 局部高温

低热值燃气着火点高,需在高温下着火,而低热值气体均匀预热则耗能太大,因而可以采用局部高温的方法让该处小股燃料首先着火,从而引燃主气流。这种强化燃烧技术可以分为两种:一种是在主燃烧器旁增加一个燃烧高热值燃料的长明灯,其作用相当于一个点火装置,由它来引燃主气流;另一种是利用稳燃装置产生高温回流区,小股燃料在回流区中首先着火,之后逐步引燃主气流。典型技术有钱壬章、靳世平等发明的回流区分级着火燃烧技术,根据该原理合理设计的燃烧器具有较强的低热值燃料稳燃性能。

　　4）烟气部分循环

　　该方法是将一部分燃料燃烧所产生的高温烟气引回燃烧器出口,使之与尚未着火的或正在燃烧的燃气-空气混合物相混合,提高反应区的温度,改善燃烧条件。烟气部分循环分为内部循环和外部循环两种。内部循环是在炉膛内部实现的,外部循环则是在炉膛外部实现的。但是烟气循环量不能太大。当烟气量超过某一最佳数值时,由于惰性物质对可燃混合物的稀释作用,燃烧速率会受到影响,可能发生欠氧和不完全燃烧。

1.6　燃　烧　器

1.6.1　概述

　　燃烧器是将空气与燃料通过预混装置按适当比例混兑以使其充分燃烧,并将化学能转化热能的装置。燃烧器多用不锈钢或金属钛等耐腐蚀、耐高温的材料制成。

　　燃烧器根据其不同的属性,具备多种分类方式。燃烧器按类型和应用领域通常分为工业燃烧器、燃烧机、民用燃烧器、特种燃烧器等。在广义的燃烧器概念中,家用的热水器、煤气灶,乃至打火机等都可以认为是燃烧器。按燃料方式,可分为燃油燃烧器、燃气燃烧器、轻油燃烧器以及双燃料燃烧器。在具体的应用中,燃油燃烧器又分为轻油燃烧器、重油燃烧器等,燃气燃烧器则分为天然气燃烧器、城市煤气燃烧器等。按燃烧器的燃烧控制方式,可分为单段火燃烧器、双段火燃烧器、比例调节燃烧器。按燃料雾化方式,可分为机械式雾化燃烧器、介质雾化燃烧器。按结构可分为整体式燃烧器与分体式燃烧器。其中分体式燃烧器主要应用于工业生产,其主要特征为燃烧系统、给风系统、控制系统等均分解安装,该种机器主要适合于大型设备或高温等特殊工作环境。锅炉燃烧器就是其中常用的一种。

　　1. 煤粉燃烧器

　　1）煤粉燃烧器中的多次风

　　（1）一次风。

　　一次风用来输送加热煤粉,使煤粉通过一次风管送入炉膛,并能供给煤粉中的挥发分着火燃烧所需的氧气。采用热风送粉的一次风,同时还具有对煤粉预热的作用。它的作用除了维持一定的气粉混合物浓度以便于输送外,还要为燃料在燃烧初期提供足够的氧气。一次风有冷一次风与热一次风之分。热一次风用于保证煤粉进入锅炉时即有一定的温度,提高能量利用率。冷一次风用于调节热一次风温,以保证热交换达到最佳效果。

一次风携带的煤粉进入炉膛后通过二次风提供氧气燃烧。

（2）二次风。

二次风是通过燃烧器的单独通道送入炉膛的热空气,进入炉膛后才逐渐和一次风相混合。二次风为碳的燃烧提供氧气,并能加强气流的扰动,促进高温烟气的回流,促进可燃物与氧气的混合,为完全燃烧提供条件。二次风的风量在一次风、二次风和三次风中最大,在总风量中占有相当大的比例。

（3）三次风。

三次风是制粉系统排出的干燥风,俗称"乏气"。它作为输送煤粉的介质,送粉时叫一次风,只有在以单独喷口送入炉膛时才叫做三次风。三次风含有少量煤粉,风速高,对煤粉燃烧过程有强烈的混合作用,并补充燃尽阶段所需要的氧气,由于其风温低、含水蒸气多,会降低炉膛温度。

（4）中心风。

中心风的作用是增加一次风的刚性,防止煤粉离析和散射,并补充空气量,减少碳未完全燃烧损失。

有无中心风是四通道燃烧器与三通道燃烧器的根本区别所在。中心风的作用如下:①冷却燃烧器端部,保护喷头;②在燃烧器端部形成碗状效应(气流内循环),使火焰更加稳定;③降低端部火焰温度,减少有害气体 NO_x 的形成。

（5）辅助风。

辅助风控制系统为单冲量多输出控制系统,控制系统同时控制各层的辅助风挡板。在运行时各层磨煤机的负荷可能各不相同,需要不同的配风,因此每层辅助风门都设有一个操作员站,运行人员可以手动改变偏置的大小。当油枪程控点火时,相应的辅助风门自动调到"油枪点火"位置。

（6）燃料风（周界风）。

燃料风（周界风）控制系统为比值控制系统,燃料风风门的开度由相应的给煤机转速决定。

（7）燃尽风。

燃尽风控制系统也是比值控制系统,燃尽风风门的开度为锅炉负荷的函数。

2）煤粉燃烧器的两种形式

煤粉燃烧器分为旋流式和直流式两种。

（1）旋流式煤粉燃烧器:主要由一次风旋流器、二次风调节挡板（旋流叶片或蜗壳）和一、二次风喷口组成。它可以布置在燃烧室前墙、两侧墙或前后墙。输送煤粉的空气称为一次风,其风量占燃烧所需总风量的 $15\% \sim 30\%$。煤粉-空气混合物通过燃烧器的一次风喷口喷入燃烧室。燃烧所需的另一部分空气称为二次风。二次风经过燃烧器的调节挡板（旋流叶片或蜗壳）后形成旋转气流,在燃烧器出口与一次风汇合成一股旋转射流。射流中心形成的负压将高温烟气卷吸到火焰根部。这部分高温烟气是煤粉着火的主要热源。一次风出口的扩流锥可以增大一次风的扩散角,以加强高温烟气的卷吸作用。

(2)直流式煤粉燃烧器:一般由沿高度排列的若干组一、二次风喷口组成,布置在燃烧室的每个角上。燃烧器的中心线与燃烧室中央的一个假想圆相切,因而能在燃烧室内形成一个水平旋转的上升气流。每组直流式燃烧器的一、二次风喷口分散布置,以适应不同煤种稳定而完全燃烧的要求,有时也用来减少 NO_x 的生成量。

2. 燃油燃烧器

燃油燃烧器主要采取雾化技术。气泡雾化燃烧器的雾化原理如下:燃油与雾化介质(水蒸气或压缩空气)经气泡雾化发生器产生大量油包汽气泡,在混合室充分混合后喷出,由于存在较高压差,从而实现爆破雾化。经航空发动机气动热力国防科技重点实验室激光检测,其雾化颗粒索太尔平均直径 SMD≤23.76 μm,这是一般气动雾化和机械雾化喷嘴达不到的,是一种全新的燃油雾化燃烧技术。

油燃烧器的调风器除与煤粉燃烧器相似的旋流式和直流式外,尚有一种部分旋流式,即在直流式调风器内布置一个稳焰器,使少量空气(10%～20%)流经稳焰器后产生旋转运动,在调风器出口形成中心回流区,使油雾着火稳定,以达到低氧燃烧。

3. 气体燃烧器

气体燃烧器主要有天然气燃烧器和高炉煤气燃烧器两类。大容量天然气燃烧器大多采用多枪进气平流式。天然气枪放在调风器的空气通道内。高炉煤气燃烧器因高炉煤气发热量较低,着火困难,常在炽热的通道内燃烧,而后喷入燃烧室。

4. 其他燃烧器

其他燃烧器包括燃烧生物质颗粒燃料的燃烧器,以及富氧、全氧助燃的燃烧器。前者必须考虑生物质颗粒的特点,如灰分和水分含量高;后者氧气助燃燃烧的火焰温度要比空气燃烧时高出很多,所以在炉体耐材的选择上,应有更高的要求。

1.6.2　燃烧器的组成

燃烧器作为一种自动化程度较高的机电一体化设备,可分为五大系统,即送风系统、点火系统、监测系统、燃料系统、电控系统。

1. 送风系统

送风系统的功能在于向燃烧室里送入一定风速和风量的空气,其主要部件有壳体、风机电动机、风机叶轮、风枪火管、风门控制器、风门挡板、凸轮调节机构、扩散盘。

2. 点火系统

点火系统的功能在于点燃空气与燃料的混合物,其主要部件有点火变压器、点火电极、点火高压电缆。火焰长度、锥角、形状可按用户要求设计。

3. 监测系统

监测系统的功能在于保证燃烧器安全、稳定运行,其主要部件有火焰监测器、压力监测器、温度监测器等。

4. 燃料系统

燃料系统的功能在于保证燃烧器燃烧所需的燃料。燃油燃烧器的燃料系统主要包括油管及接头、油泵、电磁阀、喷嘴、重油预热器。燃气燃烧器的燃料系统主要包括过滤器、调压器、电磁阀组、点火电磁阀组、燃料蝶阀。

5. 电控系统

电控系统是以上各系统的指挥中心和联络中心,主要控制元件为程控器,不同的燃烧器配有不同的程控器,常见的程控器有 LFL 系列、LAL 系列、LOA 系列、LGB 系列,其主要区别为各个程序步骤的时间不同。

1.6.3　燃烧器的使用、维护和保养

1. 开机操作

(1) 对新安装的炉体,调试前应认真检测燃气是否符合燃烧器的要求;检查供气管路上的检测仪器是否正常及管道阀门开、关是否正常,是否便于以后使用及检修。

(2) 对新安装的管道,应认真检查所有管路的安装可靠性和管路的密封性。

(3) 使用单独气化站的用户,要保证供气量、供气参数符合安全燃烧要求。

(4) 操作员认真阅读设备使用说明书,熟练掌握安全操作知识及方法。

(5) 每次开机前要检查燃气阀门是否打开,否则燃烧器不工作。

(6) 启动控制柜上的电源控制按钮,此时数显表就显示当前炉内温度,新安装的炉体此温度为环境温度。

(7) 启动风机控制按钮,安装在炉体上的风机工作,此时若风机损坏,控制柜就启动自动保护,不进入下一步操作。

(8) 助燃风机工作无异常现象时,再启动燃烧控制按钮,此时燃烧程序控制器就开始工作,它通过一定的程序进行点火、送气、检测火焰等,最终实现安全燃烧。

(9) 当燃烧控制器收到不利于燃烧的信号(如点火失败、气压不稳定、电路有问题)等问题时,燃烧控制器就立刻关闭燃气并发出报警信号。

(10) 燃烧控制器若报警,解决故障后必须由操作员对其手动复位才可以继续工作。

(11) 对于整个设备的操作,操作员应参考炉体安全操作规程及生产工艺要求进行。

(12) 按生产工艺要求需要调整控制温度时,操作员应参考智能数控表说明书

进行调节。

2. 关机操作

(1) 当炉内温度到达所设定值自动关机,此时操作员不必进行任何操作,等到炉内温度低于设定值时控制器会自动开机。

(2) 人为停机和交接班停机时,操作员应按开机时的相反顺序(a. 先关闭燃烧控制按钮;b. 再关闭风机按钮;c. 最后关闭电源按钮)操作关机。

(3) 关机时间较长情况下,操作员应关闭燃气管路阀门,以免燃气泄漏现象发生。

3. 使用时注意事项

(1) 连接外围电路,对锅炉温度、压力、水位等实现自动控制时应按控制系统接线图接线。

(2) 吸油管不得贴近油箱底部,应保持 80～120 mm 的距离。向油箱注油前应关闭燃烧器,燃油经过过滤后方能注入油箱,注油 20 min 后才能重新开机。油路系统不得漏油和漏气。启动燃烧机前检查油箱燃油是否充足。

(3) 风门大小应与喷嘴规格相匹配。使用燃烧器时,由于所配锅炉和燃烧器出厂时调试用锅炉不一致,所以一般需要适当调整风门,有时还需要更换合适规格和喷射角度的油嘴。

(4) 燃烧器的使用环境温度不得超过 70 ℃,否则应采取降温隔热措施。在较寒冷的地区使用时,应对储油装置和供回油管路系统采取适当的保温措施,以防油路因冻结堵塞。同时,燃烧器控制电路部分不得受潮或承受高温。清扫烟囱时应关闭燃烧器。

(5) 电动机应注意防潮,避免在潮湿环境下使用。

(6) 燃烧器安装时应保持平衡,宜水平或垂直使用,避免倾斜使用。

(7) 不方便直接操作燃烧器时,应外接控制开关及电器保护装置。

(8) 经常检查燃烧器及各部件的连接是否坚固,有无松动,位置有无变化。

(9) 启动燃烧器时,严防突然喷出的火焰伤人和毁物。

4. 日常维护、保养

(1) 经常保持各设备表面清洁。

(2) 设备停车时,应及时按规定对快开盲板(法兰盖)的各个转动进行润滑,开闭部位的丝杠应涂润滑油脂,其他部位也尽量涂润滑油脂。对于无法涂润滑油脂的部位,可注 10# 或 20# 机油。

(3) 所用轻柴油必须清洁,注意定期清洗油箱和油过滤器。

(4) 正常使用情况下,一年换一次油嘴,一年半更换一次弹性联轴器和联轴器上的橡胶件。

(5) 严禁异物进入风道。

（6）燃烧器使用现场应远离易燃易爆品，并备有灭火设备。

（7）根据油压表示值适当调整油压。

（8）定期检查燃烧筒、叶轮、火焰探测器和点火电嘴电极，清除油污和积炭。尤其火焰探测器更应保持清洁，不得沾水。

（9）维护燃烧器时，务必切断电源。

（10）随时监测差压计读数，当压差达到 0.02 MPa 时，应冲洗滤芯。

5. 检验周期

（1）每年至少对本设备进行一次全面检验、设备壁厚的检测，每两年对设备的承压焊缝进行无损检测。所有的检验、检测结果，应记入设备的技术档案。

（2）设备内部有压力时，不得进行任何维修。

（3）停放时的维修保养：

①本设备停放时，应将设备内液体排净；

②关闭所有阀门；

③将设备表面彻底清理干净；

④所有转动部位涂防护油脂；

⑤用帆布将设备全部盖上，防止尘垢沉积在设备表面。

1.6.4　燃烧器烧损原因

燃烧器主要烧损原因如下。

（1）炉膛温度偏高。

炉膛火焰中心温度偏高，炉膛高温烟气对燃烧器的辐射换热增强，导致燃烧器喷口壁面温度增高。

（2）炉膛火焰中心偏斜。

燃烧器热态试验结果表明：从四角测得的炉膛温度和燃烧器喷口的温度分布明显不均。炉膛火焰中心偏斜，也会导致燃烧器烧损。从一次风管风速测量结果看，同层四角燃烧器的一次风喷口风速明显不均。同层一次风喷口风速偏差大，是造成炉膛火焰中心偏斜的一个原因。一次风速偏差大及一次风速偏低都会导致燃烧器喷口的损坏。

（3）运行控制方面的原因。

①煤粉着火间隔太近。

②一次风速太小会造成煤粉着火间隔太近。在运行中，一次风总风压控制太低，就可能造成着火间隔太近，从而引起燃烧器喷口的过热变形直至损坏。

③二次风风速太低也会造成着火间隔太近，进而造成燃烧器喷口的损坏。

④煤种变化的影响：

a.煤质变好，挥发分增加，一次风喷口的煤粉着火间隔变近，运行人员未能及时调整好一次风和二次风,以适应煤种的变化。

　　b.煤粉细度太细。

　　煤粉细度太细造成一次风喷口的煤粉着火间隔太近,从而引起燃烧器喷口的过热变形直至损坏。

　　⑤低负荷运行时,上层一次风喷口冷却不够。

　　在低负荷运行时,未投用的一次风喷嘴几乎处于干烧状态,得不到足够冷却,从而造成燃烧器的过热、变形直至损坏。

　　(4)燃烧器设计方面的原因。

　　①材质方面:燃烧器选用的合金钢材料不能满足锅炉正常运行时燃烧器耐磨损、耐高温的要求。

　　②结构方面:煤粉浓缩、预热燃烧器的喷口结构设计不够完善,在喷口处产生强烈的热回流,造成喷口温度过高,使喷口过热变形、损坏。

参 考 文 献

[1]　戴方钦.高炉热风炉陶瓷燃烧器的研究与应用[D].武汉:华中科技大学,2008.

[2]　文午琪.低热值气体燃料燃烧技术及其工业应用[D].武汉:华中科技大学,2013.

[3]　张喜来,靳世平,杨益,等.蓄热式燃烧技术在梭式窑上的工业应用[J].中国陶瓷,2012,48(6):63-66.

[4]　黄发明.混合气双预热蓄热技术在加热炉上的应用[J].南方金属,2007(1):48-50.

[5]　赵博宁.天然气在蓄热式锻造加热炉上的应用及模拟[D].西安:西北工业大学,2007.

[6]　侯长连,胡和平,董为民,等.高效蓄热式工业炉的开发与应用[J].钢铁,2002,37(1):65-68.

[7]　李勇,刘志友,安亦然.介绍计算流体力学通用软件——Fluent[J].水动力学研究与进展,2001,16(2):255-259.

[8]　姚征,陈康民.CFD通用软件综述[J].上海理工大学学报,2002,24(2):137-144.

[9]　范玉飞.连续退火炉加热段过程带温模型建立[D].上海:上海交通大学,2006.

[10]　蒋斌,王晴.低污染燃烧技术的特点及其应用的典型事例[J].城市建设理论研究(电子版),2012,26.

[11]　蒋旭光,杨家林.煤水混合物高效低污染燃烧技术的研究[C]// 92 海峡两岸高效低污染燃烧节能环保技术研讨会,1992.

[12]　于龙,吕俊复,王智微,等.循环流化床燃烧技术的研究展望[J].热能动力工程,2004,19(4):336-342.

[13]　杨晓巳,杨承刚.整体煤气化联合循环[J].电子世界,2012,16:102.

[14]　庄允朋,厉建栋.燃气-蒸汽联合循环发电技术的应用[J].煤气与热力,2003,23(9):559-561.

[15]　陈长景,朱葛琴.水煤浆燃烧技术[J].余热锅炉,2006(2):7-9.

[16]　戴方钦,王立,董焰,等.热风炉高效能陶瓷燃烧器的特点及应用[J].炼铁,2003,22(4):52-53.

[17]　周善平,谭岩,戴方钦,等.高效能陶瓷燃烧器在萍钢 350 m³ 高炉上的应用[J].炼铁,2005,24(2):18-20.

[18]　张胤,贺友多,李士琦.高炉热风炉钝体式陶瓷燃烧器燃烧过程研究[J].钢铁,2005,40(1):69-72.

[19]　汤清华.鞍钢 3200 m³ 高炉采用的新技术[J].炼铁,2003,22(3):1-5.

[20]　金明,蔡善咏.高炉内燃式热风炉的设计与使用[J].梅山科技,2005 年炼铁增刊.

[21]　程琳,伍积明.太钢 4350 m³ 高炉热风炉的设计[J].炼铁,2006(2):6-9.

第 2 章　强化传热技术

2.1　概　　述

2.1.1　热量传递过程

只要存在着温差,热量就会自发地由高温物体传向低温物体,因此热传递过程是自然界中基本的物理过程之一。它广泛见诸动力、化工、冶金、航天、空调、制冷、机械、轻纺、建筑等部门。大至单机功率为 1300 MW 的汽轮发电机组,小至微电子器件的冷却,都与传热过程密切相关。

热传递过程可以分为热传导、对流和辐射等三种基本方式,它们有不同的传热规律。热从物体温度较高的一部分沿着物体传到温度较低的部分,或由高温系统传到低温系统的方式叫做热传导。热传导是固体中热传递的主要方式。在气体或液体中,热传导过程往往和对流同时发生。

各种物质的热传导性能不同,一般金属都是热的良导体,玻璃、木材、棉毛制品、羽毛、毛皮以及液体和气体都是热的不良导体,石棉的热传导性能极差,常作为绝热材料。

一切物体,不论其内部有无质点间的相对运动,只要存在温差,就有热传导。工业上有许多以热传导为主的热量传递过程,如橡胶制品的加热硫化、钢锻件的热处理等。在窑炉、传热设备和热绝缘的设计计算及催化剂颗粒的温度分布分析中,热传导规律都占有重要地位。在高温高压设备(如氨合成塔及大型乙烯装置中的废热锅炉等)的设计中,也需用热传导规律来计算设备各传热间壁内的温度分布,以便进行热应力分析。

靠气体或液体的流动来传递热量的方式叫做对流。它实际上也是液体或气体中较热部分和较冷部分之间通过循环流动使温度趋于均匀的过程。对流是液体和气体中热传递的主要方式,气体的对流现象比液体明显。对流可分自然对流和强迫对流两种。自然对流通常是由于温度不均匀而引起的。强迫对流是由外界的泵或风机驱动的。

工程上特别感兴趣的是流体流过一个物体表面时,流体与物体表面间的热传递过程,称之为对流换热。工程上也会常遇到液体在热表面上沸腾及蒸汽在冷表面上凝结的对流换热问题,分别简称为沸腾传热和凝结传热。

物体因自身的温度而具有向外发射能量的本领,这种现象称为热辐射。热辐射也是热量传递的一种主要方式。但它和热传导、对流不同。它能不依靠介质把热量直接从一个系统传给另一系统。热辐射以电磁辐射的形式发出能量,温度越高,辐射越强。辐射的波长分布情况也随温度而变,如温度较低时,主要以不可见的红外光进行辐射,在 500 ℃ 以至更高的温度下,则顺次发射可见光以至紫外辐射。热辐射是远距离传热的主要方式,如太阳的热量就是以热辐射的形式,经过宇宙空间再传给地球的。

实际遇到的传热问题常常是几种传热方式同时起作用。其中最常见的是传热过程,即热量由壁面一侧的热流体通过壁面传给另一侧的冷流体。

实现热量由冷流体传给热流体的设备称为换热器。它是许多工业部门广泛应用的一种通用设备。由于换热器在工业部门中的重要性,从节能的角度出发,为了进一步减小换热器的体积,减轻质量和金属消耗,减少换热器为输送流体所消耗的功率,并使换热器能够在较低温差下工作,必须用各种办法来增强换热器内的传热。因此最近十几年来,强化传热技术受到了工业界的广泛重视,得到了十分迅速的发展,并且取得了显著的经济效果。如美国通用油品公司将该公司电厂汽轮机冷凝器中采用的普通铜管用单头螺旋槽管代替,由于螺旋槽管强化传热的效果,冷凝器的管子长度减少了 44%,数目减少了 15%,质量减轻了 27%,总传热面积节约 30%,投资节省了 10 万美元。又如用华中科技大学研制的 TZ 型椭圆矩形翅片管代替圆形翅片管制作的空冷器,其传热系数可以提高 30%,而空气侧的流动阻力可以降低 50%。这种空冷器已在我国石化行业和火电厂得到广泛应用,取得了明显的经济效益。

2.1.2　热量传递过程的强化

为了节约能源,在大多数情况下都希望强化热量传递过程,只有在少数情况下,例如为了防止散热,才希望削弱传热。对于热传导和热辐射过程,其强化方法比较简单;对于以对流换热为主的传热过程,其强化就比较复杂,方法也多种多样。传热过程正是本章介绍的重点。

1. 热传导过程的强化

强化热传导过程的方法主要是采用高导热系数的材料和减少接触热阻。表 2-1 所示为部分金属材料的密度、比热容和导热系数。

表 2-1　部分金属材料的密度、比热容和导热系数

材料名称	20℃ 密度 ρ kg/m³	20℃ 比热容 c_p J/(kg·K)	20℃ 导热系数 λ W/(m·K)	导热系数 λ[W/(m·K)] 温度/℃ −100	0	100	200	300	400	600	800	1000	1200
纯铝	2710	902	236	243	236	240	238	234	228	215			
杜拉铝（96Al-4Cu，微量 Mg）	2790	881	169	124	160	188	188	193					
铝合金（92Al-8Mg）	2610	904	107	86	102	123	148						
铝合金（87Al-13Si）	2660	871	162	139	158	173	176	180					
铍	1850	1758	219	382	218	170	145	129	118				
纯铜	8930	386	398	421	401	393	389	384	379	366	352		
铝青铜（90Cu-10Al）	8360	420	56		49	57	66						
青铜（89Cu-11Sn）	8800	343	24.8		24	28.4	33.2						
黄铜（70Cu-30Zn）	8440	377	109	90	106	131	143	145	148				
铜合金（60Cu-40Ni）	8920	410	22.2	19	22.2	23.4							
黄金	19300	127	315	331	318	313	310	305	300	287			
纯铁	7870	455	81.1	96.7	83.5	72.1	63.5	56.5	50.3	39.4	29.6	29.4	31.6
阿姆口铁	7860	455	73.2	82.9	74.7	67.5	61.0	54.8	49.9	38.6	29.3	29.3	31.1
灰铸铁（w_c≈3%）	7570	470	39.2		28.5	32.4	35.8	37.2	36.6	20.8	19.2		
碳钢（w_c≈0.5%）	7840	465	49.8		50.5	47.5	44.8	42.0	39.4	34.0	29.0		

续表

材料名称	20℃			导热系数 λ[W/(m·K)] 温度/℃									
	密度 ρ/kg/m³	比热容 c_p/J/(kg·K)	导热系数 λ/W/(m·K)	−100	0	100	200	300	400	600	800	1000	1200
碳钢（$w_C\approx1.0\%$）	7790	470	43.2		43.0	42.8	42.2	41.5	40.6	36.7	32.2		
碳钢（$w_C\approx1.5\%$）	7750	470	36.7		36.8	36.6	36.2	35.7	34.7	31.7	27.8		
铬钢（$w_{Cr}\approx5\%$）	7830	460	36.1		36.3	35.2	34.7	33.5	31.4	28.0	27.2	27.2	27.2
铬钢（$w_{Cr}\approx13\%$）	7740	460	26.8		26.5	27.0	27.0	27.0	27.6	28.4	29.0	29.0	
铬钢（$w_{Cr}\approx17\%$）	7710	460	22		22	22.2	22.6	22.6	23.3	24.0	24.8	25.5	
铬钢（$w_{Cr}\approx26\%$）	7650	460	22.6		22.6	23.8	25.5	27.2	28.5	31.8	35.1	38	
铬镍钢（18~20Cr/8~12Ni）	7820	460	15.2	12.2	14.7	16.6	18.0	19.4	20.8	23.5	26.3		
铬镍钢（17~19Cr/9~13Ni）	7830	460	14.7	11.8	14.3	16.1	17.5	18.8	20.2	22.8	25.5	28.2	30.9
镍钢（$w_{Ni}\approx1\%$）	7900	460	45.5	40.8	45.2	46.8	46.1	44.1	41.2	35.7			
镍钢（$w_{Ni}\approx3.5\%$）	7910	460	36.5	30.7	36.0	38.8	39.7	39.2	37.8				
镍钢（$w_{Ni}\approx25\%$）	8030	460	13.0	10.9	13.4	15.4	17.1	18.6	20.1	23.1			
镍钢（$w_{Ni}\approx35\%$）	8110	460	13.8		15.7	16.1	16.5	16.9	17.1	17.8	18.4		
镍钢（$w_{Ni}\approx44\%$）	8190	460	15.8							17.8	18.4		
镍钢（$w_{Ni}\approx50\%$）	8260	460	19.6	17.3	19.4	20.5	21.0	21.1	21.3	22.5			

续表

材料名称	20℃ 密度 ρ/(kg/m³)	20℃ 比热容 c_p/J/(kg·K)	20℃ 导热系数 λ/W/(m·K)	导热系数 λ/[W/(m·K)] 温度/℃ -100	0	100	200	300	400	600	800	1000	1200
锰钢（$w_{Mn}≈12\%～13\%$, $w_{Ni}≈3\%$）	7800	487	13.6			14.8	16.0	17.1	18.3				
锰钢（$w_{Mn}≈0.4\%$）	7860	440	51.2		18.4	51.0	50.0	47.0	43.5	35.5	27		
钨钢（$w_{W}≈5\%～6\%$）	8070	436	18.7		35.5	19.7	21.0	22.3	23.6	24.9	26.3		
铅	11340	128	35.3	37.2	35.5	34.3	32.8	31.5					
镁	1730	1020	156	160	157	154	152	150					
钼	9590	255	138	146	139	135	131	127	123	116	109	103	93.7
镍	8900	444	91.4	144	94	82.8	74.2	67.3	64.6	69.0	73.3	77.6	81.9
铂	21450	133	71.4	73.3	71.5	71.6	72.0	72.8	73.6	76.6	80.0	84.2	88.9
银	10500	234	427	431	428	422	415	407	399	384			
锡	7310	228	67	75	68.2	63.2	60.9						
钛	4500	520	22	23.3	22.4	20.7	19.9	19.5	19.4	19.9			
铀	19070	116	27.4	24.3	27	29.1	31.1	33.4	35.7	40.6	45.6		
锌	7140	388	121	123	122	117	112						
锆	6570	276	22.9	26.5	23.2	21.8	21.2	20.9	21.4	22.3	24.5	26.4	28.0
钨	19350	134	179	204	182	166	153	142	134	125	119	114	110

如何在导热空间内布置一定体积的高导热材料来取得导热强化的效果是一个首先需要考虑的问题，不少研究者对此进行了研究。目前主要的研究集中在所谓热传导过程的仿真优化，即用生命演化过程来模拟高导热材料的布置形式的寻优。

可以模仿植物吸收水分和养分的根系分布来布置高导热材料，也可模仿向血液供氧的肺叶支气管分布来布置高导热材料。此外树叶、神经和血管分布，流域分布都是可以模仿和借鉴的对象。实际上树状结构就是自然选择的结果。众所周知，任何生命体的生长首先在温度梯度最大部位上进行，相反，生命体的退化则首先废弃那些承担导热任务最小的组织，即温度梯度最小单元，其结果是温度梯度的全场优化。因此高导热材料应首先布置在温度梯度最大处。

在工程上常常遇到互相接触的固体表面。实际上其接触仅发生在一些离散的面积元上。未接触的界面的间隙常常充满了空气，热量将以导热的方式穿过该气隙层。由于气体的导热能力很差，因此与两固体表面真正完全接触相比，相当于增加了热阻，称之为接触热阻。

界面的接触热阻的大小取决于许多因素。如两种接触材料的性质、表面的粗糙程度、清洁和氧化状况、界面上所受的正压力（预紧力）、间隙中所填充的介质种类等。接触热阻因为情况各异，目前还无法总结出通用的计算规律，一般只能依靠实验测定。

降低接触热阻的有效方法如下：

（1）提高接触面之间光洁度或增加物体间的接触压力以增加接触面积，如选用软硬适当的材料并施以一定的压力，使得硬度较低的一方变形，以消除缝隙，并赶走其中的气体。铜和铝导热性能良好，并且价格便宜，在温度不很高的情况下，可用作垫片或涂层材料。银的导热性能更好，但价格较贵，故只用于重要场合。在高温情况下，可用镍或铬作垫片或涂层材料。实验表明，不锈钢基体上的铜涂层可使表面接触热阻最多降至1/20。

（2）在接触面之间填充特制的导热系数较高的导热油（又称导热姆），或导热系数较高的气体（如氦气）。填充的导热材料特别适合不规则形状界面。

（3）在接触面上用电化学方法添加软金属涂层或加软垫片。值得注意的是，软垫片的厚度应该与表面粗糙元高度相当，最好不要超过粗糙元高度均方根值的2倍。

（4）对接触面积很小的管带式肋片，为了保证热接触可靠，一般采用胀管、钎焊、锡焊或热浸锌。

目前具有高导热性能的新材料的研究已成为热点问题之一，其中高导热的聚合物和导热硅橡胶复合材料的研究已取得实质性的进展。

2. 对流换热的强化

对流换热的强化与流体的物理特性、流动状态、流道几何形状，有无相变发生以及壁面的状况等许多因素有关。传热过程的强化常常和对流换热强化密不可分,因此本章中将两者一起介绍。

3. 辐射换热的强化

只要物体温度高于绝对零度,它就能依靠电磁波向外发射能量,所以物体之间总是存在着辐射换热。在物体之间温度差别不是很大的情况下,辐射换热可以忽略,但在高温设备中辐射是换热的主要方式。

强化辐射换热的有效方法如下:

(1) 增大表面的发射率,如选用表面的发射率高的材料、表面粗糙化和在表面形成氧化膜。虽然在自然条件下金属表面总是覆盖不同厚度的氧化膜,但当氧化膜很薄(小于 $0.05\ \mu m$)时,该膜基本上是透明的,对发射率没有什么影响。随着氧化膜厚度的增加,它对发射率的影响也逐渐增大,且随温度的增加而急剧增大。当氧化膜厚度超过 $0.2\ \mu m$ 时,因为金属表面的反射率急剧降低,表面辐射率增加很快。有些高温设备(如火箭发动机、高温气冷堆)为了增加辐射冷却效果,散热面通常进行粗糙化或优化处理。

(2) 采用多功能的辐射热吸收强化剂。例如,将 PW-XS 辐射热吸收强化剂喷涂于锅炉火管内壁、水管外壁,节能效果显著,燃煤锅炉实验室节能率达 4%～8%,燃气、燃油锅炉使用时节能率达 4%～8%。而且这种强化剂无毒、无味、不脱落、抗急冷急热。杭州帕沃科技有限公司(PW)的多功能热辐射吸收强化剂,由于其内含 10% 左右的纳米级颗粒,再加上采用特殊的黏结剂,很好地解决了和金属壁面结合的问题,在强化辐射传热的工业应用中取得很好的节能效果。

(3) 在气流中掺加固体微粒。此举不但可以增加气流对壁面的对流换热系数,还可增加悬浮体内的辐射换热。这是因为高温壁面以辐射形式向弥散于气流中的固体颗粒传热,提高了固体颗粒的温度,使整个流动体系的平均温度升高。弥散于气流中的固体颗粒通过导热和对流将热量迅速传给气流,使壁面向气流的传热强度提高几倍,甚至几十倍。固体颗粒对辐射换热的强化程度与微粒在气流中的载荷比、微粒尺寸、气流的运动状态、流道的形状都有关系。对于透明气体(如空气、氢、氮等),因为它们不会吸收来自高温壁面的辐射能,掺加固体微粒使辐射换热增强的效果比在二氧化碳、水蒸气这类非透明介质中掺加微粒效果更好。

(4) 利用辐射板来增加高温通道中的传热。例如,在高温气冷管中插入一块沿轴向放置的高粗糙度的金属板。该板吸收高温管壁的辐射能后,板温迅速升高,并将热量通过对流传给空气。其输热量可以增加一倍。在加热工件时采用多层丝网叠合组成的多孔体将工件和燃烧器都包围起来,也能使工件的温度升高更快。

(5) 散热表面加装辐射翅片。在散热表面加装辐射翅片可以增大辐射散热面积,提高辐射散热量。

(6) 使用光谱选择性的辐射表面。某些光谱选择性的辐射表面能够比较好地吸收来自高温物体短波长的辐射能,同时在自身较低的温度下能保持较低的发射率,因此可以获得较多的净辐射能。这种光谱选择性的辐射表面在太阳能集热器中应用很广。黑漆对太阳能辐射的吸收率虽很高,但在集热器的壁面温度下其发射率也很高,这时在集热器的玻璃上涂上光谱选择性材料就能取得很好的效果。

4. 传热过程的强化

从传热学可知,换热器中的传热量可用下式计算:

$$Q = kF\Delta T \tag{2-1}$$

式中,k 为传热系数,$W/(m^2 \cdot K)$;F 为传热面积,m^2;ΔT 为冷热液体的对数平均温差,K。从上式可以看出,欲增加传热量 Q,可通过增加 k、F 或 ΔT 来实现。下面对此分别加以讨论。

1) 增加冷热液体的对数平均温差 ΔT

在换热器中冷热液体的流动方式通常有四种,即顺流、逆流、交叉流、混合流。在冷热流体进出口温度相同时,逆流的对数平均温差 ΔT 最大,顺流时 ΔT 最小,因此为增加传热量,应尽可能采用逆流或接近于逆流的布置。

当然可以用增加冷热流体进出口温度的差别来增加 ΔT。比如某一设备采用水冷却时传热量达不到要求,则可采用氟利昂来进行冷却,这时 ΔT 就会显著增加。但是在一般的工业设备中,冷热流体种类和温度的选择常常受到生产工艺过程的限制,不能随意变动。而且这里还存在一个经济性的问题,如许多工业部门经常采用饱和水蒸气作加热工质,当压力为 1.586×10^6 Pa 时,相应的饱和温度为 437 K,若为了增加 ΔT,采用更高温度的饱和水蒸气,则其饱和压力亦相应提高,此时饱和温度每增高 2.5 K,相应压力就要上升 10^5 Pa。压力增加后换热器设备的壁厚必须增加,从而使设备庞大、笨重,金属消耗量大大增加。虽然可采用矿物油、联苯等作为加热工质,但选择的余地并不大。

综上所述,用增加对数平均温差 ΔT 的办法来增加传热只能适用于个别情况。

2) 扩大换热面积 F

扩大换热面积是常用的一种增加换热量的有效方法,如采用小管径。管径越小,耐压越高,而且在同样多金属的情况下,表面积也越大。采用各种形状的肋片管来增加传热面积,其效果就更佳了。这里应特别注意的是肋片(扩展表面)要加在表面传热系数小的一侧,否则会达不到增强传热的效果。

一些新型的紧凑式换热器,如板式和板翅式换热器,就是采用扩大换热面积来增加换热量,它们同管壳式换热器相比,在单位体积内可布置的换热面积大得多。如管壳式换热器,1 m³ 体积内仅能布置换热面积 150 m² 左右,而在板式换热器中则可达 1500 m²,板翅式换热器中更可达 5000 m²。因此在传递相同的热量时,后两种换热器要紧凑得多。这就是它们在制冷、石油、化工、航天等部门得以广泛应用的原因。当然对高温、高压工况就不宜采用板式和板翅式结构,此时可采用简单的扩展表面,如普通肋片管、销钉管、鳍片管,虽然它们扩展的程度不如板式结构高,但效果仍然是显著的。有关这些换热器的知识将在第 7 章中介绍。

采用扩展表面后,如果几何参数选择合适,还可同时提高换热器的传热系数,这样增强传热的效果就更明显了。值得注意的是,采用扩展面常会使流动阻力增加,金属消耗量增加,因此在应用时应进行技术经济比较。

3) 提高传热系数 k

提高传热系数 k 是强化传热的最重要的途径,且在换热面积和对数平均温差给定后,是增加换热量的唯一途径。当管壁较薄时,从传热学中可知,传热系数 k 可用下式计算:

$$k = \frac{1}{\dfrac{1}{h_1} + \dfrac{\delta}{\lambda} + \dfrac{1}{h_2}} \tag{2-2}$$

式中,h_1 为热液体和管壁之间的对流换热系数;h_2 为冷流体和管壁之间的对流换热系数;δ 为管壁的厚度;λ 为管壁的导热系数。

一般来说,金属壁很薄,导热系数很大,δ/λ 可以忽略。因此传热系数 k 可以近似写成

$$k = h_1 h_2 / (h_1 + h_2)$$

由此可知,欲增加 k,就必须增加 h_1 和 h_2,但当 h_1 和 h_2 相差较大时,增加它们之中较小的一个最有效。

目前强化传热技术有两类:一类是耗功强化传热技术;另一类是无功强化传热技术。前者需要应用外部能量来达到强化传热的目的,如机械搅拌法、振动法、静电场法等。后者不需外部能量,如表面特殊处理法、粗糙表面法、强化元件法、添加剂法等。通常将传热强化的物理机制归纳为:①壁面区和中心区流体混合;②流体边界层减薄;③二次流形成和湍流度增强等。

由于强化传热的方法很多,因此在应用强化传热技术时,应遵循以下原则:

(1) 首先应根据工程上的要求,确定强化传热的目的,如减小换热器的体积和质量;提高现有换热器的换热量;减少换热器的阻力,以降低换热器的动力消耗等。因为目的不同,采用的方法也不同。

(2) 根据各种强化方法的特点和上述要求,确定应采用哪一类的强化手段。

(3) 对拟采用的强化方法从制造工艺、安全运行、维修方便程度和技术经济性等方面进行具体比较和计算,最后选定强化的具体技术措施。

只有按上述步骤才能使强化传热达到最佳的经济效益。

2.1.3　强化对流换热的场协同原理

传统的强化传热的方法虽已取得相当广泛的应用,但是它们普遍存在一个相

同的问题,即在传热强化的同时,流动阻力(或功耗)也相应地增加,甚至增加得更多。这就大大限制了它们工程应用的价值和范围。当前强化技术发展的另一不足之处是,它们基本上是现有技术的改进,缺乏一些基于新概念的创新性的传热强化技术。为此我国学者过增元院士在研究对流换热强化时,提出了著名的场协同原理。下面对强化对流换热的场协同原理予以简要介绍,更详细的介绍参见参考文献[1]。

1. 对流换热的物理机制

从对流换热的物理机制可知,由于流体的宏观运动能携带能量,所以对流换热的热量传递速率高于纯导热时的传递速率。如果从另一角度来审视对流换热的物理机制,即将对流换热看作有流体运动时的导热,则可得到一些有趣的结论。

为简单起见,以二维平板层流边界层问题为例(见图 2-1(a))。图中,U 是来流速度,来流温度 T_h 高于平板温度 T_c,并把它与具有内热源的两平行平板之间的导热(见图 2-1(b))相对比,其中温度 T_h 的平板处为绝热的。由于流体流经边界层中某一元体时将把热量留在元体中,起着热源的作用,所以它们温度剖面的形状很类似。相应的能量守恒方程如下:

层流边界层的能量守恒方程

$$\rho c_p \left(u\, \frac{\partial T}{\partial x} + v\, \frac{\partial T}{\partial y} \right) = \frac{\partial}{\partial y} \left(\lambda\, \frac{\partial T}{\partial y} \right) \tag{2-3a}$$

导热的能量守恒方程(忽略 x 向的导热)

$$-\dot{q}(x, y) = \frac{\partial}{\partial y} \left(\lambda\, \frac{\partial T}{\partial y} \right) \tag{2-3b}$$

其中 λ 是流体介质的导热系数,ρ 是密度,c_p 是定压比热容,$\dot{q}$ 是内热源强度,即单位时间、单位体积所产生的热量。

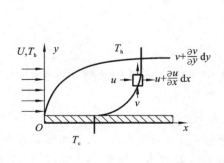
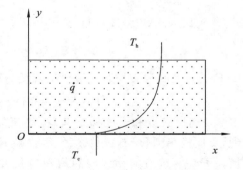

(a)平板边界层流动示意图　　　　　　(b)具有内热源两平行平板间导热示意图

图 2-1　平板层流边界层流动示意图

无论是从温度剖面的形状,还是从两式的对比,均可认为式(2-3a)中的对流项可以看作源项，所以对流换热可以比拟为具有内热源的导热问题，只不过式（2-3a）中的源项（或对流项）是流体运动速度的函数。方程两边在讨论域中积分后得

$$\int_0^{\delta_{t,x}} \rho c_p \left(u \frac{\partial T}{\partial x} + v \frac{\partial T}{\partial y} \right) \mathrm{d}y = -\lambda \frac{\partial T}{\partial y} \bigg|_w = q_w(x) \tag{2-4a}$$

$$\int_0^{\delta_{t,x}} \dot{q}(x,y) \mathrm{d}y = -\lambda \frac{\partial T}{\partial y} \bigg|_w = q_w(x) \tag{2-4b}$$

其中 $\delta_{t,x}$ 代表 x 处的热边界层厚度。

方程（2-4b）的左边是两平板间 x 处截面处热源的总和，右边是 x 处的壁热流。显然，该截面的热源强度愈高，该处的壁热流就愈大。因为热源释放出的所有热量必须从冷板传出，这就是导热问题中的源强化传热概念。

方程（2-4a）的左边是 x 处边界层中对流热源项的总和，右边则是 x 处的壁热流，它正是我们想要强化（或控制）的对象。显然对流源项总和值愈大，则对流换热的强度愈高。这同样属于源强化。对于流体加热固壁，热源的存在是换热强化。如果存在热汇，则它将减弱换热的强度。反之，当流体冷却热壁时，热汇时换热强化，而热源则使换热弱化。从式（2-4a）可知，当流体温度高于固壁温度时，流体流动相当于热源；当流体温度低于固壁时，流体流动相当于热汇。

虽然上述分析和结论是基于二维层流边界层问题，但过增元院士证明对更普遍的对流换热问题它同样适用。为了探索强化对流换热的途径，过增元院士将式（2-4a）左边的对流项改写成矢量形式：

$$\int_0^{\delta_{t,x}} \rho c_p (\boldsymbol{U} \cdot \nabla T) \mathrm{d}y = -\lambda \frac{\partial T}{\partial y} \bigg|_w = q_w(x) \tag{2-5}$$

其中 $\boldsymbol{U}$ 是流体的速度矢量。然后再引入无因次变量：

$$\overline{\boldsymbol{U}} = \frac{\boldsymbol{U}}{U_\infty}, \nabla \overline{T} = \frac{\nabla T}{(T_\infty - T_w)/\delta_t}, \overline{y} = \frac{y}{\delta_t}, T_\infty > T_w \tag{2-6}$$

将式（2-6）代入式（2-5）并进行整理后得无因次关系式：

$$Re_x Pr \int_0^1 (\overline{\boldsymbol{U}} \cdot \nabla \overline{T}) \mathrm{d}\overline{y} = Nu_x \tag{2-7}$$

其中 Re_x、Nu_x 的定义与通常边界层流动分析中相同，而被积因子则可写成

$$\overline{\boldsymbol{U}} \cdot \nabla \overline{T} = |\overline{\boldsymbol{U}}| \cdot |\nabla \overline{T}| \cos\beta \tag{2-8}$$

其中 β 是速度矢量和温度梯度矢量（热流矢量）的夹角。从式（2-7）、式（2-8）可以看到，要使换热强化，有三种途径：①提高 Re 数，例如增加流速，缩小通道直径等；②提高 Pr 数，改变流动介质的物理性质，例如增加流体的比热容或黏度，可以增大 Nu 数；③增加无因次积分值 $\int_0^1 (\overline{\boldsymbol{U}} \cdot \nabla \overline{T}) \mathrm{d}\overline{y}$。前两种途径是通常采用的，而第三条强化换热的途径则是我国过增元院士首次提出的。

上述无因次积分的物理意义就是在 x 处热边界层厚度截面内的无因次热源

强度的总和。可以想象,热源强度愈大,换热强度就愈高。这个积分的数值一般与流动、物性因素等有关。也就是说,它是 Re、Pr 的函数,即

$$I = \int_0^1 (\overline{U} \cdot \nabla \overline{T}) \mathrm{d}\overline{y} = f(Re_x, Pr) \tag{2-9}$$

一般来说,由于其复杂性,很难写出积分 I 的分析表达式。但是有一点是明显的,即提高被积函数 $(\overline{U} \cdot \nabla T)$ 的数值,就能增加 I 值,从而强化换热。因为被积函数是两个矢量的点积,它不仅与速度、热流的绝对值有关,还取决于它们夹角的大小。也就是说,在速度、温度梯度一定(或 Re、Pr 不变)的条件下,减小它们之间的夹角($\beta < 90°$ 时),就能提高积分 I 的数值,从而使 Nu 增大,即强化换热。因此当 $\beta < 90°$ 时,通过减小速度矢量与热流矢量的夹角是强化换热的一种新的途径。

2. 对流换热的场协同

对于对流换热问题,有流体流动时必然存在着一个流体速度场(或称流场),它是一个矢量场。此外,流体的温度是不均匀的,还存在一个流体温度梯度场。当 ρ、c_p、λ 给定时,速度场和温度梯度场的特性就确定了边界上的热流,即确定了边界上的对流换热系数。所以对流换热域中存在着两个矢量场:

(1) 速度场　　　　　　　$U(x, y, z)$

(2) 温度梯度场　　　　　$\nabla T(x, y, z)$

或者三个标量场:

(1) 速度绝对值　　　　　$|U|(x, y, z)$

(2) 温度梯度绝对值　　　$|\nabla T|(x, y, z)$

(3) 夹角余弦场　　　　　$\cos \beta(x, y, z)$

在前述分析的基础上,过增元院士提出了对流换热的场协同概念。在流速和流体的物理性质给定的条件下,对流换热强度不仅取决于速度场和温度梯度场本身,而且取决于它们之间的夹角。即不仅取决于速度场、温度梯度场、夹角场的绝对值,还取决于这三个标量值的协同。具体而言,速度场与温度梯度场的协同体现在以下三个方面:

(1) 速度矢量与温度梯度矢量的夹角余弦值尽可能大,即两矢量的夹角 β 尽可能小($\beta < 90°$ 时)或 β 尽可能大($\beta > 90°$ 时);

(2) 流体速度剖面和温度剖面尽可能均匀(在最大流速和温差一定条件下);

(3) 尽可能使三个标量场中的大值与大值搭配,也就是说,要使三个标量场的大值尽可能同时出现在整个场中某些域上。

过增元院士将对流换热的场协同原理具体表述为:"对流换热的性能不仅取决于流体的速度和物性以及流体与固壁的温差,而且还取决于流体速度场与温度梯度场间协同的程度。在相同的速度和温度边界条件下,它们的协同程度愈好,则换热强度就愈高。"

经过我国科学工作者努力,对流换热的场协同原理不但得到了实验验证,而且可以从边界层(抛物线形)流动推广至回流(椭圆形)流动,从层流流动推广至湍流流动,从稳态流动推广至一维瞬态流动,从单股流流动推广至两股(多股)流换热器,从无外场的热对流推广至磁场作用下的热对流。理论分析还证明,现有的许多强化对流换热的方法也是符合场协同原理的。现在对流换热的场协同原理已经得到国内外学者的公认,依据场协同原理提出的一些强化传热的方法也已获得工业应用。

2.1.4 强化传热方法的评价

严格地说,对强化传热方法的评价除了综合考虑其传热和阻力性能外,还需从制造工艺、安全运行、维修方便程度和技术经济性等方面进行比较。不言而喻,这一评价是十分复杂的。例如仅就技术经济性比较而言,采用某一种强化传热方法后,增加的传热量和多消耗的泵功在能量品质上是有差异的,此外传热量还和工艺流程的实现及产品价值相关。为此强化传热的评价方法很多,例如有基于热力学第一定律的 Bergles 法,基于热力学第二定律的熵产率法等。这里只简要地介绍 Bergles 法。

在诸多强化传热的评价方法中,Bergles 提出的以综合考虑换热和流阻为计算性能评价指标的方法应用最广,因为该方法比较直观和简便,既可应用于仅对管内实施强化的情况,也适用于管内外两侧都实施强化的场合。其特点是用与基准换热面(一般采用光管换热面)的比值的大小作为评价指标。常用的三个性能评价指标(performance evaluation criteria,简写为 PEC)如下:①在换热面积 A 和输送流体耗功 P 相同的条件下,计算强化换热面传热量 Q 与基准换热面传热量 Q_s 的比值(PEC-1);②在传热量和功耗相同的条件下,计算强化换热面的面积 A 与基准换热面面积 A_s 的比值(PEC-2);③在传热量和换热面积相同的条件下,计算两换热面输送流体耗功的比值 P/P_s(PEC-3)。显然,这三个指标之间是相互关联的。若强化换热面的 PEC-1 值大于 1,则 PEC-2 和 PEC-3 值将小于 1,说明强化管件的综合性能比光管优越,且 PEC-1 越大,强化管件的性能越好。因此,计算一个性能评价指标(如 PEC-1)就可以确定其他性能指标的趋势,并判断换热强化的效果。

在推导性能评价指标计算公式时,常作如下假设:①流体按常物性处理,且与换热面形式无关;②比较换热面的传热温差 ΔT 相同。现以管内单相流体强化换热为例,导出性能评价指标。

对换热器而言,在忽略管外流体及金属壁面热阻的情况下,比较的仅仅是管内换热的强化程度。在这种情况下,换热面的传热量为

$$Q = kA\Delta T = \psi hA\Delta T = \psi StMc_p A\Delta T \tag{2-10}$$

式中,k、h 分别为换热器的传热系数和管内流体的表面传热系数;ψ 为换热器传热

系数与换热器无污垢时传热系数 k_0 的比值，$\psi=k/k_0$，称有效系数；St 为斯坦顿数，$St=\dfrac{h}{\rho u c_p}=\dfrac{h}{Mc_p}$；$M$ 为质量流速，$M=\rho u$；c_p 为定压比热容。

输送管内流体所耗的功率 P 为压降与容积流量之乘积，即

$$P=\frac{\pi d_i^2}{4}\frac{M}{\rho}\cdot\frac{fl}{d_i}\frac{\rho u^2}{2}=\frac{f}{8}A\rho u^3 \tag{2-11}$$

式中，f 为达尔西摩擦系数；A 为管子内表面积，$A=\pi d_i l$；d_i 为管子内径；ρ 为流体密度。

式(5-10)和式(5-11)是计算表征管内强化传热效果的性能评价指标的基本公式。当两种比较换热面的管径相同，不考虑换热面污染程度的差别($\psi=\psi_s$)时，基于 Bergles 法的管内强化换热各性能评价指标的推导结果列于表 2-2。表中带有下标 s 的各量为比较基准换热面即光管的相应数值，不带下标的为强化管的相应数值。

表 2-2　管内强化换热性能评价指标计算公式

比 较 条 件	限 制 条 件	各指标计算公式
$A/A_s=1,P/P_s=1$	$Re/Re_s=(f_s/f)^{1/3}$	PEC-1：$Q/Q_s=\dfrac{St/St_s}{(f/f_s)^{1/3}}$
$Q/Q_s=1,P/P_s=1$	$Re/Re_s=\dfrac{(St/St_s)^{1/2}}{(f/f_s)^{1/2}}$	PEC-2：$A/A_s=\dfrac{(f/f_s)^{1/2}}{(St/St_s)^{3/2}}$
$Q/Q_s=1,A/A_s=1$	$Re/Re_s=St_s/St$	PEC-3：$P/P_s=\dfrac{(f/f_s)}{(St/St_s)^{1/3}}$

现以计算传热量相对提高的指标(PEC-1)为例，说明应用表 2-2 所列计算公式时应注意之处。强化管在表面传热系数提高的同时，流动阻力也会增加。为保持流体功耗相同，强化管的流速及相应的雷诺数应适当降低，并应满足表 2-2 中限制条件所列的相应公式。所以在应用表 2-2 所列计算公式时，对于 St 数和 f 值的计算，对基准光管和强化管应分别采用满足限制条件的不同雷诺数的数值(即 Re_s 和 Re 值)，而且在按限制条件计算比较的两种表面的雷诺数之间的关系时，应采用逼近法。

显然上述评价指标的计算较为烦琐，为方便评价指标的计算，即在进行计算时对基准光管和强化管采用同一雷诺数值，而不需要预先计算表面满足限制条件的雷诺数的比值，可对上述方法作适当的变换。现仍以指标 PEC-1 的计算为例，在上述假设条件以及两种表面的功耗和换热面积相等的条件下，由式(2-11)可得

$$(fu^3)_{Re}=(f_s u_s^3)_{Re_s} \tag{2-12}$$

式中括号后的下标 Re 和 Re_s 分别表示应按强化管的雷诺数 Re 和比较光管的雷诺

数 Re_s 的计算值。当管子直径相同时,式(2-12)可改写为

$$\frac{f_{Re}}{(f_s)_{Re_s}} = \left(\frac{u_s}{u}\right)^3 = \left(\frac{Re_s}{Re}\right)^3 \tag{2-13}$$

假设光管湍流工况下的摩擦系数满足如下公式:

$$f_s = 0.184Re^{-0.2} = c_1 Re^{-0.2}$$

则

$$\frac{f_{Re}}{(f_s)_{Re_s}} = \frac{f_{Re}}{(f_s)_{Re_s}} \cdot \frac{(f_s)_{Re}}{(f_s)_{Re}} = \left(\frac{f}{f_s}\right)_{Re} \frac{Re^{-0.2}}{Re_s^{-0.2}} \tag{2-14}$$

联立上述两式可得

$$\frac{Re}{Re_s} = \left(\frac{f}{f_s}\right)_{Re}^{-1/2.8} \tag{2-15}$$

由式(2-10)可得强化管与光管传热量的比值为

$$\frac{Q}{Q_s} = \frac{h_{Re}}{(h_s)_{Re_s}} = \frac{Nu_{Re}}{(Nu_s)_{Re_s}} = \frac{Nu_{Re}}{(Nu_s)_{Re}} \cdot \frac{(Nu_s)_{Re}}{(Nu_s)_{Re_s}} \tag{2-16}$$

假设光管湍流工况下的表面传热系数满足如下公式:

$$Nu_s = C_2 Re^{0.8}$$

则可得

$$\frac{Nu_{Re}}{(Nu_s)_{Re_s}} = \left(\frac{Re}{Re_s}\right)^{0.8} \tag{2-17}$$

将式(2-15)代入式(2-17)再与式(2-16)联立,可得

$$\frac{Q}{Q_s} = \left(\frac{Nu}{Nu_s}\right)_{Re} \left(\frac{f}{f_s}\right)_{Re}^{0.286} \tag{2-18}$$

因此,根据强化管的表面传热系数和摩擦系数随雷诺数变化的关系式或试验数据,可按式(2-18)计算在换热面积和功耗相同时强化管与光管传热量的比值 Q/Q_s(即 PEC-1)随雷诺数变化的关系曲线。根据类似的推导方法,可以得到指标 PRC-2 和 PEC-3 的计算公式。三个性能评价指标的计算公式列于表 2-3 中。当应用表 2-3 所列公式计算强化管相对于光管的性能指标时,不需要再预先根据比较条件计算两种比较表面之间雷诺数的比值,因为它已包含在各指标的计算公式中,故计算比较方便。但表 2-3 中的公式只适用于湍流工况下的计算。

表 2-3　管内强化换热 PEC 计算公式

比 较 条 件	各指标计算公式
$A/A_s = 1, P/P_s = 1$	PEC-1: $Q/Q_s = \left(\dfrac{Nu}{Nu_s}\right)_{Re} \left(\dfrac{f}{f_s}\right)_{Re}^{-0.286}$
$Q/Q_s = 1, P/P_s = 1$	PEC-2: $A/A_s = \left(\dfrac{Nu}{Nu_s}\right)_{Re}^{-1.40} \left(\dfrac{f}{f_s}\right)_{Re}^{0.40}$

比　较　条　件	各指标计算公式
$Q/Q_s=1,A/A_s=1$	PEC-3：$P/P_s=\left(\dfrac{Nu}{Nu_s}\right)_{Re}^{-3.5}\left(\dfrac{f}{f_s}\right)_{Re}$

2.2　单相流体对流换热的强化技术

影响单相流体对流换热的因素很多,如流动状态、流道尺寸、流道形状、流体的物性及换热壁面的状况等。根据对流换热的物理本质,单相流体对流换热强化可以从两方面着手,即壁面强化和主流强化,前者如采用各种方法减薄壁面附近流体的边界层,后者则是增强主流的湍流度和温度场的均匀性。由于管内和管外流动状况不同,通常采用不同的强化传热技术。

值得注意的是,强化单相流体对流换热的技术很多,在不同的条件下各种强化传热的方法其效果也各不相同。在使用时应注意各种强化技术的特点和它的应用范围,根据使用条件选择最合适的强化方法。

2.2.1　单相流体管内对流换热强化技术

1. 流体旋转法

强化单相流体管内对流换热的有效方法之一是使流体在管内产生旋转运动,这时靠壁面的流体速度增加,加强了边界层内流体的搅动。同时由于流体旋转,整个流动结构发生变化,边界层内的流体和主流流体得以更好地混合。以上这些因素都使换热得到强化。

使流体旋转的方法很多,在工艺上可行的有以下几种。

1) 管内插入物

使流体旋转最简单的方法是管内插入各种可使流体旋转的插入物,如扭带、错开扭带、静态混合器、螺旋片、径向混合器、金属螺旋线圈等。

(1) 扭带:扭带是最简单的旋流发生器(见图 2-2)。它由薄金属片(通常是铝片或钢片)扭转而成。扭带的扭转程度由每扭转 360°的长度 H(称为全节距)与管子内径 d 之比来表征。H/d 称为扭率。扭率不同,强化传热的效果也不同。在湍流工况和最佳扭率($H/d=2.48$)下光管内插扭带的 PEC-1 值约为 1.2,但在层流工况下光管内插扭带($H/d=2.4\sim3.0$)PEC-1 值可达 2.0,甚至更高。

(2) 错开扭带:错开扭带是将扭带剪成扭转 180°的短元件,互相错开 90°,再点焊而成。

(3) 静态混合器:由一系列左、右扭转 180°的短元件,按照一个左旋、一个右旋

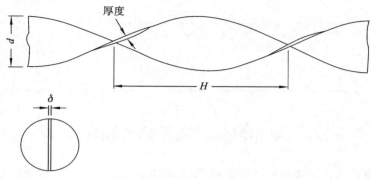

图 2-2　扭带示意图

的排列顺序,互相错开 90°,再点焊而成。

(4) 螺旋片:由宽度一定的薄金属片在预先车制出的有一定深度和一定节距的螺旋槽的心轴上绕成。

(5) 径向混合器:用薄金属片冲压成具有一个圆锥形收缩环和一个圆锥形扩张环的元件,在环上开许多小孔,然后将这些元件按一定间距点焊在一根金属丝上,插入管内就成为一个径向混合器。

(6) 金属螺旋线圈:用细金属丝绕制成三叶或四叶的螺旋线圈,插入管内,即可使流体旋转。

除上述常用的插入物外,还有一些其他形状的插入物。管内插入上述插入物后,插入物和流体的相互作用会引起旋转流体中生成复杂的二次流旋涡(图 2-3),此外边界层中流动缓慢的流体还会和流核区流体相互混合,这些情况既使管内流体由层流向湍流过渡的临界雷诺数(Re)降低,又强化了管内换热。当然由于流体的旋转,流动阻力也会相应增加。实验研究证明,在低 Re 区采用插入物比高 Re 区强化传热的效果更加显著,这说明层流时采用插入物是很有效的。等功率和等流量的实验研究表明,各种插入物的强化效果在层流区都随 Re 的增加而增加。在相当于光管由层流向湍流过渡的临界 Re 时达到最大值,然后又随 Re 的增加而减小。在 $Re = 500 \sim 10000$ 的范围内,在相同的流量下,静态混合器可获得较强的传热效果。因此在系统压降有余量的情况下,为强化传热可优先采用静态混合器。在要求消耗功率一定的情况下,则可选用螺旋片和扭带,此时螺旋片还有节约材料的优点。

许多研究者提供了管内加插入物后计算流动阻力和传热的公式,这些公式大多是以实验研究为基础的。例如,对插入扭带的管内换热可采用如下的经验公式:

$$Nu = 1.84 Re^{0.44} Pr^{0.36} \left(\frac{d}{H}\right)^{0.33} \tag{2-19}$$

值得注意的是,在选用诸多经验公式时应注意拟选用公式的应用条件和范围。例如式(2-19)的应用范围即为 $1700 \leqslant Re \leqslant 20000$、$2.5 \leqslant Pr \leqslant 9.0$、$0.13 \leqslant d/H \leqslant$

0.31。同时还需注意，采用管内插入物后传热虽增加了，但流动阻力也随之增加，因此通常在计算强化传热的同时，还应进行流动阻力的核算和经济性的比较，这样才能获得满意的结果。

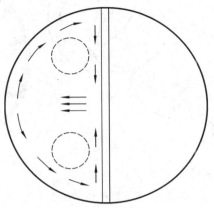

图 2-3　旋转流体中二次流的示意图

采用管内插入物来强化管内对流换热，其优点是：方法简单；制造方便；改造时可不改变原换热器结构；易于安装拆卸；插入物抽出后管内污垢仍可用换热器原清洗方法进行清洗。缺点是：结构不够牢靠；在湍流工况下流动阻力增加较多，性能评价指标不高，一般用于增强现有换热设备的传热能力。

2）螺旋槽管和螺旋内肋管

对新设计制造的换热设备，多采用螺旋槽管或螺旋内肋管来使流体旋转（见图2-4）。螺旋槽管可以用普通圆管滚压加工而成，它有单头和多头之分。螺旋槽管的作用也是引起流体旋转，使边界层厚度减薄并在边界层内产生扰动，从而使传热增强。与管内插入物相比，螺旋槽管具有如下优点：①结构简单且生产效率高；②不易积灰，且有一定的抗垢能力；③与阻力增加的幅度相比，传热能力提高较多，故性能评价指标较高，在湍流工况下其 PEC-1 值可达 1.4～1.45。研究表明，在相同的 Re 及槽距、槽深的情况下，单头螺旋和三头螺旋相比，强化传热的效果差别不大，但流动阻力减小很多，因此实际上多采用单头螺旋槽管。目前螺旋槽管已广泛用于管式空气预热器、电站凝汽器中。对于单头螺旋槽管，其传热和流动阻力可按下式计算：

$$Nu = 0.15Re^{0.78}Pr^{0.4}(e/d)^{0.17}(p/e)^{-0.2} \tag{2-20}$$

$$f = 29.3Re^{-0.11}(e/d)^{0.84}(p/e)^{-0.7} \tag{2-21}$$

式中的 e 和 p 的意义如图 2-4 所示。

采用螺旋内肋管，一方面可使流体旋转，另一方面内肋片又加大了管内换热面积，有利于增强传热或降低壁温。虽然其加工比较复杂，但仍是一种理想的强化传

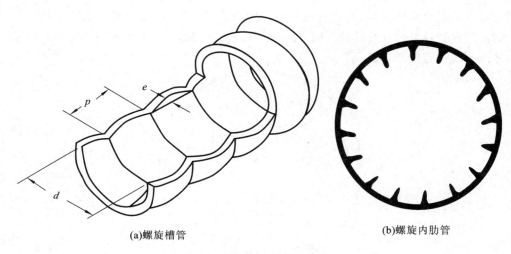

(a)螺旋槽管   (b)螺旋内肋管

图 2-4   螺旋槽管和螺旋内肋管

热管。翅片数较多(8 个以上)且翅片高度较大的螺旋内肋管既适合于层流的换热强化,也适合于湍流的换热强化。研究表明,在同等管径和功耗下,8 个以上翅片的高翅管湍流时的强化性能指标 PEC-1 值可达 1.6～1.9。目前螺旋内肋管也已广泛应用于制冷行业中。

3) 螺旋槽管与扭带的复合强化技术

螺旋槽管虽已广泛用于管内对流换热的强化,但一般认为在层流中,特别是当雷诺数较低时,强化效果不明显。此时如在螺旋槽管中插入扭带,将使对流换热得到明显强化。实验证明,在 $Re = 100～1000$ 范围内,在相同换热面积和流体功耗下,仅为螺旋槽管时其换热量可比光管提高 30%～40%,而螺旋槽管与 $H/d =$ 2.92 的扭带复合时换热量则可提高 60%～150%,且提高比率随雷诺数增加。以上情况说明螺旋槽管与扭带的复合强化传热在层流流体中有明显的强化效果。

文献[11]报道了湍流工况下螺旋槽管与扭带的复合强化技术。研究表明螺旋槽管与扭带复合后,管内换热系数可以达到光管数值的 3 倍以上,但此时流动阻力也提高更多,可达 7～8 倍。

因此在采用螺旋槽管与扭带的复合强化技术时,要特别注意区分强化对象的流动工况。在层流工况下采用复合强化技术强化效果好,且随着 Re 的增加,传热比阻力增加得快,故强化效果随着 Re 的增加而提高。在湍流工况下,随着 Re 的增加,阻力比传热增加得更快,强化效果随着 Re 的增加而降低;在 $Re = 8 \times 10^4～10^5$ 区域,除非为了提高换热系数,从性能评价指标的角度,螺旋槽管没有与扭带复合的必要。值得注意的是,螺旋槽管与扭带的旋向对强化效果也有影响。实验证明,相反的旋向优于相同的旋向。

4）内翅管与扭带的复合强化技术

对于油一类的高黏性流体，其流动多处于层流状态，为强化传热采用内翅管与扭带的复合强化技术十分有效，在相同的功耗下换热量可增加至光管的 3～4 倍。实验表明对于湍流工况，例如工业锅炉的铸铁空气预热器，采用内翅管与扭带的复合强化技术也能取得一定的效果。

2．改变流道截面形状

1）层流工况和过渡工况

流动截面形状对换热和阻力有很大的影响，特别是对层流工况而言。实验证明，当管道较长及 Re 较小时，换热的 Nu 实际上与 Re 无关。表 2-4 列出了各种不同截面的流道中换热的 Nu 及阻力系数 f 的值。

表 2-4　层流时不同截面形状的 Nu

管道截面形状		热流恒定时的 Nu	壁温恒定时的 Nu	阻力系数 f
等腰三角形	20°	2.7	2.7	51.5
	40°	2.95	2.7	53
	60°	3.0	2.7	53.3
	80°	2.95	2.7	52.7
	100°	2.8	2.7	52
	120°	2.7	2.7	51
圆　形		4.36	3.66	64
矩形	$a/b=1$	3.63	2.89	56.8
	$a/b=0.7$	3.8	3.0	58
	$a/b=0.5$	4.1	3.0	62
	$a/b=0.3$	4.9	4.3	70
	$a/b=0.1$	6.8	6.1	85
	$a/b=0$	8.24	7.54	96

从表 2-4 可以看出，合适高度比的矩形截面的换热比三角形截面和圆形截面要高得多。以锅炉中的回转式空气预热器为例，由波纹板和平板可组成不同形状的流道，如三角形流道和近似矩形的流道，计算表明在传递相同的热量时，三角形流道的换热器将比矩形流道的换热器长 18％，而矩形流道流动阻力比三角形流道要小 30％。

对一般圆管和矩形截面而言，在管道中温度条件相同时，采用矩形管道也能增加换热系数，但与此同时流动阻力会急剧增加。

在由层流向湍流过渡的过渡区中，管道截面形状对换热也有较大的影响。例如,在具有槽形截面通道的板式换热器中改用波纹板,可以显著提高换热系数。

2) 湍流工况

(1)横槽纹管和波纹管。

湍流工况时为改变管子的流道截面情况,应用最广的是所谓横槽纹管。它由普通圆管滚轧而成(见图2-5)。流体流过横槽纹管会形成旋涡和强烈的扰动,从而强化传热。强化的效果取决于节距 p 和横槽纹的突出高度 h 之比。实际应用中 $p/h \geqslant 10$。与前述的螺旋槽管相比,由于横槽纹管的旋涡主要在管壁处形成,对流体主流的影响较小,因此其流动阻力比相同节距与槽深的螺旋管小。

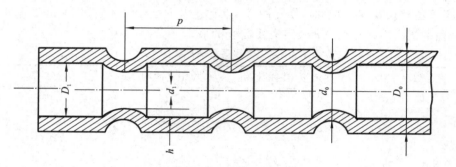

图 2-5　横槽纹管

谭盈科等对 $p/d = 0.5$、$h/d = 0.03$ 的横槽纹管的测定表明,当工质为空气时,$Re = 3.4 \times 10^4$,横槽纹管的换热系数可比普通光管提高 1.7 倍,阻力增加 2.2 倍;如工质为水,$Re = 4000$,换热系数可提高 1.4 倍,阻力增加 1.7 倍。当流体纵向冲刷环形槽道时,为了强化传热,可在管内采用横槽纹管,这样内外流体都能得到强化。

波纹管(见图2-6)是用普通无缝薄钢管经过特殊加工而成的,外形像糖葫芦一样,管内流体在低流速的情况下呈湍流状态,也可用于管内单相流体的传热强化。

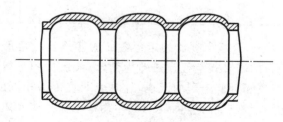

图 2-6　波纹管结构示意图

(2) 扩张-收缩管。

流体沿流动方向依次交替流过收缩段和扩张段(见图2-7)。流体在扩张段中产生强烈的旋涡,被流体带入收缩段时得到了有效的利用,且收缩段内流速增高会使流体层流底层变薄,这些都有利于增强传热。

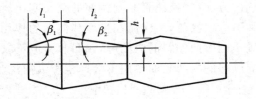

图 2-7　扩张-收缩管

扩张-收缩管(简称扩缩管)的性能取决于 l_1、l_2、h、β_1、β_2 等参数。一般扩缩管中扩张段和收缩段的角度应使流体产生不稳定的分离现象,从而有利于传热,而流动阻力却增加不多。扩缩管是一种很有前途的强化传热管,特别是对污染的流体,扩缩管不易产生堵塞现象。

对于非圆形槽道,亦可利用扩缩管的原理使流道扩缩,如在两块平板间加入两块带锯齿表面的板,就可构成扩缩槽道。

3. 纵向涡强化转热技术

1) 纵向涡强化传热的原理

当流体绕物体流动时,在物体后面会产生旋涡。如果物体布置合适,且与来流形成适当的角度,则会产生一系列的纵向旋涡。旋涡促进了主流与换热壁面间的动量和能量传递,从而达到强化传热的目的。

这种传热强化方法的关键是设计合理扰流结构,以诱发二次流。值得注意的是,对于同样的扰流结构(如矩形涡发生器),其不同的布置方式也会产生不同的旋涡形式。图 2-8 所示为几种类型的纵向涡发生器。

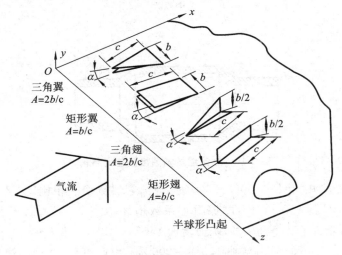

图 2-8　几种类型的纵向涡发生器

α—攻角;A—尺度比

过增元等对纵向涡强化传热进行了深入研究,提出了以下两种纵向涡强化传热的方法：①换热管非圆截面的交叉变化。流体由于非圆截面的交叉变化,而产生强烈的二次流,二次流在黏性和惯性的作用下发展成多纵向涡流。②换热管内设置不同方向倾斜的内凸起,该凸起类似于纵向涡发生器,流体在不连续和不同方向的倾斜的内凸起的作用下会产生多纵向涡流。

2）交叉缩放椭圆换热管

交叉缩放椭圆换热管是由多个轴线相互交叉的椭圆形截面管段和部分光滑圆形截面管段组成,且相邻管段之间存在过渡段。过增元等推荐的交叉缩放椭圆换热管的外形见图 2-9,其结构见图 2-10。

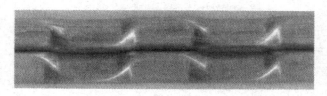

图 2-9　交叉缩放椭圆换热管的外形

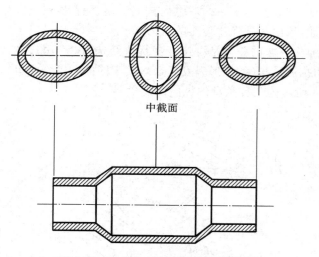

中截面

图 2-10　交叉缩放椭圆换热管的结构

实验研究表明,当 $Re=500\sim2300$ 时,与圆管层流换热相比,交叉缩放椭圆换热管的换热可增强 $1.5\sim5$ 倍,摩擦阻力系数增加 $100\%\sim350\%$；当 $Re=2300\sim10^4$ 时,换热可增强 $60\%\sim170\%$,阻力增加 $150\%\sim160\%$；当 $Re=10^4\sim5\times10^4$ 时,换热增强 $35\%\sim60\%$,阻力增加 $150\%\sim200\%$。由此可见,在低雷诺数对流换热区,交叉缩放椭圆换热管有很好的强化换热性能。

3）不连续双斜向内肋管

不连续双斜向内肋管是在换热管的内壁面形成许多不连续的、与轴线成一定夹角并向两个方向倾斜的棱状凸起物(双斜内肋)的新型强化传热管。所谓"不连续",是相对于螺旋槽管(螺旋连续)、螺纹管(螺旋连续)、横槽纹管(周向连续)而言的,即内肋是一种具有一定长度的粗糙元(棱状凸起)。不连续双斜向内肋管的结构如图 2-11 所示。

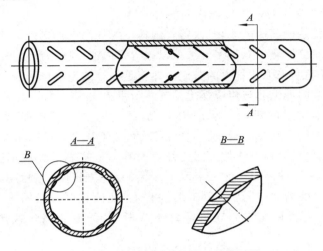

图 2-11　不连续双斜向内肋管的结构

对不连续双斜向内肋管而言,管内流体在壁面上大量双斜内肋的作用下产生多纵向涡流,且涡流主要集中在管壁面附近,从而强化了对流换热。过增元等的实验研究结果表明,用水作为工质,当 $Re = 10^4 \sim 5 \times 10^4$ 时,换热可以增加 $110\% \sim 130\%$,但同时阻力增大 $220\% \sim 240\%$。

4. 强化管内单相流体对流换热的其他方法

强化管内单相流体对流换热除了上述方法外,还有其他的一些方法。例如:人工粗糙壁面法;改善管内速度场和温度场之间的协同程度,使管内温度场更加均匀等。

1) 人工粗糙壁面法

用人工方法使壁面粗糙也是强化管内单相流体对流换热的一种有效方法。其中二维粗糙壁面包括各式各样的环状粗糙壁面、肋状粗糙壁面、滚压槽形粗糙壁面,有时螺旋形凸出表面(如滚压螺旋槽管)也可看作二维粗糙壁面。

二维粗糙壁面多用于强化管内湍流流体的对流换热。当邻近壁面的流体流经粗糙物时,在粗糙物的端部会发生边界层的分离,边界层分离所产生的流体旋涡不但会增加流体的湍动度,而且分离流体与壁面重新接触时,好像一股射流冲击在壁面上,使邻近流体换热强度提高。如果在壁面上按一定节距布置粗糙物使其间流体边界层得不到充分发展,就可大幅度地提高流体与壁面的换热强度。有关各种二维粗糙壁面的强化机理和结构参数对传热强化的影响可参阅文献[12]。

在二维粗糙壁面的基础上又发展了三维扩展表面。实验和工业应用都表明，带三维扩展表面的强化传热管，其换热强度高，对有相变的对流换热过程强化效果尤为明显。

2）改善管内速度场和温度场之间的协同

按照强化传热的场协同原理，改善管内速度场和温度场之间的协同程度，无疑能强化管内的对流换热。有许多方法可以改善管内速度场和温度场之间的协同程度，其中采用纤毛肋来强化管内的对流换热就是一个典型的例子。

焊在管内壁的纤毛肋与传统强化结构中针肋在结构上虽有相近之处，但强化传热的机理有本质上的不同。从结构上说，纤毛肋的长径比非常大（通常大于10），而针肋的长径比则要小得多。此外纤毛肋在管内的体积填充率非常小（约为1%），故流动阻力只会稍有增加。因此纤毛肋管不是依靠增大传热面积来强化传热，而是通过纤毛肋的高导热能力来改变流体的温度场，使主流温度场更加均匀，从而改善管内速度场和温度场之间的协同程度，使传热得以强化。当流体为气态工质时，由于纤毛肋和气体的导热系数相差很大，纤毛肋强化换热的效果更为显著。

数值计算和实验研究均证明，纤毛肋强化传热的效果主要取决于其长径比和肋与流体的导热系数之比。对给定的填充率，长径比越大效果越好，导热系数比越大，换热增强越明显。由于纤毛肋与管壁是通过焊接方式连接，加工量大，工业上应用有困难，于是出现了双螺旋弹簧强化传热管。它是将高导热的金属丝（铜丝、不锈钢丝）缠绕成弹簧后，再沿着具有较大中径和螺距的轨迹缠绕成弹簧，塞入传热管内，依靠本身的弹性，双螺旋弹簧能够与管壁紧密接触，如果将双螺旋弹簧塞入传热管后再进行钎焊，则其效果更好。实验表明，双螺旋弹簧强化传热管具有优良的强化传热性能，在低雷诺数下强化效果尤为显著。有关纤毛肋来强化管内的对流换热的详细资料可参阅文献[13]。

2.2.2　单向流体管束外对流换热的强化

单相流体横向或纵向掠过管束是工程上常见的对流换热过程，其最实用的强化方法是扩展换热面和采用各种异形管。

1. 扩展换热面

当换热面一侧为气体，另一侧为液体时，由于气体侧的换热系数比液体侧小得多（一般只有 $\frac{1}{50} \sim \frac{1}{10}$）。这时应用扩展换热面的方法来提高传热系数是最有效的办法。为了使换热器更加紧凑和进一步提高气侧的换热，现在各种异性扩展换热面得以迅速发展，它们可使气侧的换热系数较普通扩展面再提高 0.5～1.5 倍。

1) 平行板肋换热器中各种异性扩展换热面

平行板肋换热器中的异性扩展换热面发展最快,应用也最广。它们是各种普通扩展面(如矩形、三角形)的变形,其种类繁多,形状各异。最常用的有波形、叉排短肋形、销钉形、多孔形和百叶窗形(见图 2-12)。这些换热面的肋片密度都很高,一般为每米 300～500 片。由于通常当量直径小,气体密度小,因此它们经常处于低雷诺数的范围,即 $Re = 500～1500$,亦即处于层流状态。它们的特点,或者是利用流道的特殊截面形状来强化传热,如波形通道中产生的二次流,或者是使通道中流动的边界层反复形成又反复破坏来强化换热,叉排短肋形、销钉形就是如此。下面分别对常用的异性扩展面加以讨论。

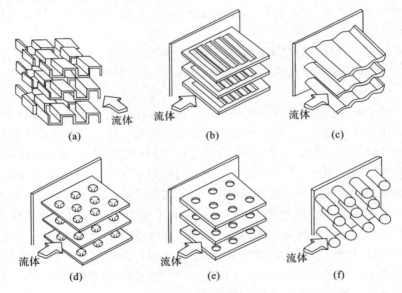

图 2-12　各种扩展换热面

(1) 波形扩展换热面。

波形扩展换热面能使气体流过波形表面的凹面时形成旋涡,造成反方向的旋转,而在凸面处又会形成局部的流体脱离,这两种因素均会使换热得到强化。

(2) 叉排短肋形扩展换热面。

叉排短肋形扩展换热面是将通常的矩形长直肋变成短肋,并错开排列,这样在前一块短肋上形成的层流边界层在随后的叉排肋处被破坏,并在其后形成旋涡,这一过程反复进行。由于边界层开始形成时较薄(入口效应),热阻较小,因此换热得到充分的强化。一般叉排短肋要比矩形直肋换热系数高一倍,当然相应阻力也要增加,一般约增大 2 倍。

(3) 销钉形扩展换热面。

销钉形扩展换热面与叉排短肋扩展换热面类似,它使用销钉来代替短肋,其强化换热的机理也与短肋类似。

（4）多孔形扩展换热面。

这种换热面是先在板上打许多孔,再将板弯成通道,当孔足够多时,由于孔的扰动可以破坏板上的流动边界层,从而强化传热。

（5）百叶窗形扩展换热面。

在板上冲许多百叶窗,再将板弯成通道,这些百叶窗的凸出物能破坏边界层,从而增强传热的效果。

2）圆管上的各种异形扩展换热面

圆管上的异形扩展换热面通常是在普通圆肋的基础上形成的,如开槽肋片、开三角孔并弯边的肋片、扇形肋片、绕圈形肋片等,它们的目的都是破坏流动边界层,从而强化传热。

肋片的形状对换热有很大的影响。对椭圆管上套圆形肋片、椭圆形肋片和矩形翅片(其四角上带有绕流孔)的研究表明,矩形翅片效果最好,可使换热系数提高7%。

在空调、制冷等工程领域广泛应用开缝翅片。在相同的泵功下,开缝翅片的换热性能均优于平直翅片、三角形波纹片和正弦波纹片。陶文铨等根据场协同原理,通过数值计算和实验研究证实,在采用扩展换热面(翅片)来增强传热时不仅要注意换热面积增加了多少,而且要注意在增加的面积上流体速度与温度梯度的协同程度。如果协同程度差,所增加的面积将起不到应有的作用。基于这一思想,陶文铨等对开缝翅片的开缝位置进行了研究。目前工程上广泛应用的开缝翅片,其开缝位置都是均匀的。研究则证明,同样的开缝数目,把开缝设置在流动方向的下游比放在上游好,因此应按照"前疏后密"的原则来设计开缝翅片。陶文铨等已将这一原则应用于翅片式换热器的设计,在工业应用中取得良好的效果。图 2-13 给出了改进翅片的三种开缝方案。

2. 采用异形管

1）流道截面形状对管外流动和传热的影响

管外流动与管内流动最大的区别是,换热面上的流动边界层与热边界层能不受壁面限制而自由地发展,因此在边界层之外还存在一个主流区,主流区内的速度梯度或温度梯度通常都可以忽略不计。

管外流动又分为纵掠和横掠,纵掠单管或管束的流动和管内流动有许多相似之处,在工程设计中可采用当量尺寸作特征尺寸,然后按管内流动的公式计算其流动阻力和换热系数。但对于横掠单管或管束的流动,除了具有边界层的特征外,还会发生绕流脱体,从而引起回流和旋涡。显然横掠流动时边界层的成长和脱体情况取决于外掠物体表面的形状,因此截面形状对横掠流动的阻力和换热有很重要的影响。例如对于流体横掠圆管的换热,通常可以用以下公式计算:

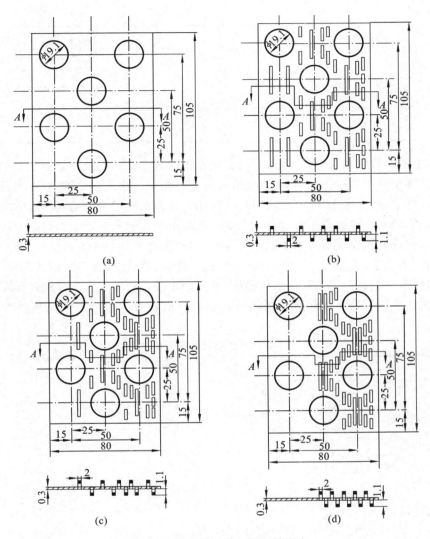

图 2-13 改进翅片的三种开缝方案

$$Nu = CRe^n Pr^{1/3} \qquad (2\text{-}22)$$

其中系数 C 和指数 n 由实验确定。空气横掠圆管时的 C 和 n 值见表 2-5。而气体横掠非圆形截面的柱体或管道时，式(2-22)中 C 和 n 的值则如表 2-6 所示，此时 Re 和 Nu 准则中的特征尺寸采用示意图中的 l。

表 2-5 空气横掠圆管时的 C 和 n 值

Re	C	n
0.4～4	0.989	0.330

Re	C	n
4～40	0.911	0.335
40～4000	0.681	0.466
4000～40000	0.139	0.618
40000～400000	0.0266	0.805

　　此外,对管束而言,管子的排列方式也是影响流动和传热的重要因素。对于横掠顺排和叉排圆管时的换热,通常对管排数进行修正。为了强化传热,特别是横掠管束的换热,更出现了各种形状的翅片管(肋片管),而翅片管的结构参数(高度、间距、形状等)对换热也有非常重要的影响。正是由于人们越来越认识到截面形状对流动和传热的重要性以及加工制造技术的进步,出现了许多异形强化传热管,如螺旋槽管、横纹管、波纹管、缩放管、椭圆管、滴形管、透镜管、螺旋椭圆扁管、交叉缩放椭圆管等,它们有的用于强化管内换热,有的用于强化管外换热。有的管形在强化管内换热的同时也能强化管外换热。在多种异形管中应用最多的是椭圆管和滴形管。

表 2-6　气体横掠非圆形截面管道时的 C 和 n 值

截面形式		Re	C	n
正方形		$5 \times 10^3 \sim 10^5$	0.246	0.588
		$5 \times 10^3 \sim 10^5$	0.102	0.675
正六边形		$5 \times 10^3 \sim 1.95 \times 10^4$	0.160	0.638
		$1.95 \times 10^4 \sim 10^5$	0.0385	0.782
		$5 \times 10^3 \sim 10^5$	0.153	0.638
垂直平板		$4 \times 10^3 \sim 1.5 \times 10^4$	0.228	0.731

　　2) 椭圆管的阻力和换热特性

　　黄素逸等对横掠椭圆管的对流换热进行了详细研究,选取了 12 种不同形状的椭圆管,它们的长短轴之比(a/b)分别为 1.25、1.50、1.75、2.00、2.25、2.50、2.75、

3.00、3.25、3.50、3.75、4.00，加上圆管（$a/b=1$）和平板（$a/b=\infty$），共 14 种元件，对它们在横掠气流中的换热进行了系统的研究，在此基础上对不同形状的椭圆管给出了经验公式。

对横掠圆管的换热有许多经验公式，黄素逸的实验结果和 Zhukauskas 所推荐的公式完全一致，即

$$Nu = 0.25Re^{0.6}Pr^{0.38}(Pr_f/Pr_w)^{0.25} \tag{2-23}$$

其实验范围为 $Re=1\times10^3\sim2\times10^5$。为此，对横掠椭圆管的换热，均按该式的形式整理。

对工程范围内各种常用的不同形状的椭圆管，有如下的经验公式：

当 $a/b=1.5$ 时

$$Nu_a = 0.234Re_a^{0.60}Pr^{0.38} \quad （横放） \tag{2-24}$$

$$Nu_a = 0.463Re_a^{0.57}Pr^{0.38} \quad （竖放） \tag{2-25}$$

当 $a/b=2.0$ 时

$$Nu_a = 0.051Re_a^{0.75}Pr^{0.38} \quad （横放） \tag{2-26}$$

$$Nu_a = 0.045Re_a^{0.806}Pr^{0.38} \quad （竖放） \tag{2-27}$$

当 $a/b=2.5$ 时

$$Nu_a = 0.148Re_a^{0.632}Pr^{0.38} \quad （横放） \tag{2-28}$$

$$Nu_a = 0.221Re_a^{0.641}Pr^{0.38} \quad （竖放） \tag{2-29}$$

当 $a/b=4.0$ 时

$$Nu_a = 1.08Re_a^{0.446}Pr^{0.38} \quad （横放） \tag{2-30}$$

$$Nu_a = 0.778Re_a^{0.53}Pr^{0.38} \quad （竖放） \tag{2-31}$$

以上各式中，Nu_a 和 Re_a 中的下标"a"均取椭圆管的长轴 a，定性温度则为来流温度，其实验范围为 $Re_a=10^4\sim10^5$。

由实验结果可以得到如下结论：①对于不同形状的椭圆管，在横掠气流中其平均换热系数不但随着长短轴之比的变化而变化，而且与流动的 Re 有关。要求得 Nu 与 a/b 的关系式是很困难的，工程上比较切实可行的办法是对不同的 a/b 的椭圆管，采用不同的经验公式；②在横掠气流中椭圆管横放和竖放对换热的影响很大，竖放时的换热明显高于横放时，因此计算时对横放和竖放必须采用不同的计算式，但在工业应用中由于竖放时流动阻力太大，故通常采用横放。

值得注意的是和圆管管束类似，第一排管和第二排管的换热系数都较第三排以后的低，当管排数不是很多时，计算整个管束的平均换热系数应考虑第一排和第二排的影响。

3）椭圆翅片管的阻力和换热性能

（1）概述。

椭圆翅片管有多种结构形式，目前在工业中应用最广的结构形式如图 2-14 所

示。当然根据实际情况,椭圆管的长短轴,矩形翅片的尺寸、厚度和翅片间距,以及其上扰流孔的数目都可以根据需要在上述基础上改变。例如德国 GEA 公司为大型电站生产的直接空气冷凝器就是采用长短轴分别为 100 mm 和 20 mm 的椭圆管,矩形翅片上则开有 16 个扰流孔。

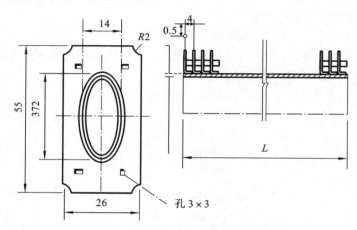

图 2-14　椭圆矩形翅片管的基本结构

椭圆矩形翅片管的制造工艺如下:先将无缝钢管按所需要的长短轴尺寸轧制成椭圆管,然后将薄钢板按要求冲压成带 L 形翻片和扰流孔的矩形翅片,最后用套片机将矩形翅片套在椭圆基管上,经酸洗、碱洗以后送入浸锌槽中进行整体热浸锌。当椭圆翅片管用于采暖、空调或某些紧凑式换热器中时,椭圆管及翅片常采用黄铜或紫铜。除最后采用整体热浸锡外,其他工艺与钢制椭圆翅片管都是类似的。

根据黄素逸等的研究,椭圆矩形翅片管有如下优点:

①与圆管相比,流动阻力小,传热系数大。这是由于椭圆管呈流线形,在横掠气流中,流体分离点后移,从而减少了管后的旋涡区,另外椭圆管前半部的边界层比圆管薄。这些因素有利于增强传热和减小流阻,通常流速下可以比圆管圆形翅片的流阻减小 50％以上。

②椭圆管的传热面积比同样截面的圆管大 15％,因此在相同流速下,管外换热面积可提高 15％。

③在相同的条件下,椭圆管的传热周长比圆管大,因此管内的热阻小,有利于管内介质的传热。

④对于同样材料的翅片,矩形翅片比圆形翅片效率高 8％。

⑤矩形翅片上开有扰流孔,它可以扰动横掠气流,从而减薄管壁及翅片上的边界层,能强化管外侧的换热。

⑥椭圆矩形翅片管可以布置得较紧凑,它占风道的面积仅为圆管的 80％。

⑦椭圆矩形翅片管顺着流动方向刚性好,垂直于流动方向又有一定的柔性,在横掠气流中诱导振动的振幅小,抗热应力的能力强。

⑧由于椭圆管套矩形翅片后,整体热浸锌,翅片呈 L 形,与椭圆管接触面积大,加上浸锌后,锌填充在翅片和椭圆管之间,既增加了椭圆管的承压性,又消除了接触热阻,使翅片管的传热性能大大改善。

⑨由于整体热浸锌,椭圆翅片管抗腐蚀的能力强,能够在较恶劣的工况下长期工作。

⑩由于采用钢管和矩形钢翅片,管组强度高,冷却器能用高压水冲洗。

由于上述优点,因此椭圆矩形翅片管在电力、炼油、化工、制冷、冶金、建材等行业获得了广泛的应用。

(2) 横掠椭圆矩形翅片管的换热。

为了了解单根椭圆矩形翅片管的性能,黄素逸等对结构与图 2-15 类似的四组椭圆翅片管进行了实验研究。其中一组为圆管方形翅片,它们的尺寸如表 2-7 所示。表中 a 和 b 分别为椭圆管的长轴和短轴,A 和 B 则分别为矩形翅片的长和宽。

表 2-7　实验椭圆矩形翅片管的尺寸　　　　　　　(单位:mm)

a/b	a	b	A	B
1	25	25	38	38
2.5	34.25	23.7	48.4	27
2.75	33.83	12.30	50.5	25
3.25	36.4	11.2	52.5	25

为了研究翅片间距的影响,以上四组管的翅片间距(s)又分为 3 mm、6 mm 及 9 mm 三种。对于三种椭圆矩形翅片管所得到的经验公式如下:

对 $a/b=2.75$ 的椭圆矩形翅片管,有

当 $s=3$ mm 时

$$Nu = 6.174Re^{0.34}Pr^{0.38} \tag{2-32}$$

当 $s=6$ mm 时

$$Nu = 2.556Re^{0.439}Pr^{0.38} \tag{2-33}$$

当 $s=9$ mm 时

$$Nu = 3.776Re^{0.339}Pr^{0.38} \tag{2-34}$$

对 $a/b=3.25$ 的椭圆矩形翅片管,有

当 $s=3$ mm 时

$$Nu = 3.14Re^{0.394}Pr^{0.38} \tag{2-35}$$

当 $s=6$ mm 时

$$Nu = 5.46Re^{0.333}Pr^{0.38} \tag{2-36}$$

当 $s=9$ mm 时

$$Nu = 3.417Re^{0.375}Pr^{0.38} \tag{2-37}$$

对 $a/b=2.5$ 的椭圆矩形翅片管,有

当 $s=3$ mm 时

$$Nu = 8.018Re^{0.314}Pr^{0.38} \tag{2-38}$$

当 $s=9$ mm 时

$$Nu = 1.68Re^{0.466}Pr^{0.38} \tag{2-39}$$

在上述诸式中 Nu 和 Re 中的特征尺寸 D_e 由下式确定:

$$D_e = \frac{A_r D + A_f \sqrt{A_f/(2n_f)}}{A_r + A_f} \tag{2-40}$$

式中,A_r 为每米管长光管的面积;A_f 为每米管长的总翅片面积;n_f 为每米管长的翅片数;D 为椭圆管的当量直径,其值按下式计算:

$$D = \frac{ab}{\sqrt{(a^2 + b^2)/2}} \tag{2-41}$$

由实验结果可知,当翅片间距减小,翅片密度增加时,换热系数将有所下降。通常翅片间距 $s=4\sim5$ mm 时,其综合性能指标最优。此外,黄素逸等还从理论上分析了椭圆矩形翅片管的翅片效率,并对翅片形状进行了优化。

(3)横掠椭圆矩形翅片管束的换热。

为了研究横掠椭圆矩形翅片管束的换热,研究者对长短轴之比 $a/b=1.75$,矩形翅片尺寸 $A/a=1.52$,$B/b=1.71$ 的椭圆翅片管进行了研究。其管子排列方式为叉排,其横向管间距 s_1 和纵向管间距 s_2 如表 2-8 所示。

表 2-8　管子的排列方式

管束号	1	2	3	4	5	6	7	8	9	10	11
横向管间距 s_1/mm	33	33	33	51.5	51.5	51.5	51.5	42	42	42	42
纵向管间距 s_2/mm	90	120	135	80	115	97	130	135	85.7	74	127
管子总数	44	44	44	29	29	29	29	35	35	35	35

对于换热系数,由实验获得的经验公式为

$$Nu = 0.25Re^{0.79}\left(\frac{s_1 - b}{b}\right)^{-0.05}\left(\frac{s_2 - a}{a}\right)^{-0.15} \tag{2-42}$$

对于流动阻力,其准则关系式为

$$Eu = 4.1Re^{-0.2}\left(\frac{s_1 - b}{b}\right)^{-0.35}\left(\frac{s_2 - a}{a}\right)^{-0.02} \tag{2-43}$$

上两式中,Nu 和 Re 中的特征尺寸为按式(2-40)计算的 D_e,定性温度为来流的平均温度,其适用范围为:$Re = 8\times10^3 \sim 3\times10^4$;$s_1/D_e = 1.10 \sim 1.73$;$s_2/D_e = 2.4 \sim 4.6$。

特别值得注意的是,按式(2-42)计算的管束的换热系数是按翅片管的当量直径 D_e 来核算的,因此当求整个管束的换热量 Q 时,应按下式计算:

$$Q = h\pi D_e ln \tag{2-44}$$

式中,h 为按式(2-40)求得的换热系数;l 为管长;n 为管子数目。

由于椭圆管的形状不同,翅片尺寸各异,对各种类型的椭圆翅片管束来求得统一的计算式几乎是不可能的。国外采用椭圆管的大公司,如前述 GEA 公司,都有自己的实验室,并通过实验来得到某一特定椭圆管束的换热和阻力计算式。

(4) 椭圆管和椭圆翅片管的应用。

椭圆管和椭圆翅片管由于其优异的性能已开始应用于工业界。例如锅炉用的暖风器,原都采用圆管钢制波纹型翅片作为传热元件,由汉口电力设备厂和华中科技大学共同研制的 NFT 系列暖风器以钢制椭圆矩形翅片管作为传热元件。经西安热工研究院和电厂现场测试,新暖风器传热系数高 30%,风阻下降 60%,仅风阻下降一项,一台 WGZ-410/100-2 型锅炉每年即可节电 6.0×10^5 kW·h,现在这种暖风器已行销全国所有省市并出口东南亚。

石化行业常减压和催裂化装置上使用的空冷器,过去均采用圆管上缠绕铝片作为传热元件,在采用钢制椭圆矩形翅片空冷器后,仅因风阻减小,风机节电每年达 2.3 万元,由于传热效率高,每年可节省 3.12 万元,原材料费可节省 5.1 万元,经济效益非常明显。目前这种椭圆矩形翅片管空冷器已在石化行业获得了广泛应用。

钢铁企业冷轧厂的罩式炉冷却器过去都采用圆翅片管。黄素逸等与宝钢合作将椭圆矩形翅片管(带 6 个扰流孔)空冷器代替原有的圆翅片管空冷器用于氮-氢罩式炉,使每炉钢板冷却时间缩短 3 h,经济效益巨大。

广州石化公司空气压缩机的中间冷却器原以钢制圆管圆片为传热元件,系进口设备。汉口电力设备厂将其改为以椭圆矩形翅片管为传热元件后,由于热效率增加,其一段缸的出口温度由 178 ℃降至 135 ℃,由于阻力下降,其空压机的转速由 9612 r/min 降至 9368 r/min,功耗大大下降。

以上情况充分说明椭圆管及椭圆翅片管巨大的应用潜力,但在具体使用时应注意以下问题：

①应根据具体的应用对象选择合适的管形及翅片尺寸、厚度、间距等。例如：当气侧含灰尘较多时，应加大翅片间距；当气侧阻力要求很低时，可选用长短轴之比更大的椭圆管。此外根据现场情况对不同的管排可以采用不同的翅片间距。例如，GEA 公司为大型电厂生产的汽轮机乏汽直接空冷器，其各排管的翅片间距并不相等，以保证管内乏汽能以相同的速度冷凝，防止发生串汽阻塞。

②可根据使用情况采用不同材质的椭圆管及椭圆翅片管。例如，对采暖、制冷空调可采用铜管铜翅片热浸锡，以进一步强化换热并使结构更加紧凑。作为锅炉省煤器，可采用铸铁管，或将矩形翅片与椭圆管一起整体铸造，以耐腐蚀。对于用于化工行业的椭圆翅片管，例如苯酐车间的热熔冷凝器，则可采用滚焊工艺将矩形翅片和椭圆管焊在一起，以适用周期性骤冷骤热的工艺要求。

③矩形翅片与椭圆基管的紧密接触是保证椭圆翅片管性能的关键，因此翅片内孔除翻边成 L 形外，还要求适当呈喇叭口状，便于套片。另外热浸锌或浸锡时，翅片管应在浸槽内适当振动，以使锌或锡能充满翅片与基管间的间隙。翅片管出槽后也应适当抖动，并用金属刷除去矩形翅片间的挂锌（或锡），这样不但翅片管美观，而且保证翅片间隙不被锌或锡堵塞。不少生产厂家上述工艺不过关，甚至不浸锌或锡，或用电镀来代替热浸过程，这样制作的椭圆翅片管是不能保证使用效果的。

2.3　沸腾换热的强化

2.3.1　概述

1. 强化沸腾换热的重要性

沸腾传热是人们最熟悉的传热方式之一，因为热量主要靠液体变气体时的汽化潜热方式来传递，可以实现高热流密度下的传热，传热系数很高。沸腾传热广泛存在，从日常生活到各类尖端科学技术领域，从烧开水、蒸煮食品到蒸汽动力电站锅炉，核动力反应堆，制冷、石油化工中的各类蒸发器，火箭发动机的壁面热保护，电子和微电子器件高热负荷下的冷却等。

沸腾换热的特点是表面传热系数很高，因此在一般情况下沸腾换热设备的最大热阻不在沸腾这一侧。通常人们都把主要的注意力集中在单相流体对流换热的强化上。但是对于制冷剂、碳氢化合物等有机液体的沸腾，其换热系数远低于同样条件下水的沸腾换热系数。许多有机液体的沸腾换热系数只有水的1/3。对于临界热流密度，也有类似的情况。苯、醇等多种液体的临界热流密度也比水低得多。

显然对于制冷剂和有机液体的沸腾，加热侧为水蒸气凝结（或为电加热）时，采取强化沸腾换热的措施是十分必要的。另外对火电、核电、化学工业、石油工业、低温工程等领域的各类沸腾装置,减小其沸腾传热温差可以提高能量利用的有效性,或者在相同的温差下减小装置的体积和金属消耗量。在太阳能、地热、海水温差发电等新能源的开发中,降低传热温差对于提高经济效益的作用更为显著。

　　由于以上原因,沸腾换热强化日益受到重视。对强化沸腾换热的机理分析与实验研究、新的强化方法的探索、强化表面最佳结构尺寸的选取、低成本强化表面加工工艺的研究等,近 20 年来一直是传热界的热门研究课题。

　　2. 强化沸腾的原理

　　强化沸腾的目的首先在于提高沸腾换热系数,以便在小的温差下就能够传递更多的热量。在工程应用中,还希望通过强化措施提高沸腾的临界热流密度,这样传热的强度也可随之提高。

　　池沸腾时,影响沸腾换热的主要因素有流体的物性、换热面的状况、换热面的位置和形状等。从池沸腾的机理可知,欲增大沸腾换热系数,应从增多汽化核心和提高气泡脱离频率两方面着手。主要是对表面进行特殊处理——形成各种强化表面。此外扩展表面、使表面粗糙、在沸腾液体种加入添加剂等方法,也能达到强化的效果。

　　管内流动沸腾与池沸腾相比,又有新的特点。由于强制对流的影响,加热面上形成的气泡脱离直径减小,脱离频率增加,气泡的表面也发生变形,换热过程可近似看作单相流体对流换热和沸腾换热的组合。当热流密度不太高时,以上两种方式同时起作用,因而换热系数要比相同热流密度下的池沸腾换热系数高。但当热流密度增高到沸腾换热在整个换热过程中占主要地位时,管内流动沸腾的换热系数就和相同热流密度下池沸腾的换热系数相近。

　　影响管内流动沸腾的因素有流动速度、流动方式、质量含汽率、热流密度、换热面的形状和几何结构等,由于管内流动沸腾既靠单相流体的强制对流换热,又依靠核态沸腾,因此前一节介绍的强化管内单相流体对流换热的方法以及将要讨论的强化池沸腾的措施,大多可应用于管内流动沸腾。

　　沸腾传热的强化方法很多,从是否需要外加动力源的角度可分为主动强化方法与被动强化方法。前者如液体喷射沸腾,外加电场、磁场、振动等条件下的沸腾。后者如采用各种强化结构表面和各种特殊流道结构等条件下的沸腾,这时因不需要外加动力,强化效果显著,因此在工程实践中已得到广泛采用,并取得很好的经济效益。

2.3.2　池沸腾换热的强化

　　自从核沸腾中泡底液体蒸发微层揭示以来,对核沸腾传输机理又有新的认识。在气泡生长中,尤其是壁面上近半球形气泡生长中,泡底液体微层的蒸发起着重要的作用。在各种机械加工强化表面、多孔表面中,尤其是有内扩展凹腔和内沟槽的结构表面中(如 Gewa-T 表面),泡底液体微层蒸发起着重要甚至支配性的作用。因为泡底蒸发液体微层厚度很薄,大约为 10^{-6} m 数量级,因此此层的热阻很小。如果采取措施适当增大微层液膜的面积和延长液体微层蒸发的时间,便可以使沸腾传热强化。

1. 采用粗糙表面

采用粗糙表面是最简单的强化池沸腾换热的方法。粗糙表面可使汽化核心数目大大增加,因此和光滑表面相比其沸腾换热强度可以显著提高。最简单的制造粗糙表面的办法是用砂纸打磨表面或者采用喷砂工艺,也可在表面上加工出粗糙槽纹。

实验表明,低热流密度时,增加表面的粗糙度强化效果显著;而在高热流密度时,粗糙度增加对换热的强化作用相对减弱。许多研究证明,壁面粗糙度增加到一定程度后,继续增大粗糙度也不能使换热系数再增加,亦即不再对传热起强化作用。

采用粗糙表面强化池沸腾换热时,需注意两个问题:一是长时间沸腾后,起初增加的汽化核心可能由于种种原因而失去活性,因此壁面粗糙度增加所得的强化效果有可能逐渐消失;二是增加粗糙度并不能提高沸腾的临界热流密度。

2. 对表面进行特殊处理

工程上为增强沸腾换热,应用最多的还是对表面进行特殊处理。特殊处理的目的是使表面形成许多理想的内凹腔(见图 2-15),这些理想的内凹腔在低过热度时就会形成稳定的汽化核心;且内凹腔的颈口半径越大,形成气泡所需的过热度就越低。因此这些特殊处理过的表面能在低过热度时形成大量的气泡,从而大大地强化泡状沸腾过程。实验证明,表面多孔管的沸腾换热系数可提高 2~10 倍。此外临界热负荷也相应得到提高。在相同热负荷下特殊处理过的表面的传热温差也比普通表面低得多。经过特殊处理的表面通常又称为沸腾强化表面。

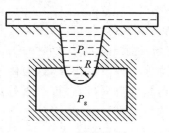

图 2-15　理想内凹腔

沸腾强化表面有两类:一类是内凹腔彼此未连通的表面;另一类是内凹腔彼此连通的表面。通常彼此孤立未连通的内凹腔表面,强化效果并不太好,且易受沸腾液体杂质沉积的影响。内凹腔彼此连通的多孔表面,聚汽能力强,强化效果好;且由于气液两相在多孔层内强烈循环流动,避免了工质中的杂质在孔内的沉积,从而能保持长期稳定的良好传热效果。

对于内凹腔彼此连通的多孔表面其强化传热的机理,可用图 2-16 的假想模型加以说明。这种多孔层把通道(内池)与外池分隔开,假设沸腾过程中通道内几乎都充满了蒸汽,但在蒸汽与壁面之间仍然始终存在一层振动液膜。随着热流的增大,液膜厚度减薄,活性孔数随之增多。

当多孔表面上(外池)的气泡长大时,通道内的压力下降,液膜的厚度则增加,因而需要有一部分液体由外池经非活性孔吸入补充。这个过程一直持续到气泡的脱离。此时通道内的压力达到最低点,液膜的厚度则达到最大值。气泡脱离后,由于液膜蒸发,通道内压力增大,这时通道内一部分液体经非活性孔

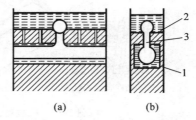

图 2-16　内凹腔彼此连通的多孔表面
1—通道(内池);2—外池;3—连通孔(非活性孔)

排至外池,使通道内液膜减薄。这两个过程反复进行,使外部液体与通道之间存在明显的液体循环流动,使通道内的液膜形成一种"脉动"现象。其循环频率与气泡形成的频率相同。

多孔层内液体的强烈循环流动,不仅使这种强化表面具有良好的抗堵塞能力,也是沸腾换热得以强化的一个重要原因。液体循环对流换热与换热强度很高的微膜蒸发以及液膜的振动等机理相结合,使这种多孔表面的换热强度达到很高的数值。

内凹腔连通的表面又可区分为两种:一种连接通道是规则的,如各种机械加工表面;另一种连接通道是不规则的,如烧结表面。

强化表面的加工方法很多,如机械加工法、火焰喷涂法、电镀法、激光打眼法和电化学腐蚀法等。除机械加工法外,其他方法加工的表面其内凹腔的连接通道都是不规则的,它们实际上是在换热表面加了一层多孔覆盖物。这种带覆盖层的表面多孔管又可分为带金属覆盖层和非金属覆盖层两种。目前工业上应用的均为带金属覆盖层的表面多孔管。下面分别讨论各种表面多孔管的强化传热。

1) 带金属覆盖层的表面多孔管

20 世纪 60 年代末在美国首先出现用烧结法制成的带金属覆盖层的表面多孔管。除了烧结法外,还可采用火焰喷涂法、电镀法等。一般来说,烧结法的效果最好。作为覆盖层的材料有铜、铝、钢、不锈钢等。用烧结法制成的多孔管已在工业部门获得广泛的应用。这种多孔管一般可使沸腾换热系数提高 4~10 倍,从而推迟膜态沸腾的发生。对于池沸腾,其临界热流密度可比光管提高 1.8 倍。

带金属覆盖层的表面多孔管,由于管内外均可涂上覆盖层,能显著提高池沸腾的换热系数,因此在工业上得到了广泛的应用。但它也存在一些缺点,例如:加工工艺复杂,成本较高;多孔层的孔不易均匀;不易加工成大尺寸;复制性差等。

2) 机械加工的表面多孔管

用机械加工方法可使换热表面形成整齐的凹沟槽(见图 2-17)。这种机械加

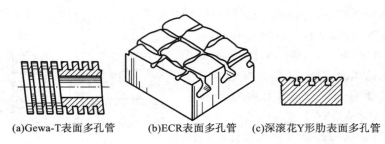

(a)Gewa-T表面多孔管　　　(b)ECR表面多孔管　　(c)深滚花Y形肋表面多孔管

图 2-17　机械加工的表面多孔管的示意图

工的表面多孔管亦能大大强化沸腾换热过程和提高临界热负荷值。对形状和尺寸不同的凹沟槽,沸腾换热系数可提高 2～10 倍。采用机械加工的方法制造的表面多孔管具有易于加工、尺寸均匀、成本较低且多孔层也不易阻塞等优点。

　　机械加工的表面多孔管形式繁多,表面加工通道的宽度、高度、节距,通道上方小孔的形状等几何结构对沸腾换热均有影响。实验证明,根据热流密度和沸腾液体的不同,机械加工的表面多孔管可使沸腾换热系数比光管提高 2～10 倍。

　　3. 采用扩展表面

　　池沸腾时通常采用的扩展表面是外肋管。用外肋管代替光管可以增加沸腾换热系数。首先,肋管与光管相比除具有较大的换热面积外,还可以增加汽化核心;其次,肋片和管子连接处受到液体润湿作用较差,是良好的吸附气体的场所;最后,肋片与肋片之间的空间里的液体三面受热,易于过热。以上这些因素都促进了气泡的生长,一般换热系数可提高 10% 左右。

　　值得注意的是,外肋管的肋片间距不能太小,肋间距太小会导致蒸汽不易从肋间排出,反而引起传热恶化。

　　4. 采用添加剂

　　在液体中加入气体或另一种适当的液体,亦可强化沸腾换热。例如在水中加入合适的添加剂(如各类聚合物),有时可使沸腾换热系数提高 40%。值得注意的是,如液体和添加剂配合不当,反而会使换热系数降低。

　　在液体中加入固体颗粒,当颗粒层的高度恰当时亦可强化沸腾换热,有时沸腾换热系数甚至可以比无颗粒层时高 2～3 倍。

　　加添加剂后沸腾强化的机理目前还不是很清楚。测定表明,水中加入微量添加剂后,其黏度并未发生明显变化,但表面张力有不同程度的下降。对于有机工质,加入添加剂后黏度和表面张力均无明显的变化。实验还证实,水中加入添加剂后,气泡脱离的频率增加,脱离直径减小。因此加入添加剂后,沸腾得以强化的主要原因还是汽化核心数增加。

　　实验表明,对光表面有强化作用的添加剂,对采用表面多孔管的强化表面仍有作用,添加剂可使沸腾换热系数进一步提高 1～2 倍。

采用添加剂来强化沸腾换热的方法在工业应用中遇到的障碍是使用寿命太短。因此寻求稳定可靠的添加剂仍是此法面临的主要问题。正因为如此,此法目前只能用于某些特殊的场合。

2.3.3　管内沸腾换热的强化

1. 对表面进行特殊处理

对于管内流动沸腾,当流速很低时,管壁的粗糙度对沸腾换热还能起一些强化作用。但当流速较高时,强化作用也随之消失。

对表面进行特殊处理,也能提高管内流动沸腾的换热系数。由于管内加工较难,通常采用烧结法使管子内壁形成一层多孔金属覆盖层。实验表明,烧结管可使管内流动沸腾的换热系数明显提高。

2. 采用扩展表面

内肋管除了能强化管内单相流体的对流换热外,还能强化管内流动沸腾。实验表明,前述内肋管一般可使管内流动沸腾的换热系数比光管高几倍。为此在制冷设备中多采用内肋管来强化制冷剂在管内的流动沸腾过程。

3. 采用流体旋转法

流体旋转法是工业上应用最多和最有效的强化管内的流动沸腾的方法。采用流体旋转法,不但可以提高管内流动沸腾的换热系数,还可提高临界热流密度。后者对高热流密度下运行的锅炉和核反应堆尤为重要。

原则上说,上一节介绍的使流体旋转的方法均可用于强化管内的流动沸腾。但由于对管内流动沸腾而言可以区分为过冷沸腾、核态沸腾、流动液膜蒸发及干涸区等,因此在采用流体旋转法时特别要注意其适用范围。

1) 采用管内插入物

实验研究表明,管内插入扭带对过冷沸腾作用不大,但扭带使流体旋转,在径向引起压力差,迫使气泡脱离加热面,这样在管壁上就不易形成连续汽膜,从而能显著提高过冷沸腾时的临界热流密度。有时临界热流密度可提高 1 倍。

管内插入扭带对提高管内核态沸腾换热系数和干涸区的传热是有利的。此外管内核态沸腾时插入扭带,其临界热流密度也比光管高。值得注意的是对管内核态沸腾,低热流密度时管内插入扭带强化效果较好,高热流密度下插入扭带效果不明显。

在光管中插入螺旋状金属丝一般能强化管内的流动沸腾。实验表明,螺旋线的尺寸选择(如线径、节距)以及与管壁之间的接触情况对管内沸腾有很大的影响。当几何参数选择不当时,甚至会出现换热系数低于光管的情况,这一点在应用时必须引起注意。

另外,网状和刷状插入物(网状插入物是用毡状金属制成,刷状插入物则由不锈钢扭扎而成)均可显著提高管内沸腾换热效果并提高临界热流密度。在恒定的质量流速下,采用刷状插入物的临界热流密度较光管可提高2倍,采用网状插入物可使临界热流密度提高1倍。

2) 螺旋槽管

螺旋槽管能有效地强化管内的流动沸腾,特别是用于强化环状流动区的传热,因为它能非常有效地减少液滴的夹带,减小液膜的厚度并使液膜发生湍动。螺旋肋截面有多种不同的形状,如矩形、梯形(称为螺旋低肋管)、圆弧形(称为滚压螺旋槽管)和三角形(称为内螺纹管)。虽然它们对管内流动沸腾的强化作用类似,但效果有所不同。

螺旋槽管强化管内流动沸腾的主要原因是在管子的内壁面产生螺旋流和边界层分离流。螺旋流的存在使流体与管壁的相对速度增加,减小了层流底层的厚度。螺旋流所引起的离心力使蒸汽中夹带的液滴容易返回液膜,从而推迟壁面干涸的出现。另外螺旋流使液体沿管周分布趋于均匀,因而层状流的现象不易发生,故对水平流特别有效。分离流的主要作用是扰动边界层的流体,使该处流体径向混合较均匀。因此螺旋流和边界层的分离流均能有效地减小热阻,强化沸腾换热。

2.4　凝结换热的强化

2.4.1　管外凝结换热的强化

凝结是工业中普遍遇到的另一种相变换热过程,一般认为凝结换热系数很高,可以不必采用强化措施。但对氟利昂蒸气或其他有机蒸气而言,它们的凝结换热系数比水蒸气小得多。例如对氟利昂,其凝结换热系数仅为其另一侧水冷却换热系数的$1/4\sim1/3$。在这种情况下,强化凝结换热仍然是非常必要的。对空冷系统而言,由于管外侧空气的肋化系数非常之高,强化管外的水蒸气凝结换热也仍然是有利的。

强化管外凝结换热的方法很多,最有效的方法是采用各种强化传热管。对水平布置,多采用低肋管、锯齿形外肋管和螺旋槽管;对垂直布置,主要采用纵槽管和螺旋槽管。这些强化方法已应用于工程实际中,并取得了良好的效果。

1. 低肋管

为了强化蒸汽在水平管外的凝结,工业上多采用低肋管。低肋管的优点如下:①因为肋间根部凝结液体的表面张力作用可使肋片上形成的凝结液膜变薄(见图2-18),故低肋管能有效地提高膜状凝结的换热系数,一般情况下可使凝结换热系数较光管高50%～100%;②低肋管可增大换热面积,一般较光管高2倍以上。

低肋管强化凝结换热的效率取决于其结构尺寸(如肋片间距和肋高)以及凝结

液体的物性(主要是表面张力)。如肋片间距过小,凝结液的表面张力又过大,在肋间就会充满液体,形成所谓"搭桥"现象,使肋片起不到强化换热的作用。低肋管一般应用于制冷剂和有机液体,因为这类液体的表面张力较小。

2. 锯齿形肋片管

锯齿形肋片管是日本日立电缆有限公司于 1975 年开发的强化凝结换热管。这种肋片管的特点是肋片呈锯齿形,锯齿凹处的深度约为肋高的 40%,凹槽宽度约为肋间距的 30%,肋尖处很薄。图 2-19 为这种锯齿形肋片的示意图。

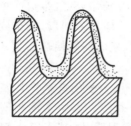
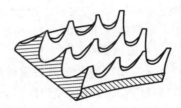

图 2-18　低肋管肋片上液膜的示意图　　　　图 2-19　锯齿形肋片的示意图

锯齿形肋片管与低肋管相比,凝结的换热系数有明显的提高,如对各种氟利昂制冷剂,其凝结的换热系数可提高 1~1.5 倍。

锯齿形肋片管之所以能强化传热,一是因为锯齿形肋片外沿的周长和外表面积都比低肋管大,在表面张力的作用下薄液膜区也比低肋管大,因此热阻较小;另外肋片侧面较粗糙,肋片顶部又开有锯齿缺口,增加了凝结液的扰动性,使凝结液呈波动状,有利于传热。

工业应用证明,上述低肋管和锯齿形肋片管在卧式冷凝器中用于氟利昂制冷剂和轻质油类的蒸气凝结是很有效的。值得注意的是,低肋管和锯齿形肋片管不适用于易结焦的介质。

3. 单面纵槽管

对于垂直管外的凝结,通常采用单面纵槽管。所谓单面纵槽管,就是在管子外壁开许多纵槽,这些纵槽的形状见图 2-20。

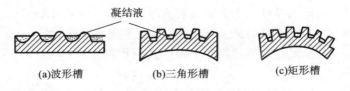

凝结液

(a)波形槽　　　　　　(b)三角形槽　　　　　　(c)矩形槽

图 2-20　纵槽断面示意图

纵槽管之所以能强化凝结换热,主要是利用了液体的表面张力。凝结液在表面张力的作用下从槽顶流向槽底,在重力的作用下再沿槽底流向管子下端。在槽顶部分液膜很薄,因此换热系数增加。虽然槽底部液膜较厚,换热系数会有所下降,但平均起来,换热系数还是比光管大得多。此外,尽管槽底部分被凝结液淹没,但比起光管来其换热面还是增加了,这对增强换热也是有好处的。

实验证实,槽为三角形的单面纵槽管其凝结换热系数可比光管高 5～7 倍,槽为矩形时则为光管的 3～5 倍,这说明三角形槽优于矩形槽。

当单面纵槽管很长,或单位面积上的热流密度很大时,管子下部由于凝结液量很大,常常会发生凝结液溢出槽外形成"满液"现象,影响传热效果。此时可采取两种措施:一是由上至下使槽深度逐渐增加以适应排液的需要;二是可在单面纵槽管上沿高度加泄液罩,这样上部流下来的凝结液可以顺泄液罩滴落,其下的纵槽管就不受上段凝结液下流的影响,可以和蒸气直接接触,从而提高换热系数。

4. 双面纵槽管

双面纵槽管是在单面纵槽管的基础上开发的,其主要优点是管外既可强化凝结换热,管内又可强化沸腾换热。在升膜(或降膜)式蒸发器中常采用这种双面纵槽管。用于海水淡化的降膜式蒸发器不仅凝结侧得以强化,甚至蒸发侧的沸腾换热系数也可增大 3 倍。

值得注意的是,双面纵槽管只能用于垂直布置,如为水平布置则起不到强化作用。

5. 螺旋槽管

螺旋槽管由于管子内外都有螺旋槽,所以可以同时强化凝结侧和冷却侧的换热。螺旋槽管不但可用于水平布置,也可用于垂直布置。由于螺旋槽道的作用,管壁上的凝结液体会迅速顺着螺旋槽脱离冷却壁面,而不是像纵槽管和光管那样,凝结液一直顺着壁面流到管子下部才排走。这对螺旋槽管的凝结换热是很有利的。此外冷却侧换热也因流体的旋转而得到强化。因此螺旋槽管的换热系数要比光管高许多。实验表明,螺旋槽管的换热系数可比光管高 40%～140%。

6. 在管壁上设置金属丝

在管壁上设置金属丝也可强化凝结换热。在垂直光管上设置纵向金属丝时,其强化凝结换热的效果甚至比单面纵槽管更好。纵向布置金属丝能强化凝结换热的原因是,当金属丝的厚度大于凝结液膜的厚度且金属丝能被凝结液润湿时,由于表面张力的作用,凝结液被拉进金属丝和管壁之间的凹陷区,并形成一股细小的溪流迅速向下流动,金属丝之间的管壁上凝结液膜相对变薄,从而使热阻减小,换热系数提高。

管壁上金属丝的数目和直径对强化效果有很大的影响。实验表明,随着金属丝数目的增加,开始凝结换热系数也增大;当金属丝数目增加到一定程度后,再增加金属丝的数目则会使换热系数下降。金属丝的直径对换热系数也有类似的影响:当金属丝直径增大,凝结换热系数也随之增加;金属丝直径增加到一定程度后,再增大直径反而会使凝结换热系数减小。

　　水平光管外绕上金属丝也能强化凝结换热。强化的原因和垂直管类似,即凝结液在表面张力的作用下被牵引到金属丝附近,两线之间会形成薄液膜区,从而减小了凝结换热的平均热阻。

2.4.2　管内凝结换热的强化

　　管内凝结换热的强化方法很多,需视其管子布置而异。对于垂直管,其管内凝结换热的强化方法和管外凝结是相同的。对于水平管,由于液膜所受重力与流动方向垂直,其强化方法和垂直管不同,此处仅讨论水平管内凝结的强化方法。

　　对水平管内凝结换热的强化通常采用类似于管内沸腾的强化方法,主要是采用内肋管和使管内流体旋转。

　　采用内肋管是强化管内凝结的最有效的方法。内肋管有各种形式,用得较多的是螺旋内肋管和直内肋管。实验表明,内肋管的换热系数可比光管高 20%~40%。按光面计算则换热系数可高 1~2 倍。

　　采用插入扭带、静态混合器和螺旋槽管等流体旋转法均可强化凝结换热。如插入扭带一般可使凝结换热系数提高 30%,但此时流动阻力也会大为增加。

　　值得注意的是,在强化凝结换热之前,应首先保证凝结过程的正常进行。例如,排除不凝气体的影响,顺利地排出凝结液等。

2.4.3　珠状凝结

　　珠状凝结的换热系数可比膜状凝结高 10 倍以上,因此在工业凝结设备中如能实现珠状凝结,无疑有重大意义。

　　实现珠状凝结的必要条件是凝结液体不能润湿表面。由于水和有机液体能润湿大部分的金属壁,所以一般工业用的冷凝器如不采取特殊措施是很难实现珠状凝结的。人工珠化有两个主要途径:对冷却壁面进行特殊处理和在蒸气中加入某种珠化的助凝剂。在蒸气流动过程中,助凝剂沉积在冷却壁面上,以形成一层不为凝结液体润湿的覆盖层。目前实现珠状凝结的方法如下:

　　(1) 选用易珠化的表面材料,并将表面高度磨光。

　　实验表明,不同的金属表面形成珠状凝结的能力不同,如铜比锌、不锈钢、蒙乃尔合金形成珠状凝结的能力都强。将这种易珠化的材料表面高度磨光就有可能实现珠状凝结。

　　(2) 在表面上镀贵金属覆盖层。

　　在表面上镀一薄层贵金属(如金、铂、银)可使凝结面长期保持珠状凝结。可惜此法成本太高,很难在工业上大规模应用。

　　(3) 在表面上涂聚合物涂层。

在表面上涂一层聚合物涂层也能实现珠状凝结。最有效的聚合物是聚四氟乙烯和聚乙烯。这两种聚合物临界表面张力较小，只要凝结液体的表面张力大于涂层的临界表面张力，即可产生珠状凝结。例如水蒸气在聚四氟乙烯表面上凝结时，水-汽表面张力即大于聚四氟乙烯的临界表面张力，故能在聚四氟乙烯上产生珠状凝结。一般聚合物涂层很薄，厚度仅为 $0.25\sim1~\mu m$，其附加的导热热阻很小，从而能较大地提高凝结换热系数，一般在冷却表面上涂一层聚四氟乙烯，再经过热处理后可使凝结换热系数比无涂层时高 $2\sim3$ 倍。

（4）在蒸气中加入助凝剂。

在蒸气中加入某些助凝剂，可使磨光的冷却面上产生单分子的憎水层，形成不与凝结液润湿的膜面而得到珠状凝结。硬脂酸、油酸、油酸铜等都可作为助凝剂。助凝剂的缺点是污染工质，并需定期添加。

目前珠状凝结在工业上的应用还有困难。其中最主要的原因是表面污染，使珠状凝结很难持久稳定。其次，即使得到了良好的珠状凝结表面，蒸气的剪切作用也可能把液滴扩展成连续的液膜。第三，蒸气一般只能在低压下实现珠状凝结。以上种种原因都限制了珠状凝结的应用。在实现稳定的珠状凝结方面还要做很多工作。

2.5　耗功强化传热技术

2.5.1　概述

从本章第一节可知，欲强化传热可以从三方面着手，即提高平均传热温差、增加换热面积和提高传热系数。而要提高传热系数，除了前面介绍的无功强化技术外，耗功强化技术也得到了迅速发展。

耗功强化技术，顾名思义，是需要消耗一定的外部能量。在采用耗功强化技术时应遵循的原则是，在尽量少耗功的情况下，获得最好的强化传热效果。

耗功强化技术包括机械强化法、振动强化法、电场和磁场强化及其他耗功强化法，如喷注和抽吸、射流冲击等。目前还将无功强化技术和耗功强化技术有机结合，例如让受静电场作用的流体流过旋流发生器。

下面主要介绍已获得工业应用的几种耗功强化技术，即采用机械搅拌法强化容器中的对流换热和采用振动法强化对流换热及射流冲击。

2.5.2　采用机械搅拌法强化容器中的对流换热

在食品、制药和化工工业中，许多生产过程都是在容器中进行的。而容器的体积不一，小的如某些制备药品的容积为 $0.02~m^3$，大的如水处理设备可达 $1000~m^3$。

容器中液体的黏度变化范围也很大,其黏度可在 0.01~500 Pa·s 之间变动。

在这些容器中进行的生产过程常和其内的换热过程紧密相关。例如在化工工业的混合容器中,有的生产过程是放热过程,有的是吸热过程,此时要保持生产过程所需的最佳反应温度,就必须及时有效地冷却或加热工质。在食品工业中也必须保持换热良好,以便使容器中的食物作料均匀地具备生产过程所需要的温度。

在上述混合容器中的换热过程大多是单相流体的对流换热,而且主要是依靠流体的自然对流换热。其换热系数低,容器内温度分布很不均匀。因而,如何强化容器中的换热是工业生产中面临的一个重要问题。

应用机械搅拌法强化容器中的换热是最常用的一种强化方法。图 2-21 所示为典型的机械搅拌装置。其装载液体的容器一般为圆柱体,底部是平的或圆盘形的;容器中液体储存高度一般保持和容器直径相同。通常容器外有夹套,或在容器内设有蛇形管等换热元件,用以加热或冷却容器内的物料。搅拌器通常从容器顶部插入液层,对大型容器也可从底部插入。视情况搅拌器外也可安装导流筒,用以促进液体循环。对于高径比大的容器,为使整个容器都能得到良好的搅拌,可在容器内安装几组搅拌器。工业上已制成了

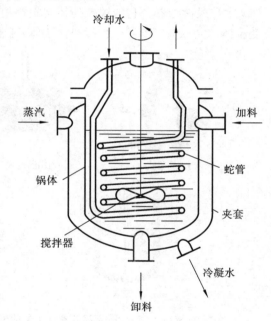

图 2-21　典型的机械搅拌装置

各种搅拌混合设备以满足各类工业生产的需要。

搅拌器的类型很多,主要有以下几种:

(1) 旋桨式搅拌器。它由数片推进式螺旋桨叶构成(见图 2-22(a)),工作转速较高,叶片外缘的圆周速度一般为 5~15 m/s。旋桨式搅拌器主要形成轴向液流,适于搅拌黏度小于 2 Pa·s 的低黏度液体、乳浊液及固体微粒含量低于 10% 的悬浮液。

(2) 涡轮式搅拌器。它由安装在水平圆盘上的多片平直的或弯曲的叶片构成(见图 2-22(b)),桨叶的外径、宽度与高度的比例一般为 20∶5∶4,圆周速度一般为 3~8 m/s。涡轮在旋转时主要形成径向流动,适用于气体及不互溶液体的分散和液液相反应过程。

（3）桨式搅拌器。有平桨式和斜桨式两种。平桨式搅拌器由两片平直桨叶构成（见图 2-22(c)），圆周速度较低，一般为 1.5~3 m/s。所产生的径向液流速度较小。斜桨式搅拌器的两叶相反折转 45°或 60°，故可产生轴向液流。桨式搅拌器结构简单，常用于低黏度的液体及气体微粒的溶解和悬浮。

（4）锚式搅拌器。顾名思义，锚式搅拌器的桨叶像锚（见图 2-22(d)），桨叶外缘形状要与容器内壁一致，其间仅有很小的间隙，可以清除附在容器壁上的黏性反应产物或堆积于容器底部的固体物。桨叶外缘的圆周速度低，一般为 0.5~1.5 m/s。可用于搅拌黏度高达 200 Pa·s 的高黏度牛顿型流体和拟塑性流体。

（5）螺带式搅拌器。它的螺带外径与螺距相等（见图 2-22(e)），专门用于搅拌高黏度流体（200~500 Pa·s）和拟塑性流体，通常在层流状态下操作。

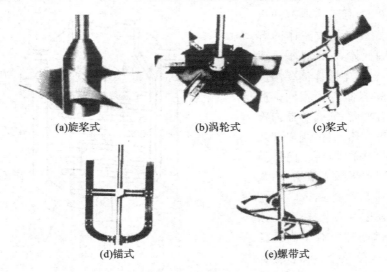

(a)旋桨式　　　　　(b)涡轮式　　　　(c)桨式

(d)锚式　　　　　　(e)螺带式

图 2-22　各种类型的搅拌器

在采用机械搅拌法强化容器中的对流换热时，其机械搅拌所消耗的功率是必须考虑的因素。显然消耗的功率与雷诺数，搅拌器的类型、结构，搅拌器的直径与容器直径之比，被搅拌流体的物性等诸多因素有关。对特定的搅拌器，搅拌功率曲线通常由试验获得。机械搅拌时的传热计算，对特定的搅拌器也要依靠由试验获得的经验公式。在应用机械搅拌法强化容器中的对流换热时，搅拌器类型的选择以及搅拌时转速的确定是最重要的。例如容器中的工质为低黏度液体时，一般采用高速、小尺寸机械搅拌器，如旋桨式、涡轮式或桨式。此时，搅拌过程将在高雷诺数的湍流状态下进行。如容器中的工质为高黏度液体，小尺寸的搅拌器一般效果不佳，通常采用低速锚式或螺带式搅拌器，搅拌过程将在低雷诺数的层流状态下运行。

2.5.3　采用振动法强化对流换热

采用振动法强化对流换热是一种很有前途的耗功强化技术。此法中既可为换热面振动,也可为流体振动,或者换热面和流体两者都产生振动。

1. 利用换热面振动强化传热

换热面振动能直接破坏边界层而达到强化传热的目的。通常采用电力振动器或机械传动偏心装置来使换热面产生人为的振动。对换热面在静止流体中振动的强化方法,研究最多也最早。大多数的研究者是将浸没在静止流体中的热水平圆柱体作垂直或水平振动,然后研究换热面振动对换热的影响。研究表明,只有当振动强度达到临界值时换热系数才会增加。在研究中振动强度通常用所谓振动雷诺数 $Re_v = 4afd/v$ 表示,其中 a 和 f 分别表示振动的振幅和频率,d 为圆柱体的直径,v 为流体的运动黏度。研究还表明,在小振幅和高频率时换热系数甚至可以增大 10 倍。

对垂直平板在静止流体中振动,研究表明,当振动强度达到临界值时,与不振动相比,换热系数可增加 7%～50%。当振动强度低于临界值时,则有不同的结论:有的实验认为,换热系数略有增加;有的实验结果反映,与不振动相比,换热系数还略有降低。

当流体强制流动时,换热面振动也能促进换热强化。研究表明,根据振动强度和换热系统的不同,换热面在强制流动的流体中振动时,换热系数可比不振动时增大 20%～400%。值得注意的是,在许多实际工程中利用换热面振动来强化传热是很困难的。一方面,换热面质量较大,使其振动需要消耗较多的能量,甚至耗费的能量比增强传热所带来的收益还高;另一方面,振动还有可能造成设备损坏。这也是利用换热面振动强化传热未能得到实际应用的原因。

2. 利用流体振动强化传热

实验研究和工业应用都表明,流体振动能有效地强化对流换热。已经研究过的振动频率包括亚声波(20 Hz 以下)、声波(20～20 kHz)和超声波(20 kHz 以上)。

对于自然对流换热,声振场对热的水平圆柱体或热平板与周围流体的换热有明显的影响。研究表明,当声强超过 140 dB 时,换热系数可增加 1～3 倍。但值得注意的是,由于无声振时自然对流的换热系数很低,即使利用声振使换热系数增加几倍,其换热系数依然不高,而产生声振却需消耗不少能量,此时采用使流体强制对流或机械搅拌的方法更加简单、实用。

对于强制对流换热,加上声振场后换热系数依然可以增加。例如对气体而言,有声场时平均换热系数可比无声场时提高 1 倍。对于环形管道中流动的水,与无声场时相比局部换热系数可增加 40%。

在工程实际中应用最多且最有前途的使流体振动的方法不是外加声振场,而是采用其他方法使流体产生低频振动或脉动。通常采用脉动阀门、空气脉动器或往复泵即可使流体产生低频振动或脉动。此时强化传热的效果则与脉动频率、脉动幅度、脉动阀门位于换热器的上游或下游有关。

不少研究者对流体脉动与强化传热的关系进行了研究。研究表明,对高黏度流体和非牛顿流体的层流运动基本上没有强化传热的效果。对气体流动而言,则可使临界雷诺数减小,当雷诺数为 1500 时即可转变为湍流。根据脉动方法、脉动频率和流动工质的不同,流体低频脉动可使管内强制对流换热的换热系数增加 1 倍左右,个别实验可达 2 倍。研究还表明,采用流体脉动强化传热在经济上也是有利的,当换热系数因流体脉动而增加 70% 时,所需的功率消耗与无脉动时相比仅增大 30% 而已。

目前在利用流体振动强化传热方面,程林教授提出了利用流体诱导振动来强化传热的思想。他设计了一种弹性盘管和与其相关的脉动流发生器,通过脉动流诱发弹性盘管产生微小振动,从而极大地强化了传热过程,并抑制了污垢的产生。这种流体振动,换热面也振动的强化传热新方法,几乎不耗外功,却能极大地提高传热系数。根据这种新思想设计的汽水加热器已在供热工程中得到广泛的应用(详见第 6 章第 3 节)。

黄素逸等提出了利用小扰动强化传热的思路。这可以从两方面理解。首先从受力的情况分析,流体或换热面会受到各种力的作用,当各种力失去平衡时就会导致失稳,然后进入另一种稳态;或再受到恢复力的作用而回复,从而引起振荡。只要输入的能量等于阻尼引起的能量消耗,振荡就能持续下去。其次如果将流体和换热面看成一个系统,并设法使该系统的输出对输入有正反馈,则输入系统的小扰动就能被放大而引发振动,从而使传热得以强化。这种方法的关键是利用小扰动使层流失稳,或使湍流的强度增加。由小扰动引起的流体宏观脉动,包括流体的整体振荡或在流场中形成有序的大涡。

对于工程中最常见的管壳式换热器,流体诱发管束振动的机理包括湍流撞振、旋涡脱落、绕振和喷流交替等。湍流撞振是由湍流的随机压力与速度的波动引起的,可用改变来流的湍流度或管束的排列方式来改变它。而管子两侧旋涡交替脱落会造成阻力和升力的交替变化,从而引发管子振动。当管束中某根管子发生位移后,流场的均匀性被破坏,相邻管的力平衡也被破坏,引起绕振。喷流交替振动则是由管排后面喷流耦合和失耦而产生的振动。

当气体流过换热器管束时,可能产生一个既垂直于管子,又垂直于流动方向的驻波,该驻波将在换热器内壁之间穿过管束来回反射;同时流体横掠管束时在管子后面会形成旋涡分离,在驻波来回反射的过程中旋涡分离的能量不断输入,当频率耦合时将引起共振。共振的声波能使沿圆柱体跨度方向的旋涡关联起来。显然声波的频率与管子节距、隔板间距都有关系。

要实现小扰动强化传热,在层流时就需通过小扰动诱发流动失稳,使之形成湍流。在湍流时,先由小扰动诱发流体脉动,并使其固有频率与换热面的固有频率耦合,引起换热面振动。此时如能使脉动频率和旋涡脱落频率耦合,同时与换热器内的声波共振,形成有序大涡,直接冲刷换热面,则能获得最佳的强化传热效果。

最易实现与流体脉动耦合的换热面有弹性盘管、盘旋悬伸管、薄壁波纹管等。此外壳程流体切向进入壳体、切向对冲进入都能诱发流体脉动。这种小扰动强化传热的技术已获得初步成果。黄素逸等将海水冷却器中的部分钛传热管用薄壁波纹管代替,该薄壁波纹管内没有流体流过(即不参与换热的所谓"假管"),其作用是在流体作用下诱发振动,从而使相邻管的传热得以强化,使海水冷却器的传热系数得到提高。这样就可用便宜的不锈钢管代替部分昂贵的钛管,大大降低换热器的制造成本。

2.5.4 射流冲击

射流冲击是各种常规对流换热方式中最强有力的技术途径,具有极高的传热与传质速率,因而很早就受到科学界和工程界的重视,并已广泛应用于工业生产领域,如内燃机的冷却、金属的热处理、航空发动机涡轮叶片的冷却以及微电子设备的热控制等方面。

在射流冲击过程中,流体通过一定形状的喷嘴(圆形或狭缝形)直接喷射到被冷却或加热的表面。由于流程短,在射流冲击驻点区附近形成很薄的边界层,因而具有极高的传热效率,其换热系数要比通常的对流换热方式高出几倍甚至 1 个数量级。例如,空气的自然对流换热系数为 $3\sim10$ W/($m^2\cdot$ K),水的自然对流换热系数为 $2\times10^2\sim10^3$ W/($m^2\cdot$ K);空气的强制对流换热系数为 $20\sim10^2$ W/($m^2\cdot$ K),水的强制对流换热系数为 $10^3\sim1.5\times10^4$ W/($m^2\cdot$ K),而普通的单相液体自由表面射流冲击换热系数可达 $5\times10^3\sim3\times10^4$ W/($m^2\cdot$ K)。作为一种高效的传热方法,射流冲击传热技术的应用有着更广阔的发展前景。

射流冲击有着多种划分方式。首先,按照工作介质的特性,可分为气体射流和液体射流,其中液体射流又可分为浸没射流和自由表面射流,前者为液体工质射流进入周围液体环境中,而后者为液体工质射流暴露在气体环境中。其次,还可以按照射流的数目,分为单束射流和矩阵射流。再次,按照射流冲击传热表面的温度即壁面温度和射流温度之差,可分为单相射流和沸腾射流。除此以外,射流冲击还可根据喷嘴形状,分为圆形射流、窄缝射流和矩形射流,其中圆形射流和窄缝射流已有很多的研究和工程应用。

射流冲击流场一般分为三个区域,即自由射流区、驻点区和壁面射流区。根据流动区域的不同,流动特性也有不同的表现。当流体由喷嘴喷出之后,射流宽度会随着流动的进行不断增大,直至冲击传热壁面。由喷嘴出口到壁面之间的射流流动区称为自由射流区。在此范围内,工质流动具有自由射流的特点,并存在射流核心区。同时,射流工质的流动会对周围的环境介质产生强烈的卷吸作用,增强射流主体的湍流度,从而起到强化传热的效果。在驻点区,射流工质在与壁面垂直方向上强烈冲击传热壁面,法向速度变为零,因而具有最高的传热效率。由于径向压力梯度的作用,流体从垂直于壁面方向转变为平行壁面方向流动,并在一定顺压梯度作用下保持层流状态。随着流动的进行,射流流体进入壁面射流区,在此区域内,由于压力梯度的消失,工质流动速度逐渐减小;并且随着边界层的增厚,流动可能发生层流向湍流的过渡,局部传热因而可能得到强化。

射流冲击作为一种非常高效的强化传热方式,不仅在工业上得到广泛应用,而且在理论和实验研究方面也有了很大的进展。随着强化传热技术的发展,过增元院士提出了重要的场协同理论,对强化传热的机理作出深入解释和说明。根据场协同理论的观点,流动的流场方向与温度梯度方向之间的协同程度对传热效率有重要作用和影响:这种协同程度越好,传热效率就越高。从场协同理论可知,射流冲击具有最佳的协同度,射流方向与传热方向完全一致,因而射流冲击具有最高的传热效率。射流冲击作为最有效的传热手段,不仅从实践上,而且从理论上也得到证明。

随着现代微电子技术的迅速发展,电子产品的高度集成化导致其热负荷不断提高。对超高热负荷(超过 10^6 W/m²)的电子芯片的冷却已成为当代高新科技发展亟待解决的关键问题,并对微传热技术的研究也提出了更高要求。研究表明,一般对流换热方式难以解决超高热负荷的传热问题,射流冲击传热技术则显示出独特的优势。在这种形势下,马重芳等率先对微尺度射流冲击强化传热规律进行了全面和深入的实验和理论研究。他们使用极小尺寸的喷嘴(直径小于 1 mm)对多达 10 种不同的工质(包括空气、氮气、CO_2 气体、水、R113、FC72、煤油、乙二醇、变压器油和 L12378)进行射流冲击传热实验,并考察不同型式的喷嘴(包括圆形和狭缝形喷嘴)的射流冲击传热效果,得到了微尺度射流冲击局部传热的一般性规律。

马重芳等的研究表明,在微尺度射流冲击条件下(射流直径小于 1 mm),一般情况的局部换热系数仍呈钟形分布,即驻点换热系数最高,随着径向位置远离驻点,局部换热系数逐渐减小。

马重芳等通过大量的实验研究还发现,在驻点传热努塞尔数(Nu)与工质的普朗特数(Pr)和雷诺数(Re)之间不仅存在着确定的指数函数关系,并且这种关系随着射流工质的物性和流动形态的变化而不同。对于驻点传热,驻点努塞尔数($Nu = hd/k$,h 为换热系数,k 为导热系数,d 为喷嘴直径)的一般方程式为

$$Nu_0 = CPr^m Re^n \qquad (2-45)$$

上式适用于单相自由表面和浸没射流冲击传热过程。其中普朗特数对驻点传

热的影响表现为指数关系,对于气体工质,$m=2/5$;对于液体工质,$m=1/3$。同样,雷诺数的影响也表现出指数关系,即努塞尔数与雷诺数之间的关系为 $Nu \sim Re^{0.5}$,表明驻点流动的层流特性符合典型的层流流动特征。对于层流射流,一般根据实验数据分析得出系数 C,此处为 1.29。

参 考 文 献

[1] 李志信,曹炳阳,陈群.探同索异:过增元论文精选[M].北京:清华大学出版社,2016.

[2] 李志信,过增元.对流传热优化的场协同原理[M].北京:科学出版社,2010.

[3] 过增元,黄素逸.场协同原理与强化传热新技术[M].北京:中国电力出版社,2004.

[4] Bergles A E. Advanced enhancement-third generation heat transfer technology or "the final frontier"[J]. Trans. I. Chem. E. ,2001,79(A):437-444.

[5] 林宗虎,汪军,李瑞阳,等.强化传热技术[M].北京:化学工业出版社,2007.

[6] 周强泰,黄素逸.锅炉与热交换器传热强化[M].北京:水利电力出版社,1991.

[7] 任泽霈,蔡睿贤.热工手册[M].北京:机械工业出版社,2002.

[8] 钱颂文,朱冬生,李庆领,等.管式换热器强化传热技术[M].北京:化学工业出版社,2003.

[9] 顾维藻,神家锐,马重芳,等.强化传热[M].北京:科学出版社,1990.

[10] 林宗虎.强化传热及其工程应用[M].北京:机械工业出版社,1987.

[11] 辛明道.沸腾传热及其强化[M].重庆:重庆大学出版社,1987.

[12] 王泽宁.管内单相流体复合强化传热研究[D].南京:东南大学,1995.

[13] 廖强.三维扩展表面管内外的传热强化[D].重庆:重庆大学,1993.

[14] 王崧.纤毛状肋和插入物的传热强化研究[D].北京:清华大学,1999.

[15] 刘建清.弹性管束换热器内诱导振动及传热特性的研究[D].武汉:华中科技大学,1998.

[16] 黄德斌,邓先和,王扬君,等.螺旋椭圆扁管强化传热研究[J].石油化工设备,2003,32(3):1-4.

[17] 关欣,李美玲,罗行,等.预测多股流板翅式换热器动态特性的网络法[J].工业加热,2002(5):21-24.

[18] 黄德斌.气流横向冲刷圆壳管束换热及场协同研究[D].广州:华南理工大学,2004.

[19] 程林.换热器内流体诱发振动[M].北京:科学出版社,1995.

［20］　黄素逸,蒲十周.汽液两相流中流体诱导振动的研究［J］.化工学报,1992,43
　　　　（6）,760-763.

［21］　马晓茜.高黏性流体管内强化传热研究［D］.武汉:华中理工大学,1990.

［22］　刘存芳.换热器中的传热传质及强化的研究［D］.南京:东南大学,1996.

［23］　张培杰.微矩形通道内的流动与对流换热［D］.重庆:重庆大学,1994.

［24］　周杰,辛明道.水平三维微肋管内沸腾两相流型及其换热［J］.重庆大学学
　　　　报,2003,26（8）:109-103.

［25］　苑中显.用于燃气轮机叶片内冷的新型强化方法及冲击冷却的研究［D］.西
　　　　安:西安交通大学,1997.

［26］　李增耀.旋转通道内的湍流流动与换热的研究［D］.西安:西安交通大
　　　　学,2001.

第 3 章　余能回收技术

3.1　余能资源及其评价

3.1.1　评价余能资源的方法

工业企业有着丰富的余热资源。2014 年中国能源消耗总量达 4.26×10^9 t 标准煤,工业部门的余热资源率平均达 7.3%,其中大部分能量以不同形式的余热被直接排放,回收率不超过 35%,特别是温度低于 200 ℃ 的低品位余热余压资源存在大量的浪费现象。

中国工业余热资源广泛存在于发电、钢铁、冶金、化工、水泥、玻璃等高能耗行业。例如钢铁行业有数十道生产工序,其中会产生包括焦炉煤气烟气、高炉煤气烟气、成品热及炉渣热、废蒸气及废水热等十几种余热资源,温度从几十至上千摄氏度不等,产生的水蒸气压力达 $0.8 \sim 3.82$ MPa,热量回收潜力都在 40% 以上,其中还不包括水蒸气冷凝过程中放出的潜热;水泥行业量约为 6%,压力达 $1.0 \sim 1.6$ MPa,回收潜力在 35% 以上;此外,机械、冶金、化工等行业生产中都需要大量的加热工艺,来自锻造炉、加热炉等高温耗能设备的余热资源大多为 500 ℃ 以上的中高温烟气;玻璃生产过程中,窑炉产生的烟气虽然流量不大,但其余热温度达 $400 \sim 550$ ℃,属于品位较高的中温热源;纺织和造纸等行业的余热资源主要为蒸汽的排热和冷凝水的潜热。这些余热资源类型和存在形式均存在较大差异,且温度和压力范围变化极大,对其进行描述和分类是对工业余热资源高效、合理和深度利用过程中不可或缺的环节。

"温度对口、梯级利用"的用能原则由吴仲华于 1988 年提出,该用能原则从系统角度综合考虑不同形式及品位能源资源的合理安排以及用能设备的优化匹配等,达到提高能源利用效率的目的。能源的品位通常指单位能量所具有的可用能比例,以温度作为指标对能源品位进行评价能体现余热资源中显热的直接利用,但不能全面反映余热资源的其他属性。

对热能而言,热力学第二定律指出,热能只有其中一部分可以转变为机械能,而其余部分则以热的形式传给了周围环境。传给周围环境的这一部分热量虽然从"量"的角度看仍有一定的量,但从质的角度看为零,因为这一部分热量是不能转化为机械能的。对任何热量而言,均可将它分成两部分:一部分在给定环境下能够转化为机械能,这部分能量称为"㶲";余下的在给定环境下不能转换为机械能的那部分能量就称为"㶲"。由此可推知,对热能或者任何能量,它们都具有"量"和"质"两方面的属性。

㶲平衡法是一种评判能源品位高低和用能系统热力性能的典型方法。Rant于1956提出了㶲的概念,㶲分析方法以㶲概念为基础,计算系统的㶲损失和㶲效率,以系统局部或总体是否达到㶲平衡作为热力系统或设备性能的评判指标。与热平衡相比,㶲平衡从"量"和"质"两方面综合考虑能源品位,更为科学合理,如美国地质委员会以地热资源的含㶲量作为其品位的评价指标。

夹点分析法是另一种用能系统性能的分析方法。夹点的概念由 Linnhoff 等人和 Umeda 等人分别提出,它以热力学为基础,分析系统中能量流随温度的分布,绘制温焓图(T-H 图),找到冷热负荷温焓曲线中传热温差最小距离,即夹点,从而对生产用能过程的系统优化设计和节能改造进行指导。该方法以能源资源的温度水平和显热利用作为主要考虑因素,余热资源的利用深度不够。为了对能源品位高低和能源转换系统效率进行量化评价,Rant 于 1961 年提出了能级的概念,即能量中㶲差所占的比例。具体表达式为

$$\Omega = \frac{\Delta E_x}{E} = \frac{\Delta E_x}{\Delta H} \tag{3-1}$$

式中,ΔE_x 为热功转换系统中用能单元进出口工质的㶲差,kJ;E 为工质在系统中获得的总热量,可表示为流经系统工质的进出口焓差 ΔH,kJ。利用 Ω 指标,可以评价余热资源与余热利用设备间的㶲损失。

在综合㶲分析方法和夹点分析法优点的基础上,把 T-H 图拓展到 Ω-H 图,通过计算工质在某一热功转换系统中各用能单元的进出口㶲差与获得总热量的比值,可评价系统中能量利用的合理性。与单纯考虑系统温度分布的夹点分析法相比,此方法指出了系统中㶲的利用情况和能级匹配情况,反映了能源利用的合理程度。

Feng、Anantharaman 和 Kanoglu 等人将能级计算与夹点分析法相结合,分别对合成氨变换工序、甲醇工艺流程和火力发电站朗肯循环展开能级匹配分析,确定系统节能改进方向,优化热力系统运行特性。

江亿等人定义能质系数为不同能源对外所能做的功与其总能量的比值,表达式为

$$\lambda = \frac{W}{Q} \tag{3-2}$$

式中,W 为总能量中可以转化为功的部分,kJ;Q 为该种能源的总能量,kJ。

以式(3-2)为基础,江亿等人分别给出燃料(天然气、煤)、二次能源(热水、蒸汽、冷水)等不同形式能源的能质系数计算公式,确定了可定量评价某建筑或园区

能源转化利用的评价指标 ECC。ECC 越大,则该建筑的冷热源选择越优,表达式为

$$\text{ECC} = \frac{Q_C \lambda_C + Q_H \lambda_H + E \lambda_e}{\sum_i (W_{\text{HVAC}_i} \times \lambda_i)} \tag{3-3}$$

式中,Q_C、Q_H 和 E 分别为建筑的全年耗冷量、耗热量和热电联产机组输出电量;λ_C、λ_H、λ_e 分别为对应的能质系数;W_{HVAC_i} 为冷、热源所需消耗的第 i 种能源总量。

杨东华采用能级平衡法计算能级平衡系数,即能级差 $\Delta\Omega$ 与输入系统能量的能级间的比值,其具体表达式为

$$\Omega_{\text{im}} = (\dot{E}_{\text{res}}^+ - \dot{E}_{\text{res}}^-)/[(\dot{Q}_{\text{res}}^+ - \dot{Q}_{\text{res}}^-) + \dot{Q}_{\text{cn}}^+] \tag{3-4}$$

$$\Omega_{\text{u}} = (\dot{E}_{\text{u}}^- - \dot{E}_{\text{u}}^+)/(\dot{Q}_{\text{u}}^- - \dot{Q}_{\text{u}}^+) \tag{3-5}$$

$$\Delta\Omega = \Omega_{\text{im}} - \Omega_{\text{u}} \tag{3-6}$$

$$\xi_Q = \frac{\Omega_{\text{im}} - \Omega_{\text{u}}}{\Omega_{\text{im}}} \tag{3-7}$$

式中,Ω_{im} 为设备输入能量的能级;Ω_{u} 为用户输入能量的能级;$\dot{E}_{\text{res}}^+$、$\dot{Q}_{\text{res}}^+$ 分别为能源供给设备的输入㶲率和输入能率;$\dot{E}_{\text{res}}^-$、$\dot{Q}_{\text{res}}^-$ 分别为设备给回能源的输出㶲率和输出能率;$\dot{E}_{\text{u}}^+$、$\dot{Q}_{\text{u}}^+$ 分别为用户给回设备的输入㶲率和输入能率;$\dot{Q}_{\text{cn}}^+$ 为环境供给设备的输入能率。该方法通过比较"纯热利用"、"纯动力利用"以及"热和动力综合利用"三种情况下能级差的相对大小,直接评价资源与热功转换系统之间的匹配关系是否合理,但没有充分考虑能源转换环节的转换效率。

3.1.2　基于可用势的余能资源的评价

中国现有的余热资源利用的指导原则基于吴仲华院士提出的"分配得当、各得其所、温度对口、梯级利用"的科学用能思想,强调在系统层面上对不同形式和品位的资源合理安排、对资源与系统的优化匹配等,以提高资源的综合利用效率。现阶段主要以温度作为常用的余热资源评价指标,温度越高,表明其可回收利用的能量越高,给提高资源利用率提供了大方向。例如,按照温度品位的高低,可将工业余热分为 600 ℃的高温余热、300～600 ℃的中温余热和 300 ℃以下的低温余热。根据余热资源对应的温度区间,便可初步确定相应的回收利用方式。余热温度越高,表明其显热回收潜力越大,直接热回收和动力回收的技术越成熟,但其利用方式较为单一,导致余热利用深度不够,容易造成资源的浪费。

虽然温度是所有余热资源共同的特点,但不同的余热资源还存在各自的特性。例如钢铁余热烟气、水泥回转窑烟气、玻璃熔窑烟气中含有的水蒸气均具有一定潜热回收价值。这些余热资源品位的高低并不只由温度来决定。例如,同样温度的水蒸气和水具有的能量明显是不一样的,这是因为温度不能全面地反映余热资源的其他属性(比如压力能和相变过程中的潜热能),特别是无法定量地评价以潜热

为主的余热资源和以压力形式体现的余压资源品质,因此全面定量地评价这些余热资源,寻找可行、实用的标准成了当务之急。

华中科技大学刘伟等人在国家重点基础研究项目的支持下对我国余能资源有关数据进行了深入调研,依据余热资源的温度、压力、显热和潜热部分所占比例,对余能资源进行了科学分类,归纳绘制了余能资源的温度-压力坐标图和显热-潜热坐标图。

由于温度与压力是余能资源的基本属性,根据两者数值的相对大小,可以将余能资源定性地划分为 4 个区间,即高温高压区、高温低压区、低温高压区和低温低压区。由此即可同时从温度和压力维度对余能资源进行分类。例如,高炉、焦炉等产生的高温烟气温度高,但是压力较低,水蒸气含量较少,对此类同时包含热能和压力能的工业余热资源回收利用顺序应为先回收热能,再回收压力能。即先通过换热器等压换热回收热能,焓值降低后通过膨胀做功回收压力能,最大限度地回收烟气的余热余压。温度-压力属性更多地用于指导回收利用以显热放热量为主和以压力能为主的非相变余热资源。

对于低温高压的烟气,单纯看其温度-压力属性会造成一种只能回收利用压力能的感觉,但若其中的水蒸气含量很高,则仍然具有很大的潜热热能回收价值。根据余能资源中显热和潜热所占的比例大小,同样划分为 4 个区间:显热大且潜热大、显热大而潜热小、显热小而潜热大和显热小且潜热小。如此便可同时表征余热显热和潜热的回收价值。水蒸气含量少的高温烟气、工艺气等,应考虑直接充当燃气轮机进气预热器,然后通过常规的余热锅炉等回收热能;而对于含水蒸气较多的天然气烟气、焦炉煤气烟气,其显热和潜热量均较为可观,可考虑采用效率比常规锅炉提高 10% 的冷凝式锅炉,充分利用高温烟气的显热及低温烟气中水蒸气的汽化潜热,由于烟气中的有害成分可以被水蒸气冷凝过程吸收,因此还同时具有节能潜力和环保效应。

可见,工业余热资源具有两类属性:一是温度-压力属性;二是显热-潜热属性。那么如何对具有显热、潜热、温度和压力综合属性的余热资源进行定量评价呢?刘伟等人通过定义一个新的热力学参数——可用势 e 来解决定量评价的问题。可用势 e 的表达式为

$$e = h - T_0 s = u - T_0 s + pv \tag{3-8}$$

式中,h 表示工质总势能,即焓,kJ/kg;$T_0 s$ 为不可能做功的工质势,kJ/kg;pv 为功势,kJ/kg。

在环境温度 T_0 一定时,可用势是一个状态量,可表达为用于热功转换的势能 $(u - T_0 s)$ 与纯功势 pv 之和,表征工质在某一状态下的可逆做功能力。同时 e 也可称为可用势能,直接用来评价余能资源的品位。

任意两个状态点间的可用势差可表示为

$$\Delta e = e_1 - e_2 = (h_1 - h_2) - T_0(s_1 - s_2) = \Delta h - T_0 \Delta s \tag{3-9}$$

由上式可知，Δe 是热力系统中两个不同状态点的工质可用势之差，表征工质由状态 1 变化到状态 2 过程中所能做出的可逆功。当状态 1 为任意、状态 2 为环境时，式(3-9)就变成

$$e_x = e - e_0 = (h - h_0) - T_0(s - s_0) \tag{3-10}$$

式中，e_x 为工质的㶲，是一个过程量，其物理意义为系统工质从任意状态可逆地变化到与环境相平衡的状态时所做出的最大有用功；h_0 和 s_0 分别为环境温度 T_0 和环境压力 p_0 下的焓和熵。

刘伟等人绘制了余热资源的温度-压力坐标图和显热-潜热坐标图，证明可用势可直接用来评价余热资源的品位。例如：在可用势相等时，烟气中水蒸气含量越大，即汽化潜热量越大，则焓值越大；在焓值相等时，烟气的温度越高，即显热越大，则其可用势越大。因此，相同压力下，工业烟气的 $e-h$ 图可以体现不同种类烟气资源显热和潜热品位的高低，可指导烟气潜热和显热的回收。

对于非相变余热资源的利用，可用势是温度和压力的函数，其最大的做功能力体现了显热的可利用程度，取决于资源的温度和压力。对于含有水蒸气的相变余热回收过程，可用势可表示为温度(压力)和干度等热力学参数的函数，体现该状态下的余热资源的显热和潜热最大可回收水平。例如，水蒸气的 $e-h$ 图中等压线上各点的焓和可用势均随着温度升高而增大，等温线上各点的可用势随着压力提高而增加，而各点的焓随着压力提高其变化并无显著规律。可见，水蒸气的 $e-h$ 图可综合反映水蒸气的显热、潜热和压力水平，可用于定量评价其中水蒸气的能源品位。

玻璃窑炉烟气、高炉煤气烟气、转炉煤气烟气、天然气烟气、焦炉煤气烟气等典型工业烟气的水蒸气含量分别为 7.2％、3.3％、2.1％、16.4％ 和 20.5％，烟气中所含的水蒸气在 100 ℃以上时处于过热状态，在同一温度下，组分不同的各种烟气的焓值和可用势不同，其中水蒸气含量的影响最大。典型工业烟气成分见表 3-1。

携带了大量水蒸气余热的烟气，在冷凝过程中将释放大量相变潜热，具有广阔的余热回收前景。对于这类烟气，不仅可回收显热，也可回收潜热。此外，对高温烟气和中低温烟气，应采用不同的装置回收余热。如前者可利用蒸气动力循环系统，后者可采用有机朗肯循环系统或直接用热交换器回收余热。

表 3-1　典型工业烟气成分

烟气种类	NO_2	CO_2	O_2	H_2O
玻璃窑炉烟气	74.2％	13.8％	4.8％	7.2％
高炉煤气烟气	85.2％	9.8％	1.7％	3.3％

续表

烟 气 种 类	NO_2	CO_2	O_2	H_2O
转炉煤气烟气	75.9%	20.3%	1.7%	2.1%
天然气烟气	72.2%	8.1%	3.3%	16.4%
焦炉煤气烟气	69.9%	6.5%	3.1%	20.5%

在可用势的指导原则下,工业余热余压资源回收方式主要有热功转换、直接利用和提质利用。余热资源的可用势越高,表明其温度高、焓烟高,其可回收的能量(包括压力能、显热和潜热)也越大,能源的品质高,可采用热功转换方式,利用合适的热力循环(如朗肯循环),输出高品位的有用功。在可用势稍低的区间内,余热资源的温度较高,若余压较高,则应基于"先回收热能,再利用压力能"的原则。对于燃烧后的高温烟气,水蒸气含量低,压力能较低,则可采用换热器直接提供其他工艺环节所需的热量,而高炉煤气等具有高压力能的工艺废气则可考虑采用中低温余热发电技术,如利用有机朗肯循环、卡琳娜循环或者斯特林循环等回收余压来发电。对于略高于环境温度的余热资源,如工业冷却废水、冲渣水、冷凝水等(温度通常为 50~90 ℃),此类资源余热总量很大,但焓值和可用势值都很低,很难采用换热器直接利用和热功转换的方式回收能量,可考虑采用热泵系统对其进行提质利用。

3.2　热能的梯级利用

3.2.1　热能利用概述

热能是国民经济和人民生活中应用最广泛的能量形式,因此节约热能有特别重要的意义。除家用炊事和采暖外,热能主要用于工业企业。工业企业有不同的类型,各种企业的生产过程又多种多样,但从使用热能的目的来看,热能主要用于以下三方面。

(1) 发电和拖动:将蒸汽的热能转变为电能,用作各种电气设备的动力;或者直接以蒸汽为动力,拖动压气机、风机、水泵、起重机、汽锤和锻压机等。这类热能消费者,通常称为动力用户。

(2) 工艺过程加热:利用蒸气、热水或热气体的热量对工艺过程的某些环节加热,以及对原料和产品进行热处理,以完成工艺要求或提高产品质量。这类热能消费者统称为热力用户。

（3）采暖和空调：公用和民用建筑冬季采暖、热水供应以及夏季空调。它们都直接或间接使用大量热能。这类热消费者简称为生活用户。

从使用热能的参数来看，可以分为三个级别。

（1）高温高压热能：通常指 500 ℃ 以上、压力为 3.0～10 MPa 的高温高压蒸汽或燃气，它们通常用于发电；温度和压力越高，热能转换的效率也越高。

（2）中温中压热能：通常指 150～300 ℃、4.0 MPa 以下的热能，它们大量用于加热、干燥、蒸发、蒸馏、洗涤等工艺过程，少数用于汽力拖动。

（3）低温低压热能：通常指 150 ℃、0.6 MPa 以下的热能，主要用于采暖、热水、制冷、空调等。

在工业企业中，中、低参数的热能使用最广泛，如表 3-2 所示。

表 3-2　不同企业使用蒸汽热能的参数

工 业 企 业	用汽的工艺过程或设备	蒸 汽 参 数	
		压力/MPa	温度/℃
冶金工业	蒸汽轮机带动发电机、风机、水泵或直接带动锻压设备	1.4～3.0	200～300
机械制造工业	铸造烘干	0.3～0.4	饱和或过热蒸汽
	工件清洗	0.2～0.3	
	浸蚀池	0.5～0.6	
	零部件干燥	0.3～0.4	
	油加热	0.4～0.5	
	气体加热炉鼓风	0.4～0.6	
化学工业	原料及产品干燥	0.2～0.5	饱和或过热蒸汽
	热沸炉	0.4～0.6	
	蒸发	0.2～0.4	
	原料及产品加热	0.2～0.5	
	液体蒸馏	0.4～0.6	
	工件热补	0.6～0.9	
纺织工业	烫平	0.4～0.6	饱和或过热蒸汽
	黏结	0.3～0.5	
	色染	0.3～0.5	

工业企业	用汽的工艺过程或设备	蒸汽参数	
		压力/MPa	温度/℃
皮革工业	热压平	0.3~0.4	饱和或过热蒸汽
	煮	0.3~0.4	
	烘干	0.3~0.4	
	蒸发	0.3~0.4	
造纸工业	纤维纸料生产	0.6~0.8	饱和或过热蒸汽
	纸料干燥	0.3~0.4	
食品工业	煮	0.3~0.5	饱和或过热蒸汽
	干燥	0.3~0.5	
	清洗	0.3~0.5	

3.2.2 余热资源

工业企业有着丰富的余热资源。从广义上讲,凡是温度比环境高的排气和待冷物料所包含的热量都属于余热。具体而言,可以将余热分为以下六大类:

(1)高温烟气余热,主要指各种冶炼窑炉、加热炉、燃气轮机、内燃机等排出的烟气余热,这类余热资源数量最大,占整个余热资源的 50% 以上,其温度为 650~1650 ℃。

(2)可燃废气、废液、废料的余热,如高炉煤气、转炉煤气、炼油厂可燃废气、纸浆厂黑液、化肥厂的造气炉渣、城市垃圾等。它们不仅具有物理热,而且含有可燃气体。可燃废料的燃烧温度在 600~1200 ℃,发热值为 3350~10465 kJ/kg。

(3)高温产品和炉渣的余热,其中有焦炭、高炉炉渣、钢坯钢锭、出窑的水泥和砖瓦等,它们在冷却过程中会放出大量的物理热。

(4)冷却介质的余热,它是指各种工业窑炉壳体在人工冷却过程中被冷却介质所带走的热量,例如电炉、锻造炉、加热炉、转炉、高炉等都需采用水冷,水冷产生的热水和蒸汽都可以利用。

(5)化学反应余热,它是指化工生产过程中的化学反应热,这种化学反应热通常又可在工艺过程中再加以利用。

(6)废气、废水的余热,这种余热的来源很广,如热电厂供热后的废汽、废水,各种动力机械的排汽以及各种化工、轻纺工业中蒸发、浓缩过程中产生的废汽和排放的废水等。

余热按温度水平可以分为三挡:高温余热,温度大于 650 ℃;中温余热,温度为

230～650 ℃;低温余热,温度低于 230 ℃。

工业各部门的余热来源及余热所占的比例见表 3-3。

表 3-3　工业各部门的余热来源及余热所占的比例

工业部门	余热来源	余热约占部门燃料消耗量的比例/(%)
冶金工业	高炉、转炉、平炉、均热炉、轧钢加热炉	33
化学工业	高温气体、化学反应、可燃气体、高温产品等	15
机械工业	锻造加热炉、冲天炉、退火炉等	15
造纸工业	造纸烘缸、木材压机、烘干机、制浆黑液等	15
玻璃搪瓷工业	玻璃熔窑、坩埚窑、搪瓷转炉、搪瓷窑炉等	17
建材工业	高温排烟、窑顶冷却、高温产品等	40

3.2.3　余热利用的途径

余热利用的途径主要有三方面:余热的直接利用;动力回收;综合利用。

1. 余热的直接利用

(1) 预热空气,它是利用高温烟道排气,通过高温换热器来加热进入锅炉和工业窑炉的空气。进入炉膛的空气温度提高,使燃烧效率提高,从而节约燃料。在黑色和有色金属的冶炼过程中,广泛采用这种预热空气的方法。

(2) 干燥,即利用各种工业生产过程中的排气来干燥加工的材料和部件。例如,陶瓷厂的泥坯、冶炼厂的矿料、铸造厂的翻砂模型等。

(3) 生产热水和蒸汽,它主要是利用中低温的余热生产热水和低压蒸汽,以供应生产工艺和生活方面的需要,在纺织、造纸、食品、医药等工业以及人们生活上都需要大量的热水和低压蒸汽。

(4) 制冷,它是利用低温余热通过吸收式制冷系统来达到制冷或空调的目的。

2. 余热动力回收

余热回收中动力回收的经济性好,许多热设备的排气温度度较高(见表 3-4),能满足动力回收的条件。此外许多可燃废气,其温度和热值都比较高,也是理想的动力回收的余热,表 3-5 给出了部分可燃废气的成分和热值。

表 3-4　常见热设备的排气温度

设　备	排气温度/℃	设　备	排气温度/℃
高炉	1100～1200	干法水泥窑	900～1000
炼钢平炉	600～1100	玻璃熔窑	650～900

续表

设　备	排气温度/℃	设　备	排气温度/℃
氧气顶吹转炉	1650～1900	煤气发生炉	400～700
钢坯加热炉	900～1200	燃气轮机	400～550
炼焦炉	900～1000	内燃机	300～600
炼铜炉	1000～1300	热处理炉	400～600
镍精炼炉	1400～1600	干燥炉	250～600
石油化工装备	300～450	锅炉	100～350

表 3-5　某些可燃废气的成分和发热量

废　　气	可燃成分含量/(%)			低位发热量/(kJ/kg)
	CO	H_2	CH_4	
焦炉煤气	5～8	55～60	23～27	16300～17600
高炉煤气	27～30	1～2	0.3～0.8	3770～4600
转炉煤气	56～61	1.5		6280～7540
铁合金冶炼炉气	70	6		>8400
合成氨甲烷排气			15	14600
化肥厂焦结煤球干馏气	6.6	19.3	5	4200～4600
电石炉排气	80	14	1	10900～11700

余热动力回收发电通常有以下几种方式：

（1）在动力回收中最简单的是直接利用可燃废气驱动燃气轮机。例如，一个年产万吨的小化肥厂，其排放的废气流量为 450 Nm^3/h，热值为 14600 kJ/Nm^3，采用适当的稳压措施后，这种废气即可作为燃料直接驱动 200 kW 燃气轮机，而燃气轮机的排气还可用作余热锅炉的热源，生产 0.3 MPa 饱和蒸汽。据估算，这种余热动力回收系统 3 年内即可收回全部投资。此外利用高炉煤气的余压（0.2～0.3 MPa），驱动特殊设计的膨胀涡轮机发电，也是一种动力回收的方式。

（2）对于中高温的废气，在很多情况下，都是采用余热锅炉产生蒸汽，再驱动汽轮机发电。在 20 世纪 60 年代以前，一般仅利用余热锅炉生产少量的中低压蒸汽，供工艺过程用。随着技术的发展，余热锅炉也逐步用于动力回收。20 世纪 90 年代以后，由于石油、化工、冶金等大型企业的发展，余热锅炉亦向大容量和高参数方向发展，蒸汽压力已达 10～14 MPa，单机蒸发量也超过 200 t/h。据估算，年产 $3.0×10^5$ t 的合成氨装置，如充分利用余热，可以生产 300 t/h 以上的高压蒸汽。除供发电、驱动合成氨压缩机（18 MW）外，还可有 100 t/h 的蒸汽供工艺过程用，

全年可节煤 $2.4×10^5$ t。一套年产 $3.0×10^5$ t 乙烯的装置,利用余热产生的高压蒸汽可以取代一台 190 t/h 高压锅炉。

余热锅炉的结构和一般锅炉类似,也是由省煤器、蒸发受热面和过热器等组成,但由于热源分散,温度水平不同,因此不能像普通锅炉那样组成一个整体。其布置应服从工艺要求,多采用分散布置,因为不需要炉膛,所以其外形更类似于换热器。此外由于工艺排气中往往含有腐蚀性气体和粉尘,在余热锅炉的设计中应充分考虑废气的特点,在除尘和防腐蚀方面采取一些特殊的措施。在大多数情况下余热源的热负荷是不稳定或周期性波动的,为了使余热锅炉供汽保持稳定,在系统中常常还需要并联工业锅炉,或在锅炉中加装辅助燃烧器或蒸汽蓄热器,以调节负荷。

(3) 对于低温的余热,在动力回收中通常采用闪蒸法或低沸点工质法。闪蒸法主要用于低温热水或汽水混合物,闪蒸法动力循环如图 3-1 所示。低温热水在闪蒸器中闪蒸成蒸汽,而后再利用所产生的蒸汽推动蒸汽轮机发电。

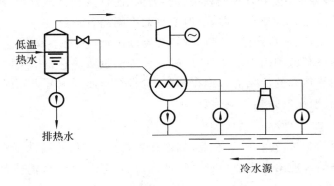

图 3-1　闪蒸法动力循环示意图

为充分利用低温余热,还可采用两级闪蒸。与单级闪蒸相比,两级闪蒸可提高有效功率,但系统较复杂。

采用低沸点工质的动力回收有两种类型。一种是直接利用低温热源将低沸点工质加热并产生蒸汽,再利用其蒸汽推动汽轮机做功。这种低沸点工质发电的热力系统和普通水蒸气热力系统在工作原理上是完全一样的。可选用的低沸点工质除正丁烷外,还有氯乙烷、异丁烷、各种氟利昂,大多数的碳氢化合物以及其他低沸点物质,如 CO_2、NH_3 等。对低沸点工质的要求主要包括:转换和传热性能好,例如比热容大、密度高、导热系数大等;工作压力适中;来源丰富,价格低;化学稳定性好,对金属腐蚀小,毒性小、不易爆易燃等。另一种是双循环法,即将低沸点工质作为直接做功工质,而另一种工质则作为中间传热介质,构成双工质循环。图 3-2 就是油-氟利昂双工质循环的示意图。

这种双工质循环法常用于温度稍高的低温余热利用。这是因为低沸点工质在

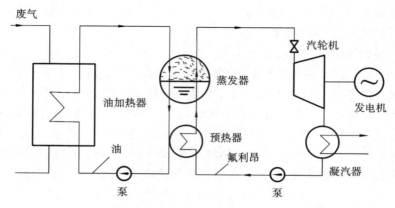

图 3-2　油-氟利昂双工质循环的示意图

较高的温度下易发生热分解，不宜直接采用余热加热蒸发。通常作为传热介质的油类，采用聚醇酯油，它不但和氟利昂亲和力强，而且氟利昂蒸发后分离容易，因此可以采用直接接触式的热交换器，不但换热效率提高，而且换热器尺寸缩小。此外油还起蓄热作用，能适应余热热源流量和温度的波动。

除了闪蒸法和低沸腾工质法外，还有一种全流量法。它是采用两相膨胀机，直接利用来自余热热源的两相混合物在膨胀机内做功，而无须分离和闪蒸，因此结构简单，是一种有前途的余热发电装置。

3. 余热的综合利用

更低温度的余热，往往用于农业，如农作物温室加热、养殖业加温。最近也有研究者利用热毛细现象形成的抽吸力降低真空，然后将大量低温冷却水用于海水淡化。

3.2.4　余热利用中的梯级利用

热能的"品质"概念是由热力学第二定律给出的。不同形态的能量，其"品质"不同；不同状态的载能物质，其载能的品质也有高低之分。例如相同数量的热量，若温度不同，则其转换为机械能的多少也将不同，温度高的热能品质高，温度低的热能品质低，相对于同一环境温度，前者转换为机械能的数量大于后者。显然，与环境温度相同的热能品质最低，其转换为机械能的能力等于零。热力学第二定律表明，机械能是一切能量形态中品质最高的一种，而且是人类生产和生活中最常用的能量，所以通常以机械能为标准，用转变为机械能的程度来衡量其他形态的能量，特别是热能品质的高低。

在余热利用中，首先必须根据用户需要按质提供热能，做到热能供需不仅在数量上相等，而且在质量上相匹配，从而达到"热尽其用"；反之，若把高品质的热能用于仅需低品质热能的地方,必然是"大材小用",造成不必要的㶲值浪费。例如高温排气,首先应当用于发电,而发电的余热,再用于生产工艺用热,生产工艺的余热再用于生活用热。如工艺用热要求的温度较高,则可通过汽轮机的中间抽气来予以满足。对于高温高压废气,应尽可能采用燃气-蒸汽联合循环。

但在实际使用热能的过程中,常有不按质使用热而造成热能浪费的现象。例如:

（1）在工厂中常常可以看到把高参数(品质)的蒸汽经过节流过程降为低参数(品质)的蒸汽来使用,此时热能的数量基本上没有减少,但㶲损失很大。如常用的低压锅炉生产的 1.3 MPa 饱和蒸汽,其㶲值约为 1005 kJ/kg,如将它经过节流过程降压到生产所需的 0.3 MPa 蒸汽来使用,就会使㶲值损失 171 kJ/kg,这是很不合算的。

（2）利用燃料燃烧直接对房屋供暖,也是很不合理的热能利用方式,因为它没有把温度高达 1000 ℃ 的高温热源的㶲值加以利用,把优质热能用于低质热能完全可以满足要求的采暖上,浪费了优质热能。如果首先将高温热源的㶲通过热机将其转变为机械能,然后再利用此机械能通过热泵系统去提供采暖所需的热量,从理论上讲,1 kJ 的燃烧热㶲可以提供 12 kJ 采暖所需的低温热量,由此可见按质使用热能的重要意义。

（3）利用一个高品质的热源,供给几个要求不同的工艺装置使用,如图 3-3(a)所示,这种常见的不被重视的现象会导致大量优质热能当作低级热能使用,造成热能的浪费。如果从热能的综合利用出发,应对用能过程进行全面合理的组合,如先用作动力,再用于生产工艺过程,最后用于生活用热,如图 3-3(b)所示,这将大大减少优质热能的浪费,节约大量热能。

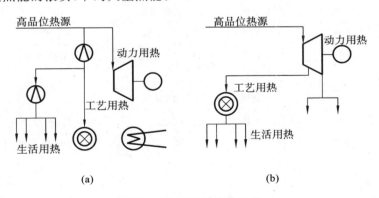

图 3-3　高品质热能的利用

此外理论和实践都证明,凡是有热现象发生的过程,例如燃料的燃烧、化学反应、有温差下的换热、介质的节流降压、有摩擦的扰流等都是典型的不可逆过程,都要引起㶲值的下降,造成㶲损失。因此,除按质使用热能外,还必须在热能利用过程中尽可能减少由不可逆过程所引起的㶲贬值,如燃烧和化学反应过程应尽可能在高温下进行;加热、冷却等换热过程应使放热和吸热介质的温度接近;力求避免介质节流降压和摩擦扰流等。

3.3　余能利用的主要技术

3.3.1　主要耗能行业的余能利用技术

主要耗能行业的余能利用有很大的空间和应用前景。这里仅以钢铁行业为例对其利用技术作简单介绍。有关其他行业的利用技术将在本丛书有关分册中予以详述。表 3-6 为钢铁工业的余热余压资源及其利用途径。

表 3-6　钢铁工业的余热余压资源及其利用途径

工序	余热余压资源	种类	回收利用设施	主要利用途径	普及程度
焦化	焦炭	固态余热	余热锅炉	发电	高
	焦炉煤气	气态余热	燃烧、作为化工原料	供生产、发电、化工产品	高
	烟道气	气态余热	换热器或直接利用	供生产或煤调湿	低
	初冷水	液态余热	换热器	采暖	低
烧结	烧结矿	固态余热	余热锅炉或直接利用	供生产、发电	高
	烧结烟气	气态余热	余热锅炉、换热器	供生产、发电	低
球团	球团矿	固态余热	直接利用	供生产	高
	烟气显热	气态余热	热管换热器	供生活	低
	冷却水	液态余热	汽化冷却装置	替代水冷方式	低
炼铁	高炉煤气	气态余热	燃烧	供生产、发电	高
		气态余压	TRT(BPRT)	发电(回收能量)	高
	热风炉烟气	气态余热	换热器	助燃空气、预热煤气	中
	高炉冲渣水	液态余热	换热器	采暖或预热煤气	低
炼钢	转炉烟气	气态余热	汽化冷却装置	供生产、发电	高
	转炉煤气	气态余热	燃烧	供生产、发电	高
轧钢	连铸坯	固态余热	直接利用	热装热送	高
	加热炉烟气	气态余热	蓄热式燃烧装置	降低燃耗	中
	冷却水	液态余热	汽化冷却装置	替代水冷方式	中

续表

工序	余热余压资源	种类	回收利用设施	主要利用途径	普及程度
动力	锅炉排烟	气态余热	换热器	助燃空气或预热给水	高
	空压机余热	气态余热	换热器	供生活	低
	循环冷却水	液态余压	水轮机	替代电机	低
		液体余热	换热器	采暖	低

　　钢铁工业余能资源是指钢铁生产过程中某工艺系统排出的未被利用的能量，包括余热和余压。其中，余热是指工艺过程中未被利用而排放到周围环境中的热能，按载热体形态的不同，分为固态载体余热（如焦炭、炉渣、烧结矿、球团矿、连铸坯）、液态载体余热（如冷却水、冷凝水）和气态载体余热（如高炉、焦炉、转炉煤气，废烟气，蒸汽）；余压指工艺设备排出的有一定压力的流体，按载体形态的不同分为气态余压（如高炉炉顶余压）和液态余压（如循环冷却水余压）。

　　目前钢铁工业余热余压回收利用的主要途径如下：

　　（1）焦化工序。焦化工序现阶段已回收利用的余热余压资源包括焦炭显热、焦炉煤气潜热、烟道气显热和初冷水显热。

　　焦炭显热主要是采用干熄焦技术回收利用产生蒸汽用于发电，目前干熄焦发电技术在国内钢铁联合企业的应用普及率已很高。

　　焦炉煤气热值高，是一种优质燃料，目前已得到充分利用，放散率很低，主要利用途径是供各生产用户使用，富余资源用于驱动锅炉发电。同时，由于焦炉煤气富含氢气和甲烷，提升利用品位，将其作为化工原料生产甲醇、合成氨等化工产品和天然气资源的利用方式近年来得到了更多的关注。

　　烟道气显热的温度一般是 $250\sim300$ ℃，目前主要采用余热回收设备回收蒸汽供生产、生活用户或作为煤调湿热源。

　　焦化初冷水显热温度一般是 $60\sim70$ ℃，主要采用换热器回收热量，用于北方地区冬季采暖。

　　（2）烧结工序。烧结工序现阶段已回收利用的余热余压资源包括烧结矿显热和烧结烟气显热。

　　烧结矿显热的回收主要在环冷机部分，按烟气温度分为高、中、低三部分，目前高温段烟气余热回收利用较为充分，主要采用余热锅炉产生蒸汽，用于发电或者供生产用户；中、低温烟气余热一般采用直接利用方式，用于预热混料或热风烧结等。

　　对于烧结烟气显热的回收利用近几年开始起步，在部分企业已有应用，主要集中在烧结大烟道高温区（$300\sim400$ ℃）的回收，采用余热锅炉或热管换热器回收产生蒸汽。

　　（3）球团工序。球团工序现阶段已回收利用的余热余压资源包括球团矿显热、烟气显热和冷却水显热。

球团矿显热主要通过获取热风回用于生产,作为烘干、预热等热源。

烟气显热温度较低(约 120 ℃),少数企业采用热管换热器回收热量,用于职工洗浴等生活用户。

竖炉大水梁冷却水显热通常采用汽化冷却方式替代水冷方式,避免循环冷却水消耗,并回收产生蒸汽。

(4)炼铁工序。炼铁工序是主要耗能大户,同时也是余热余压资源较为丰富的工序。现阶段已回收利用的余热余压资源包括高炉煤气潜热和余压、热风炉烟气显热和高炉渣显热。

高炉煤气热值虽然不高,但产生量大,目前已得到较为充分的利用,放散率较低,主要供应各生产用户,富余资源用于驱动锅炉发电。

随着高炉冶炼技术的发展,目前炼铁高炉基本为高压操作,高炉炉顶余压的利用方式主要是通过 TRT(高炉煤气余压透平发电)发电装置回收发电,或采用BPRT(煤气透平与电机同轴驱动的高炉鼓风能量回收成套机组)方式回收能量减少高炉鼓风电耗。

热风炉烟气显热主要利用换热器从烟气中回收热能,预热助燃空气和煤气,从而提高风温,降低焦比,实现节能降耗。

对于高炉渣自身显热的回收尚处于研究阶段,目前的回收利用主要是针对80~90 ℃高炉冲渣水,采用换热器换热后用于采暖或煤气、空气预热等。

(5)炼钢工序。炼钢工序现阶段已回收利用的余热余压资源包括连铸坯显热、转炉烟气显热、转炉煤气潜热。

连铸坯显热通过热装热送技术回收利用,目前该技术在钢铁企业的普及率较高,但各企业热装热送率和热装温度的差别较大。

转炉烟气显热温度约 1400 ℃,主要采用汽化冷却装置将高温烟气降温以满足后续除尘要求,并进行蒸汽回收。

转炉煤气热值介于高炉煤气和焦炉煤气之间,已得到较为充分的回收利用。目前行业重点统计企业转炉煤气平均回收量约 90 m^3/t(钢),回收的转炉煤气主要供各生产用户使用,富余资源用于驱动锅炉发电。

(6)轧钢工序。轧钢工序现阶段已回收利用的余热资源包括加热炉烟气显热和加热炉冷却水显热。

加热炉烟气显热主要通过蓄热式燃烧装置和换热器回收利用,以最大限度回收高温烟气的显热,降低加热炉燃料消耗量。

加热炉冷却水用于冷却工业炉金属构件,目前主要采用汽化冷却替代水冷却方式,避免冷却水消耗,并回收产生的蒸汽。

(7)动力系统。动力系统是企业重要的能源加工转换环节,负责各类能源介质的供配,同时在能源加工转换过程中也产生大量余热余压资源。这部分余热余压资源的回收利用往往被钢铁企业忽视。现阶段,除锅炉排烟余热回收利用普及率较高外,其他余热余压资源,如动力锅炉排烟余热、空压机余热、循环冷却水余热和余压等,仍未得到广泛的回收利用,具有很大的发展潜力和空间。

除此之外,现阶段国内钢铁工业仍存在大量尚未利用的余热余压资源,须进一步开展研究。例如,炉渣显热温度高,排出温度 1400~1600 ℃,余热资源丰富,但由于其为间歇式排出,回收利用困难,目前尚处在实验研究阶段;焦炉废煤气显热温度高达 650~700 ℃,所带出的热量占向焦炉输入热量的 30%~35%,尽管很多企业都进行过回收利用方面的尝试,但仍存在诸多需要完善的地方;钢铁生产过程消耗的大量循环冷却水,水温为 40~60 ℃,目前除一部分改用汽化冷却技术外,大部分尚未得到利用。

综上所述,按余热余压资源回收利用的应用普及程度和成熟性,钢铁企业余热余压资源可分为三类。

一是品质较高且稳定、回收利用可行性高的余热余压资源,如各类煤气、高温烟气余热等,目前已得到较为充分的回收利用。进一步提高能效是其未来发展的主要方向。

二是品质略低但技术成熟、具有回收利用可行性的余热余压资源,如焦化烟道余热、烧结大烟道余热、高炉冲渣水余热、空压机余热、循环冷却水余压等,目前应用普及率仍较低。因此,进一步推广普及,同时不断提高能源利用效率是其未来发展的主要方向。

三是现阶段仍处于研究阶段、回收利用尚有一定障碍的余热余压资源。进一步加强研发力量,实现回收利用的经济性和可行性是其未来发展的主要方向。

目前钢铁工业余热余压回收利用过程存在的问题主要有以下几方面:

(1)已建设施未充分发挥效果,余热余压资源利用水平仍偏低。随着企业节能意识的不断增强,各企业余热余压回收利用力度不断加大,但部分回收利用设施建成后未充分发挥节能效果,企业实际余热余压资源利用水平仍偏低。究其原因,包括技术选择不当、设计施工不规范、片面追求节省初投资和操作运行不当等。

(2)余热余压优化配置的理念有待提升,技术集成度低。尽管企业不断加大节能减排项目的投入,但部分企业对于节能项目的选择仍停留在盲目跟风阶段,没有结合企业实际情况综合比选,通常只是多个项目的简单叠加,认为数量越多,效果越好,结果往往适得其反。总体看来,余热余压的回收利用仍缺乏系统优化配置的理念,技术集成度低。

(3)余热余压回收利用难度增大,空间越来越小。随着节能减排的逐步深入,传统成熟的余热余压回收利用技术,如干熄焦发电、TRT 发电、煤气发电等技术已在钢铁企业得到广泛普及,未来的回收利用空间越来越小,难度也将越来越大。如何进一步挖掘节能潜力,突破"瓶颈"是目前很多企业面临和亟待解决的问题。

余热余压回收利用的发展趋势如下:

(1) 能效水平的不断提升仍是余热余压回收利用的基本立足点。能效被认为是除煤炭、石油、天然气、可再生能源之外的第五大能源。对于钢铁工业余热余压的回收利用,在任何发展阶段均应以提高能效为基本立足点。因此,无论是现阶段已获得广泛推广普及的、尚未广泛推广的,或是现阶段回收利用尚有一定障碍的余热余压资源,均应将不断提升能效、提高回收利用品位作为未来发展的根本。

(2) 系统耦合及集成优化是提升回收利用水平的重要转折点。中国钢铁工业发展至今,面临产能过剩和日益严峻的生产经营形势,正经历从单纯追求数量向追求质量乃至科学发展的转变。钢铁生产过程各工艺流程相互紧密相连,因此余热余压回收利用也同样要实现从简单追求回收数量向注重回收质量乃至科学合理回收利用方式的转变。在未来的发展阶段,多系统耦合分析、集成优化,实现优化配置将成为提升余热余压回收利用水平的重要转折点。

(3) 技术的不断创新仍是提升回收利用水平的关键。在未来发展阶段,技术的不断创新仍将是进一步提高余热余压回收利用水平的关键。面对回收利用难度增大、空间缩小的严峻形势,实现关键技术的突破是化解现阶段节能"瓶颈"的关键,这需要相关科研院所、研究机构、设备生产制造企业、钢铁生产企业的共同协作和努力。

(4) 节能减排技术服务平台将发挥越来越重要的作用。不同钢铁企业由于生产工艺流程、加工深度、产品结构、能源结构、地理位置等方面的差异,每个企业余热余压回收利用方式和效果不同,任何一家企业不可能拥有和掌握所有的余热余压回收利用技术。因此,通过第三方节能减排技术服务平台,实现"取百家之所长,成一家所用",将在未来企业的节能减排工作中发挥越来越重要的作用。

对其他耗能行业,其余能回收的重点如下:

(1) 有色金属行业,推广烟气废热锅炉及发电装置、窑炉烟气辐射预热器和废气热交换器,回收其他装置余热用于锅炉及发电,对有色企业实行节能改造,淘汰落后工艺和设备。

(2) 煤炭行业,推广瓦斯抽采技术和瓦斯利用技术,逐步建立煤层气和煤矿瓦斯开发利用产业体系。

(3) 化工行业,推广焦炉气化工、发电、民用燃气,独立焦化厂焦化炉干熄焦,节能型烧碱生产,纯碱余热利用,密闭式电石炉,硫酸余热发电等技术,对有条件的化工企业和焦化企业进行节能改造。

(4) 其他行业中,玻璃生产企业也推广余热发电装置、吸附式制冷系统及低温余热发电-制冷设备;推广全保温富氧、全氧燃烧浮法玻璃熔窑,降低烟道散热损失;引进先进节能设备及材料,淘汰落后的高能耗设备。在纺织、轻工等其他行业推广供热锅炉压差发电等余热、余压、余能的回收利用,鼓励集中建设公用工程以实现能量梯级利用。

在主要耗能行业的余能利用中,当前需考虑以下几点:

(1)由于一次性投资较高,部分企业余热余压利用工程还未得到充分发展,尤其是中小型企业。

(2)余热余压利用不仅节能,还有利于环境保护,是企业实现循环经济的新尝试。随着新技术的推广,余热余压利用必将有着广阔的应用前景。

(3)余热余压利用必须结合生产实际,尽量利用现有设备及环境,因地制宜,同时考虑能源利用效率。

3.3.2 有机朗肯循环技术

余能利用中的通用技术主要有热泵技术、热管技术、有机朗肯循环技术、机械蒸汽再压缩技术、引射器技术等。其中热泵技术、热管技术将在第 5 章、第 6 章中加以介绍。这里只涉及有机朗肯循环技术、机械蒸汽再压缩技术、引射技术等。

朗肯循环需要在高参数条件下才能有较高的效率。文献[8]的研究表明,当热源温度低于 370 ℃时,采用水蒸气朗肯循环是不经济的。因此在太阳能这种低能流密度热源应用方面,采用低沸点有机工质的有机朗肯循环(organic Rankine cycle,ORC)在很多方面更具优势。

太阳能有机朗肯循环系统图及其 $p\text{-}h$ 图分别如图 3-4 和图 3-5 所示。可以看

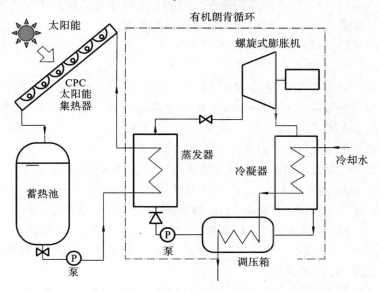

图 3-4 有机朗肯循环系统示意图

出,在装置和循环的构成方面,有机朗肯循环与水蒸气朗肯循环并没有本质的区别,只是用低沸点有机物代替了水作为循环工质。类似于水蒸气朗肯循环,理想的有机朗肯循环过程包括以下四个过程。

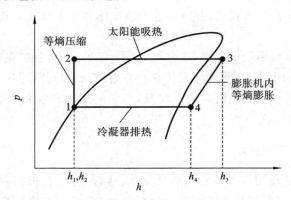

图 3-5　有机朗肯循环的 p-h

绝热压缩(1—2):经过冷凝器冷却之后的过冷的有机物工质液体,在工质泵中被绝热加压至高压液体,以进入蒸发器进行加热。

定压加热(2—3):高压的有机物工质液体,在蒸发器中被加热,经历了预热、沸腾和过热三个过程后,产生的过热蒸气进入膨胀机做功。

绝热膨胀(3—4):来自蒸发器的高温高压的有机物蒸气在膨胀机中绝热膨胀;

定压冷却(4—1):经过膨胀机膨胀之后的较低温度较低压力的有机物蒸气,在冷凝器中冷却成过冷液体,同时将热量排到冷却流体中。

基本有机朗肯循环的 p-h 图如图 3-6 所示。

1. 有机朗肯循环与水蒸气朗肯循环的比较

在相同的工作条件下(蒸发温度 120 ℃,冷凝温度 50 ℃,过热度 20 K,过冷度 5 K,膨胀机绝热效率 0.9),对以 R245fa 为工质的有机朗肯循环和以水为工质的朗肯循环的 p-h 图进行了比较,如图 3-6 所示。由图可以看出,有机物工质在低品位热能方面与水蒸气朗肯循环的区别。

(1) 工作压力的区别。水蒸气朗肯循环在该蒸发温度下的压力为 1.9867×10^5 Pa,而冷凝压力为 1.2352×10^4 Pa,其冷凝压力远低于大气压力,将使得系统低压侧的密封要求极高,需要专门的设备(如真空泵)来保证冷凝压力,这带来了额外的成本和维护,不适合于中小型系统。而 R245fa 的有机朗肯循环,其工作压力在前述给定的工作参数下,为 0.345 MPa 和 1.92 MPa 之间,这样的压力对系统设备的要求不高,是非常适宜的。

(2) 工质干湿性的区别。R245fa 为干工质,而水为湿工质。因此,从图 3-6 可以看到,采用 R245fa 工质的膨胀过程(1—2)都处于饱和蒸汽线的右侧,即都是气

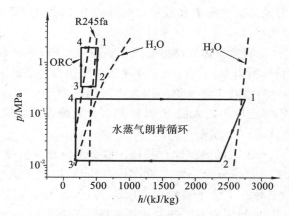

图 3-6　有机工质与水蒸气朗肯循环比较

态工作的;而水蒸气朗肯循环,尽管在循环中过热都有 20 K,大部分的膨胀过程都处在两相区内,这对膨胀机的安全是不利的。

(3)焓降的区别。可以发现,水蒸气朗肯循环的焓降比有机朗肯循环大很多,这就使得水蒸气朗肯循环的膨胀机(主要是透平)的设计较为复杂;而有机朗肯循环由于焓降较低,其膨胀机设计相对较为简单。当然,这也导致输出同样的功率,有机朗肯循环需要的工质的流量更大,带来了较大的流动损失和泵功率消耗。但是,综合考虑上述优点,有机朗肯循环比水蒸气朗肯循环在利用低品位热能方面具有更大的优势。

由于有机朗肯循环(ORC)在回收中低品位热能方面的优势,国内外对 ORC 进行了大量的研究,早期研究主要集中在 ORC 技术在发动机余热及太阳能热电技术上的应用。从 20 世纪 90 年代后期至今,考虑到《蒙特利尔协议》的限制,需要有机朗肯循环采用对臭氧层无损害且大气温室效应低的工质,因此现阶段对有机朗肯循环的研究,不仅仅是对整个系统以及不同工况下的特性研究,还有针对各种工质在 ORC 技术的应用以及不同工质的比较。此外,ORC 技术中各种新型膨胀机的开发、各种类型热源的利用,以及一些基于朗肯循环的新型循环,如 Kalina 循环等也是该项技术的研究热点。

2. 有机朗肯循环工质的选择

工质的选择对有机朗肯循环的性能影响非常大。有机朗肯循环工质的选择应尽量满足以下要求:

(1)工质的安全性(包括毒性、易燃易爆性及对设备管道的腐蚀性等)。为了防止操作不当等原因导致工质泄漏,致使工作人员中毒,应尽量选择毒性低的流体。

(2)环保性能。很多有机工质都具有不同程度的大气臭氧破坏能力和温室效应,要尽量选用没有破坏臭氧能力和温室效应低的工质,如 HFC 类、HC 类、FC 类碳氢化合物或其卤代烃。

（3）化学稳定性。有机流体在高温高压下会发生分解,对设备材料产生腐蚀,甚至容易爆炸和燃烧,所以要根据热源温度等条件来选择合适的工质。

（4）工质的临界参数及正常沸点。因为冷凝温度受环境温度的限制,可调节范围有限,工质的临界温度不能太低,要选择具有合适临界参数的工质。

（5）工质廉价、易购买。

图 3-7 给出了三种工质的典型朗肯循环。根据工质在 $T\text{-}s$ 图中饱和蒸气线的斜率 $\mathrm{d}T/\mathrm{d}s$ 不同,工质可以分为干性工质（图 3-7(a)）、湿性工质（图 3-7(b)）和绝热工质（图 3-7(c)）三种。干性工质斜率 $\mathrm{d}T/\mathrm{d}s$ 为正,湿性工质斜率 $\mathrm{d}T/\mathrm{d}s$ 为负,而绝热工质斜率 $\mathrm{d}T/\mathrm{d}s$ 为无穷大。若工质是干性工质或绝热工质,由于理想膨胀机膨胀过程是等熵的,则其膨胀过程不容易进入两相区,如图 3-7(a)和(c)所示;若工质是湿性工质,则膨胀机末端容易进入两相区,如图 3-7(b)所示。两相膨胀对速度型膨胀机有较大的危害,因为工质液滴会带来液击,在高速情况下严重损坏叶片。在低温朗肯循环的温度范围内（环境温度到 100 ℃）,几乎没有绝热工质,绝大多数纯工质为干性工质或湿性工质。表 3-7 给出了一些工质在饱和温度 20 ℃、70 ℃和 120 ℃时的 $\mathrm{d}T/\mathrm{d}s$。从表中可以得到,R245fa、R123、R113、R114、R600a 这几种较适合用于有机朗肯循环的工质都是干性的工质,而水、氨等工质则是湿性工质,因此,水、氨等工质需要在膨胀机入口有较大的过热度,以确保其不进入两相区。对于中低温发电系统,由于热源温度不高,不可能采用很高的过热度,因此采用有机朗肯循环最有利。

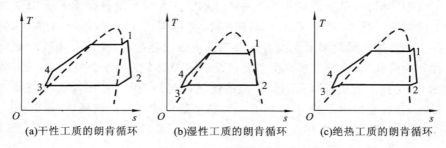

　　(a)干性工质的朗肯循环　　　(b)湿性工质的朗肯循环　　　(c)绝热工质的朗肯循环

图 3-7　工质的干湿性与朗肯循环

表 3-7　一些典型工质的干湿性数据

工　　质	$\mathrm{d}T/\mathrm{d}s$			工 质 类 型
	饱和温度为 20 ℃	饱和温度为 70 ℃	饱和温度为 120 ℃	
R245fa	3.25	1.53	3.21	干性
R123	24.85	2.66	2.89	干性

续表

工　　质	dT/ds			工 质 类 型
	饱和温度为 20 ℃	饱和温度为 70 ℃	饱和温度为 120 ℃	
R113	3.13	1.60	1.50	干性
R114	1.81	1.64	19.91	干性
R600a	1.59	0.95	−0.69	干性
R12	−2.27	−2.05		湿性
R134a	−2.68	−1.17		湿性
R22	−0.69	−0.50		湿性
NH$_3$	−0.086	−0.094	−0.047	湿性
H$_2$O	−0.044	−0.067	−0.094	湿性

　　选择工质时除了需要考虑上述介绍的特性之外,还需要特别考虑工质的环保特性。工质的环保特性,主要是工质对臭氧层破坏程度和工质进入大气之后的温室效应。描述工质对臭氧层的破坏程度用 ODP(ozone depletion potential)表示,以 R11 的 ODP 值为 1,其他工质与 R11 的比值为 ODP。工质的温室效应指数,用 GWP(global warming potential)来表示,以二氧化碳的 GWP 值为 1,其他工质与二氧化碳的比值为该工质的 GWP 值。表 3-8 给出了一些工质的 ODP 和 GWP 值,从中可以看到,属于 HFC 类工质的 R245fa 和 R134a 的 ODP 值为 0,即对臭氧层没有任何破坏;另外,自然工质(水、二氧化碳)和 HC 类工质(R600a)的 ODP 值也为 0;而 HFC 类和 HCFC 类工质的 ODP 都大于 0,都属于对臭氧层有破坏的工质,应该根据蒙特利尔协议逐步被取代。

表 3-8　一些典型工质的 ODP、GWP、大气寿命以及安全分区

工质	分子式	ODP (以 R11 为 1)	GWP(以 CO$_2$ 为 1,100 年)	大气寿命 /年	安全 分区
R245fa	CF$_3$CH$_2$CHF$_2$	0	820	7.3	B1
R123	CHCl$_2$CF$_3$	0.02	93	1.4	B1
R113	CCl$_2$FCClF$_2$	0.8	5000	85	A1
R114	CClF$_2$CClF$_2$	1	9300	300	A1
R600a	CH(CH$_3$)$_3$	0	20		A3
R12	CCl$_2$F$_2$	1	8500	102	A1
R134a	CH$_2$FCF$_3$	0	1300	14.6	A1
R22	CHClF$_2$	0.055	1700	13.3	A1

续表

工质	分子式	ODP (以 R11 为 1)	GWP(以 CO_2 为 1,100 年)	大气寿命 /年	安全 分区
氨	NH_3	0			B2
水	H_2O	0	0		A1

工质在大气中的寿命也是需要考虑的因素,因为工质在大气中存在时间越长,对环境的影响持续时间也越长。从表 3-8 可以发现,CFC 类(完全卤代烃)工质一般大气寿命比较长,如 R114 大气寿命为 300 年,而 R12 大气寿命为 102 年。可见这类工质对大气环境的破坏力强,而且持续时间长。而 HFC 和 HCFC 类工质大气寿命则短很多。

工质的安全分区,是根据美国 ASHRAE 对工质安全性的分类表,将工质分为 6 种,主要考虑的是工质的毒性和可燃性。A 代表工质是低毒的,而 B 代表工质有高毒性;而工质的可燃性则分为不可燃、可燃性、爆炸性三种,分别用 1、2、3 表示。表 3-8 中给出了工质的安全分区,其基本规律是 HFC 和 HCFC 类工质通常是可燃的。

工质的毒性、可燃性以及毒性具有一定的规律性:一般情况下,含氢原子多的氟利昂工质的可燃性较强;含氯原子多的工质,其毒性较强;含 F 原子多的工质,其稳定性较高,即大气寿命较长。McLinden 等最先提出,采用三角形图形描述工质的这三种性质,三角形的三个顶点分别表示工质的 H、F、Cl 三种原子,则氟利昂工质的性质规律可以被形象地描述出来。

用于余热利用的常规水蒸气朗肯循环发电系统如图 3-8 所示。其技术有如下缺点:

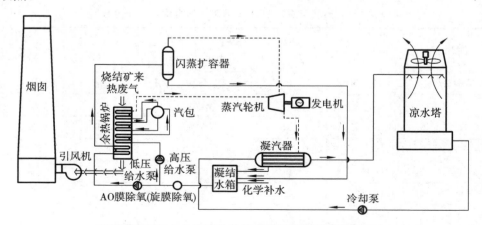

图 3-8   用于余热利用的常规水蒸气朗肯循环发电系统

（1）系统构成复杂，锅炉给水需要除氧、除盐，在锅炉部件及管路上需要设置排污及疏放水管路；凝结器里需保持较高的真空度，要设置真空维持系统。

（2）透平进排气压力低，蒸汽比体积较大，导致透平通流面积较大。

（3）通常透平进口蒸汽需具有一定的过热度，在余热锅炉中必然要设置过热蒸汽加热段，导致余热锅炉的结构比较复杂。

（4）管道内容易结垢及生锈，维修成本较高，寿命较短。

（5）需要较多的运行、维修人员，运行成本较高。

（6）单机容量不能太小，系统满负荷运行率不高。

（7）一般只适用于烟气温度高于 350 ℃的余热。

用于余热利用的有机朗肯循环发电系统如图 3-9 所示。其技术有如下优点：

（1）效率高，系统构成简单，不需要设置除氧、除盐、排污及疏放水设施；凝结器里一般处于略高于环境大气压力的正压，不需设置真空维持系统。

（2）透平进排气压力高，所需通流面积较小，透平尺寸小。

（3）使用干流体时，余热锅炉中不必设置过热段，工质蒸气直接以饱和气体进透平膨胀做功。

（4）可实现远程控制，无人值守，只需极少的运行、维修人员，运行成本很低。

（5）单机容量可从几千瓦到数千千瓦。

（6）系统部件、设备可实现标准模块化生产，能缩短安装周期，降低制造成本。

（7）适用于温度高于 70 ℃的低温余热源。

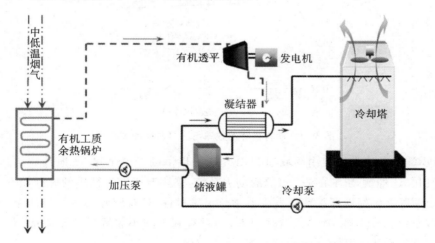

图 3-9　用于余热利用的有机朗肯循环发电系统

图 3-10 为水蒸气朗肯循环和有机朗肯循环组成的复合循环。其特点是上级水蒸气朗肯循环汽轮机的排气的热量不直接用冷却水排除，而是加热下级有机朗肯底循环的液态低沸点工质，产生压力较高的低沸点工质蒸气，进入有机透平（膨

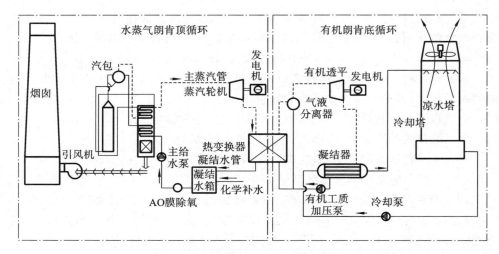

图 3-10　水蒸气朗肯循环和有机朗肯循环组成的复合循环

胀机)膨胀做功发电。

朗肯循环的效率与冷凝温度的关系见图 3-11。

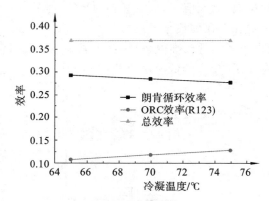

图 3-11　朗肯循环的效率与冷凝温度的关系

ORC 发电技术的应用领域如下：①350 ℃以下的低温余热；②地热利用；③太阳能利用；④船舰动力系统。对船舰动力系统，采用有机朗肯循环的好处如下：

（1）可以更好地匹配蒸汽发生器中热传输过程，具有较好的热经济性能，能够明显改善燃料经济性，提高装置热效率，同时有利于减小装置尺寸及质量，对空间有限的舰船动力系统有重要意义。

（2）有机工质多为绝热工质或干性流体，不需过热处理，即可很好地保证膨胀机出口干度，不会有水滴在高速情况下对透平机械的叶片造成冲击损害，也不会腐蚀透平机械，对不能提供较大过热度的舰船反应堆来说，这一特性具有重要安全意义。

（3）有机工质蒸气比容小，在汽轮机膨胀过程中焓降也小，故所需汽轮机的尺寸（特别是汽轮机末级叶片的高度）、排气管道尺寸及空气冷凝器中的管道直径均较小。有机工质的冷凝压力接近或稍大于大气压，工质泄露可能性小，不需复杂的真空系统。因此有机朗肯循环对系统设备要求较低，系统更加简单可靠。

（4）与水蒸气发电系统相比，由于 ORC 发电系统的有机工质的声速低，在低叶片速度时，能获得有利的空气动力配合，在较低频率下（50 Hz）即能产生较高的汽轮机效率，不需配备齿轮箱。由于转速低，因此噪声也小。

目前主要针对 250 ℃的低温烟气，开发基于有机介质的建材炉窑低温余热发电系统，以替代常规的蒸汽动力郎肯循环发电技术，充分回收建材炉窑中排放的低品位废气余热，提高发电功率，实现最低的综合能耗和最佳的经济效益。

3.3.3　机械蒸汽再压缩技术

1. 概述

机械蒸汽再压缩是一种蒸发工艺，是用机械方法将蒸发器产生的二次蒸汽再压缩，使其压力、温度上升，提高内能之后，再返回原蒸发器，取代主蒸汽作为热源使用，其中二次蒸汽中的潜热得到充分利用，可以达到节能目的。该蒸发系统被简称为 MVR(mechanical vapor recompression)。不同于传统的蒸发系统，该系统只需要在启动时通入生蒸汽作为热源，而当二次蒸汽产生，系统稳定运行后，将不需要外部的热源，系统的能耗即为压缩机和各类泵的能耗，所以节能效果相当显著。MVR 系统工作原理如图 3-12 所示。

MVR 技术于 1917 年由瑞士 Sulzer-EscherWyss Ltd. 发明。在 20 世纪 60 年代，德国和法国已经成功地将该技术应用于化工、制药、造纸、污水处理、海水淡化等行业。20 世纪 80 年代机械蒸汽再压缩技术已成为一项成熟的技术。随着压缩机技术的进步，现在机械蒸汽再压缩技术更在许多行业成为一项通用的节能技术。

许多生产过程中采用蒸发操作，如污水处理过程、海水淡化过程、饮料浓缩过程等。而且蒸发操作是耗能较大的过程，所以提高蒸发过程中的能量利用率对节约能源具有重要的意义。在工业生产中，常采用多效蒸发（multiple-effect evaporation，MEE）来提高蒸发过程的能量利用率，图 3-13 为传统的单效蒸发的示意图。单效蒸发时需要大量冷却水来冷却二次蒸汽（使之冷凝），然后冷却水再通过冷却塔冷却并将热量释放到大气中。不但消耗新鲜蒸汽，而且冷却塔还要消耗大量循环水以及电能（泵运行），造成三重浪费。表 3-9 为蒸发量为 10 t/h、不同效数时的蒸汽消耗和能量消耗。显然随着蒸发效数增加，蒸汽消耗量和能量消耗减少。但设备投资基本按比例增加，占地面积增加。蒸发效数不能无限增加。

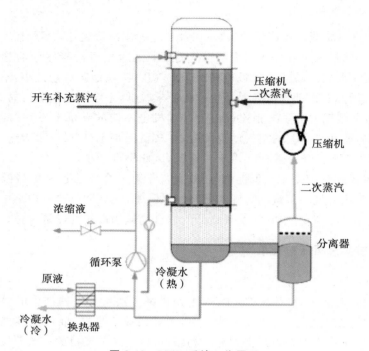

图 3-12　MVR 系统工作原理

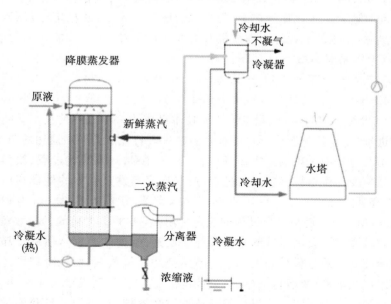

图 3-13　单效蒸发示意图

表 3-9　蒸发量为 10 t/h 时的多效蒸发

效　　　数	单　　效	双　　效	三　　效	四　　效	五　　效
蒸汽消耗量 /(kg/s)	1.1	0.57	0.4	0.3	0.27
能量消耗 /(kW·h)	686	355	244	187	168
排入环境热量占总热量比例/(%)	92	88	84	80	75

与多效蒸发相比,MVR 系统稳定运行后不需外部蒸汽,而是消耗电能,通过输入少量绝热压缩的外功,提升了低压水蒸气的热品位,有效利用了低压水蒸气的大量热能,节能效果非常显著。采用机械蒸汽再压缩技术,蒸发 1 kg 水能耗为 37.4~54.7 kJ,而利用多效蒸发技术,每蒸发 1 kg 水能耗为 465.3~581.7 kJ。如一蒸发量为 5 t/h 的系统,每天工作 24 h,每年工作 300 天,采用机械蒸汽再压缩技术和采用多效蒸发技术的能耗进行比较,其中采取机械蒸汽再压缩蒸发耗能 46 kJ/kg,多效蒸发耗能 523 kJ/kg,由此可以看出,该系统采用机械蒸汽再压缩技术比多效蒸发技术每年可省 46.87 万元的能耗费用,节能效果显著,其生蒸汽的经济性相当于多效蒸发的 30 效。

当前煤价高,电价相对低,今后随着风电、核电的发展,其差价会更大,所以机械蒸汽再压缩系统有很好的发展前景。

2. 机械蒸汽再压缩技术的特点

MVR 技术的特点如下:①能耗低、运行费用低;②占地面积小;③公用工程配套少,工程投资少;④运行平稳,自动化程度高;⑤由于常用单效,产品停留时间短;⑥工艺简单,实用性强,部分负荷运转特性优异;⑦可以在 40 ℃ 以下蒸发而不需冷冻设备;⑧在低温下工作,可避免被蒸发物料的高温变性,特别适合于热敏性物料。

3. 机械蒸汽再压缩的主要设备

1) 蒸发器

蒸发器是系统的核心,MVR 系统常采用竖直管降膜蒸发器或水平管降膜蒸发器。水平管降膜蒸发器与竖直管降膜蒸发器相比,不仅电耗低,设备高度小,而且因为液膜薄,传热系数高,汽相阻力小,所以传热温差比较小。对于光滑管而言,水平管的传热系数三倍于闪蒸,两倍于竖直管蒸发装置,由于水平管降膜蒸发器传热系数高,相同的热负荷下其所需传热面积可大为减小。同时,因为水平管降膜蒸发器可实现在较小温差下进行传热,表面过热度下降,管表面的结垢情况也可以得到改善。所以水平管降膜蒸发器得到了广泛的应用。

2）压缩机

蒸汽压缩机也是 MVR 系统的核心部件,它通过对二次蒸汽进行压缩,提高系统内二次蒸汽的热焓,为系统连续提供蒸汽。目前 MVR 系统中常用的蒸汽压缩机有离心式压缩机、螺杆压缩机和罗茨压缩机,根据原液的流量和沸点升高值等特性来选择压缩机。对于蒸发速率不高的工况,采用罗茨压缩机较合适,而较大蒸发量时,就要采用离心压缩机,而且对驱动电机还需要进行变频调速控制,这样既可保护电源系统,又可确保压缩机在最佳稳定区工作,提高运行效率。

对于沸点升高值较大的原液,压缩机可以多级串联使用。现有单级离心压缩机稳定工作压缩比不超过 2.5,饱和蒸汽压力与温度是对应的,提高压缩比,就能提升蒸汽温度,此时就会使用多级串联压缩,目的是获得高压缩比的蒸汽,得到更高温度的蒸汽,蒸发强度更大。但蒸发速度过快,会存在系统结垢严重的情况。多级离心压缩机要按蒸发工艺要求选用。据有关厂商资料介绍,单台蒸汽压缩机可达到 8～10 ℃温差;如 2 台高性能蒸汽压缩机连在一起,温差可达到 16～20 ℃;若 3 台串联在一起,温差可达到 24～26 ℃。

影响 MVR 能耗的主要因素如下:①压缩机效率(取决于压缩机型式、叶轮结构形式等);②系统处理量(处理量越大,单位蒸汽耗电量越小);③物料的物性(特别是沸点升高);④系统设计与优化(热量充分利用、降低管道阻力等);⑤系统稳定性。蒸发 1 t 水耗电量与沸点升高的关系见表 3-10。图 3-14 所示为 MVR 系统中各种压缩机的效率比较。

表 3-10　蒸发 1 t 水耗电量与沸点升高的关系

沸点升高/℃	能耗/(kW·h)
0	20～30
5	36～45
10	50～60
15	65～70

压缩机选型需要考虑的因素如下:①温升范围与过汽量;②效率;③运行的稳定性;④噪声;⑤后期维护费用;⑥设备价格。

随着压缩机技术的进步,MVR 技术中单级高速离心压缩应用越来越广。这是由于三元流理论、全三维数字仿真技术使压缩机效率极大优化,压缩效率高;半开式叶轮结构、系列化设计,使加工周期短,成本相对较低;压缩机部分全不锈钢腔体、全加工表面,杜绝污染和损失;叶轮采用钛合金制造,最大限度提高压比;五轴联动加工三坐标精密检测,能完美达到设计要求;带有支持数据远程监控模块和远程技术支持系统模块;整体箱装体结构,美观、噪声低。

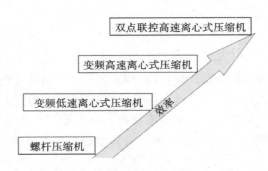

图 3-14　MVR 系统中各种压缩机的效率比较

这种单级高速离心压缩机的特点如下：①流量大，可以达到 $1\sim100\ \mathrm{m^3/s}$；②效率高、能耗低，压缩机级效率达到 85% 以上；③对蒸汽 100% 无污染，不需其他后处理；④使用寿命长，成本低；⑤震动小，噪声低；⑥结构紧凑，维护方便；⑦压力、温度可调范围广，耗水少。

3）预热器和其他部件

预热器是为了回收利用高温冷凝水和浓缩液的显热，用来预热原液。预热后的原液，通过进料泵进入蒸汽换热器系统，此时与蒸汽压缩机供给的高温蒸汽进行换热，使其迅速汽化。根据原液的特性（黏度、是否有结晶和结垢等）选择换热器的形式。一般采用板式换热器，因为它换热效率高、热损失小，而且结构紧凑轻巧，占地面积小，安装清洗方便。可通过调节原液的质量流量分配，使两个预热器出口的原液温度一致。

汽液分离器是蒸汽和浓缩液体进行分离的装置。对于有结晶的原液，可以将分离器和结晶器设计成一体，再加装强制循环泵，完成汽液分离、浓缩和结晶的功能。

对于 MVR 系统，需要考虑设备用材问题。由于大部分工业废液都有腐蚀性，在蒸发温度环境下，腐蚀更为严重。目前超低碳 316L 不锈钢板材及以 316L 为覆层的复合板材在真空制盐行业应用成熟，主体换热器则选用钛材较多，因工作温度的不同，可选择工业纯钛或钛合金来制造。合理选材对蒸发系统的可靠运行和建设造价至关重要。

为提高运行的经济性，MVR 系统多采用 DCS 控制中心，即采用工控机和 PLC 构成 MVR 系列的实时监控中心。通过软件编程，实时采集各种传感器的状态信号，从而自动控制电动机的转速，进行阀门关闭和调节，以及液体的流速和流量、温度和压力的控制和调节等，使系统工作达到动态平衡的状态。同时该设备还具有自动报警、自动记录参数和提供报表的功能。此控制系统可减少人工操作，提高生产控制能力，确保生产有序可控运行。

3.3.4　引射器

1. 概述

引射器是利用射流的紊动扩散作用,使不同压力的两股流体相互混合,并引发能量交换的流体机械和混合反应设备。目前在动力、石油、化工、冶金、轻工、纺织、供热、制冷等领域,引射器主要用于使不同压力的两股流体相互混合,并发生能量交换,以形成一股居中压力的混合流体。引射器的主要部件有喷嘴、接收室、混合室、扩散室等(见图 3-15)。

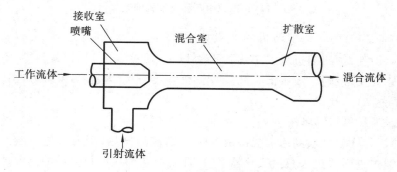

图 3-15　引射器示意图

例如在化工、冶金等行业,有大量的高压气体被白白浪费掉。如果能回收利用,将大大地节约能源。高炉热风炉系统煤气引射器就是这样一种利用余压的节能装置。钢铁厂生产过程中产生大量的高炉煤气与焦炉煤气。高炉煤气压力高达 15 kPa,热值为 3344~4180 kJ/m³。高炉煤气一般作为热风炉的燃料,但热风炉只需要 8~9 kPa 的压力即可,有 6 kPa 左右的压力白白浪费掉。而焦炉煤气的压力只有 3~4 kPa,但热值高达 16720~18810 kJ/m³。如果能利用 6 kPa 左右的压力引射焦炉煤气,将能大大提高发热值。根据计算,如果高炉煤气中混入 10% 的焦炉煤气,发热值将提高 40%。引射器不消耗任何能源,而且不需要维护,是一种非常节能的装置。

引射器里有两股流体:高压流体;低压流体。压力较高的那种介质叫做工作介质,压力较低的那种介质叫做引射流体。工作介质流叫做工作流体。工作流体以很高的速度从喷嘴喷射出来,进入引射器的接收室,把在喷嘴附近的压力较低的引射流体带走。引射器的基本工作过程是,首先高压的工作流体将势能或热能转变为动能,在喷嘴附近形成低压区,使引射流体流向低压区,并与工作流体混合,通过动量交换,工作流体的动能传给引射流体。混合流体进入混合室,在混合室里混合流体的速度渐渐均衡。最后混合流体进入扩散室,混合流体的动能相反地转变为势能或热能,流体的压力逐渐回升,达到工作流体压力与引射流体压力之间的一个值。

进入引射器混合的流体,在工程中有的是气相,有的是液相,有的是气体、液体和固体的混合物。因此,到目前为止对引射器还没有一个统一的分类方法,而且名称不一,如引射器、喷射器、混水器、射流器等。但是人们常以在引射器中相互作用介质的状态来分类,一般可以分为如下三类:

(1) 工作和引射介质的集态相同的引射器;

(2) 工作和引射介质处于不同的集态,它们在混合过程中集态也不改变的引射器;

(3) 介质的集态发生改变的引射器。在这类引射器里,工作和引射流体在混合之前处于不同的相态,混合后变成同一相态,即在混合过程中其中一种流体的相态发生改变。

通常在扩散室出口处,混合流体的压力高于进入接收室时引射流体的压力。但在汽-液引射器中,混合流体的压力因水击效应甚至可以超过工作流体的压力。

气体(蒸汽)喷射压缩器、引射器和喷射泵属于第一类。气力输送喷射器、水-空气引射器和水力输送喷射器属于第二类。汽-水引射器和喷射加热器属于第三类。

引射器的工作情况还取决于相互作用介质的弹性特性。介质的比容随着压力的改变而大大改变的这种特性叫做介质的弹性特性或压缩性。在实际中所用到的喷射器如下:

(1) 两种介质(工作介质和引射介质)都是可压缩的;

(2) 其中一种介质是可压缩的;

(3) 两种介质都是不可压缩的。可压缩介质的同相喷射器的工作,很大程度上取决于引射介质的压缩比,还取决于工作介质的膨胀比。

为了简明起见,我们把压力比 p_d/p_s 叫做压缩比,p_m/p_s 叫做膨胀比。根据压缩比和膨胀比的大小,弹性介质的同相喷射器可分为如下类型:

(1) 大膨胀比和中等压缩比的喷射器。这类喷射器所能建立的压缩比通常是在 $2.5 \geqslant p_d/p_s \geqslant 1.2$ 的范围内。

(2) 大膨胀比和大压缩比喷射器。这类喷射器所能建立的压缩比:$p_d/p_s > 2.5$。

(3) 大膨胀比和小压缩比喷射器。在这类喷射器中,工作介质的膨胀比是很大的,但压缩比较小:$p_d/p_s < 1.2$。

混合流体分为气(蒸汽)相、液相,或者是气体(蒸汽)、液体和固体的混合物。不借助固体机械的压缩而能提高引射流体的压力,这是引射器最主要和最根本的性质。正是由于这种性质,引射器在工程中得到了广泛的应用。引射器结构简单,易于加工且成本较低;工作可靠性好,安装维护方便;本身没有运动部件,密封性好,很适宜输送有毒、易爆、易燃和放射性物质。它除了作为流体输送机械使用外,还可以作为传质和化学混合反应设备。各种有压能源(废水、废气)都可作为它的工作动力直接加以利用,不需增加许多辅助设备,因此它的综合效益很好。引射器的主要缺点是传能效率较低,这是由于两股流体混合时产生较大能量损失。另外,因没有运动部件,引射器在运行中不易于调节。

2. 有关引射器的理论研究

喷射装置在工业上的应用已经有上百年的历史。早在 1820 年,Stephenson 就将此用于蒸汽动力的火车上以提高气体的排出量。Thompson 在 1852 年前后利用喷射泵来输送液体水,Bunsen 等人用相似的方法创造出真空。1928 年,Dencker 首次将它用于农业工程中,开辟了气力输送干草等物质的新领域。

19 世纪末,G. Zeumen 和 M. Runkin 奠定了喷射器理论的基础,并被广泛地引用在后来的著作中,但这个理论不能完全解决引射器的计算问题,如选择适宜的剖面形状、确定喷射器的纵向尺寸等。1931—1940 年期间,别尔曼及其同事们整理了喷射器的计算方法,针对一些足够完善的喷射泵的结构,提出了确定这些喷射泵的轴向尺寸的方法,并推导出在变化工况下喷射泵工作的特性曲线方程式。

1944—1948 年期间,苏联中央流体力学研究院和苏联科学院在 C. A. 赫里斯季阿诺维奇的领导下进一步完善了上述工作。目前较为普遍地被人们所接受的是 Keenan 等人所创立的定压混合理论,其假设如下:

(1) 喷射器内流体的流动是一维流动;

(2) 除了经过激波外,流体的流动是无摩擦和等熵的;

(3) 工作流体和吸入流体在进入喷射器之前处于静止状态;

(4) 喷射器出口的流体同样处于静止状态;

(5) 在喷射器内部,两流体混合时保持相同的压力且不变,直到混合过程结束。

可以看出,以上假设有很大的局限性。特别是第三个假设在某些情况下可以带来很大的误差。

在我国现阶段,喷射器主要应用在喷射式制冷系统和供热系统中。天津大学张于峰于 1998 年对使用喷射器的喷射式制冷系统进行了研究,随后孙洲阳又提出了复合喷射制冷循环的技术。常州市锅炉与压力容器检验所王小林、瞿建国对在供热系统中应用喷射器进行了可行性研究,山东工业大学刘爱萍,南京工业大学徐海涛、桑芝富分别通过计算和数值模拟的方法分析了喷射器在变化工况下的性能。但是,对喷射器本身的研究并不是很多,武汉大学陆宏沂教授多年来对射流泵有较为深入的研究,在他的带领下,陆东宏等开发的新型可调脱碳喷射器已经成功应用于多家化工企业,取得显著的节能效果。辽宁科技大学邢桂菊、李文忠,南京工业大学张少维等人也在试图通过改变喷射器的喷嘴形状来寻求更好的性能。大连理工大学能源研究所在吸取德国喷射式热泵和蒸汽喷射器的研究和应用方面的最新成果基础上,开发了全套喷射式热泵性能分析、结构设计软件,开展了喷射器的一维和多维分析计算和实验研究工作。

随着计算机技术的进步,陆续出现了基于能量守恒定律、质量守恒定律和动量定理的各种算法来分析喷射器内部的流场,如 FLUENT、有限元分析等,但目前人们一般还是采用一维均匀流假设下的控制方程进行引射器的计算。

3. 有关引射器的试验研究

现代大型数字计算机的发展使数字模拟从一维发展到了三维,数字计算在一定程度上取代了试验。但是,就目前而言,因为引射器的机理尚不完全清楚,所有理论的假设还比较苛刻,数字模拟计算在很大程度上还依赖经验常数。

Watanabe 进行了一些试验以决定喷嘴位置和扩散器长度的影响,他发现喷嘴在混合室中有一个最佳位置,引射器具有最高的引射系数,扩散器长度的增加能提高扩散器的效率而不利于引射器效率的提高,并指出目前的理论无法预测喷嘴位置对引射器工作性能的影响。Vyas 和 Kar 也对喷嘴的位置作了试验研究,认为不管喷嘴处于什么位置,喷射器里中心速度的衰减规律是相似的。

Hedges 和 Hill 等人进行了较为详细的壁面速度压力分布测量,所得的试验数据用来验证二维分析方法。采用了数个圆锥状喷嘴的试验表明,引射器的工作状况对喷嘴的形状没有什么特别的要求。为了进一步研究混合过程,Bauer 提供了大量的纹影图片,可以看到激波的形式,但其试验结果只适用于定常面积的喷射器的研究。

Nahdi 等人也观察了面积比对喷射器工作的影响,它们所用的喷射器是固定在用 R11 作制冷剂的制冷系统中。Watanabe 也观察了面积比的影响,得出了最佳值。所有的这些试验结果表明:当工作条件发生改变时,引射器的最优几何参数也改变,因而为了维持引射器的最优,很有必要进行变结构设计。

迄今为止,大多数试验都是测量入口压力和混合压力。Desvaux 等人用激光观察了定常面积引射器的流动过程,较好地得到了流动结构图;他们还用滑移法测量沿着引射器中心线的静态压力分布情况,此方法可对激波进行探测,给出激波产生的位置、长度以及受扰面积的长度。该方法是观察引射器里超音速流和激波结构的最有效的方法之一。

为了更好地了解实际应用的引射器的工作特性,完善和发展引射器理论,人们开展了大量的试验研究工作。图 3-16 所示为黄素逸等人为某钢铁厂所进行的引射器的实验装置。

该实验装置主要包括两台风机、测量段、实验段、调节阀门和测量仪表。

两台风机均为离心风机,高压风机额定全压为 16 kPa,额定流量为 2400 m³/h,用于模拟现场的高炉煤气。低压风机额定全压为 3 kPa,额定流量为

图 3-16　引射器的实验装置

1—工作流体参数测试孔；2—引射流体参数测试孔；3—混合流体参数测试孔；
4—低压风机；5—高压风机；6—引射流体调节闸阀；7—背压调节闸阀

5000 m³/h，用于模拟现场的焦炉煤气。在高压风机出口还引出了一根旁管，用来模拟焦炉煤气压力高于 3 kPa 时的工作状态。

测量段为实验段前部和后部的直管段，保证足够长的直管段才能使管内流动稳定，测量得到的流体速度值准确可靠。

调节阀门为两个闸阀和一个蝶阀，可以调节实验段进出口流体的压力和流量值，使实验能真实模拟现场工作状态。

实验过程需要测量工作流体、引射流体、混合流体的流量，还要测量各实验段的压力和温度等参数。由于一般的流量计有很大的阻力损失，对流场影响很大，在本实验中采用测量流体流速的方式间接得到流量。测速探针是在标准风洞标定过的靠背管和毕托管，二次仪器是倾斜式微压计。温度测量采用 K 型热电偶，配标准显示仪表。静压和总压的测量采用 U 形管。压力通过布置在管壁上的五个静压孔和三个通孔进行测量。测量流体的静压时将静压孔和 U 形管用橡皮管连接，直接从 U 形管读出压力值。测量流体速度时，采用靠背管式压力探针和倾斜微压计得到流体的动压，然后换算为流体流速，测量时要保证探针处于流道的正中心，靠背管的某一个斜面正对来流方向且与流动方向垂直。测得管道中心流速后，根据经验公式换算为平均速度，再乘以管道截面积，就得到了流量的值。温度的测量直接用标准热电偶接标准数字式显示仪表，从仪表上直接读出温度值。

引射器结构的关键参数是混合室面积与喷嘴面积比 f 和喉嘴距 h，本实验中采用了面积比为 2.31 与 1.33 的两个引射器进行对比实验，观察面积比对引射器性能的影响。

　　首先用面积比为 2.31 的引射器(引射器 1)做喉嘴距变化对引射器性能影响的实验。引射器结构如下:混合室内径为 76 mm,喷嘴直径为 50 mm,混合室长度为 300 mm。喉嘴距 h 设计成可调节式,取紊流系数 a 为自由射流时的 0.066,实验中选择喉嘴距 h 为 0 mm、20 mm、40 mm、60 mm,分四种情况进行实验,喉嘴距依次变大。当发现引射系数明显下降时,可以取消更大喉嘴距的实验,说明已经超过了理想喉嘴距。

　　另一个实验引射器(引射器 2)面积比减小为 1.33,其他结构与引射器 1 相同,只将喷嘴直径变为 66 mm,喉嘴距 h 由引射器 1 确定的紊流系数 a 计算得到(本实验中其值为 8 mm)。主要目的是根据引射器 1 实验发现的问题,在引射器 2 的设计中进行改进,观察修正方法是否合理,为真实引射器设计提供依据。

　　为了使实验台与现场工况相一致,高压风机出口压力为 15 kPa,背压由尾部的闸阀调节,引射流体低压时由低压风机提供,做较高压力实验时打开高压风机出口的旁通阀,由高压风机通过支管节流得到需要的压力。

　　在关闭高压风机出口的旁通管道时,引射器进口压力能够稳定在 15 kPa 左右,和现场工作状态一致。但是实验过程中旁通管连通后引射器进口的压头变得不稳定,最低时只有 13 kPa,说明旁通管的打开对引射器实际工作状态有很大的影响。为了与现场工况尽可能一致,在旁通管打开时采用了保证工作流体全压和混合流体全压差恒定为 5 kPa 的方法,然后调节引射流体压力,使工作流体和引射流体的压差在 10~12 kPa 之间(即模拟现场 5~3 kPa 的压力)。

　　在面积比为 2.31 的引射器 1 的实验中,测量了不同喉嘴距下的引射系数值。在实验过程中,发现喉嘴距为 40 mm 时引射器的性能已经明显下降,说明 40 mm已经大于最佳喉嘴距,所以没有必要再做喉嘴距为 60 mm 的实验了。在相同工况下(引射器进、出口压差为 5 kPa,引射流体和工作流体压差为 10.35 kPa),引射系数随喉嘴距的变化如图 3-17 所示。

　　从图 3-17 的曲线变化趋势可以看出,在喉嘴距 $h=0$ mm 时引射系数最高,但在一定范围内(实验中为 20 mm 左右)引射系数变化不大,当喉嘴距大于一定值后引射器工作情况迅速恶化,引射系数急剧下降。

　　理想情况下喉嘴距 h 存在一个最佳的值,使得在其他参数不变时,引射器性能在这个喉嘴距下达到最佳。喉嘴距大于或者小于这个值时引射器性能都会下降。喉嘴距小于这个值时引射器性能开始变化,比较平缓,下降不明显。但是当喉嘴距大于这个值时引射器性能下降很快,直到不能引射。图 3-18 给出了与图 3-17 相同工况下的气体引射量随喉嘴距变化的关系。

　　从图 3-18 可以看出,引射流体的流量在喉嘴距为 0 mm 时达到最大值。喉嘴距为 0~20 mm 时,引射系数较高,下降很慢,在这段距离内喉嘴距对引射系数的影响很敏感。综合分析,0~20 mm 为最佳的喉嘴距,此时引射器工作性能在最佳

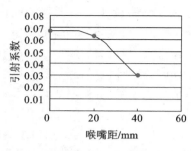

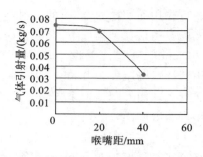

图 3-17　引射系数和喉嘴距的关系

图 3-18　气体引射量和喉嘴距的关系

范围内。这也与按自由射流理论定性分析的结论相符合,得到此时的紊流系数 a 为 0.19。

由于引射器的两股流体在引射混合时其速度存在巨大差异,将产生较大的动能损失,因此一般的引射器效率较低。尤其是在要求的引射系数较大时,效率将大为下降,常常降低到只有百分之几,而且其理论计算值也大大偏离实验的结果。如何提高引射器的效率,尤其是在大引射系数时,这是人们关注的一个重要课题。采用多级吸入的方式就是一种很好的方法,即在一级的扩散管后再加若干级引射器,使前一级的混合出流作为后一级的工作介质再次引射。图 3-19 即为两级吸入式高效引射器。

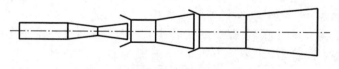

图 3-19　两级吸入式高效引射器

王时珍在关于高效高引射系数引射器的文章中指出,其所制成之两级气体诱导器在小增压比条件下,效率从普通型诱导器的 3％～5％ 提高到 15％～20％,能耗相应降低 2/3 以上。在两级引射器的设计计算中,显然第二级的结构对第一级的特性有影响,因此必须将两次引射过程联系在一起进行计算。引射器喷嘴、吸气口、混合管末端、扩散管出口等的横截面积对引射器工况有重要的影响。由于流动的复杂性,人们均借助于实验寻找最佳数值组合。此外多级引射器一般以两级为宜,因为实验发现再增加级数有时产生回流,不会带来多少益处。

此外,也可采用多喷嘴射流、脉冲射流、旋转射流等方法来提高引射器的效率。多喷嘴射流可以使工作流体与引射流体在较短的喉管内得到更好的混合,避免回流,减少了喉管的摩阻损失,改善扩散管的入口流速分布,从而减少了扩散损失。脉冲射流兼有紊动扩散作用和活塞作用,脉冲射流在喉管内形成液柱来推动引射流体。旋转射流与多喷嘴射流相似,增大了紊动扩散,使工作流体与引射流体更好地混合。

此外,还可采用可调式引射来满足工况有较大变化时的需要。例如,在供热工程中利用引射器来进行热交换是一种经济和简便的方法。由于供热系统规模的不断扩大,要求引射器本身的混合比也随之变化,使得在引射器前的一次网设计流量变化的情况下,二次网的流量基本保持不变。这时若利用可调式引射器,就可以很好地解决上述问题,调节喷针的位置就可以改变工作流体的流量,从而达到调整混合的目的(见图 3-20)。当然对于引射器而言,增加一个调节喷针必然也增加了流动阻力,尤其这是在控制工作流体的喷嘴内。合理和巧妙地设计结构是非常重要的。

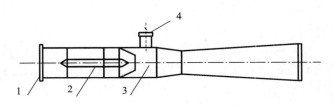

图 3-20 可调式引射器的原理图
1—引射水入口;2—调节喷针;3—引水室;4—被引射水入口

3.4 凝结水回收

3.4.1 概述

蒸汽是工业生产和人民生活中被广泛应用的载热介质,由于其具有来源充足、价格低廉、无毒、无污染、不爆燃且热容量大等优点,已被广泛应用于化工、制药、纺织、烟草、造纸、石化与采油、印染、电力等诸多领域。

一般用汽设备利用的蒸汽热量只不过是蒸汽的潜热,而蒸汽中的显热,即凝结水中的热量,几乎没有被利用。凝结水温度等于工作蒸汽压力下的饱和温度,蒸汽压力越高,凝结水中的热量也越多。其所含热量可以达到蒸汽所含热量的 $20\%\sim30\%$,如果不加以回收,不仅损失热能,而且损失高度洁净的水,使锅炉补给水和水处理费用增加。

目前,我国蒸汽管网系统节能存在的主要的问题:一是蒸汽泄漏严重,蒸汽管网上使用的疏水阀,其中 60% 处于超标准的漏汽状态,30% 处于严重漏汽状态,再加上许多该装疏水阀而未装导致的泄漏,每年泄漏蒸汽总量约为 1×10^8 t,约合 1.4×10^7 t 标准煤;二是约有 70% 的凝结水未被回收而直接排放,凝结水中所含热能占蒸汽排放热能的 $20\%\sim25\%$,而国家有关规定要求凝结水回收比例为 80%,国际上较先进的国家该标准一般为 90% 左右,仅此一项每年浪费的锅炉软水就有

1.5×10^9 t,由此浪费的能源每年约合 1.5×10^7 t 标准煤。

3.4.2　凝结水回收系统

凝结水回收系统是指蒸汽在用热设备内放热凝结后,凝结水流出用热设备,经疏水器、凝结水管道返回热源的管路系统及其设备。按驱使凝结水流动的动力不同,可分为重力回水和机械回水。重力回水利用凝结水位能使凝结水流动,机械回水利用水泵动力驱使凝结水流动。

凝结水回收系统按凝结水相态组分,可分为单相流和两相流两大类。常见的类型有非满管流的凝结水回收系统、两相流的凝结水回收系统和重力式满管流凝结水回收系统等。

凝结水的最佳回收利用方式就是将凝结水送回锅炉房,作为锅炉的给水。凝结水回收系统按其是否与大气相通,可分为开式和闭式两类。所谓开式系统,即从用汽设备来的凝结水,经疏水器由凝结水本身的重力(或由凝结水泵)排至凝结水箱中。此凝结水箱与大气相通,凝结水处于大气压力下,并与空气直接接触。闭式系统的凝结水箱则是密封的,其内部压力比大气压力稍高。

显然开式系统比较简单,尤其在凝结水可靠自身重力或压力流回凝结水箱时,更是如此。但在工作蒸汽压力较高时,由于冷凝水也具有一定的压力,当流回处于大气压力下的开式水箱时,将会因降压而产生大量的蒸汽,即所谓二次蒸汽。二次蒸汽散逸至大气中,不但导致大量的热损失,而且污染环境。因此在凝结水回收系统中应尽量采用闭式系统。另外由于闭式系统中水不会与空气接触,不会吸收空气中的氧,因此系统不易腐蚀。当然闭式系统的投资高于开式系统。

蒸汽在用气设备和管道中放出潜热以后,即凝结为水。在设备中积存的凝结水应及时排出。如积存过多,对加热设备则将减少蒸汽的散热面积,降低设备的加热效果;对动力设备和管道还会引发水击。为此在加热设备和管道的泄水管出口应装设疏水器。

非满管流的凝结水回收系统主要有低压自流式凝结水回收系统,即工厂内各车间的低压蒸汽供热的凝结水经疏水器,依靠重力,沿着坡向锅炉房凝结水箱的凝结水管道,自流返回凝结水箱。低压自流式凝结水回收系统只适用于供热面积小、地形坡向凝结水箱的场合,锅炉房位于全厂的最低处,其应用范围受到很大限制。

对两相流的凝结水回收系统,工厂内各车间的高压蒸汽供热的凝结水经疏水器后,直接进入室外凝结水管网,依靠疏水器后的背压将凝结水送回锅炉房或凝结水分站的凝结水箱中。

由于饱和凝结水通过疏水器及其后管道造成压降,产生二次蒸汽,以及疏水器漏汽,因而在疏水器后的管道流动属两相流的流动状态,因此凝结水管的管径较粗。余压回水系统设备简单,根据疏水器的背压大小,系统作用半径一般可达 500

～1000 m,并对地势起伏有较好的适应性。余压回水系统是应用最广的一种凝结水回收方式,适用于全厂耗汽量较小、用汽点分散、用汽参数(压力)比较一致的蒸汽供热系统。

对重力式满管流凝结水回收系统,工厂中各车间用汽设备排出的凝结水首先集中到一个承压的高位水箱(或二次蒸发箱),在箱中排出二次蒸汽后,纯凝结水直接流入室外凝结水管网,靠着高位水箱(或二次蒸发箱)与锅炉房或凝结水分站的凝结水箱顶部回形管之间的水位差,凝结水充满整个凝结水管道流回凝结水箱。重力式满管流凝结水回收系统工作可靠,适用于地势较平坦且坡向热源的蒸汽供热系统。

上面介绍的三种不同凝结水流动状态的凝结水回收系统,均属于开式凝结水回收系统,系统中的凝结水箱或高位水箱与大气相通。

闭式余压凝结水回收系统的凝结水箱必须是承压水箱,并需设置一个安全水封,安全水封的作用是使凝结水回收系统与大气隔断。当二次蒸汽压力过高时,二次蒸汽从安全水封排出;在系统停止运行时,安全水封可防止空气进入。

室外凝结水管道的凝结水进入凝结水箱后,大量的二次蒸汽和漏气分离出来,通过一个蒸汽-水加热器,可以利用二次蒸汽和漏汽的热量。

对闭式满管流凝结水回收系统,车间生产工艺用汽设备的凝结水集中送到各车间的二次蒸发箱,产生的二次蒸汽可用于供热。二次蒸发箱内的凝结水经多级水封引入室外凝结水管网,靠多级水封与凝结水箱顶部回形管的水位差,使凝结水返回凝结水箱。凝结水箱应设置安全水封,以保证凝结水系统不与大气相通。

还有一种加压回水系统,在用户处设置凝结水箱,收集该用户或邻近几个用户流来的凝结水,然后用水泵将凝结水输送回热源的总凝结水箱。这种利用水泵的机械动力输送凝结水的系统,称为加压回水系统。这种系统凝结水流动工况呈满管流动,它可以是开式系统,也可以是闭式系统,主要取决于是否与大气相通。

开式系统的优点是设备简单,操作方便,初始投资小。但是系统占地面积大,损失的热量占疏水器疏出热量的 50%～70%,耗散软化水占冷凝水总量的 5%～20%,经济效益差,对环境污染较大,且由于冷凝水直接与大气接触,冷凝水中的溶解氧浓度提高,易产生设备腐蚀。它适用于小型蒸汽供应系统,冷凝水量较小、二次蒸汽量较少的系统。使用该系统时,应尽量减小二次蒸汽的排放量。

闭式系统中冷凝水集水箱以及所有管路都处于恒定的正压下,系统是封闭的。系统中冷凝水所具有的能量大部分通过一定的回收设备直接回收到锅炉里,冷凝水的回收温度仅丧失在管网降温部分;由于封闭,水质有保证,减少了回收进锅炉的水处理费用。闭式系统经济效益好,冷凝水回收率可达 70% 以上,设备的工作寿命长,但是系统的初始投资相对较大,操作不方便。

蒸汽冷凝水回收需根据应用场合和冷凝水量来选用适宜的方式。合适冷凝水回收方式的选择,不但能使系统设计简单,而且可从根源上消除系统运行、维护中出现的难题,使蒸汽冷凝水回收工作能顺利进行。对于低压(0.2 MPa 以下)蒸汽系统,系统规模较小,考虑到投资成本及系统可靠性问题,系统宜采用开式系统;对于压力较高或系统规模大、对环境有严格要求的系统,宜采用闭式系统;对节能和效益有较高要求的场所,为保证二次蒸汽的充分利用,宜采用分离二次蒸汽的闭式背压回收系统或闭式满管回收系统;大型蒸汽供热系统一般采用机械加压凝结水回收系统。

值得注意的是,由于不同回收用户的冷凝水品位和流量变化较大,很难用手工方式进行调节控制,因此,实行自控是必要的。密闭式回收系统设计了自控回路:一个是根据集水箱液位的高低对回收泵的开停和加减量实行自动控制;另一个是根据锅炉汽包液位的高低,通过液位报警器和电磁阀开启将回收的高温水送到某台锅炉或除氧器。

以高温冷凝水回收装置为主体的密闭式冷凝水回收技术是在引进同类设备基础上消化吸收而研制开发的。高温冷凝水经回收装置直接泵入锅炉。特点是利用喷射泵增压原理来防止离心泵在泵送高温饱和水时的汽蚀问题。它是靠喷射器的增压对泵的进口强制加压,流入的冷凝水,一部分从泵喷出,送到喷射器进行经常性的循环,保证泵的入口压力;另一部分经压力调整阀后被泵连续压送。使用这种泵的回收系统,冷凝水回收管直接接在回收系统中,不需要冷凝水箱。可以连续回收冷凝水,不同压力的冷凝水可以用不同管道来回收。冷凝水在饱和压力下泵入锅炉,热能利用率较高。存在的问题如下:①当用汽设备用汽压力高时,集水箱排汽损失较大;②喷射泵和离心泵结合,仅考虑了离心泵的防汽蚀问题,而喷射泵本身的汽蚀问题并没有解决。因此,装置设计效率和输送冷凝水的温度相对较低,耗电量较大。

密闭式蒸汽冷凝水回收系统主要由疏水器、高温冷凝水回收泵、电气部分、管线、阀门等组成。在使用中应注意以下几个问题。

(1)及时更换失效的疏水器,疏水器失灵会影响整个系统的运行。对于蒸汽采暖系统使用的疏水器,在每一个采暖期到来之前要清洗排除污物。发现生产设备使用的疏水器有堵塞现象时,要打开排污口排污。

(2)高温冷凝水回收泵轴封要根据实际运行情况及时增加,以防漏水,并要按技术要求选择填料。

(3)系统冬季运行要注意防冻。长时间停产要将系统各排水阀打开将水放净。

3.4.3 疏水器

疏水器是凝结水回收系统中最关键的部件,它的作用是将凝结水及时排出,并阻止未凝结的蒸汽漏出，所以又将之称为"阻汽器"。由于作用原理不同，疏水器可以分为机械型、热动力型和热静力型等。此外低压蒸汽系统和高压蒸汽系统所用的疏水器不相同，在设计时必须正确选用。

1. 机械型疏水阀

机械型也称浮子型，利用凝结水与蒸汽的密度差，通过凝结水液位变化使浮子升降，带动阀瓣开启或关闭，达到阻汽排水的目的。机械型疏水阀的过冷度小，不受工作压力和温度变化的影响，有水即排，加热设备里不存水，能使加热设备达到最佳换热效率。最大背压率为 80%，工作质量高，是生产工艺加热设备最理想的疏水阀。

机械型疏水阀有自由浮球式疏水阀、自由半浮球式疏水阀、杠杆浮球式疏水阀、倒吊桶式疏水阀和组合式过热蒸汽疏水阀等。

1）自由浮球式疏水阀

自由浮球式疏水阀的结构简单，内部只有一个活动部件（精细研磨的不锈钢空心浮球，既是浮子，又是启闭件），无易损零件，使用寿命很长，能自动排空气，工作质量高（见图 3-21）。设备刚启动工作时，管道内的空气经过 Y 系列自动排空气装置排出，低温凝结水进入疏水阀内，凝结水的液位上升，浮球上升，阀门开启，凝结水迅速排出，蒸汽很快进入设备，设备迅速升温，Y 系列自动排空气装置的感温液体膨胀，自动排空气装置关闭。疏水阀开始正常工作，浮球随凝结水液位升降，阻汽排水。自由浮球式疏水阀的阀座总处于液面以下，形成水封，无蒸汽泄漏，节能效果好；最小工作压力 0.01 MPa，从 0.01 MPa 至最高使用压力范围之内不受温度和工作压力波动的影响，连续排水；能排饱和温度凝结水，最小过冷度为 0 ℃，加热设备里不存水，能使加热设备达到最佳换热效率；背压率大于 85%，是生产工艺加热设备最理想的疏水阀之一。

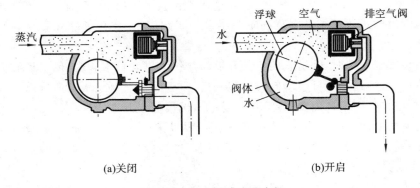

(a)关闭　　　　　　　　　　　　(b)开启

图 3-21　自由浮球式疏水阀

自由浮球式疏水阀适用于任何一种不希望积液的工况，尤其适用于造纸、印染行业的滚筒烘干机(带虹吸管结构),广泛安装于化工单位中的各种中、低压换热设备,压力范围为 0~4.0 MPa,排液量范围为 0~9 t/h。

2)自由半浮球式疏水阀

自由半浮球式疏水阀只有一个半浮球式的球桶为活动部件,开口朝下,球桶既是启闭件,又是密封件。整个球面都可密封,使用寿命很长,能抗"水锤",没有易损件,无故障,经久耐用,无蒸汽泄漏。背压率大于 80%,能排饱和温度凝结水,最小过冷度为 0 ℃,加热设备里不存水,能使加热设备达到最佳换热效率。

当装置刚启动时,管道内的空气和低温凝结水经过发射管进入疏水阀内,阀内的双金属片排空元件把球桶弹开,阀门开启,空气和低温凝结水迅速排出。当蒸汽进入球桶内,球桶产生向上浮力,同时阀内的温度升高,双金属片排空元件收缩,球桶漂向阀口,阀门关闭。当球桶内的蒸汽变成凝结水时,球桶失去浮力往下沉,阀门开启,凝结水迅速排出。当蒸汽再进入球桶之内,阀门再关闭。

3)杠杆浮球式疏水阀

杠杆浮球式疏水阀的基本特点与自由浮球式相同,内部结构是浮球连接杠杆带动阀芯,随凝结水的液位升降而开关阀门。杠杆浮球式疏水阀利用双阀座增加凝结水排量,体积小而排量大,最大疏水量达 100 t/h,是大型加热设备最理想的疏水阀。

杠杆浮球式疏水阀适用于任何不希望积液的工况,广泛安装于化工单位中的各种高、中、低压换热设备,压力范围为 0~6.3 MPa,排液量范围为 0~160 t/h,是大排液量工况的首选型式。

4)倒吊桶式疏水阀

倒吊桶式疏水阀内部是一个倒吊桶,为液位敏感件,开口向下,倒吊桶连接杠杆带动阀芯开闭阀门。倒吊桶式疏水阀能排空气,不怕水击,抗污性能好。过冷度小,漏汽率小 3%,最大背压率为 75%,连接件比较多,灵敏度不如自由浮球式疏水阀。因倒吊桶式疏水阀是靠蒸汽向上浮力关闭阀门,工作压差小于 0.1 MPa 时,不适合选用。

当装置刚启动时,管道内的空气和低温凝结水进入疏水阀内,倒吊桶靠自身重力下坠,倒吊桶连接杠杆带动阀芯开启阀门,空气和低温凝结水迅速排出。当蒸汽进入倒吊桶内,倒吊桶的蒸汽产生向上浮力,倒吊桶上升连接杠杆带动阀芯关闭阀门。倒吊桶上开有一个小孔,当一部分蒸汽从小孔排出,另一部分蒸汽产生凝结水,倒吊桶失去浮力,靠自身重力向下沉,倒吊桶连接杠杆带动阀芯开启阀门,循环工作,间断排水。

5)组合式过热蒸汽疏水阀

组合式过热蒸汽疏水阀有两个隔离的阀腔,由两根不锈钢管连通上、下阀腔。它是浮球式和倒吊桶式疏水阀的组合。该阀结构先进合理,在过热、高压、小负荷的工作状况下,能够及时地排放过热蒸汽消失时形成的凝结水,有效地阻止过热蒸汽泄漏,工作质量高。最高允许温度为 600 ℃,阀体为全不锈钢,阀座为硬质合金钢,使用寿命长,是过热蒸汽专用疏水阀。

当凝结水进入下阀腔,副阀的浮球随液位上升,浮球封闭进汽管孔。凝结水经进水导管上升到主阀腔,倒吊桶靠自重下坠,带动阀芯打开主阀门,排放凝结水。当副阀腔的凝结水液位下降时,浮球随液位下降,副阀打开。蒸汽从进汽管进入上主阀腔内的倒吊桶里,倒吊桶产生向上的浮力,带动阀芯关闭主阀门。当副阀腔的凝结水液位再升高时,下一个循环周期又开始,间断排水。

2. 热静力型疏水阀

这类疏水阀利用蒸汽和凝结水的温差引起感温元件的变形或膨胀带动阀芯启闭阀门。热静力型疏水阀的过冷度比较大,一般过冷度为 15～40 ℃,它能利用凝结水中的一部分显热,阀前始终存有高温凝结水,无蒸汽泄漏,节能效果显著。它是在蒸汽管道、伴热管线、小型加热设备、采暖设备上最理想的疏水阀。

热静力型疏水阀有膜盒式、波纹管式、双金属片式之分。

1) 膜盒式疏水阀

膜盒式疏水阀的主要动作元件是金属膜盒,内充一种汽化温度比水的饱和温度低的液体,有开阀温度低于饱和温度 15 ℃ 和 30 ℃ 两种供选择。膜盒式疏水阀的反应特别灵敏,不怕冻,体积小,耐过热,任意位置都可安装。背压率大于 80%,能排不凝结气体,膜盒坚固,使用寿命长,维修方便,使用范围很广。

装置刚启动时,管道出现低温冷凝水,膜盒内的液体处于冷凝状态,阀门处于开启位置。当冷凝水温度渐渐升高,膜盒内充液开始蒸发,膜盒内压力上升,膜片带动阀芯向关闭方向移动,在冷凝水达到饱和温度之前,疏水阀开始关闭。膜盒随蒸汽温度变化控制阀门开关,起到阻汽排水作用。

2) 波纹管式疏水阀

波纹管式疏水阀阀芯的不锈钢波纹管内充一种汽化温度低于水饱和温度的液体。随蒸汽温度变化控制阀门开关。该阀设有调整螺栓,可根据需要调节使用温度,一般过冷度低于饱和温度 15～40 ℃。背压率大于 70%,不怕冻,体积小,任意位置都可安装,能排不凝结气体,使用寿命长。

当装置启动时,管道出现低温凝结水,波纹管内液体处于冷凝状态,阀芯在弹簧的弹力下,处于开启位置。当冷凝水温度渐渐升高,波纹管内充液开始蒸发膨胀,内压增高,变形伸长,带动阀芯向关闭方向移动,在冷凝水达到饱和温度之前,疏水阀开始关闭,随蒸汽温度变化控制阀门开关,阻汽排水。

3) 双金属片疏水阀

双金属片疏水阀的主要部件是双金属片感温元件,它随蒸汽温度升降受热变形,推动阀芯开关阀门。双金属片式疏水阀设有调整螺栓,可根据需要调节使用温度。一般过冷度低于饱和温度 15～30 ℃,背压率大于 70%,能排不凝结气体,不怕冻,体积小,能抗水击,耐高压,任意位置都可安装。双金属片有疲劳性,需要经常调整。

当装置刚启动时,管道出现低温冷凝水,双金属片是平展的,阀芯在弹簧的弹力下,阀门处于开启位置。当冷凝水温度渐渐升高,双金属片感温起元件开始弯曲变形,并把阀芯推向关闭位置。在冷凝水达到饱和温度之前,疏水阀开始关闭。双金属片随蒸汽温度变化控制阀门开关,阻汽排水。

3. 热动力型疏水阀

这类疏水阀根据相变原理,靠蒸汽和凝结水通过时的流速和体积变化的不同热力学原理,使阀片上下产生不同压差,驱动阀片开关阀门。因热动力型疏水阀的工作动力来源于蒸汽,所以蒸汽浪费量比较大。该疏水阀结构简单,耐水击,最大背压率为 50%,有噪声,阀片工作频繁,使用寿命短。

热动力型疏水阀有热动力式、圆盘式、脉冲式和孔板式之分。

1) 热动力式疏水阀

热动力式疏水阀内有一个活动阀片,既是敏感件,又是动作执行件。根据蒸汽和凝结水通过时的流速和体积变化的不同热力学原理,阀片上下产生不同压差,驱动阀片开关阀门。漏汽率为 3%,过冷度为 8～15 ℃。

当装置启动时,管道出现冷却凝结水,凝结水靠工作压力推开阀片,迅速排放。当凝结水排放完毕,蒸汽随后排放,因蒸汽比凝结水的体积和流速大,阀片上下产生压差,阀片在蒸汽流速的吸力下迅速关闭。当阀片关闭时,阀片受到两面压力,阀片下面的受力面积小于上面的受力面积,因疏水阀汽室里面的压力来源于蒸汽压力,所以阀片上面受力大于下面受力,阀片紧紧关闭。当疏水阀汽室里面的蒸汽降温凝结成水,汽室里面的压力消失。凝结水靠工作压力推开阀片,凝结水又继续排放,循环工作,间断排水。

2) 圆盘式蒸汽保温型疏水阀

圆盘式蒸汽保温型疏水阀的工作原理和热动力式疏水阀相同,它在热动力式疏水阀的汽室外面增加一层外壳。外壳内室和蒸汽管道相通,利用管道自身蒸汽对疏水阀的主汽室进行保温,使主汽室的温度不易下降,保持汽压,疏水阀紧紧关闭。当管线产生凝结水,疏水阀外壳降温,疏水阀开始排水;在过热蒸汽管线上如果没有凝结水产生,疏水阀不会开启,工作质量高。阀体为合金钢,阀芯为硬质合金,该阀最高允许温度为 550 ℃,经久耐用,使用寿命长,是高压、高温过热蒸汽专用疏水阀。

3) 脉冲式疏水阀

脉冲式疏水阀有两个孔板,根据蒸汽压降变化调节阀门开关。即使阀门完全关闭,入口和出口也是通过第一、第二个小孔相通,始终处于不完全关闭状态,蒸汽不断逸出,漏汽量大。该疏水阀动作频率很高,磨损厉害、寿命较短。体积小,耐水击,能排出空气和饱和温度水,接近连续排水,最大背压率为 25%,因此使用者很少。

4）孔板式疏水阀

孔板式疏水阀是根据不同的排水量,选择不同孔径的孔板,来达到控制排水量的目的。该阀结构简单,选择不合适时会出现排水不及或大量跑汽,不适用于间歇生产的用汽设备或冷凝水量波动大的用汽设备。

4. 疏水阀的选用

1）疏水阀的疏水量

选用疏水阀时,必须按设备每小时的耗汽量乘以选用倍率（2～3 倍）为最大凝结水量,来选择疏水阀的排水量。这样才能保证疏水阀在开车时尽快排出凝结水,迅速提高加热设备的温度。疏水阀排放能量不够,会造成凝结水不能及时排出,降低加热设备的热效率。当蒸汽加热设备刚开始送汽时,设备是冷的,内部充满空气,需要疏水阀把空气迅速排出,再排大量低温凝结水,使设备逐渐热起来,然后设备进入正常工作状态。由于开车时,存在大量空气和低温凝结水,入口压力较低,使疏水阀超负荷运行,此时疏水阀要求比正常工作时的排水量大,所以按选用倍率（2～3 倍）来选择疏水阀。

2）疏水阀的工作压差

不能以公称压力选疏水阀,因为公称压力只能表示疏水阀体壳承受压力等级,疏水阀公称压力与工作压力的差别很大。要根据工作压差来选择疏水阀的排水量。工作压差是指疏水阀前的工作压力减去疏水阀出口背压的值。

3）机械型疏水阀的阀座号

机械型疏水阀按不同的工作压差段,分成多种"阀座号",对应于不同的阀座孔径,每个工作压差段与排水量对应于一条坐标曲线（见图 3-22）,不同"阀座号"的排水量有很大差别。对于机械型疏水阀,应根据工艺条件的最高工作压差和最大排水量两者相对应的坐标曲线来选合适的"阀座号"。不能以公称压力来定"阀座号"。如果选错"阀座号",可能出现疏水阀不工作或设备存水,影响设备正常运行。

4）疏水阀的工作温度

选用疏水阀时,要根据管道蒸汽最高温度来选择能满足工艺条件要求的疏水阀。当管道蒸汽最高温度超过公称压力相对应的饱和蒸汽温度时,将该蒸汽称为过热蒸汽。在过热蒸汽管道选择疏水阀时,应选用高温高压过热蒸汽专用疏水阀。

5）疏水阀的连接尺寸

疏水阀的工艺条件决定以后,根据疏水阀前后的工作压差、疏水量和"阀座号",按疏水阀制造厂家的技术参数来选择疏水阀的规格尺寸。不能按设备连接尺寸选配同样尺寸的疏水阀,疏水阀的连接口径不能代表疏水量的大小,同一种口径

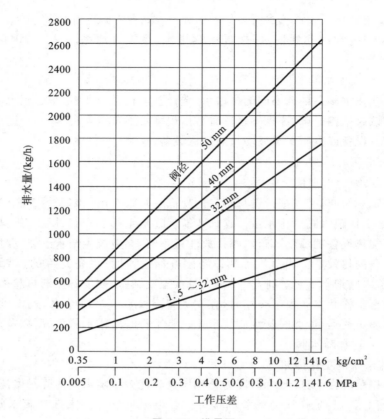

图 3-22　排量图

的疏水阀,其疏水能力可能差别很大。

5. 疏水阀的安装

有关疏水阀安装的详细情况,可参阅各自的使用说明书。这里将要介绍的是安装过程中的注意事项。

1）设置于上升部位的场合

一般情况下,疏水阀安装在低于冷凝水排出设备的位置。如果想将疏水阀安装在高于冷凝水排出设备之处,则需在疏水阀的前方安装扬升接头,从而使冷凝水能够顺利地流入疏水阀。扬升接头（lift fitting）也称为“吸升接头”。当冷凝水排出部位较低时,可以通过它将冷凝水吸至高处并导向前方。

2）出口侧回收管

用于回收疏水阀排出之冷凝水的配管管径应具备一定的余量,至少应能够防止水汽冲击或压力损失带来的影响。此外,将回收管与多个集水管（返管）连接时,应形成一定的流入角度,以便于冷凝水的流动。

3）出口侧配管被水淹没的场合

将冷凝水排至排水沟的场合下，若将排水管直接伸入水中，易引发冷凝水飞溅，产生危险。如果必须被水淹没，为了防止蒸汽停止时排水沟内的水逆流至疏水阀而出现故障，应在排水管上进行开孔，或安装真空调整阀。

4）冷凝水收集装置的设置

在蒸汽输送管中设置疏水阀时，需要设计冷凝水收集装置。在通气初期和流速较快的场合，它能够有效地收集冷凝水，利于疏水阀更好地工作。如果没有设计冷凝水收集装置，容易出现冷凝水未被排出，垃圾、水垢堵塞入口等现象。

5）不同压力的冷凝水管线的回收

对于压力条件各不相同的冷凝水管线，需对应于每个不同的压力设计冷凝水回收管。一旦低压的回收管内流入高压的冷凝水，将会由于冷凝水的温差而导致冷凝水再次蒸发，从而产生噪声、"蒸汽锤"等不利影响。

安装时注意以下事项：

（1）安装前清洗管路设备，除去杂质，以免堵塞。

（2）蒸汽疏水阀应尽量安装在用汽设备的下方和易于排水的地方。

（3）蒸汽疏水阀应安装在易于检修的地方，并尽可能集中排列，以利于管理。

（4）各个蒸汽加热设备应单独安装蒸汽疏水阀。

（5）旁路管的安装不得低于蒸汽疏水阀。

（6）安装时，注意阀体上箭头方向与管路介质流动方向应一致。

（7）蒸汽疏水阀进口和出口管路的介质流动方向应有 4% 的向下坡度，而且管路的公称通径不小于蒸汽疏水阀的公称通径。

（8）一个蒸汽疏水阀的排水能力不能满足要求时，可并联安装几个蒸汽疏水阀。安装在可能发生冻结的地方时，必须采用防冻措施。

对于不同的冷凝水改造项目，选用何种回收方式和回收设备，是该项目能否达到投资目的至关重要的一步。首先，必须准确地掌握冷凝水回收系统的冷凝水量，若冷凝水量计算不正确，便会使冷凝水管管径选得过大或过小。其次，要正确掌握冷凝水的压力和温度，回收系统采用何种方式、何种设备、如何布置管网，都和冷凝水的压力温度有关。第三，冷凝水回收系统疏水阀的选择也是应该注意的内容，疏水阀选型不妥，会影响冷凝水利用时的压力和温度，亦影响整个回收系统的正常运行。

在进行系统选择时也并非回收效率越高越好，还要考虑经济性。也就是在考虑余热利用效率的同时，还要考虑初始的投入。闭式系统的效率较高，环境污染少，往往被优先考虑。

参 考 文 献

［1］　刘伟,包予佳,谢攀,等.余热资源的能级及其与 ORC 工质的匹配.科学通报
　　　［J］.2016,61:1889-1896.

［2］　刘伟,刘志春,李保德,等.按"势"用能——工业余热资源的科学分类及势能
　　　利用方法［J］.科技纵览,2017,4:71-73.

［3］　夏翔鸣.基于能级分析和场协同原理的歧化系统节能技术研究［D］.上海:华
　　　东理工大学,2011.

［4］　Long R,Bao Y J,Huang X M,et al. Exergy analysis and working fluid
　　　selection of organic Rankine cycle for low grade waste heat recovery［J］.
　　　Energy,2014,73: 475-483.

［5］　江亿,刘晓华,薛志峰,等.能源转换系统评价指标的研究［J］.中国能源,
　　　2004,26: 27-31.

［6］　王卫良,吕俊复,张海,等.蒸汽冷凝过程流动与传热研究综述［J］.中国电机
　　　工程学报,2017,37:6910-6917.

［7］　张喜来.蓄热式低温余热回收及其在工业窑炉上的应用［D］.武汉:华中科技
　　　大学.2012.

［8］　黄素逸,黄树红等.太阳能热发电原理及技术［M］.北京:中国电力出版
　　　社,2012.

［9］　陆耀庆.实用供热空调设计手册［M］.2 版.北京:中国建筑工业出版
　　　社,2008.

［10］　何向利.闭式加压凝结水回收技术在蒸汽采暖中的应用［J］.科技情报开发
　　　与经济,2009,1:226-228.

［11］　张家荣.凝结水回收及疏水阀［M］.北京:中国建筑工业出版社,1989.

［12］　李树勋,胡建华,李连翠,等.先导式疏水阀阀芯组件动力特性分析［J］.江苏
　　　大学学报(自然科学版),2013,34(6):643-649.

［13］　李树勋,陈晗,贺连娟,等.蒸汽疏水阀用蜡式热动力元件研究［J］.液压与气
　　　动,2009,(9):61-63.

［14］　Cengel Y A,Boles M A,Kanoglu M. Thermodynamics: An Engineering
　　　Approach［M］.New York: McGraw-Hill,2011.

［15］　Kanoglu M,Dincer I,Rosen M A. Understanding energy and exergy
　　　efficiencies for improved energy management in power plants［J］. Energy
　　　Policy,2007,35: 3967-3978.

［16］　吴味隆.锅炉及锅炉房设备［M］.4 版.北京:中国建筑工业出版社,2006.

[17]　田玉卓,闫全英,赵秉文.供热工程[M].北京:机械工业出版社,2008.

[18]　刘军.几种蒸汽凝结水回收方法[J].山西能源与节能,2001,3:31-32.

[19]　何春梅,陈岩,余和贵.煅烧蒸汽冷凝水回收工艺流程改造[J].纯碱工业,2017,(3):40-42.

[20]　李君.冷凝水回收技术现状及展望[J].应用能源技术,2016,7:36-38.

[21]　谭智申,张立德,侯立.蒸汽锅炉冷凝水回收利用与效益分析[J].节能技术,2016,4:349-351.

[22]　郑东光,孙会朋,杜亮坡,等.水平管降膜蒸发器蒸发传热性能实验研究[J].化工装备技术,2008,29(3):35-37.

[23]　宋宝明,林载祁.热力蒸汽再压缩水平管降膜蒸发器的设计计算[J].水处理技术,1989,15(1):42-47.

[24]　区藏器,李穗中.MVR 处理垃圾填埋渗滤液的合理途径[J].广州环境科学,2011,(01):17-22.

[25]　农光再,李许生,王双飞.热泵蒸发制浆黑液的模型研究[J].中国造纸学报,2008,(03):37-41.

第4章 绝 热 技 术

4.1 概　　述

4.1.1　绝热与节能

绝热是保温和保冷的统称。保温是为减少设备、管道及其附件向周围环境散热或降低表面温度,在其外表面采取的包覆措施。保冷是为减少周围环境的热量传入低温设备及管道内部,防止低温设备及管道外壁表面凝露,在其外表面采取的包覆措施。

在热能转换、输送和使用过程中,都需要对热设备和输热管网进行保温,以减少热能的损失。对于低温设备和管道,如冷库、制冷机组和空调管道,则需要保冷,以防止冷量损失。绝热不但可以节约能源,而且有助于生产工艺过程的实施。

以蒸汽管网的绝热为例,我国蒸汽管网系统的年耗煤量约占全国燃煤总耗量的 1/3。整个系统的热能利用率仅为 30% 左右,每年由此而浪费的煤资源相当于蒸汽系统总能耗的 1/4 以上。除了蒸汽泄漏、凝结水回收方面存在的问题外,管道保温不善也是耗能大的重要原因。例如:一根长为 1 m、直径为 219 mm 的蒸汽管道,如果不绝热,每年损失可达 3~4 t 标准煤;一个不隔热的 0.1524 mm 低压蒸汽阀门,一年的热损失相当于 4 t 标准煤;一个直径为 529 mm 的裸体法兰,一年将损失 10 t 以上标准煤的能量。据测试,一般由于管道输热而引起的热损失为总输热量的 12%~22%,而保温良好的管网,其热损失则可降至 5%~8%。当然与之对应的保温结构的费用也占整个管网成本的 25%~40%,由此可见,采用先进的隔热保温技术不但能够节约大量的热能,而且能够降低整个热设备和管网的成本。例如,北京燕山石化公司曾在直径为 529 mm、长达 1619 mm 的管道上进行保温技术改造的工业试验,由于热损失减少,每年可节约燃料油 526 t。如在北京燕山石化公司推广此项技术,则每年可节约燃料油 1.6×10^4 t。虽然强化保温措施后管网初投资将有所增加,但由于燃料费用的节约,初投资将在短时间内(视工程情况一般 1~3 年)即可收回。

4.1.2　绝热的目的

绝热的目的并不仅仅在于节能,通常其目的有以下三方面。

1. 减少热损失,节约燃料

以减少热损失,节约燃料为目的时,经济性是首先应考虑的问题。如图 4-1 所示,对于选定的某种保温材料,随着保温层厚度的增加,热损失费用减少(曲线 A),但敷设保温的费用增加(曲线 B)。图上曲线 C 表示总费用,总费用最小时所对应的厚度 δ_0,就是最经济的保温层的厚度。

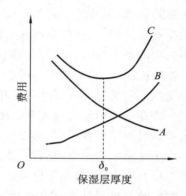

图 4-1　保温层的经济厚度

2. 满足用户工艺过程的要求

此时绝热设计首先应当满足工艺上的要求,如通过热力管网送至某用户的蒸汽温度和压力,不能低于工艺流程所要求的给定值;其次才考虑经济性。

热用户的工艺要求是多方面的。例如在许多工程中,由于化学(如燃烧)反应后排放的废气中含有腐蚀性物质,废气的露点(即冷凝温度)要比环境空气温度高得多。如果管道(或设备)尾部隔热较差,则废气温度将降至露点,腐蚀性气体将在管内壁冷凝,从而产生腐蚀作用。在这种情况下,隔热体的设计就要保证气体出口温度高于废气的露点。又如制冷工程中,为防止管外壁结露,隔热设计应保证管外壁温度高于环境温度下空气的露点。此外在某些情况下隔热还用于管道防冻,许多场合保温材料更兼有防火和隔离噪声的功能,这些在隔热设计中都要充分予以考虑。

3. 满足一定的劳动卫生条件,保证人员安全

对于热设备和管道,为了防止工作人员被烫伤,绝热的目的是使热设备或管道的表面温度不超过某一温度。例如对于供热管道,当外表面包上金属皮时,通常为 55 ℃,当外表面为非金属材料时,保温层为 60 ℃。对于某些特殊场合,如空分行业,由于液氮液氧的温度很低,与之接触会引起严重的冻伤。因此对低温设备和管道进行隔热设计时,也应考虑人员安全的因素。值得注意的是,对于工业炉窑的炉体外表面温度允许较高,因为如果加厚保温层,由于散热量减少,炉壁耐火材料的工作温度相应增加,从而影响耐火材料的使用寿命。

4.1.3　有关绝热的国家政策和法规

我国住房和城乡建设部于 2013 年 3 月发布了国家标准 GB 50264—2013《工业设备及管道绝热工程设计规范》,其中某些条(款)为强制性条文,必须严格执行。

该标准规定,具有下列情况之一的设备、管道及其附件应进行保温:①外表面温度高于 50 ℃(环境温度为 25 ℃时)且工艺需要减少散热损失者;②外表面温度低于或等于 50 ℃,且工艺需要减少介质温度降低或延迟介质凝结者;③工艺不要

求保温的管道，当其表面温度超过 60 ℃，但需要操作维护，又无法采用其他措施防止人身烫伤的部位，在距地面或工作台面 2.1 m 高度以下及工作台面边缘与热表面间的距离小于 0.75 m 的范围内，必须设置防烫伤保温措施。

标准还规定，具有以下情况之一的设备、管道及其附件应进行保冷：①外表面的温度低于环境温度且需要减少冷介质在生产和输送过程中的冷损失；②需要减少冷介质在生产和输送过程中温度升高或汽化者；③为防止常温下、0 ℃以上设备及管道表面结露者；④与保冷设备或管道相连的仪表及其附件。

由于绝热结构是由绝热层、防潮层、保护层等组成的结构综合体，因此标准对绝热层材料的性能，防潮层材料的性能，保护层材料的性能，黏结剂、密封胶和耐磨剂的性能都提出了具体要求。对绝热计算，绝热层外表面温度计算，双层绝热时内外层界面处的温度计算，绝热结构单位造价计算，绝热结构的表面材料的换热系数、辐射换热系数，标准都有详尽的说明。这是进行绝热设计时必须遵守的。

此外建筑物围护结构的隔热保温也是绝热的一个重要的方面。在资源紧张的形势下，住宅建筑能耗却占了全国能耗的 32%。我国既有的近 4.0×10^{10} m^2 的建筑基本上是高耗能建筑，单位面积采暖能耗相当于气候条件相近发达国家的 2～3 倍。目前我国每年新建建筑近 2.0×10^9 m^2，超过所有发达国家建设量的总和，但 95% 以上仍是高能耗建筑。预测到 2020 年，我国还将建成约 2.0×10^{10} m^2 建筑。如果再不采取节能措施，不推广建筑节能材料，2020 年建筑能耗将达到 1.1×10^9 t 标准煤，相当于目前建筑所消耗能源的 3 倍。

为此国家住房和城乡建设部出台了一系列建筑节能方面的标准，其中主要有《民用建筑节能设计标准》（采暖居住建筑部分）、《夏热冬冷地区居住建筑节能设计标准》、《夏热冬暖地区居住建筑节能设计标准》和《公共建筑节能设计标准》等。同时各地都有相关建筑节能的标准、规范和文件出台。这些标准的发布和实施，意味着我国从北到南、从居住建筑到公共建筑，设计时都必须满足建筑节能标准规定的要求。

建筑物围护结构的隔热保温包括内墙保温、外墙保温和屋顶保温。本章主要讨论工业设备及管道的绝热保温，有关建筑物围护结构的绝热保温问题请参阅本丛书的《绿色建筑与建筑节能》。

4.2　对绝热材料的要求

4.2.1　国家标准、规范对蒸汽管道保温材料的规定

1. 对蒸汽管道绝热层材料性能的要求

GB 50264—2013《工业设备及管道绝热工程设计规范》对蒸汽管道绝热层材

料性能有明确要求,主要内容如下。

(1) 对绝热层材料应能提供其随温度变化的图表或计算导热系数的方程式,对软质绝热层材料还能提供在使用密度下的导热系数的方程式或图表。

(2) 绝热层材料及其制品应满足如下要求:①保温材料在平均温度为 70 ℃时,其导热系数不得大于 0.08 W/(m·K);②用于保冷的泡沫塑料及其制品在平均温度为 25 ℃时的导热系数不应大于 0.044 W/(m·K);③泡沫橡塑制品在平均温度为 0 ℃时的导热系数不应大于 0.036 W/(m·K);④Ⅰ类泡沫玻璃制品在平均温度为 25 ℃时的导热系数不应大于 0.045 W/(m·K),Ⅱ类泡沫玻璃制品在平均温度为 25 ℃时的导热系数不应大于 0.064 W/(m·K)。

(3) 对于绝热层材料,硬质保温制品密度不应大于 220 kg/m³,半硬质保温制品密度不应大于 200 kg/m³,软质保温制品密度不应大于 150 kg/m³,用于保冷的泡沫塑料制品密度不应大于 60 kg/m³,泡沫橡塑制品密度不应大于 95 kg/m³,泡沫玻璃制品密度不应大于 180 kg/m³。

(4) 常用绝热材料及其制品的主要物理性能和化学性能应满足如下要求:

①岩棉制品的纤维平均直径不得大于 5.5 μm,粒径大于 0.25 mm 的渣球含量不得大于 6.0%,有机物含量不得大于 4.0%,管壳有机物含量不得大于 5.0%,宜采用憎水型制品。当有防水要求时,其制品质量吸湿率应不大于 1.0%,憎水率应不小于 98%,岩棉制品的酸度系数应不低于 1.6。

②矿渣棉制品的纤维平均直径不得大于 6.5 μm,粒径大于 0.25 mm 的渣球含量不得大于 8.0%,有机物含量不得大于 4.0%,管壳有机物含量不得大于 5.0%,宜采用憎水型制品。当有防水要求时,其制品质量吸湿率应不大于 1.0%,憎水率应不小于 98%。

③玻璃棉制品的纤维平均直径不得大于 7.0 μm,粒径大于 0.25 mm 的渣球含量不得大于 0.2%,有机物含量不得大于 4.0%,管壳有机物含量不得大于 5.0%。当有防水要求时,其制品质量吸湿率应不大于 3.0%,憎水率应不小于 98%。

④硅酸铝制品中,粒径大于 0.21 mm 的渣球含量不得大于 18%。当选用含黏结剂的硅酸铝制品时,宜采用憎水型制品。其抗拉强度应大于 0.05 MPa。当有防水要求时,其制品质量吸湿率应不大于 4.0%,憎水率应不小于 98%。硅酸铝针刺毯抗拉强度应大于 0.035 MPa。

⑤硅酸镁纤维毯中,粒径大于 0.21 mm 的渣球含量不得大于 16%。抗拉强度应大于 0.04 MPa。

⑥硅酸钙制品应采用无石棉含耐高温纤维制品,质量吸湿率应不大于 7.5%,抗压强度不得小于 0.3 MPa,线收缩率不得大于 2.0%。

⑦复合硅酸盐制品宜采用憎水型,质量吸湿率应不大于 2.0%,憎水率应不小于 98%。毯的压缩回弹率不得小于 70%。

⑧泡沫玻璃制品的抗压强度不得小于 0.8 MPa,抗折强度不得小于 4.0%。体积吸水率不得大于 0.5%,水蒸气透湿系数不得大于 $5×10^{-11}$ g/(Pa·m·s)。

⑨聚异氰脲酸酯(PIR)泡沫制品的抗压强度不得小于 0.22 MPa,闭孔率不得小于 90%,体积吸水率不得大于 4.0%,水蒸气透湿系数不得大于 $5.8×10^{-9}$ g/(Pa·m·s)。

⑩聚氨酯(PUR)泡沫制品的抗压强度不得小于 0.2 MPa,闭孔率不得小于 90%,体积吸水率不得大于 5.0%,水蒸气透湿系数不得大于 $5.8×10^{-9}$ g/(Pa·m·s)。

⑪柔性泡沫橡塑制品的体积吸水率不得大于 0.2%,水蒸气透湿系数不得大于 $1.3×10^{-10}$ g/(Pa·m·s),轴向弯曲应无裂缝。

对绝热材料及其制品的燃烧性能,国家标准有如下很具体的规定:

(1)被绝热的设备或管道表面温度大于 100 ℃时,应选择不低于国家标准《建筑材料及制品燃烧性能分级》(GB8624—2012)中规定的 A2 级材料。

(2)被绝热的设备或管道表面温度小于或等于 100 ℃时,应选择不低于国家标准《建筑材料及制品燃烧性能分级》中规定的 C 级材料。

此外用于与奥氏体不锈钢表面接触的绝热材料,其氯化物、氟化物、硅酸根、钠离子的含量,应符合国家标准《覆盖奥氏体不锈钢用绝热材料规范》(GB/T17393—2008)的有关规定,其浸出液的 pH 值在 25 ℃应为 7.0~11.0。

国家标准《工业建筑采暖通风与空气调节设计规范》(GB 50019—2015)规定,设备和管道保温材料应优先选用导热系数小、湿阻因子大、吸水率低、密度小、综合经济效益高的材料,保温材料还应为不燃或难燃材料。

2. 对防潮层材料性能要求

防潮层材料应选择具有抗蒸汽渗透性能、防水性能和防潮性能且其吸水率不大于 1% 的材料。防潮层材料的燃烧性能应符合规范并用化学性能稳定、无毒且耐腐蚀的材料。防潮层材料不得对绝热层和保护层材料产生腐蚀或溶解作用,在夏季不软化、不起泡和不流淌;在低温使用时不脆化、不开裂、不脱落。其软化温度应不低于 65 ℃,黏接强度应不小于 0.115 MPa,挥发物不得大于 30%。

3. 对保护层材料性能要求

保护层材料应选择强度高,在使用的环境温度下不软化、不脆裂,且抗老化的材料。其使用寿命不得小于设计使用年限。国家重点工程的保温保护层材料的设计使用年限应大于 10 年,保冷时应达到 12~18 年。

保护层材料应具有防水、防潮、抗大气腐蚀、化学稳定性好等性能,并不得对防潮层或绝热层产生腐蚀或溶解作用。

保护层材料应采用不燃性材料或难燃性材料,但储存或输送易燃、易爆物料的设备及管道以及与其邻近的管道其保护层必须采用不燃性材料。

4. 对黏接剂、密封剂和耐磨剂的主要性能要求

保冷采用的黏接剂应在使用的低温范围内保持黏接性能。黏接强度在常温时应大于 0.15 MPa，软化温度应大于 65 ℃，泡沫玻璃采用的黏接剂在 −196 ℃时的黏接强度应大于 0.055 MPa。

采用的黏接剂、密封剂和耐磨剂不应对金属壁产生腐蚀及引起保冷材料溶解。在伸缩、振动情况下，耐磨剂应能防止泡沫玻璃因自身或与金属相互摩擦而受损。

黏接剂、密封剂应选择固化时间短、具有密封性能、在设计使用年限内不得开裂的产品。表 4-1 给出了常用保温材料的热物理性质。更详细的资料可查阅有关的手册。

表 4-1　常用保温材料及其制品的热物理性质

材 料 名 称	密度/(kg/m³)	导热系数 /[W/(m·K)]	适用温度/℃
膨胀珍珠岩类：			
散料：一级	≤80	≤0.052	
二级	80～150	0.052～0.064	≤200
三级	150～250	0.064～0.076	≤800
水泥珍珠岩板	250～400	0.058～0.087	≤600
水玻璃珍珠岩板	200～300	0.056～0.065	≤650
憎水珍珠岩制品	200～300	0.058	
普通玻璃棉类：			
中级纤维淀粉黏结制品	100～130	0.040～0.047	−35～300
中级纤维酚醛树脂制品	120～150	0.041～0.047	−35～350
玻璃棉沥青黏结制品	100～170	0.041～0.058	−20～250
超细玻璃棉类：			
超细棉（原棉）	18～30		−100～450
超细棉无脂毡缝合垫	60～80	≤0.035	−120～400
无碱超细棉	60～80	≤0.035	−120～600
石棉类：			
石棉绳	590～730	0.070～0.209	<500
石棉碳酸镁管	360～450	$0.064+0.00033\,t$	<300
硅藻土石棉灰	280～380	$0.066+0.00015\,t$	<900
泡沫石棉	40～50	$0.038+0.00023\,t$	<500

材 料 名 称	密度/(kg/m³)	导热系数 /[W/(m·K)]	适用温度/℃
硅藻土类：			
硅藻土保温管和板	<550	0.063+0.00014 t	
石棉硅藻土胶泥	<660	0.151+0.00014 t	<900
泡沫混凝土类：			
水泥泡沫混凝土	<500	0.127+0.0003 t	<300
粉煤灰泡沫混凝土	300～700	0.15～0.163	<300
硅酸铝纤维类：			
硅酸铝纤维板	150～200	0.047+0.00012 t	≤1000
硅酸铝纤维毡	180	0.016～0.047	≤1000
硅酸铝纤维管壳	300～380	0.047+0.00012 t	≤1000
泡沫塑料类：			
可发性聚苯乙烯泡沫板	20～50	0.031～0.047	−80～75
可发性聚苯乙烯泡沫管壳	20～50	0.031～0.047	−80～75
硬质聚氨酯泡沫塑料制品	30～50	0.023～0.029	−80～100
软质聚氨酯泡沫塑料制品	30～42	0.023	−50～100

注：t 为保温材料的平均温度（℃）。

4.2.2　影响绝热材料性能的主要因素

1. 材料类型

绝热材料类型不同，导热系数也就不同。隔热材料的物质构成不同，其物理热性能也就不同。隔热机理存在区别，其导热性能或导热系数也就各有差异。即使对于同一物质构成的隔热材料，内部结构不同，或生产的控制工艺不同，导热系数的差别有时也很大。对于孔隙率较低的固体隔热材料，结晶结构的导热系数最大，微晶体结构的次之，玻璃体结构的最小。但对于孔隙率高的隔热材料，由于气体（空气）对导热系数的影响起主要作用，固体部分无论是晶态结构还是玻璃态结构，对导热系数的影响都不大。

2. 工作温度

温度对各类绝热材料导热系数均有直接影响，温度提高，材料导热系数上升。因为温度升高时，材料固体分子的热运动增强，同时材料孔隙中空气的导热和孔壁间的辐射作用也有所增加。但这种影响，在温度为 0～50 ℃ 范围内并不显著，只有对处于高温或负温下的材料,才要考虑温度的影响。

3. 含湿比率

绝大多数的保温绝热材料具有多孔结构,容易吸湿。材料吸湿受潮后,其导热系数增大。当含湿率大于 5% 时,导热系数的增大在多孔材料中表现得最为明显。这是由于当材料的孔隙中有了水分(包括水蒸气)后,孔隙中水蒸气的扩散和水分子的运动将起主要传热作用,而水的导热系数比空气的导热系数大 20 倍左右,故引起其有效导热系数的明显升高。如果孔隙中的水结成冰,冰的导热系数更大,其结果使材料的导热系数更加增大。因此,对于非憎水型隔热材料在应用时必须注意防水避潮。

4. 孔隙特征

在孔隙率相同的条件下,孔隙尺寸越大,导热系数越大;互相连通型孔隙的导热系数比封闭型孔隙高,封闭孔隙率越高,则导热系数越小。

5. 容重

容重是在温度为 110 ℃时经过烘干且呈松散状态的保温材料,其单位体积的质量。保温材料具有一个最佳容重值,即在最佳容重下,它才具有较小的导热系数和较好的保温效果。在工程上为了节约能源和减少保温管道支吊架结构荷重,应尽量采用容重小的保温材料。一般软质和半硬质材料的容重不得大于 150 kg/m³,硬质材料的容重不得大于 220 kg/m³。

容重(或比重、密度)也是材料气孔率的直接反映,由于气相的导热系数通常小于固相导热系数,因此保温隔热材料往往具有很高的气孔率,也即具有较小的容重。一般情况下,增大气孔率或减少容重都将导致导热系数的下降。但对于表观密度很小的材料,特别是纤维状材料,当其表观密度低于某一极限值时,导热系数反而会增大,这是由于孔隙率增大时互相连通的孔隙大大增多,从而使对流作用得以加强。因此这类材料存在一个最佳表观密度,即在这个表观密度时导热系数最小。

6. 材料粒度

常温时,松散颗粒型材料的导热系数随着材料粒度的减小而减小。粒度大时,颗粒之间的空隙尺寸增大,其间空气的导热系数必然增大。此外,粒度越小,其导热系数受温度变化的影响越小。

7. 热流方向

导热系数与热流方向的关系仅仅存在于各向异性的材料中,即在各个方向上构造不同的材料中。纤维质材料从排列状态看,分为纤维方向与热流向垂直和纤维方向与热流向平行两种情况。传热方向和纤维方向垂直时的绝热性能比传热方向和纤维方向平行时要好一些。一般情况下纤维保温材料的纤维排列是后者或接近后者,同样密度条件下,其导热系数要比其他形态的多孔质保温材料的导热系数小得多。

对于各向异性的材料(如木材等),当热流方向平行于纤维方向时,受到阻力较小;而垂直于纤维方向时,受到的阻力较大。以松木为例,当热流方向垂直于木纹方向时,导热系数为 0.17 W/(m·K);平行于木纹方向时,导热系数为 0.35 W/(m·K)。

气孔质材料分为气泡类固体材料和粒子相互轻微接触类固体材料两种。具有大量或无数多开口气孔的隔热材料,由于气孔连通方向更接近于与传热方向平行,因而比具有大量封闭气孔的材料的绝热性能要差一些。

8. 比热容

热导率＝热扩散系数×比热容×密度。在热扩散系数和密度相同的情况下,比热容越大,导热系数越高。隔热材料的比热容与绝热结构在冷却与加热时所需要冷量(或热量)有关。在低温下,所有固体的比热容变化都很大。在常温常压下,空气的质量不超过隔热材料的 5%,但随着温度的下降,气体所占的质量分数越来越大。因此,在计算常压下工作的隔热材料时,应当考虑这一因素。

对于常用隔热材料,上述各项因素中以表观密度和湿度的影响最大。因而在测定材料的导热系数时,必须同时测定材料的表观密度。至于湿度,对于多数隔热材料可取空气相对湿度为 80%～85% 时材料的平衡湿度作为参考状态,应尽可能在这种湿度条件下测定材料的导热系数。

9. 填充气体

隔热材料中,大部分热量是从孔隙中的气体传导的。因此,隔热材料的热导率在很大程度上取决于填充气体的种类。低温工程中如果填充氦气或氢气,可作为一级近似,认为隔热材料的热导率与这些气体的热导率相当,因为氦气和氢气的热导率都比较大。

10. 真空

热传递的方式有三种,即对流、传导和辐射,其中对流方式导热最为重要。通过真空阻绝了对流,导热系数就大大降低了,原理就像是热水瓶一样。而作为骨架的填充材料可能通过传导方式导热,所以可采用导热系数低的玻璃纤维做骨架。外表可加上铝膜包装袋对辐射进行阻隔。

4.3　主要的保温材料简介

4.3.1　保温材料的分类和用途

保温材料种类繁多,用途很广。如果按保温材料的成分,可以将其分为:①有机隔热保温材料;②无机隔热保温材料;③金属类隔热保温材料。按材料形状分类有:①松散隔热保温材料;②板状隔热保温材料;③整体保温隔热材料。根据材料的耐温范围,保温隔热材料分为:①低温保温隔热材料;②中温保温隔热材料;③高温保温隔热材料。按照保温材料的不同容重,则分为:①重质保温材料(容重 351～600 kg/m^3);②轻质保温材料(容重 150～350 kg/m^3);③超轻质保温材料(容重小于 150 kg/m^3)。按照不同施工方法分为:①湿抹式;②填充式;③绑扎式;④包裹缠绕式等。

比较常用的保温材料有玻璃棉制品、耐温隔热毯、绝热泡沫玻璃、聚氨酯等。玻璃棉制品的用途主要是空调保温、风管保温、钢结构保温、锅炉保温、除尘器和蒸汽管道保温等。耐温隔热毯主要用于:石油、化工、热电、钢铁、有色金属、工业炉等行业热工设备的隔热保温与保护;船舶、火车、汽车、飞机等交通设备的高温隔热;家电产品的保温隔热,如烧烤炉、烤箱、电烤箱、微波炉等;浸入树脂加工成板状,是地产建筑及冷气机优良的衬垫隔热、消音材料。绝热泡沫玻璃的用途如下:建筑墙体保温、楼宇屋顶等节能防水;各种烟道内衬和工业窑炉的保温;各种民用冷库、库房和地铁、隧道等基础绝热;高速公路、机场和建筑等基础隔离层;游泳池、渠坝等防漏防蛀工程;中低温制药绝热系统;船舶业舱板保温。聚氨酯的用途如下:冷库、冷藏车或保鲜箱;彩钢夹芯板隔热层等;石化罐体;石化、冶金等各种管道的保温保冷;地埋式各种复合直埋管的外层等。

下面介绍常用的主要保温材料。

4.3.2　硅酸钙制品

硅酸钙制品是一种由硅质材料(主要成分是 SiO_2,如石英粉、粉煤灰、硅藻土等)、钙质材料(主要成分是 CaO,如石灰、电石泥、水泥等)、增强纤维材料、助剂等按一定比例配合和一定工序制成的一种新型的无机保温材料。它具有容重小、强度高、导热系数小、耐高温、耐腐蚀、能切、能锯等特点,被广泛应用于电力、冶金、石化、建筑、船舶等领域的设备管道、墙体屋面的保温隔热和防火隔音。厚度通常是在 30 mm 以上,密度在 200～1000 kg/m^3。硅酸钙板分保温用硅酸钙板和装修用硅酸钙板。

硅酸钙绝热制品国内在 20 世纪 70 年代研制成功,具有抗压强度高、导热系数小、施工方便、可反复使用的特点,在电力系统应用较为广泛。国内原来大部分为小作坊式生产,后来相继从美国引进生产线,工艺技术先进,速溶速甩成纤、干法针刺毡,质量稳定,可耐温 800～1250℃。特点:酸度导数在 2.0 以上,耐高温,熔温在 2000 ℃左右。1000 ℃以上化工管道必须用这种材料。

4.3.3　泡沫石棉

　　泡沫石棉是新型轻质高效的保温节能材料,它以天然矿物石棉纤维为原料,通过制浆、发泡、干燥成型工艺制成,具有容重小、导热系数小、保温性能好、防水性能好、抗腐蚀、吸声防震、不刺激皮肤、无粉尘污染的特点,可任意裁剪、弯曲,施工简便迅速。该产品广泛应用于石油、化工、电力、冶金、建筑等部门,是各种热力管道、设备、窑炉、冷冻设备等保温、隔热的理想材料。

　　泡沫石棉与其他保温材料比较,在同等保温、隔热效果下,其用料量只相当于膨胀珍珠岩的 1/5、膨胀蛭石的 1/10,比超细玻璃轻 1/5,施工效率比上述几种材料高 7~8 倍,是一种理想的新型保温、隔热、绝冷和吸声材料。

　　与其他保温材料相比,泡沫石棉表观密度小、材质轻、施工简便、保温效果好。其绝热性能优于其他几种常用的保温材料,制作和使用过程无污染、无粉尘危害,不像膨胀珍珠岩、膨胀蛭石散料那样随风飞扬,也不像岩矿棉、玻璃纤维那样带来刺痒,给施工人员和环境带来不便。

　　泡沫石棉还具有良好的抗震性能,有弹性、柔软,宜用于各种异形外壳的包覆,使用温度范围较广,低温时不脆硬,高温时不散发烟雾或毒气。吸声效果好,还可用作建筑吸声材料。

4.3.4　硅酸铝保温材料

　　硅酸铝保温材料又名硅酸铝复合保温涂料,是一种新型的环保墙体保温材料。它符合国家建筑标准,是众多房地产商、工程承包商、装饰工程商的必需材料。硅酸铝复合保温涂料是以天然纤维为主要原料,添加一定量的无机辅料,经复合加工制成的一种新型、绿色、无机单组分包装干粉保温涂料,施工前将保温涂料用水调配后批刮在被保温的墙体表面,干燥后可形成一种微孔网状、具有高强度结构的保温绝热层。

　　硅酸铝复合保温涂料优点如下:无毒无害,具有优良的吸声、耐高温、耐水、耐冻性能,收缩率低,整体无缝,无冷桥、热桥形成;质量稳定可靠,抗裂、抗震性能好,抗负风压能力强、容重小、保温性能好,并具有良好的和易性,保力强,面层不空鼓,施工不下垂、不流挂,燃烧性能为 A 级不燃材料;温度在 -40~800 ℃ 范围内急冷急热,保温层不开裂,不脱落,不燃烧,耐酸、碱、油等。它弥补了传统的墙体保温涂料存在的吸水性大,易老化,体积收缩大,容易造成产品后期强度低和空鼓开裂,降低保温涂料性能等不足之处,同时又弥补了聚苯颗粒保温涂料易燃,防火性差,高温下产生有害气体和耐候性差、反弹性大等缺陷。硅酸铝复合保温涂料是墙体保温材料中安全系数最高、综合性能和施工性能最理想的保温涂料,可根据不同介质温度确定最经济厚度,性价比大大优于其他同等性能材料。

4.3.5　酚醛泡沫材料

酚醛泡沫材料属高分子有机硬质铝箔泡沫产品,由热固性酚醛树脂发泡而成,它具有轻质、防火、遇明火不燃烧、无烟、无毒、无滴落、使用温度围广(－196～＋200 ℃)低温环境下不收缩、不脆化等优点,是暖通制冷工程理想的绝热材料。酚醛泡沫闭孔率高,所以导热系数小,隔热性能好,并具有抗水性和水蒸气渗透性,是理想的保温节能材料。由于酚醛具有苯环结构,因此尺寸稳定,变化率<1%。且化学成分稳定,防腐抗老化,特别是能耐有机溶液、强酸、弱碱腐蚀。在生产工艺发泡中不用氟利昂做发泡剂,符合国际环保标准,且其分子结构中含有氢、氧、碳元素,高温分解时逸出的气体无毒、无味,对人体、环境均无害,符合国家绿色环保要求。因此,酚醛超级复合板是最理想的防火、绝热、节能、美观的绿色保温材料。

酚醛泡沫素有“保温材料之王”的美称,是新一代保温防火隔音材料。在发达国家酚醛发泡材料发展迅速,已广泛应用于建筑、国防、外贸、能源等领域。美国建设行业所用的隔音保温泡沫塑料中,酚醛材料已占 40%;日本也已成立酚醛泡沫普及协会,以推广这种新材料。

4.3.6　玻璃棉

玻璃棉是用独有的离心技术,将熔融玻璃纤维化并加以热固性树脂为主的环保型黏结剂加工而成的制品,是一种由直径只有几微米的玻璃纤维制作而成的有弹性的玻璃纤维制品,并可根据客户不同的使用要求选择防潮贴面在线复合。它具有大量微小的空气空隙,使其起到保温隔热、吸声降噪及安全防护等作用,是建筑保温隔热、吸声降噪的材料。

玻璃棉属于玻璃纤维中的一个类别,是一种人造无机纤维。采用石英砂、石灰石、白云石等天然矿石为主要原料,添加纯碱、硼砂等化工原料熔成玻璃。离心玻璃棉内部纤维蓬松交错,存在大量微小的孔隙,是典型的多孔性吸声材料,具有良好的吸声特性,可以制成墙板、天花板、空间吸声体等,可以大量吸收房间内的声能,降低混响时间,减少室内噪声。玻璃棉的吸声特性不但与厚度和容重有关,也与罩面材料、结构等因素有关。在建筑应用中还需同时兼顾造价、美观、防火、防潮、粉尘、耐老化等多方面问题。

玻璃棉的主要特征如下。

(1)防火性能:玻璃棉具有最高的防火等级——A 级,完全符合国家相关防火要求,有利于确保建筑物的安全性,保证使用者的生命财产安全。近几年由于不合格保温材料引发的几起重大火灾,国家对于建筑保温材料的防火性能提出了更高的要求。

(2)保温性能:均匀的纤维分布以及更加细长的纤维,使得产品具有更小的导热系数,确保了产品优越的保温性能及其他优越的性能指标,也确保了产品保温效果的长期性。

（3）环保性能:玻璃棉是以无色平板玻璃和石英砂为主要原材料制成的无机类保温材料,为绿色建材产品,建筑废料可循环使用,符合环保要求。

（4）声学性能:玻璃棉内部多孔结构,使其具有优越的吸声能力,大大提高室内环境的舒适度。

（5）结构抗震性能:玻璃棉由于纤维细而长,使得整体结构强度高,抗拉、抗震性能优越,无论安装或长期使用都不易出现下垂、散落或坍塌的现象。

（6）化学性能:玻璃棉材料尺寸稳定性好,不易受高温、雷电雨水、阳光、酸碱等自然和人为因素的破坏和侵蚀。

（7）透气性能:玻璃棉的多孔开放结构以及特殊配方,使得其比其他保温材料具有更好的透气性,有助于室内和墙体的湿气及时扩散,大大减小了霉菌生长的可能性,有助于延长建筑物使用寿命,同时也可以提高室内环境的舒适度。

（8）憎水性:幕墙用憎水玻璃棉属于高憎水玻璃棉产品,其憎水率高达99%,受潮后易自干,确保其长期有效的保温性能。

（9）自重轻:玻璃棉具有良好的保温隔音性能,使得其低密度的产品就能满足相应规范的节能要求,玻璃棉是 A 级防火保温材料当中最轻质的材料,既可减轻建筑物自身承重,又方便施工,提高施工效率。

（10）施工安装性能:玻璃棉由于纤维细并且不含渣球,避免施工者被划伤或产生瘙痒刺激。同时材质轻柔、易于裁剪,任意裁剪面均整齐一致,可以大大提高安装效率,节省人工费用,缩短安装工期。

玻璃棉主要用途如下:①钢结构保温,采用先进的离心喷吹法玻璃棉生产工艺,生产出质地柔软、纤维微细、回弹性好、防水防火的玻璃棉卷毡(可铺贴夹筋铝箔等贴面),为钢结构建筑提供了理想的保温吸声材料;②风管的绝热与隔音,玻璃棉施加热固性黏结剂,通过加压、加温固化成型的板材,适用于各种不同规格空调风管及其他风管的保温与隔音,表面可粘贴铝箔等贴面,具有保温效果好、容重小、阻燃、抗震吸声等优异性能。

4.3.7　橡塑保温材料

橡塑保温材料为闭孔弹性材料,具有柔软、耐屈绕、耐寒、耐热、阻燃、防水、导热系数小、减震、吸声等优良性能,可广泛用于中央空调、建筑、化工、医药、轻纺、冶金、船舶、车辆、电器等行业。

橡塑保温材料的优点如下。

（1）绿色环保:不含有大气层有害的氯氟化物,符合 ISO14000 国际环保认证要求,在安装及应用中不会产生对人体有害的污染物。

（2）导热系数小：橡塑是高品质的保温节能材料，导热系数小并且保持稳定，对任何热介质起隔绝效果。

（3）防火性能好：橡塑材料符合国家标准《建筑材料及制品燃烧性能分级》（GB 8624—2012）的要求，为 B1 级难燃性材料。

（4）闭泡式结构：采用精控微发泡技术（accurate control microcellular foam），泡孔闭泡率大大提高，产品的导热系数更小；泡孔更加均匀细密。橡塑为闭泡式结构，外界空气中的水很难渗透到材料之中，具有优异的抗水汽渗透能力，保冷保温层外表不必再添加隔汽层。橡塑的湿阻因子大于 3500（ISO9346），构成内置的防水汽层，即使产品划伤也不影响整体的隔汽性。橡塑层既是保温层，又是防潮层。

（5）用料薄、省空间：橡塑使用厚度比其他保温材料减少 2/3 左右，因而能节省楼层吊顶以上空间，提高室内高度。

（6）使用寿命长：橡塑具有卓越的耐天候、抗老化、抗严寒、抗炎热、抗干燥、抗潮湿，以及抗紫外线、耐臭氧、25 年不老化、不变形、免维护等特性。

（7）外观高档、匀整美观：橡塑具有高弹性、平滑的表层，质地柔软，即使装在弯管、三通、阀门等不规则构件上也可以保持完整、美观，外表不需装饰，即使不吊顶也可保有高档性。

（8）安装方便、快捷：由于材质柔软，且不需其他辅助层，因此施工安装简易。对于管道的安装，可在安装管道时一起套上，也可将橡塑管材剖开后，用专用胶水黏合而成。

4.3.8　岩棉保温毡

岩棉保温毡是以玄武岩及其他天然矿石等为主要原料，经高温熔融成纤，加入适量黏结剂加工而成的。岩棉保温毡具有优良的保温隔热性能，施工及安装便利、节能效果显著，具有很高的性价比。岩棉保温毡是导热系数小的一种优质的保温隔热材料，适用于大、中口径管道，中、小型储罐及表面曲率半径较小的弧面或表面不规则的设备、建筑空调管道保温防露和墙体的吸声保温。

在设计和施工时，应注意保温材料的固定和支撑，如果保温层大于 80 mm，建议使用双层保温，以减少拼接处缝隙的热量损失。由于水的导热系数很大，水分进入岩棉制品后，其导热系数将大幅度上升。因此在设计和施工中须防止水分进入岩棉制品。

岩棉、矿渣棉均是无机纤维类保温材料，具有一定的弹性和柔软性，适合于作为各种保温和吸声工程的填充材料，以岩棉和矿渣棉为原料还可以进一步加工成为各种形状的异形保温、保冷、隔热、吸声制品。岩棉还具有较大的酸度系数，故对金属的腐蚀性较小，更适合于金属炉、管道的保温、隔热工程。

岩棉、矿渣棉的生产工艺有喷吹法、离心法和摆锤法等。目前以离心法应用最为广泛。

4.3.9　发泡水泥

发泡水泥有以下特点：

（1）保温性好，导热系数为 0.06～0.28 W/(m·K)，热阻为普通混凝土的 10～20 倍。

（2）轻质，干体积密度为 300～1600 kg/m³，相当于普通水泥混凝土的 1/8～1/5，可减轻建筑物整体荷载。

（3）整体性好，可现场浇注施工，与主体工程结合紧密，不需留界隔缝和透气管。

（4）减震，发泡水泥的多孔性使其具有低的弹性模量，从而使其对冲击载荷具有良好的吸收和分散作用。

（5）隔音，发泡水泥中含有大量的独立气泡，且分布均匀，吸声能力为 0.09%～0.19%，是普通混凝土的 5 倍，具备有效隔音的功能。

（6）抗压性，抗压强度为 0.6～25.0 MPa。

（7）耐水性，现浇发泡水泥吸水性较小，相对独立的封闭气泡及良好的整体性使其具有一定的防水性能。

（8）耐久性，与主体工程寿命相同。

（9）施工简单，只需使用水泥发泡机，可实现自动化作业，可实现垂直高度 200 m 的远距离输送，工作量为 150～300 m³/工作日。

（10）生产加工性，发泡水泥不但能在厂内生产成各种各样的制品，而且还能现场施工，直接现浇成屋面、地面和墙体，并可进行锯、刨、钉、钻孔等加工。

（11）环保性，发泡水泥所需原料为水泥和发泡剂，发泡剂为中性，不含苯、甲醛等有害物质，避免了环境污染和消防隐患。

（12）防火性：因为发泡水泥的主要原料是水泥，水泥属无机材料，完全防火。

4.3.10　聚氨酯

聚氨酯英文缩写为 PU，包括硬质聚氨酯塑料、软质聚氨酯塑料、聚氨酯弹性体等多种形态，并分为热塑性和热固性两大类。其原料一般以树脂状态呈现。除了作为成分较单一的材料，聚氨酯也可以和其他材料混合生成复合材料。

1937 年德国 Otto Bayer 教授首先发现多异氰酸酯与多元醇化合物进行加聚反应可制得聚氨酯，并以此为基础进入工业化应用。英美等国 1945—1947 年从德国获得聚氨酯树脂的制造技术，于 1950 年相继开始工业化。日本 1955 年从德国 Bayer 公司及美国 DuPont 公司引进聚氨酯工业化生产技术。20 世纪 50 年代末我国聚氨酯工业开始起步，由于聚氨酯应用广泛，我国和亚太地区聚氨酯制品发展较快。目前我国已形成完整的聚氨酯原料和下游产品生产体系,不仅聚氨酯泡沫、聚氨酯弹性体、聚氨酯合成革浆料产量稳居世界第一位,而且是多种聚氨酯制品的主要出口国。

聚氨酯材料是目前国际上性能最好的保温材料。由于含强极性的氨基甲酸酯基,不溶于非极性溶剂,它具有良好的耐油性、韧性、耐磨性、耐老化性和黏合性。用不同原料可制得适应温度范围较宽(-50～150 ℃)的材料,包括弹性体、热塑性树脂和热固性树脂。高温下不耐水解,亦不耐碱性介质。

常用的单体如甲苯二异氰酸酯、二苯甲烷二异氰酸酯等。聚合方法随材料性质而不同。合成弹性体时先制备低相对分子质量二元醇,再与过量芳香族或者脂肪族异氰酸酯反应,生成异氰酸根(-NCO)为端基的预聚物,再同多元醇扩链,得到热塑弹性体;若用二元胺扩链并进一步交联,得到浇铸型弹性体。预聚物用肼或二元胺扩链,得到弹性纤维;异氰酸酯和发泡剂混合,可直接得到硬质泡沫塑料。如将单体、聚醚、水、催化剂等混合,一步反应即可得到软质泡沫塑料。单体与多元醇在溶液中反应,可得到涂料;胶黏剂则以多异氰酸酯单体和低相对分子质量聚酯或聚醚在使用时混合并进行反应。

聚氨酯用途很广,其中聚氨酯泡沫塑料产量最大。它的相对密度大多在 0.03～0.06 之间,硬泡热导率仅为软木或聚苯乙烯泡沫塑料的 40% 左右,有足够的强度、耐油性和黏接能力,是优良的防震、隔热、隔音材料,广泛用于家电保温(冰箱、冷柜、太阳能热水器、热泵热水器、啤酒保鲜桶、保温箱等)、设备保温(供热管道、原油化工管道、罐体、冷藏运输、客车保温等)、建筑节能(外墙保温、屋面防水保温、冷库、建筑板材、防盗门、卷帘门等)等隔热保温领域以及包装、装修装饰(装饰板、仿木家具、工艺品等)领域。聚氨酯软质泡沫塑料弹性好,广泛用于车辆、居室、服装的衬垫。此外聚氨酯涂料、浆料也有多种用途。

作为一种有机保温材料,聚氨酯泡沫也免不了所有有机保温材料共有的缺点:易燃、耐高温耐火性能差、高温下释放大量有毒有害浓烟等。同时,聚氨酯泡沫材料起火燃烧后,火焰温度高,烟雾弥漫,增加了消防人员施救和现场人员撤离的难度。

4.4　管道保温计算

4.4.1　工业设备及管道绝热工程设计规范的要求

国家标准 GB 50264—2013《工业设备及管道绝热工程设计规范》,对工业设备及管道绝热工程设计有详细的规定,其中不少条款为强制性条文,涉及许多国家标准,如 GB 50126—2008《工业设备及管道绝热工程施工规范》、GB 8624—2018《建筑材料及制品燃烧性能分级》、GB/T2518—2008《连续热镀锌钢板及钢带》、GB/T3280—2015《不锈钢冷轧钢板和钢带》、GB/T10699—2015《硅酸钙绝热制品》、GB/T11835—2016《绝热用岩棉、矿渣棉及其制品》、GB/T13350—2017《绝热用玻璃棉及其制品》、GB/T16400—2015《绝热用硅酸铝及其制品》等。这些规定都必须严格执行。

在 GB 50264—2013《工业设备及管道绝热工程设计规范》中，对绝热工程设计涉及如下一些主要方面：

（1）对不同绝热材料构成的平面型和圆筒型绝热计算有详细的计算方法；

（2）对不同绝热材料构成的单层和双层绝热保温层厚度的计算有详细的规定；

（3）给出了双层绝热时内外层界面处的温度计算方法；

（4）对球形介质容器给出了热冷损失量；

（5）对绝热层的设计给出了具体要求，包括保温参数的计算，支承件、伸缩缝处理，常用材料的黑度、保冷厚度的修正系数等。

（6）给出了各种绝热材料的主要性质；

（7）给出了各地环境温度、相对湿度和露点对照表。

（8）规范附录 B 还给出了最大允许热损失量（见表 4-2）。

表 4-2　最大允许热损失量

设备管道外表面温度 T_0/℃	绝热层外表面最大允许热损失量 Q/(W/m²)	
	常年运行	季节运行
50	52	104
100	84	147
150	104	183
200	126	220
250	147	251
300	167	272
350	188	
400	204	
450	220	
500	236	
550	251	
600	266	
650	283	

设备管道外表面温度 $T_0/℃$	绝热层外表面最大允许热损失量 $Q/(W/m^2)$	
	常年运行	季节运行
700	297	
750	311	
800	324	
850	338	

下面将对管道保温计算进行简要介绍。计算的细节请参看 GB 50264—2013《工业设备及管道绝热工程设计规范》。

4.4.2 架空管道

管道保温计算有两个目的:一是计算所需保温材料的厚度;二是计算每米管道的热损失或核算保温材料的外表面温度。

1. 基本公式

如图 4-2 所示,为简单起见,假设:只包一层保温材料,其厚度为 δ;管子内直径为 d_1,外直径为 d_2,管内热介质的温度为 t_{f1},周围环境的温度为 t_{f2};管内壁的温度为 t_{w1},管外壁的温度为 t_{w2},保温层外表面的温度为 t_w,天空的温度为 t_s。该图还给出了这个系统的串联热阻图。

假设管道各部分的分热阻为 R_i,则通过每米管道的径向热损失(不包括管道附件的热损失)为

$$Q_L(W/m) = (t_{f1} - t_{f2})/\sum R_i \tag{4-1}$$

其中各部分的分热阻如下。

1) 热介质与管内壁之间的对流换热热阻 R_1

$$R_1(m \cdot K/W) = 1/(\pi d_1 \alpha_1) \tag{4-2}$$

式中,α_1 为热介质对管壁的对流换热系数,$W/(m^2 \cdot K)$。

2) 管壁的热阻 R_2

$$R_2(m \cdot K/W) = \ln(d_2/d_1)/(2\pi\lambda_p) \tag{4-3}$$

式中,λ_p 为金属管壁的导热系数,$W/(m \cdot K)$。

3) 保温层的热阻 R_3

$$R_3(m \cdot K/W) = \frac{\ln[(d_2 + 2\delta)/d_2]}{2\pi\lambda_i} \tag{4-4}$$

式中,λ_i 为保温材料的导热系数,$W/(m \cdot K)$。

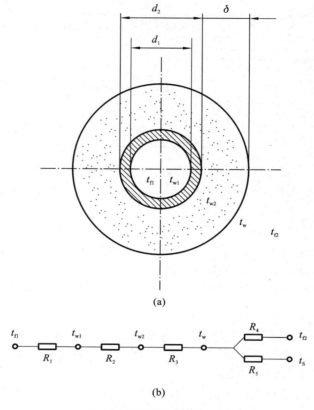

(a)

(b)

图 4-2　管道保温计算示意图

4）保温层外表面对周围环境的对流换热热阻 R_4

$$R_4(\mathrm{m \cdot K/W}) = 1/[\pi(d_2 + 2\delta)\alpha_2] \tag{4-5}$$

式中，α_2 为保温层外表面对周围环境的对流换热系数，$\mathrm{W/(m^2 \cdot K)}$。

5）保温层外表面对天空的辐射热阻 R_5

$$R_5(\mathrm{m \cdot K/W}) = 1/[\pi(d_2 + 2\delta)\alpha_3] \tag{4-6}$$

式中，α_3 为保温层外表面对天空的辐射换热系数，$\mathrm{W/(m^2 \cdot K)}$。

在应用上述基本公式时，有两点要注意：

（1）保温材料的导热系数 λ_i 与温度有关，大多数情况下 λ_i 与温度呈直线关系，即

$$\lambda_i = \lambda_0 + b[(t_{w2} + t_w)/2] \tag{4-7}$$

对于不同的保温材料，λ_0 和比例系数 b 可由有关手册查到。

（2）如采用多层保温材料，则保温层的热阻 R_3 为各层保温材料的热阻之和。

2. **基本公式的简化**

为计算简单起见，从工程应用出发，常对基本公式进行如下的简化。

（1）因为包上保温材料后，管内对流换热的热阻 R_1、金属管壁的导热热阻 R_2，相对于 R_3、R_4 和 R_5 而言常小到可以忽略不计，这样就可以认为保温层内表面的温度 t_{w2} 近似等于热介质的温度 t_{f1}。

（2）一般保温层外表面的温度均不高，这时保温层外表面的对流换热系数 α_2 和辐射换热系数 α_3 之和，即保温层外表面的总换热系数 α，可以用下面的简化公式进行计算。

室内管道：

$$\alpha(\mathrm{W/(m^2 \cdot K)}) = 10.3 + 0.052(t_w - t_{f2}) \tag{4-8}$$

室外管道：

$$\alpha(\mathrm{W/(m^2 \cdot K)}) = 11.6 + 7\sqrt{w} \tag{4-9}$$

式中，w 为风速，m/s。

由于采用总换热系数 α，R_4 和 R_5 可以合并为 R_6，即

$$R_6 = R_4 + R_5 = 1/[\pi(d_2 + 2\delta)\alpha] \tag{4-10}$$

由此得简化公式

$$Q_L(\mathrm{W/m}) = \frac{t_{f1} - t_{f2}}{R_3 + R_6} = \frac{\pi(t_{f1} - t_{f2})}{\dfrac{1}{2\lambda_i}\ln\dfrac{d_2 + 2\delta}{d_2} + \dfrac{1}{(d_2 + 2\delta)\alpha}} \tag{4-11}$$

或

$$Q_L(\mathrm{W/m}) = \frac{t_{f1} - t_w}{R} = \frac{t_w - t_{f2}}{R_6} \tag{4-12}$$

上述简化给保温计算带来很大的方便。

3. 容许热损失的确定

为使容许热损失满足工艺要求，一般需要计算；对于其他情况，容许热损失可参考表 4-3 和表 4-4。

表 4-3 室内保温管道表面容许的热损失（保温表面和周围空气的温差为 20 ℃）

管道外径 /mm	热介质温度/℃								
	60	70	100	125	150	160	200	225	250
	容许热损失 Q_L/（W/m）								
20	17.4	26.7	37.2	43.0	48.8	50.0	55.8	64.0	73.3
32	31.4	34.9	44.2	51.2	58.2	62.8	69.8	77.9	87.2
48	37.2	44.2	55.8	62.8	69.8	73.3	84.9	93.0	101.2
57	43.0	50.0	62.8	68.6	75.6	79.1	93.0	102.3	110.5
76	53.5	61.6	69.8	84.9	91.9	95.4	110.8	119.8	130.3
89	60.5	69.8	86.1	94.2	102.3	105.8	118.6	129.1	139.5

续表

管道外径/mm	热介质温度/℃								
	60	70	100	125	150	160	200	225	250
	容许热损失 Q_L/（W/m）								
108	68.8	81.4	98.9	108.2	116.3	119.8	133.7	144.2	154.7
133	81.4	98.9	116.3	125.6	133.7	137.2	153.5	164.0	174.5
159	93.0	110.5	127.9	139.6	151.2	154.7	168.6	180.3	191.9
194	116.3	133.7	157.0	168.6	180.3	183.8	197.7	209.3	221.0
219	122.1	145.4	174.5	183.8	191.9	196.5	215.2	226.8	238.4
273	151.2	180.3	209.3	218.6	226.8	231.4	250.0	261.7	273.3
325	180.3	215.2	238.4	250.0	261.7	265.3	284.9	296.6	308.2
377	203.5	238.4	273.3	284.9	296.6	301.2	319.8	334.9	348.9
426	226.8	273.3	302.4	314.0	325.6	331.5	354.7	369.8	383.8

表 4-4　室外保温管道表面容许的热损失（周围空气的计算温度为 5 ℃）

管道外径/mm	热介质温度/℃								
	50	70	100	125	150	160	200	225	250
	容许热损失 Q_L/（W/m）								
20	15.1	23.3	31.4	38.4	45.5	50.0	62.8	70.9	79.1
32	17.4	26.7	36.1	44.2	53.5	57.0	72.1	80.2	89.6
48	20.9	31.4	41.9	52.3	61.6	67.5	63.7	94.2	104.7
57	24.4	34.9	46.5	57.0	67.5	72.1	90.7	101.2	111.6
76	29.1	40.7	52.3	64.0	76.8	81.4	100.0	112.8	125.6
89	32.6	44.2	58.2	69.8	82.6	87.2	108.2	119.8	132.6
108	36.1	50.0	64.0	77.9	89.6	95.4	117.5	131.4	145.4
133	40.7	55.8	69.8	86.1	98.9	104.7	129.1	144.2	158.2
159	44.2	58.2	75.6	93.0	109.3	116.3	139.6	157.0	172.1
194	48.8	67.5	84.9	102.3	119.8	125.6	151.2	169.8	188.4
219	53.5	69.8	90.7	110.5	127.9	134.9	162.8	183.8	203.5
273	61.6	81.4	101.2	124.4	145.4	153.5	186.1	209.3	230.3
325	69.8	93.0	116.3	139.6	162.8	172.1	209.3	232.6	255.9

管道 外径 /mm	热介质温度/℃								
	50	70	100	125	150	160	200	225	250
	容许热损失 Q_L/(W/m)								
377	82.6	108.2	132.6	157.0	181.4	191.9	231.4	255.9	279.1
426	95.4	122.1	148.9	174.5	207.0	210.5	253.5	279.1	302.4

4. 保温层厚度的计算方法

保温层厚度的计算很复杂。要由上述一组基本公式或简化公式计算出保温层的厚度,首先必须确定每米管道所容许的热损失 Q_L。Q_L 确定以后,还不能由基本公式算出所需的保温层的厚度 δ,因为计算中涉及保温层外表面的温度 t_w,而 t_w 又与保温层的厚度 δ 有关。δ 越大,t_w 越小。故只能采用试算法,其步骤如下:

(1) 根据算出或选定的容许热损失 Q_L,设定保温层的外表面温度 $t_w{}'$。

(2) 根据假定的 $t_w{}'$,由基本公式算出所需的保温层的厚度 δ'。

(3) 根据 δ',再由基本公式核算出保温层的外表面温度 t_w。

(4) 若 t_w 与 $t_w{}'$ 相差很小,则算出的 δ' 即为所求的保温层的厚度;若相差很大,则必须重新设定 $t_w{}'$ 进行计算,直至结果满意为止。

根据上述步骤和基本公式,可以编计算程序,利用计算机就可以很快地得到计算结果。

5. 经济厚度

保温层在经济厚度条件下其年总费用最低。每年每米管道的投资、运行和维修的总费用 C(元/(m·y))为

$$C = bQ + P(c_0 V + c_b F) \tag{4-13}$$

式中,Q 为每米管道的热损失,10^8 kJ/(m·y);b 为热量价格,元/10^8 kJ;P 为保温结构的年折旧率,y^{-1};c_0 为每米管道保温材料的投资费(包括材料、运输、安装费等),元/(m^3·m);V 为每米管道保温层体积,m^3;c_b 为每米管道防护层的投资费,元/(m^2·m);F 为每米管道保护层的面积,m^2。显然上式与防护层的厚度有关。对上式两边求导并令其等于零,即可求得最经济厚度。但为简化起见,常用下式来计算经济厚度:

$$\delta_0(\text{mm}) = 2.688 \frac{d_2^{1.2} \lambda_i^{1.35} t_w^{1.73}}{Q_L^{1.5}} \tag{4-14}$$

对满足工艺要求的保温,若计算出的经济厚度 δ_0 大于所需保温层的厚度 δ,可采用经济厚度;若小于所需厚度,则仍应取计算的所需厚度,以保证工艺要求。

6. 保温管导热损失及壁温的计算

热力管道包上保温后,由于 δ 已知,由式(4-13)和式(4-14),很容易算出管道

的热损失和保温层外表面的壁温。

4.4.3　无沟埋设的管道

对直接埋于土壤中的管道,在计算热损失时,除了保温层的热阻外,还要考虑土壤的热阻。根据传热学理论,土壤热阻可用下式计算:

$$R_t(\text{m} \cdot \text{K/W}) = \frac{1}{2\pi\lambda_t}\ln\left[\frac{2h}{d_z} + \sqrt{\left(\frac{2h}{d_z}\right)^2 - 1}\right] \tag{4-15}$$

式中,λ_t 为土壤导热系数,当土壤温度为 $10\sim40$ ℃和通常湿度时,$\lambda_t = 1.1\sim2.3$ W/(m·K),对稍湿的土壤取低值,对潮湿的土壤取高值,对于干土壤可取 $\lambda_t = 0.55$ W/(m·K);h 为埋设深度,即管道中心线到地表面的距离,m;d_z 为与干土壤接触的管道外表面的直径,m。

当 $h/d_z \geqslant 1.25$ 时,式(4-15)可简化为

$$R_t(\text{m} \cdot \text{K/W}) = \frac{1}{2\pi\lambda_t}\ln\frac{4h}{d_z} \tag{4-16}$$

此时无沟埋设的保温管道的热损失为

$$Q_L(\text{W/m}) = \frac{t_{f_1} - t_0}{R_3 + R_t} \tag{4-17}$$

式中,t_0 为土壤的平均温度,℃。

4.4.4　地沟中铺设的管道

地沟中铺设的管道的总热阻应包括以下几部分:保温层的热阻 R_3、保温层外表面到地沟内空气的对流换热热阻 R_4、地沟内空气到地沟壁的对流换热热阻 R_7、沟壁的导热热阻 R_8、土壤的热阻 R_t。其中 R_3、R_4、R_7、R_8、R_t 均可采用前述的计算公式进行计算。

计算地沟中铺设的管道的热损失可采用如下公式:

$$Q_L(\text{W/m}) = \frac{t - t_0}{\sum R_i} = \frac{t - t_0}{R_3 + R_4 + R_7 + R_8 + R_t} \tag{4-18}$$

或

$$Q_L(\text{W/m}) = \frac{t - t_{g0}}{R_3 + R_4} \tag{4-19}$$

式中,t 为管内热介质的温度,℃;t_0 为土壤温度,℃;t_{g0} 为地沟内的空气温度,℃。

从热平衡可求得地沟内的空气温度 t_{g0}。令 $R_7 = R_3 + R_4$,$R_0 = R_7 + R_8 + R_t$,则有

$$t_{g0} = \frac{\dfrac{t}{R_1} + \dfrac{t_0}{R_0}}{\dfrac{1}{R_1} + \dfrac{1}{R_0}} \quad (\text{℃}) \tag{4-20}$$

对于可通行的地沟,还应考虑通风系统排热对地沟内空气温度的影响。

有了地沟内空气的平均温度,就可按常规的保温计算方法算出各管道的热损失。

4.4.5 保温管道的附加热损失

热力管道保温设计中,还存在保温管道的附加热损失,即管道中的管道吊架、法兰、阀门等所带来的热损失。这部分热损失不易求得,一般按下面给出的参考标准来估算。

(1)管道吊架:采用圆钢或扁钢时,总管长增加 10%～15%;采用大滑动轴承时增加 20%。

(2)法兰:裸露法兰的热损失,大致与法兰表面积相等、直径相当的光管的热损失相等;当管道保温材料的外径与法兰外径相等时,不必考虑附加的热损失。

(3)阀门:阀门的热损失可参考表 4-5。

表 4-5 阀门热损失的相当长度

阀门情况		管子内径/mm	热损失的相当长度/m	
			管温 100 ℃时	管温 400 ℃时
室内	裸露	100	6	16
		500	9	26
	1/4 裸露,3/4 保温	100	2.5	5
		500	3	7.5
	1/3 裸露,2/3 保温	100	3	6
		500	4	10
室外	裸露	100	16	22
		500	19	32
	1/4 裸露,3/4 保温	100	4.5	6
		500	6	8.5
	1/3 裸露,2/3 保温	100	6	8
		500	7	11

4.4.6 保温管道设计中的实用图表

保温管道设计中有许多实用图表可以供选用。表 4-6 即为实用的热力管道保温厚度表,图 4-3 为计算保温管道热损失的线算图。

表 4-6　不同保温材料的热力管道保温厚度表

一、泡沫混凝土制作

管径		室外架空管道 采暖季运行的介质温度/℃									地沟管道（沟内温度按 60 ℃计） 采暖季运行的介质温度/℃								
		100			150			200			100			150			200		
公称直径/mm	外径/mm	保温厚度/mm	热损失/(W/m)	表面温度/℃	保温厚度/mm	热损失/(W/m)	表面温度/℃	保温厚度/mm	热损失/(W/m)	表面温度/℃	保温厚度/mm	热损失/(W/m)	表面温度/℃	保温厚度/mm	热损失/(W/m)	表面温度/℃	保温厚度/mm	热损失/(W/m)	表面温度/℃
15	22	40	0.547	5	50	0.523	7	60	0.500	8	30	0.523	67	30	0.547	76	40	0.523	80
20	28	40	0.616	6	50	0.582	7	60	0.558	8	30	0.593	67	30	0.616	77	40	0.582	81
25	32	40	0.651	6	50	0.616	8	60	0.605	9	30	0.640	68	30	0.675	78	40	0.628	81
32	38	50	0.651	4	60	0.628	6	70	0.616	7	30	0.709	68	40	0.663	74	50	0.628	78
40	45	50	0.709	5	60	0.651	6	70	0.663	8	30	0.779	68	40	0.721	74	50	0.686	78
50	57	50	0.826	5	70	0.721	5	80	0.709	7	30	0.907	69	40	0.837	75	60	0.733	76
70	73	60	0.861	4	70	0.837	6	90	0.768	6	30	1.082	69	50	0.884	73	60	0.837	77
80	89	60	0.977	4	80	0.872	5	90	0.861	7	30	1.244	69	50	1.000	73	70	0.884	75
100	108	70	1.012	4	80	0.989	5	100	0.907	6	40	1.233	67	60	1.035	71	70	1.000	75
125	133	70	1.175	4	90	1.047	5	110	0.977	6	40	1.422	67	60	1.198	72	80	1.058	74
150	159	80	1.221	3	100	1.105	4	110	1.093	6	40	1.663	68	70	1.233	70	90	1.116	73
200	219	90	1.419	3	110	1.303	4	120	1.291	6	50	1.861	66	70	1.570	71	100	1.314	72
250	273	90	1.675	3	110	1.524	4	130	1.419	5	50	2.233	67	80	1.710	70	100	1.535	72
300	325	100	1.779	3	120	1.640	4	140	1.535	5	50	2.593	67	80	1.954	70	110	1.651	72
350	377	100	2.000	3	120	1.838	4	140	1.721	5	60	2.593	66	90	2.035	69	110	1.849	72
400	426	100	2.210	3	130	1.896	4	150	1.791	5	60	2.873	66	90	2.245	69	110	2.035	72

续表

二、矿渣棉管壳

管径		室外架空管道 采暖季运行的介质温度/℃									地沟管道（沟内温度按60℃计）采暖季运行的介质温度/℃								
		100			150			200			100			150			200		
公称直径/mm	外径/mm	保温厚度/mm	热损失/(W/m)	表面温度/℃	保温厚度/mm	热损失/(W/m)	表面温度/℃	保温厚度/mm	热损失/(W/m)	表面温度/℃	保温厚度/mm	热损失/(W/m)	表面温度/℃	保温厚度/mm	热损失/(W/m)	表面温度/℃	保温厚度/mm	热损失/(W/m)	表面温度/℃
15	22	30	0.279	3	30	0.291	5	30	0.314	8	30	0.233	63	30	0.256	68	30	0.279	73
20	28	30	0.314	3	30	0.337	6	40	0.314	6	30	0.267	63	30	0.291	68	30	0.314	74
25	32	30	0.337	3	30	0.361	6	40	0.337	6	30	0.291	63	30	0.314	68	30	0.337	74
32	38	30	0.372	3	30	0.407	6	40	0.372	7	30	0.326	64	30	0.349	69	30	0.384	75
40	45	30	0.419	3	40	0.384	4	40	0.407	7	30	0.361	64	30	0.395	69	30	0.419	75
50	57	30	0.500	4	40	0.442	5	50	0.419	5	30	0.430	64	30	0.454	70	30	0.488	76
70	73	30	0.593	4	40	0.523	5	50	0.483	6	30	0.512	64	30	0.547	70	40	0.488	72
80	89	40	0.558	3	40	0.605	4	50	0.558	6	30	0.582	64	30	0.610	70	40	0.570	73
100	108	40	0.651	3	50	0.605	4	60	0.570	5	30	0.686	64	30	0.733	70	40	0.651	73
125	133	40	0.768	3	50	0.698	3	60	0.663	5	30	0.802	65	30	0.872	71	40	0.768	74
150	159	40	0.884	3	60	0.802	3	60	0.756	4	40	0.930	65	40	0.826	71	50	0.756	71
200	219	50	1.151	3	60	0.907	3	70	0.861	5	40	1.233	65	40	1.076	68	50	0.977	72
250	273	50	1.163	3	60	1.082	2	70	1.023	5	40	1.500	65	40	1.291	69	50	1.175	72
300	325	50	1.349	2	60	1.256	2	70	1.186	5	40	1.756	65	40	1.512	69	60	1.186	70
350	377	50	1.535	2	60	1.419	2	70	1.349	5	40	2.012	65	40	1.721	69	60	1.349	70
400	426	50	1.710	2	60	1.582	2	70	1.489	5	40	2.245	65	40	1.931	69	60	1.600	70

续表

三、玻璃棉管壳

管径		室外架空管道 采暖季运行的热介质温度/℃									地沟管道（沟内温度按60℃计）采暖季运行的热介质温度/℃								
		100			150			200			100			150			200		
公称直径/mm	外径/mm	热损失/(W/m)	保温厚度/mm	表面温度/℃	热损失/(W/m)	保温厚度/mm	表面温度/℃	热损失/(W/m)	保温厚度/mm	表面温度/℃	热损失/(W/m)	保温厚度/mm	表面温度/℃	热损失/(W/m)	保温厚度/mm	表面温度/℃	热损失/(W/m)	保温厚度/mm	表面温度/℃
15	22	0.233	30	2	0.256	30	4	0.279	30	7	0.209	30	63	0.221	30	67	0.244	30	71
20	28	0.267	30	2	0.291	30	5	0.314	30	8	0.233	30	63	0.256	30	67	0.279	30	72
25	32	0.291	30	2	0.314	30	5	0.337	30	8	0.256	30	63	0.279	30	67	0.302	30	72
32	38	0.326	30	3	0.361	30	6	0.384	30	9	0.279	30	63	0.314	30	68	0.337	30	73
40	45	0.372	30	3	0.395	30	6	0.430	30	9	0.314	30	63	0.349	30	68	0.372	30	74
50	57	0.430	30	3	0.465	30	7	0.419	40	6	0.372	30	63	0.407	30	68	0.430	30	74
70	73	0.512	30	4	0.558	30	4	0.488	40	7	0.442	30	64	0.477	30	69	0.512	30	75
80	89	0.605	30	4	0.523	40	5	0.570	40	7	0.512	30	64	0.558	30	69	0.605	30	75
100	108	0.698	30	4	0.605	40	5	0.651	40	6	0.593	30	64	0.651	30	69	0.698	30	76
125	133	0.826	30	4	0.721	40	5	0.651	50	6	0.709	30	64	0.768	30	70	0.826	30	76
150	159	0.954	30	4	0.826	40	6	0.756	50	6	0.814	30	64	0.884	30	70	0.779	40	72
200	219	1.268	30	4	1.082	40	4	0.977	50	6	1.082	30	64	1.175	30	70	1.012	40	73
250	273	1.210	40	3	1.442	40	3	1.175	50	6	1.314	30	64	1.419	30	71	1.221	40	73
300	325	1.419	40	3	1.268	50	3	1.361	60	7	1.535	30	64	1.663	30	71	1.430	40	73
350	377	1.617	40	3	1.442	50	4	1.326	60	5	1.756	30	64	1.907	30	71	1.628	40	74
400	426	1.803	40	3	1.576	50	4	1.477	60	5	1.977	30	64	2.140	30	71	1.814	40	74

续表

四、水泥珍珠岩制件

公称直径/mm	外径/mm	室外架空管道 采暖季运行的热介质温度/℃ 100 保温厚度/mm	热损失/(W/m)	表面温度/℃	150 保温厚度/mm	热损失/(W/m)	表面温度/℃	200 保温厚度/mm	热损失/(W/m)	表面温度/℃	地沟管道(沟内温度按60℃计) 采暖季运行的热介质温度/℃ 100 保温厚度/mm	热损失/(W/m)	表面温度/℃	150 保温厚度/mm	热损失/(W/m)	表面温度/℃	200 保温厚度/mm	热损失/(W/m)	表面温度/℃
15	22	30	0.326	3	30	0.349	7	30	0.372	10	30	0.279	64	30	0.302	69	30	0.326	75
20	28	30	0.372	4	30	0.395	7	30	0.430	11	30	0.314	64	30	0.337	70	30	0.372	76
25	32	30	0.395	4	30	0.430	8	40	0.395	8	30	0.337	64	30	0.372	70	30	0.395	77
32	38	30	0.442	4	30	0.477	8	40	0.442	8	30	0.372	64	30	0.407	70	30	0.442	77
40	45	30	0.500	4	30	0.535	8	40	0.488	9	30	0.419	64	30	0.454	71	30	0.488	78
50	57	30	0.582	5	40	0.523	6	40	0.570	9	30	0.488	65	30	0.535	71	30	0.570	79
70	73	30	0.698	5	40	0.628	6	50	0.582	7	30	0.582	65	30	0.640	72	30	0.686	80
80	89	30	0.802	5	40	0.721	7	50	0.663	8	30	0.675	65	30	0.733	72	40	0.663	75
100	108	40	0.768	4	40	0.826	7	50	0.768	8	30	0.779	65	30	0.849	73	40	0.768	76
125	133	40	0.896	4	50	0.826	5	50	0.896	8	30	0.930	65	30	1.012	73	40	0.896	76
150	159	40	1.035	4	50	0.954	5	60	0.896	8	30	1.070	65	30	1.163	73	40	1.035	77
200	219	40	1.349	4	50	1.233	6	60	1.151	7	30	1.419	66	40	1.244	70	50	1.151	74
250	273	40	1.628	4	50	1.477	6	60	1.384	7	30	1.721	66	40	1.500	70	50	1.372	74
300	325	40	1.907	4	60	1.477	5	70	1.419	8	30	2.012	66	40	1.756	71	50	1.593	74
350	377	50	1.803	3	60	1.686	5	70	1.605	6	30	2.303	66	40	2.000	71	50	1.814	75
400	426	50	2.012	3	60	1.872	5	70	1.780	8	30	2.582	66	40	2.233	71	50	2.024	75

续表

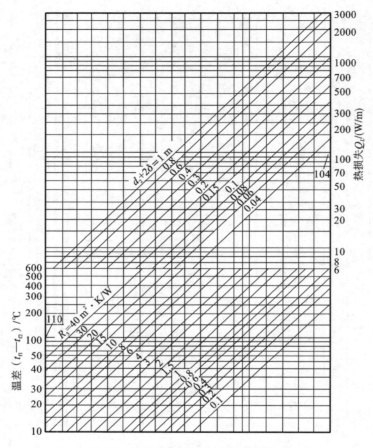

图 4-3　计算保温管道热损失的线算图

4.4.7　保温管道的敷设

在设计热力管道时,应根据具体情况选用合适的敷设方式,并考虑不同敷设方式对保温结构的要求。如管道架空时受自然环境的侵袭,要求高强度的防护层,为了减轻支架的负担,保温层应较轻。对于不通行的地沟或无沟埋管,应特别注意保温结构的防水及防潮性能。

保温结构可根据具体情况采用涂抹式、预制式、填充式或捆扎式。包保温材料前,管道应涂防锈漆;包保温后,外表面应涂色漆、画上箭头,以示管内介质的种类和流动方向。

4.5 隔热保温技术的进展

当今,全球隔热保温材料正朝着高效、节能、薄层、隔热、防水外护一体化方向发展,在发展新型保温隔热材料及保温节能技术的同时,更强调有针对性地使用保温隔热材料,按标准规范设计及施工,努力提高保温效率及降低成本。隔热保温技术的进步反映在以下几方面。

4.5.1 新型隔热保温材料的不断出现

隔热保温材料分为多孔材料、热反射材料和真空材料三类。前者利用材料本身所含的孔隙隔热,因为空隙内的空气或惰性气体的导热系数很小,如泡沫材料、纤维材料等;热反射材料具有很高的反射系数,能将热量反射出去,如金、银、镍、铝箔或镀金属的聚酯、聚酰亚胺薄膜等;真空材料是利用材料的内部真空阻隔对流来隔热。

在工业设备保温中,过去主要利用隔热保温材料的孔隙隔热。只有航空航天工业由于对所用隔热材料的质量和体积要求较为苛刻,因此除了采用多孔材料隔热外,也常采用热反射材料和真空材料。如人造地球卫星是在高温、低温交变的环境中运动,须使用高反射性能的多层隔热材料,一般是由几十层镀铝薄膜、镀铝聚酯薄膜、镀铝聚酰亚胺薄膜组成。

1. 空心陶瓷微珠

传统的隔热保温材料是以提高气相空隙率、降低导热系数和传导系数为主。为此,人们一直在寻求与研究一种能大大提高保温材料隔热反射性能的新型材料。

1976 年美国首次发现空心陶瓷微珠这种新型保温材料,它存在于火电厂的灰渣之中。这些微珠占粉煤灰数量的 $50\% \sim 70\%$。空心陶瓷微珠的化学成分主要是硅和铝的氧化物。它颗粒微小、球形、质轻、中空,具有隔热、电绝缘、耐高温、隔音、耐磨、强度高等特点,价格又低,有着非常广阔的用途。

作为节能材料的空心陶瓷微珠,其密度一般仅为 $0.5 \sim 0.75 \ \mathrm{g/cm^3}$,耐火度为 $1500 \sim 1730 \ ℃$,导热系数仅为 $0.08 \sim 0.1 \ \mathrm{W/(m \cdot K)}$,是一种非常优质的保温材料。例如,电阻炉采用它保温可以节电 50%。

20 世纪 90 年代,美国国家航空航天局(NASA)的科研人员为解决航天飞行器传热控制问题,研发了以空心陶瓷微珠为主要成分的新型太空绝热反射瓷层(therma-cover),它具有高反射率、高辐射率、低导热系数、低蓄热系数等热工性能,具有卓越的反射隔热功能。这种高科技材料在国外由航天领域推广应用到民用建筑和工业设施中,并已出口到我国,用于一些大型工业设施中。但美中不足的是,该材料 20 美元/kg 的昂贵售价实在令国内许多行业望物兴叹,难以承受。

为此,国内悄然掀起一股研发隔热保温新材料的热潮,且已研制成功具有高效、薄层、隔热节能、装饰防水一体化的新型太空反射绝热涂料。制造该涂料时选用具有优异耐热、耐候、耐腐蚀和防水性能的硅丙乳液和水性氟碳乳液为成膜物质,采用极细中空陶瓷颗粒为填料,该涂膜对 $400\sim1800$ nm 范围的可见光和近红外区的太阳热进行高反射,同时涂膜中中空陶瓷颗粒组成的微孔层可有效隔绝热能的传递,有效地降低辐射传热和对流传热,从而降低物体表面的热平衡温度,可使屋面温度最高降低 20 ℃,室内温度降低 $5\sim10$ ℃。产品绝热等级达到 R-33.3,热反射率为 89%,导热系数为 0.030 W/(m·K)。

2. 气凝胶

新型保温材料气凝胶最早应用于美国国家航空航天局研制的太空服隔热衬里上。它具有导热系数小、密度小、柔韧性高、防火防水等特性。其常温导热系数为 0.018 W/(m·K),且绝对防水,保温性能是传统材料的 $3\sim8$ 倍。现在也已应用于工业设备和建筑领域。

当凝胶脱去大部分溶剂,凝胶中液体含量比固体含量少得多,或凝胶的空间网状结构中充满的介质是气体,外表呈固体状,即为干凝胶,也称为气凝胶。如明胶、阿拉伯胶、硅胶、毛发、指甲等。20 世纪 90 年代中后期普遍接受的气凝胶的定义是:不论采用何种干燥方法,只要是湿凝胶中的液体被气体所取代,同时凝胶的网络结构基本保留不变,这样所得的材料都称为气凝胶。气凝胶的结构特征是拥有高通透性的圆筒形多分支纳米多孔三维网络结构,拥有极高孔洞率、极低密度、高比表面积、超高孔体积率,其体密度在 $0.003\sim0.500$ g/cm³ 范围内可调。(空气的密度为 0.00129 g/cm³。)

气凝胶为固体物质形态,是世界上密度很小的固体之一。一般常见的气凝胶为硅气凝胶,它最早由美国科学工作者 Kistler 在 1931 年因与其友打赌制得。气凝胶的种类很多,有硅系、碳系、硫系、金属氧化物系、金属系等。

因为密度极低(目前最轻的气凝胶仅有 0.16 mg/cm³,比空气密度略小),所以气凝胶也被叫做"冻结的烟"或"蓝烟"。由于里面的颗粒非常小(纳米量级),因此可见光经过它时散射较小(瑞利散射),就像阳光经过空气一样。因此,它也和天空一样看着发蓝(如果里面没有掺杂其他东西),如果对着光看则有点发红。(天空是蓝色的,而傍晚的天空是红色的。)由于气凝胶中一般 80% 以上是空气,所以有非常好的隔热效果,33 cm 厚的气凝胶的隔热功能相当于 $20\sim30$ 块普通玻璃。气凝胶在航天探测上也有多种用途,在俄罗斯"和平"号空间站和美国"火星探路者"的探测器上都用到这种材料。

美国国家航空航天局喷气推进实验室琼斯博士研制出的新型气凝胶,主要由二氧化硅等组成。在制作过程中,液态硅化合物首先与能快速蒸发的液体溶剂混合,形成凝胶,然后将凝胶放在一种类似加压蒸煮器的仪器中干燥,并经过加热和降压,形成多孔海绵状结构。琼斯博士获得的气凝胶中空气比例最终占到了99.8%。

气凝胶貌似"弱不禁风",其实非常坚固耐用。它可以承受相当于自身质量几千倍的重压,在温度达到 1200 ℃时才会熔化。此外它的导热性和折射率也很低,绝缘能力比最好的玻璃纤维还要强 39 倍。由于具备这些特性,气凝胶便成为航天探测中不可替代的材料。

硅气凝胶纤细的纳米网络结构有效地限制了局域热传播,其固态热导率比相应的玻璃态材料低 2~3 个数量级。纳米微孔洞抑制了气体分子对热传导的贡献。硅气凝胶的折射率接近 1,而且对红外和可见光的湮灭系数之比达 100 以上,能有效地透过太阳光,并阻止环境温度的红外热辐射,成为一种理想的透明隔热材料,在太阳能利用和建筑物节能方面已经得到应用。通过掺杂的手段,可进一步降低硅气凝胶的辐射热传导,常温常压下掺碳气凝胶的热导率可低达 0.013 W/(m·K),是目前热导率最低的固态材料,有望替代聚氨酯泡沫成为新型冰箱隔热材料。掺入二氧化钛可使硅气凝胶成为新型高温隔热材料,800 K 时的热导率仅为 0.03 W/(m·K),作为军品配套新材料将得到进一步发展。

此外,硅气凝胶还是一种理想的声学延迟或高温隔音材料。在环境保护及化学工业方面,纳米结构的气凝胶还可作为新型气体过滤器。由于特别大的比表面积,气凝胶在作为新型催化剂或催化剂的载体方面亦有广阔的应用前景。

目前国际上关于气凝胶材料的研究工作主要集中在德国的维尔茨堡大学、BASF 公司、美国的劳伦兹·利物莫尔国家实验室、桑迪亚国家实验室,法国的蒙彼利埃材料研究中心,日本高能物理国家实验室等。国内主要集中在同济大学波耳固体物理实验室、国防科技大学、清华大学、浙江大学、哈尔滨工业大学等。

3. 耐高温隔热保温涂料

耐高温隔热保温涂料都选用了纳米陶瓷空心微珠、硅铝纤维、各种反射材料为原料,耐温幅度为 -80~1800 ℃,可以直接面对火焰隔热保温,导热系数只有 0.03 W/(m·K),能有效抑制并屏蔽红外线的辐射热和热量的传导,隔热抑制效率可达 90% 左右,可抑制高温物体的热辐射和热量的散失,对低温物体可有效保冷并能抑制环境辐射热而引起的冷量损失,也可以防止物体冷凝的发生,具有良好的抗热辐射、薄层隔热、防水防腐蚀等性能。

耐高温隔热保温涂料首先用于军工部门。目前已转向一般工业及民用隔热保温。该类材料主要有薄层反射隔热涂料、太阳热反射隔热涂料、水性反射隔热涂料、隔热防晒涂料、陶瓷绝热涂料等。制造时主要是采用耐候性好、耐水性强、耐老化性强、有较强黏结力和弹性的,且与保温填料、反射填料相容性好的成膜材料,选择质轻中空、耐高温、热阻大,并具有良好反射性和辐射性的填料。折光系数高、表面光洁度高、热反射率及辐射率高的超细粉料适合作为反射填料,与成膜基料一起构成低辐射传热层,可有效隔断热量的传递。这种薄层反射隔热涂料与多孔材料复合使用,可用于建筑物、车船、石化油罐设备、粮库、冷库、集装箱、管道等不同场所涂装。

新型保温材料的出现,极大地增强隔热保温的效果,促进技术的进步。例如低温保温材料聚氨酯及聚氨酯整体发泡工艺出现后,由于其密度小,导热系数很小,而且整体发泡后可以和内护板及外装置板构成一个整体,不但保冷性能特别好,而且能够提高组件强度,因此极大地促进了冰箱、冷柜、冷库的发展。

4.5.2 采用复合保温管道

采用复合保温管道是当今管道保温的发展方向。所谓复合保温管道,是在保温的同时,解决管道防腐、防水和热膨胀问题,以达到节能和降低成本的目的。高温预制直埋保温管就是其代表。

高温预制直埋保温管是一种保温性能好、安全可靠、工程造价低的预制直埋保温管。它有效地解决了城镇集中供热中130～600 ℃高温输热用预制直埋保温管的保温、滑动润滑和裸露管端的防水问题。高温预制直埋保温管具有传统地沟和架空敷设管道难以比拟的实用性能,是供热节能的有力措施。高温预制直埋保温管采用直埋供热管道技术,标志着中国供热管道技术已经进入新的阶段。它适合输送温度在−50～150 ℃范围内的各种介质,广泛应用于集中供热、供冷和热油的输送及暖室、冷库、煤矿、石油、化工等领域的保温保冷工程。

高温预制直埋保温管主要由四部分组成。

(1)工作钢管:根据输送介质的技术要求分别采用有缝钢管、无缝钢管、双面埋弧螺旋焊接钢管。

(2)保温层:采用硬质聚氨酯泡沫塑料。

(3)保护壳:采用高密度聚乙烯或玻璃钢。

(4)渗漏报警线:制造高温预制直埋保温管时,在靠近钢管的保温层中埋设有报警线,一旦管道某处发生渗漏,通过警报线的传导,便可在专用检测仪表上报警并显示出漏水的准确位置和渗漏程度的大小,以便通知检修人员迅速处理漏水的管段,保证热网安全运行。

高温预制直埋保温管各层的作用如下:

(1)外护钢管:保护保温层免受地下水侵蚀,支撑工作管并能承受一定的外部荷载,保证工作管正常工作。

(2)防腐层:避免腐蚀物腐蚀钢管,保护外钢管,延长钢管使用寿命。

(3)减阻层:保证工作钢管热胀冷缩自由运动。

(4)聚氨酯泡沫层:保证介质温度,保证外护管表面保持常温。

(5)阻隔、反射层:保证有机泡沫材料不进入无机硬质耐高温层;反射耐高温层部分热量。

(6) 工作钢管:保证输送介质正常流动。

(7) 无机硬质保温层:耐高温,保证与有机保温层之间的界面温度,保证泡沫不炭化。

高温预制直埋保温管的优点如下:

(1) 具有很强的耐腐蚀和防水能力,综合造价低。据有关部门测算,双管制供热管道,一般情况下可以降低工程造价 25%(采用玻璃钢做保护层)、10%(采用高密度聚乙烯做保护层)左右。

(2) 热损耗低,节约能源。热损耗仅为传统管材的 25%。

(3) 使用寿命长。正确安装和使用可使管网寿命达到 30~50 年,而且维护费用极低。

(4) 占地少,施工快,有利于环境保护。能减少土方开挖量 50%以上,减少土建砌筑和混凝土量 90%。

(5) 可设置报警系统,自动检测管网渗漏故障,准确指示故障位置并自动报警。

高温预制直埋保温管的技术指标见表 4-7。

表 4-7　高温预制直埋保温管技术指标

技 术 指 标	单　　位	范　　　围
容量	kg/m³	45~60
导热系数	W/(m·K)	0.016~0.024
使用温度	℃	−90~120
闭孔率	%	≥97
吸水率	kg/m²	≤0.2
氧指数	h	≥26
抗压强度	MPa	≥200

1. 钢套钢复合保温管

钢套钢复合保温管是由外护钢管,钢管防腐、保温层及内工作钢管组合而成。钢套钢复合保温管适用于输送 2.5 MPa、350 ℃以下的蒸汽或其他介质,该产品用钢管做外防护层,具有强度高、不易损坏、施工检修简便、使用寿命长的优点。

钢套钢复合保温管是地下直埋管道中的一种,在没有混凝土结构的情况下可以采用地下直埋的方式,即工作钢管的热膨胀在外管内进行,从而降低了材料成本,缩短了施工日期,并保障了供热管道的安全性,可以在不同温度环境下广泛应用,尤其适用于高温蒸汽管道项目,使用温度可达 150~450 ℃。管道端口一般选用聚乙烯薄膜或三层 PE 冷缠带密封,防止安装前或施工中潮气或水进入。保温材料多层错缝包扎,有效减少了热损失,同时在外套表面采取控制措施,防止冷桥的产生,从而使外套防腐层的温度控制得到保证。用保温材料包扎多层铝箔反射层,有效减少了热损失。疏水系统采用全封闭的形式,布置灵活,结构合理,安全可靠。钢套管上的排潮管既能及时排出潮湿气体,又可作为日常运行的报警信号管。管道的热补偿采用优质波纹管补偿器,并将其装设在套管内,采用直埋形式,无须设置观察井,施工操作方便、工期短。

钢套钢复合保温管依据保温结构滑动方式不同,可分为两大类。

(1)内滑动式:保温结构由工作钢管、硅酸铝、减阻层、微孔硅酸钙、隔热层、不锈钢紧固钢带、铝箔反射层、聚氨酯保温层、外套钢管、外防腐层组成。内滑动型保温钢管由输送介质的钢管、复合硅酸盐或微孔硅酸钙、硬质聚氨酯泡沫塑料、外套钢管、玻璃钢壳防腐保护层构成。各种管件节点保温处理技术成熟,质量可靠。

(2)外滑动式:保温结构由工作钢管、玻璃棉保温隔热层、铝箔反射层、不锈钢紧固钢带、滑动导向支架、空气保温层、外护钢管、外防腐层组成。

目前钢套钢预制直埋蒸汽保温管广泛用于液体、气体的输送管网,化工管道保温工程,石油、化工、集中供热热网,中央空调通风管道,市政工程等。

2. 聚氨酯复合保温管

聚氨酯复合保温管从里到外分三层结构:

第一层:工作钢管层。根据设计和客户的要求一般选用无缝钢管、螺旋钢管和直缝钢管。钢管表面经过先进的抛丸除锈工艺处理后,钢管除锈等级可达 GB/T 8923.1—2011 标准中的 Sa2 级,表面粗糙度可达 GB6060.5—1988 标准中 $R=12.5~\mu m$。

第二层:聚氨酯保温层。用高压发泡机在钢管与外护层之间的空腔中一次性注入硬质聚氨酯泡沫塑料原液而成,即俗称的"管中管发泡"。

第三层:高密度聚乙烯保护层。预制成一定壁厚的黑色或黄色聚乙烯塑料管材。其作用一是保护聚氨酯保温层免遭机械硬物破坏,二是防腐、防水。(见图 4-4)

聚氨酯复合保温管的优点如下:

(1)降低工程造价。据有关部门测算,一般情况下聚氨酯保温管可以降低工程造价 25%(采用玻璃钢做保护层)、10%(采用高密度聚乙烯做保护层)左右。

图 4-4 聚氨酯复合保温管

（2）热损耗低，节约能源。

聚氨酯导热系数 λ 为 0.013～0.03 kcal/(m·h·℃)，比其他过去常用的管道保温材料低得多，保温效果提高 4～9 倍。再有其吸水率很低，约为 0.2 kg/m²。吸水率低的原因是聚氨酯泡沫的闭孔率高达 92% 左右。低导热系数和低吸水率，加上保温层和外面防水性能好的高密度聚乙烯或玻璃钢保护壳，改变了传统地沟敷设供热管道"穿湿棉袄"的状况，大大减少了供热管道的整体热损耗，热网热损失率为 2%，远远小于国际 10% 的要求。

（3）防腐、绝缘性能好，使用寿命长。

聚氨酯硬质泡沫保温层紧密地黏结在钢管外皮，隔绝了空气和水的渗入，能起到良好的防腐作用。同时它的发泡孔都是闭合的，吸水性很小。高密度聚乙烯外壳、玻璃钢外壳均具有良好的防腐、绝缘和机械性能。因此，工作钢管外皮很难受到外界空气和水的侵蚀。只要管道内部水质处理好，据国外资料介绍，使用寿命可达 50 年以上，比传统的地沟敷设、架空敷设使用寿命高 3～4 倍。

（4）占地少，施工快，有利于环境保护。

直埋供热管道不需要砌筑庞大的地沟，只需将保温管埋入地下，因此大大减少了工程占地，减少土方开挖量 50% 以上，减少土建砌筑和混凝土量约 90%。同时，保温管加工和现场挖沟平行进行，只需现场接头，可以缩短工期 50% 以上。

4.5.3　管网绝热设计和保温计算软件包

大型过程工业（如动力、冶金、化工、炼油企业）的供热（包括供冷）管网十分复杂，不但管线长、管径类型多、附件多，而且其内热（冷）介质类型和温度水平都不一样，其管网设计和保温计算是耗时费力的工作。

通常设计单位根据管网绝热工程的具体情况，自行编制小型计算软件，进行管网绝热工程的设计工作。因为管道绝热计算无论是保温和保冷都涉及流固耦合传热，保温层的温度分布需耦合管内介质的温度变化才能进行计算。对涉及的圆管和方管（如将大多数炉子的保温看作方管），为方便起见都简化成二维（只考虑管道轴向和径向的固体导热），且假定保温材料导热系数不随温度变化，管内壁和其接触的流体无温差等。这样处理后计算精度不高。

随着计算技术的进步，现在已有各种管网设计和保温计算的软件包，它不但提高了设计效率，而且其设计更加合理、节能，经济效益更加显著。

参 考 文 献

[1]　黄素逸,林一歆.能源与节能技术[M].3 版.北京:中国电力出版社,2016.

[2]　姜湘山,李刚.暖通空调设计——专业技能入门与精通[M].2 版.北京:机械

工业出版社,2015.

[3]　谢华.建筑节能新材料——硅酸盐保温材料工程应用分析[J].建材与装饰, 2013,2:257-259.

[4]　中国石化集团上海工程有限公司.化工工艺设计手册[M].北京:化学工业出版社,2018.

[5]　动力管道设计手册编写组.动力管道设计手册[M].北京:化学工业出版社,2011.

[6]　宋岢岢.压力管道设计及工程实例[M].2 版.北京:化学工业出版社,2013.

[7]　王连盛,王雄.外墙外保温薄抹灰系统中保温材料导热系数耐候性能分析研究[J].工程质量,2013,2:62-64.

[8]　海焱.自控相变储能节能保温材料的施工技术研究及应用[J].中国新技术新产品,2013,6:200-201.

[9]　陈亚丽,刘鹏,朱方方.膨胀珍珠岩/酚醛复合保温材料的制备及影响因素研究[J].新型建筑材料,2013,4:75-78.

[10]　陈叔平,李喜全,俞树荣,等.LNG 球形贮罐绝热计算[J].低温与超导, 2009,37(1):5-7.

[11]　魏鸿汉.建筑材料[M].北京:中央广播电视大学出版社,2011.

[12]　孔勇,沈晓冬,崔升.气凝胶纳米材料[J].中国材料进展,2016,8:568-576.

[13]　陈颖,邵高峰,吴晓栋,等.聚合物气凝胶研究进展[J].材料导报,2016,30 (13):55-62.

[14]　史亚春,李铁虎,吕婧,等.气凝胶材料的研究进展[J].材料导报,2013,27 (9):20-24.

[15]　佚名.气凝胶:这个世界上最轻的固体的那些事[J].环球聚氨酯,2016,6: 53-54.

[16]　佚名.亨斯迈成功收购日本喷涂聚氨酯泡沫保温材料生产商 20% 的股权 [J].上海化工,2013,4:51.

[17]　江治,袁开军,李疏芬,等.聚氨酯的 FTIR 光谱与热分析研究[J].光谱学与光谱分析,2006,26(4):624-627.

[18]　吴舒,李青山,茹铁军,等.聚氨酯包裹尿素缓/控释肥膜结构的 FTIR 研究 [J].光谱学与光谱分析,2011,31(3):630-634.

[19]　孙志华,章妮,蔡建平,等.航空用氟聚氨酯涂层加速老化试验研究[J].材料工程,2009,(10):57-60.

[20]　郭智臣.聚氨酯突破性用于节能型门窗型材[J].化学推进剂与高分子材料, 2016(2):93.

第 5 章 热 泵 技 术

5.1 概　述

5.1.1　热泵原理

热泵(heat pump)是一种将低位热源的热能转移到高位热源的装置,也是备受关注的新能源技术。不同于人们所熟悉的可以提高位能的机械设备——"泵",热泵通常是先从自然界的空气、水或土壤中获取低品位热能,经过电力做功,然后再向人们提供可被利用的高品位热能。

热泵既可供暖,又可制冷,是通过输入少量高品位能源,实现热量由低温物体转移到高温物体的能量利用装置(像水泵使水从低处流向高处一样),它可以从环境中提取热量用于供热,也可以把室内的热量换出实现降温。在制冷工况下,低温低压的气态制冷剂经压缩机变成高压蒸气,经换向阀(又称四通阀)进入冷凝器,制冷剂蒸气冷凝成液体,经节流装置进入蒸发器,并在蒸发器中吸热,将室内空气冷却,蒸发后的制冷剂蒸气经换向阀后被压缩机吸入,这样周而复始,实现制冷循环。在冬季取暖时,先将换向阀转向热泵工作位置,于是由压缩机排出的高压制冷剂蒸气经换向阀后流入室内蒸发器(作冷凝器用),制冷剂蒸气冷凝时放出的潜热将室内空气加热,达到室内取暖的目的,冷凝后的液态制冷剂反向流过节流装置进入冷凝器(作蒸发器用),吸收外界热量而蒸发,蒸发产生的蒸气经过换向阀后被压缩机吸入,完成制热循环。这样,将外界空气(或循环水)中的热量"泵"入温度较高的室内,故称为"热泵"。

根据热力学第二定律,热量从低温传至高温是不自发的,必须消耗机械能。就供热系统而言,热泵的供热量却远大于它所消耗的机械能。例如,如果驱动热泵消耗的机械能为 1 kW,则供热量为 3~4 kW;而用电加热,仅能产生 1 kW 的热量。热泵的供热来自两部分:一部分是从低温热源传到高温热源的热量;另一部分热量则由机械能转换而来。热泵工作原理如图 5-1 所示。低沸点工质吸收低温热源的热量后,经蒸发器变成低温低压蒸气,经压缩机压缩变为高压蒸气,流经冷凝器放出热量,对外供热,冷凝后的液态工质经膨胀阀回流到蒸发器。

在 $T\text{-}s$ 和 $\lg p\text{-}h$ 图上,理论的热泵循环如图 5-2 所示。其中 1—2 为等熵压缩,2—3 为在冷凝器中等压放出热量 Q_c,3—4 为等焓节流,4—1 为在蒸发器中等压和

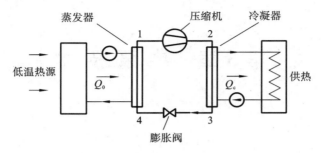

图 5-1　热泵工作原理

等温吸收热量 Q_0。供热系数 ε_{th} 为冷凝器的放热量 Q_c 与压缩机消耗功 A 之比。在 $\lg p\text{-}h$ 图上，ε_{th} 为两线段长度之比，因此有

$$\varepsilon_{th} = \frac{Q_c}{A} = \frac{h_2 - h_3}{h_2 - h_1} \qquad (5-1)$$

$$Q_c = Q_0 \frac{\varepsilon_{th}}{\varepsilon_{th} - 1} \qquad (5-2)$$

供热系数的大小，直接取决于蒸发温度与冷凝温度之差。

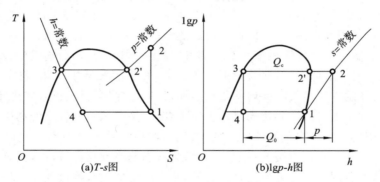

图 5-2　热泵的理论循环

　　地下水、土壤、室外大气、江河湖泊都可作为热泵的低温热源，其供热则可用于房间采暖、热水供应、游泳池水加热等。热泵本身并不是自然能源，但从输出可用能的角度来看，它又起到了能源的作用，所以有人又称它为特殊能源。热泵有许多用途，首先它可节约电能，与直接用电取暖相比，采用热泵可节电 80% 以上。采用热泵还可节约燃料，若生产和生活中需要温度为 $100\ ℃$ 以下的热量，采用热泵比直接采用锅炉供热可节约燃料 50%。

5.1.2　热泵的发展历史

　　19 世纪早期法国科学家萨迪·卡诺（Sadi Karnot）在 1824 年首次提出"卡诺循环"理论，这成为热泵技术的起源。1852 年英国科学家开尔文（L. Kelvin）提出

冷冻装置可以用于加热,将逆卡诺循环用于加热的热泵设想。他首次提出了正式的热泵系统,当时称为热量倍增器。之后许多科学家和工程师对热泵进行了大量研究。1912 年瑞士苏黎世成功安装一套以河水作为低位热源的热泵设备用于供暖,这是早期的水源热泵系统,也是世界上第一套热泵系统。热泵工业在 20 世纪 40 年代到 50 年代早期得到迅速发展,家用热泵和工业建筑用的热泵开始进入市场,热泵工业进入早期发展阶段。20 世纪 70 年代以来,热泵工业进入黄金时期,世界各国对热泵的研究工作都十分重视,诸如国际能源机构和欧洲共同体,都制定了大型热泵发展计划,热泵新技术层出不穷,热泵的用途也在不断拓展,广泛应用于空调和工业领域,在能源的节约和环境保护方面起着重大的作用。21 世纪,随着能源危机的出现,燃油价格上升,经过改进发展成熟的热泵用于高效回收低温环境热能。由于节能环保的特点,热泵重新登上历史舞台,成为当前最有价值的新能源科技。

当前国际能源署专门成立国际热泵中心,设立热泵推广工程(Heat Pump Programme),向世界上各国推广、协调热泵技术的应用。美、加、瑞典、德、日、韩等国政府均发出专门官方指引,促进热泵技术的社会应用。相对于世界热泵的发展,中国热泵的研究工作起步晚 20~30 年。1949 年以后,随着工业建设新高潮的到来,热泵技术才开始引入中国。进入 21 世纪后,由于中国沿海地区的快速城市化、人均 GDP 的增长、2008 年北京奥运会和 2010 年上海世博会等因素拉动了中国空调市场的发展,热泵在中国的应用越来越广泛,热泵的发展十分迅速,热泵技术的研究不断创新。中国热泵行业从导入期转入成长期。热泵行业快速发展,一方面得益于能源紧张使得热泵节能优势越来越明显,另一方面与多方力量的加入推动行业技术创新有很大关系。

当前热能利用中的突出浪费是降级使用,即普遍地把煤炭、石油、天然气直接燃烧,来取得低温热介质(通常在 100 ℃以下),以用于采暖、空调、生活用热水及造纸、纺织、食品、医药等工业部门,同时又有大量的低温余热被白白浪费。而热泵可与地热能、太阳能、空气能、废热废气能等有机组合形成复合式热泵系统,从而实现优势互补以及能量的更高效利用。

5.1.3　热泵的分类

热泵的种类繁多,可按照热源种类、驱动方式、建筑用途、工作原理、供水温度等分类。按照热源种类的分类如图 5-3 所示。

空气源热泵与地源热泵工作原理相似,都是通过少量的高位电能将低位热能提升成高位热能。区别在于空气源热泵以空气作为冷热源,而地源热泵以土壤、水源作为冷热源,水源热泵又可细分为污水、海水、河水和地下水源热泵。空气源热泵系统在我国除了个别地区因为湿度太大或温度太低不适合使用外,其他大部分

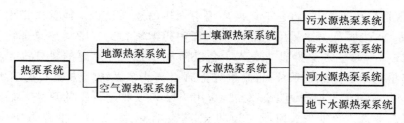

图 5-3　按照热源种类的分类

地区都可以使用它来供暖、制冷，供生活热水等。空气源热泵在我国是应用最广的一种热泵形式。

　　根据地源热泵与空气源热泵的特点，可将其从经济性、能效和环境方面进行如下对比。

　　（1）经济性方面，地源热泵的初投资高于空气源热泵，但年经营成本较低，且地源热泵的使用寿命至少为 20 年，空气源使用寿命约为 15 年，相对于空气源热泵，地源热泵所增加的投资能在后续使用中完全收回，更具经济性。

　　（2）能效方面，空气源热泵冬季制热时会受到气候条件的影响，室外温度相对较高时，热泵系统能高效稳定运行；随着室外温度降低，系统制热量也会随之下降，使得热泵系统不能正常运行。尤其在湿度大、温度低的环境中运行时会频繁化霜，使室温出现较大波动，且产生噪声。而地源热泵依靠地热能，地下水和土壤全年温度波动小。夏季温度低于空气温度，冬季温度又比空气温度高，因此地源热泵的运行效率要高于空气源热泵。

　　（3）环境影响方面，空气源热泵系统在制冷过程中，通过冷凝器冷凝，直接向大气中排出热量，加剧了城市"热岛"效应，但对水资源无破坏。地源热泵系统则是将冷凝热排放到地下，通过地下的土壤或者地下水吸收冷凝热，所使用的地下水可全部回灌，不会对水质产生污染，并且对缓解城市"热岛"效应起到一定的作用。但是，热泵的抽取与回流易导致水体的水温变化，产生热污染，影响水体周边的生态环境。

　　按驱动方式不同，热泵可分为两大类型，即压缩式热泵和吸收式热泵，如图 5-4 所示。视带动压缩机的原动力不同，压缩式热泵又可分为电动热泵、燃气发动机热泵及柴油机热泵，其中电动热泵应用最广。但燃气发动机热泵比电动热泵适应性更强，冬季供热工况下效率更高，具有一定的技术优势。对于大型热泵，为了节约高品位的电能，故改用燃气发动机或柴油机驱动。在这一类装置中，燃气发动机和柴油机排出的废热（废水和废气）还可以进一步利用。吸收式热泵不用压缩机，而直接利用燃料燃烧或工业过程的废热，其原理与吸收式制冷机类似。

　　不论何种型式的热泵，目前多采用制冷剂 R12、R22、R502 作工质，它们的性质见表 5-1。由于 CFC 这类物质对大气臭氧层的破坏，根据蒙特利尔公约，以上制

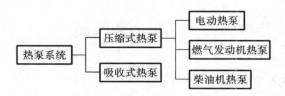

图 5-4　按驱动方式的分类

冷剂将逐步禁止使用。人们正在寻找新的替代工质（如 R134a 等）。

表 5-1　制冷剂的性质

制　冷　剂	R12	R22	R502
蒸发压力 $p_0/10^5$ Pa	3.09	4.98	5.73
冷凝压力 $p_c/10^5$ Pa	12.24	19.33	21.01
压力比 p_c/p_0	3.96	3.88	3.67
体积供热负荷 $q/(\text{J/m}^3)$	0.64	1.04	1.02
等熵压缩温度 $t_2/℃$	57	73	57
理论供热系数 ε_{th}	5.2	5.2	4.3
实际供热系数 ε_w	3.5	3.5	3.1

不论何种型式的热泵，均可以采用空气、地下水或土壤作为其低温热源。显然，根据使用情况选择合适的低温热源对提高热泵的经济性有十分重要的意义。图 5-5 给出了不同低温热源温度随大气温度的变化。

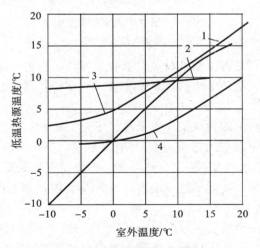

图 5-5　低温热源温度随大气温度的变化

1—空气；2—地下水；3—地面水；4—土壤（深 1.8 m）

5.2　压缩式热泵

5.2.1　电动热泵及其应用

电动热泵有紧凑式与分离式两种。紧凑式电动热泵将供热的各种部件(如压缩机、冷凝器、风机、控制设备等)均安装在封闭的机壳中,因此设备安装费用低。以空气作为低温热源的紧凑式热泵的结构如图 5-6 所示。由于空气取之不尽,因此这种热泵应用最广。

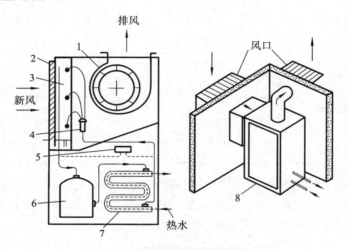

图 5-6　紧凑式热泵的示意图

1—通风机;2—过滤器;3—蒸发器;4—膨胀阀;5—按钮开关;6—压缩机;7—冷凝器;8—热泵

分离式电动热泵是将压缩机和蒸发器置于室外,室内只保留冷凝器。两者之间用制冷管道连接。这种结构的热泵因布置方式多样灵活,可以满足不同热用户的需要。

电动热泵应用最广的领域是住宅采暖。图 5-7 为单户住宅采用热泵采暖的示意图。在住宅采暖中常用的热泵有空气-空气热泵、空气-水热泵、空气-盐水-水热泵、水-水热泵、土壤-水热泵、水-空气热泵等。一般当室外温度不低于 5 ℃,热泵可以单独工作。当室外温度低于这一温度时就需要有附加热源配合,采用热泵和附加热源联合运行。

热泵应用的另一个重要领域是游泳馆和游泳池。游泳馆内由于空气吸收池面蒸发的水分,湿度增加,使人感到不舒服。池面水的蒸发速度取决于水温和空气温度、空气相对湿度及空气的流动特性等。一般池面的蒸发速度为 $0.05 \sim 0.1$ $kg/(m^2 \cdot h)$。过去的做法是将潮湿的热空气抽吸掉,再通入加热的室外空气,这

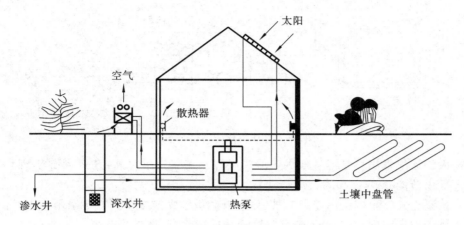

图 5-7 单户住宅热泵采暖的示意图

样大量的热量被白白浪费掉了。运用热泵以回风方式运行,既可回收排气中的热量,又可与制冷机的蒸发器相连,使排气冷却到 15～18 ℃,同时去湿。在蒸发器后面的冷凝器释放的热量则用于加热进风。

图 5-8 所示为用于游泳馆去湿和通风的热泵系统图。当室外温度升高时,多余的冷凝热用于加热池水和淋浴水或地面采暖,也可用于加热生活用水。为了确保馆内空气新鲜,必须不断地通入预热过的室外空气,其最少的添加量为 20 m^3/(人·h)。

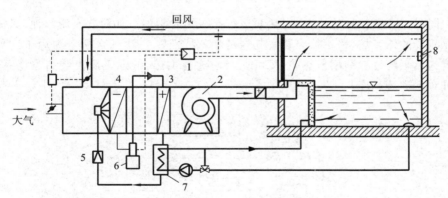

图 5-8 用于游泳馆去湿和通风的热泵系统
1—调节器;2—通风机;3—冷凝器;4—蒸发器;5—膨胀阀;6—压缩机;7—水冷凝器

由于环境保护,露天游泳池采用热泵日益增多。图 5-9 所示为热泵用于露天游泳池的系统。河水或地下水在蒸发器中放热,池水则在冷凝器中被加热。露天游泳池的需热量,若不考虑 4—9 月份对太阳辐射的吸热量,池水温度为 22 ℃ 时,约为 465 W/m^2。实际上由于太阳辐射,在夏季此值将大大减小。经济比较表明,

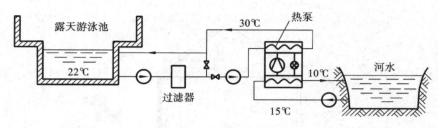

图 5-9　露天游泳池的热泵系统

对露天游泳池采用热泵比其他供热形式经济。在非使用时间,在露天游泳池上加盖还可以节能 30%～40%。

　　热泵近几年也广泛用于办公楼、住宅群和教学大楼之中。它冬季用于采暖,夏季则用于空调。图 5-10 所示为具有这种功能的水-水热泵的系统。冬季利用地下水的热量,加热低沸点工质,供热水或供暖;夏季利用地下水的低温带走室内热量。

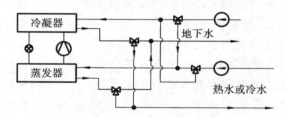

图 5-10　采暖和空调用的水-水热泵

　　同时有冷负荷和热负荷,对热泵运行是极为有利的。如对既有游泳池,又需人工溜冰场的体育馆,采用热泵装置其经济性就特别好。图 5-11 所示为用于这种体育馆的热泵装置。利用地热能,既可以对游泳池供热,低温工质流经溜冰场系统,又可对其进行制冷。

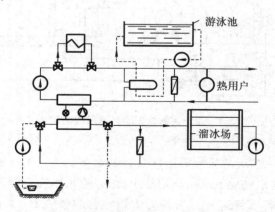

图 5-11　既用于游泳池,又用于溜冰场的热泵

5.2.2 燃气发动机热泵及其应用

燃气发动机包括燃气内燃发动机、燃气轮机和微燃机等。其中燃气轮机单机容量一般较大,微燃机造价偏高,因此一般在民用建筑领域应用较少。燃气内燃发动机在小功率范围内具有设备型号齐全且技术成熟、热效率高、对气源要求较低、部分负荷性能较好、价格相对较低等突出的优点,因此在燃气发动机热泵中被广泛应用,本书将重点介绍燃气内燃发动机驱动的热泵。

燃气发动机热泵,主要是天然气发动机热泵,依靠天然气的燃烧产生高温燃气,推动汽轮机带动压缩机叶轮一起旋转,为热泵提供驱动力;同时能回收发动机及烟气的余热,作为热泵热源和供热水,如图 5-12 所示。热泵技术的成熟为天然气应用与热泵的结合创造了有利条件,燃气发动机热泵更由于其冬季余热的利用弥补了传统热泵冬季效率低的缺点。燃气发动机热泵与电动热泵相比,主要区别在于利用燃气发动机代替电力作为压缩机的动力,两者工质循环过程则完全相同。可见燃气发动机热泵与电动热泵一样有较高的性能系数,并且由于无须考虑电力系统的发电效率及输配电效率,同时回收发动机的废热作为热泵热源或用于生产生活热水等,能源利用效率有进一步的提高。

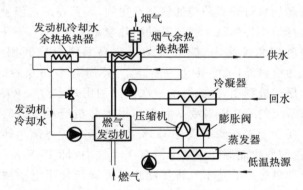

图 5-12 燃气发动机热泵示意图

燃气发动机热泵与电动热泵相比,具有几个鲜明的特点:

(1) 发动机驱动容易进行转速控制,部分负荷工况下效率更高。

(2) 在冬季回收发动机余热可以有效改善热泵工况,避免了低温工况下的蒸发器结霜问题,并且增加热泵出力,在寒冷地区应用更有优势。

(3) 由于增加了燃气发动机,设备初投资较高。

这些特点决定了燃气发动机热泵比电动热泵适用范围更广,冬季供热工况下效率更高,具有一定的技术优势。目前燃气发动机热泵基本为空气源热泵,因此单机容量较小,一般适用于供能面积较小(一般在 5000 m² 以下)的建筑。

燃气内燃发动机余热包括高温烟气和冷却水两部分。应用到热泵系统中时，输出的机械能用于驱动压缩机运行，其余热分别通过烟气换热器和缸套水换热器在冬季被蒸发器处的工质吸收，夏季排放或用于供应生活热水。

热泵系统的能量指标通常用供能系数（COP）、一次能源能效比（EER）和一次能源利用率（PER）来衡量。如果除了动力源以外热泵系统的结构形式及系统配置完全相同，则夏季在相同环境条件下，燃气发动机热泵和电动热泵运行工况将完全一样，此时两者区别仅在于电动热泵以电能转换为机械能驱动压缩机组，燃气发动机热泵则以燃气发动机产生的机械能直接驱动热泵，由于电能转化为机械能的效率接近 1，因此此时以直接用于驱动压缩机所消耗的能量 W 为计算基准的制冷系数（COP_c）将基本相同。在冬季工况下，即使高温热源侧（用户侧）温度相同，在低温热源侧（环境侧）由于燃气热泵可以吸收发动机的余热，蒸发温度相应提高，因此燃气热泵供热系数（COP_h）较高，当外界环境温度较低时此差异更为明显。

对于燃气发动机热泵来说，一次能源能效比高于电动热泵的能效比，其供热量中约 28％的热能来自燃气发动机组产生的机械能，约 30％的热能来自燃气发动机组的余热，只有约 42％的热量来自周围环境。而对于电动热泵来说，供热量中有 29％左右的热能来自压缩机所消耗的电能，另外有 71％左右的热量需要从周围环境获得。可见电动热泵对外界环境的依赖性更强，因此在环境温度较低、外部热量不易获得时其运行效率将远低于燃气发动机热泵。

从一次能源利用角度来看，燃气发动机热泵系统直接利用一次能源，其中 38％左右先转化为机械能，最终转化为热能，另外还有 42％左右的发动机余热可以直接以热能的形式被利用，因此总的一次能源利用效率约为 80％，即有 $PER_{GHP} \approx 0.8$；电动热泵系统的一次能源要从目前占电力装机绝对主力的燃煤发电计算，即燃煤发电所消耗的一次能源中只有 33％左右先转化为电能再转化为机械能，最终转化为热能，总的一次能源利用效率只有 33％左右，即 $PER_{EHP} \approx 0.33$。

虽然燃气发动机热泵的技术经济性能在各方面均优于电动热泵，但国内相关产品还处于研发试用阶段，价格较电动热泵高出许多，还未能实现广泛应用。但燃气发动机热泵的研究应用仍具有重要意义，相信在不久的将来，价格降低，燃气发动机热泵的优势便能得以发挥。

燃气发动机热泵空调系统是燃气发动机热泵的一个应用，如图 5-13 所示。燃气发动机热泵空调通过燃气发动机驱动制冷压缩机（活塞式、螺杆式或离心式），同时回收发动机缸套冷却水热量和尾气中的废热（可用于吸收式制冷机或产生热水、蒸汽等），其工作原理不同于一般电驱动空调机。

燃气发动机驱动空调技术有以下方面的应用。

（1）燃气发动机驱动小型家用空调。机组由燃气发动机、压缩机、室内机、室外换热器、尾气回收装置、膨胀阀、换气机等组成。它以燃气发动机为动力来源，带

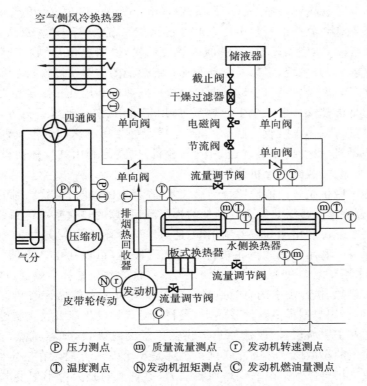

图 5-13　燃气发动机热泵空调系统示意图

动室外机内的压缩机工作,制冷、采暖两用。通过制冷循环,在夏季高温季节将室内的热量吸收送至室外,冬季则将室外的热量以及发动机排出热量送入室内供热。

(2) 燃气发动机热泵冷热水机组。机组同时向用户提供热水和冷水,这种同时兼有制冷机与热泵功能的热力机称为联合循环机。以联合循环工作的热泵,能够获得更好的节能效果。机组提供的高位热能包括三大部分:冷凝器放热;燃气机缸体冷却热的回收部分;排烟热回收器回收的排烟余热。

国外早在 20 世纪 70 年代就已研制成功类似的用燃气发动机驱动的空气源热泵机组。它可为住宅供冷、采暖、供应热水。目前,国外的燃气发动机热泵已有广泛的市场。民用燃气发动机热泵在美国也已经商业化。燃气发动机具有调速性能好的优点,能在较大转速范围内工作,通过调整燃气输入量,可以方便地改变发动机的工作转速和输出功率,从而使压缩机的排气量和制冷量改变,同时降低燃气的消耗量。在冬季,随着环境温度的下降,一般热泵的制热量及供热系数明显地下降,相反,环境温度的下降将引起采暖负荷的明显增加。燃气空调可以解决这一矛盾,通过余热利用或直接蓄热来改善热泵的运行性能。燃气空调在效率、可靠性、舒适性等方面有优势,并已证明其结构临界寿命可达到 15 年。

（3）热电冷三联供系统。CCHP 系统（combined cooling heating power）是以燃气为能源在建筑物内进行热电冷三联产的供能系统。CCHP 涉及众多领域：先进的燃气涡轮机，微型涡轮机，先进的内燃发动机，燃料电池，吸收式制冷机及热泵、干燥及能量回收系统、引擎及电动驱动系统热能的储存及传输技术和控制及系统集成技术等。燃气发动机驱动发电机供应房间照明等用，同时，发动机水套产生的热水通过低温热交换器产生生活热水，应用于淋浴、游泳池等。另外，发动机产生的高温烟气可以用于吸收式制冷机，产生冷、热水，用于房间的空气调节。它通常由各种原动机（燃气机或燃气透平-燃气轮机）以及为利用其排热而设置的废热锅炉、热交换器、吸收式制冷机等构成。

热电冷三联供是一门能源综合利用技术，在发电的同时，有效地利用汽化潜热进行供热，合理地实现了热能由高到低的梯级利用，总的热效率可达到 90% 以上。它不仅提高了能源利用率和设备利用率，还可以减少环境污染，增加电力供应并有利于削峰填谷。利用供热式汽轮机排出的废气制冷，可以在生产电能、热能的同时，提供冷水用于空调和工艺。当前无论考虑经济效益还是社会效益，热电冷联产是解决城市供热、供冷需求的有效途径。在具备城市集中供热管网和集中燃烧供应的城市，可利用热网提供蒸汽或热水，或利用燃气供溴化锂吸收式制冷机对住宅小区供冷。在主要城市，以改造原小区供热系统为突破口，加紧试点，积极推广。用于大型建筑的小型燃气热电冷联供系统亦是一个发展方向。在一定意义上，天然气的工业应用可以为热电联供增加新动力，更重要的是为中小型发电设备提供了一个很有生机的市场。

（4）除湿蒸发冷却系统（DECS）是在蒸发冷却研究基础上提出的一种不受环境影响的制冷空调方式，具有良好的应用前景。但它也是利用热能作驱动能源实现空调制冷的设备。该系统采用的除湿剂是溶液，它在除湿器中对新风进行除湿，吸收水分成为稀溶液，必须在再生器中被再生热源加热，除去水分、提高浓度，才能恢复其除湿功效。使用太阳能、余热或其他低温热源会有很多不方便之处，影响其推广使用，而使用燃气加热是一种比较理想的办法。可以说燃气除湿蒸发冷却系统是新型的节电、节能、经济的空调技术。英国在控制空气湿度方面的研究方面取得了关键性进展，研制的燃气除湿被分为两个区段，即一个区段对空气进行除湿处理，另一区段使用燃气对除湿剂进行再生，这种连续运转，显著地降低了降低湿含量的运行费用。DECS 系统不仅经济，而且相当灵活；不仅可以在夏季用于空气的除湿来给人们的生活空间供应高品质的空气，而且可以独立在高湿度季节作为去湿之用，而在过渡季节则可以用于通风与除尘杀菌，改善人们的生活空气质量。由于该系统从根本上改换了工质，因此完全不存在 CFC 或 HCFC 等问题，而且还可以减少 HFC 等温室气体的排放，对环境不产生污染，最终大大改善空气的品质。

以上是对燃气机驱动空调系统各种应用形式的介绍。通过以上综述,可以发现燃气发动机热泵系统是一种非常灵活的空调系统,可以适合从小到大的各种场合,而且均具有较高的能源利用效率。从目前我国的国情出发,燃气发动机热泵系统可以作为电能资源的有效补充,实现能源使用多元化,平衡电网负荷,同时可以解决严寒地区热泵供热量不足的问题。燃气空调可减少环境污染。因为天然气不含硫,如 1000 冷吨燃气制冷机比同等规模电制冷机可减少二氧化硫排放量 100%,减少氮氧化物排放量 60%,减少二氧化碳排放量 40%,减少其他微粒排放量 97%。

燃气空调可合理使用能源。首先,燃气空调可以充分利用地球上现有的各种资源,均衡燃气和电力的能源利用。其次,燃气空调的能源利用率高。对于天然气来说,通常被传输到最终使用点时的效率为 91%,也就是说,每 100 kJ 的天然气井的能源最终能利用 91 kJ。但是如果以燃煤电厂为能源,每 100 kJ 的煤炭热量最终能利用的只有 25~30 kJ。所以从一次能源角度看,燃气空调是非常有竞争力的。燃气空调的另一个更大的优势就是可实现热电冷三联供。这种系统由于充分利用了燃气发动机的余热,其效率可以提高 40% 以上。这种方式对独立的小区、住宅有相当大的发展前景,可带来很大的经济价值和使用价值。燃气空调有利于调整燃气峰谷负荷。随着我国天然气工业的发展,更多的地方将用上天然气。但所有应用天然气的地区均面临同一难题,即冬季用气高峰与夏季用气低谷对供气造成的压力。因此如何提高夏季用气量,提高经济效益,成为人们关心的焦点。如果扩大燃气消费新领域,发展燃气空调,就可以弥补城市在夏季燃气用量的低谷,能起到平衡调峰作用。燃气直燃机还为过去一直不便使用而放空的低热值、低品位的燃料提供了良好的应用前景,起到节能增效的作用。燃气空调可以削减电力高峰。随着经济的发展,电力供应不足,尤其是在最炎热的夏季,会出现缺电现象。加之国内空调需求量连年剧增,空调用电给中国本来就匮乏的电力工业雪上加霜。而燃气空调根据其工作原理可知用电量极少,另外天然气基础设施投资与同负荷的电力投资相比只有 10%,因此发展和应用燃气空调不仅可以缓解电力紧张的局面,还可以提高电力负荷率,削峰填谷,大幅度降低电力成本。

5.2.3　柴油机热泵及其应用

柴油机热泵利用柴油机作为原动机,产生的机械能推动压缩机工作,或者用来发电,然后供给电动机驱动热泵压缩机。同时可将柴油机中部分排气热损失及冷却系统热损失加以回收利用,以提高能量利用率。

对柴油机的热平衡分析发现,柴油机存在很大的余热损失,估计可占随燃料带入柴油机热量的 52%~78%。从某 1000 kW 柴油发电机组热平衡图(图 5-14)可以看出,排气及冷却水所带走的热量占到 44.6%,其量超过输出的有用功,而且烟

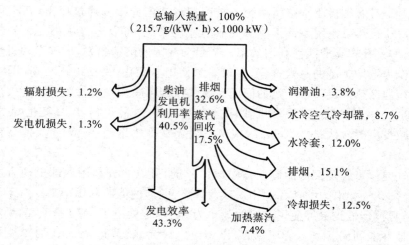

图 5-14 柴油发电机组热平衡图

温达 380 ℃（小型机达 500 ℃），属中温余热，冷却水温一般在 55～60 ℃，这些均可加以利用。因此使这部分热损失得以充分利用，是扩大热能利用率，达到节能目的的有效途径。

热泵是一个热力系统，它花费少量的可用能，便可将热能从温度较低的环境（低温物体或冷源）传递到温度较高的空间（高温物体或热源），也就是说，热泵能从周围环境取得一部分损失能。据此，提出了一种由发动机驱动热泵的系统，以提高能量利用率。一个理想系统不但能以最小的可用能供给发动机驱动热泵，而且还要能从周围环境中沿着可逆变化最大限度地回收损失能。由于柴油机效率高，用它来驱动热泵压缩机是最好的方法。一方面柴油机做功驱动热泵，另一方面可采取措施将排气及冷却水带走的能量回收到供暖系统中。

柴油机热泵的一个应用是供暖系统。根据供暖的需要，将从柴油机回收的热能 Q_{HP} 与由在冷凝器温度下热泵供给的热能 Q_R 进行串联（图 5-15）或并联（图 5-16）。在这两种情况下可以得到相同的总热效率。如串联情况下，供暖系统提供的总热量 $Q_H = Q_{HP} + Q_R$；在并联情况下，给予供暖系统的热量 $Q_H = Q_{HP}$，Q_R 用于供暖或者供热水利用。不管何种情况，热泵供给的热能和烟气余热都能得到充分的利用。

除了利用热机及烟气余热提供动力外，还能引入交流发电机，构成复合供能系统，其原理如图 5-17 所示。

交流发电机发出的电，可以部分或全部地供给电动机驱动热泵压缩机。在仅有一部分电能用来驱动热泵压缩机的情况下，这种系统所传递的热量比上述系统要低。因此，这种复合供能装置的总热效率要比发动机直接驱动热泵系统的低。

但当需要热泵进行长期运转并满足供暖的大部分需要量时，该复合供能系统

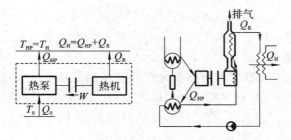

图 5-15　串联方式的柴油机热力供暖系统

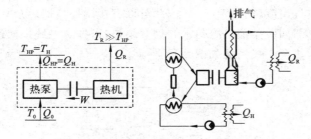

图 5-16　并联方式的柴油机热力供暖系统

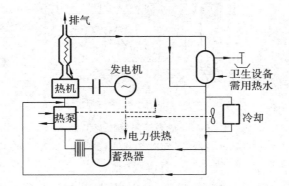

图 5-17　复合供能系统示意图

的优点就愈来愈显著了。因此在实际应用中,就须仔细调整热泵,使之与供暖需要及热机的特性相适应。由于这种系统具有能量自立性的特点,它仍具有一定的竞争能力。

　　柴油机作为热泵的动力源,除了其效率高、具有优良的运行特性及能回收排气和冷却水中的能量外,在中低速范围内它还具有燃用劣质燃油的能力。

　　研究表明,柴油机热泵装置的最经济的冷凝温度仅与热源性质有关,在热泵蒸发温度为 20 ℃时,柴油机热泵装置的油耗要比普通燃油的供热装置低 45% 左右。

　　通过对柴油机热泵供暖装置与其他供暖装置的比较,发现该装置具有很大的发展潜力:

（1）可充分利用柴油机热效率高、运转特性优良等优点；

（2）可以将柴油机冷却系统与排气的热损失的绝大部分加以回收利用，从而达到提高供暖效率及节能的目的；

（3）如能大幅度降低柴油机热泵复合装置特别是热泵的零部件价格，提高其生产批量，那么这种装置就具有很好的应用前景。因此，进一步深入研究和开发制造柴油机热泵复合供暖系统，将对我国区域供暖的发展以及节约宝贵的石油资源都具有重要的意义。

柴油机热泵的另一个应用为干燥系统。由于柴油机余热温度（约为 80 ℃）高于干燥室入口空气温度（约为 70 ℃），因此可以直接用换热器对余热进行回收。在风道中设置换热器回收柴油机冷却水和烟气余热，以提高系统一次能源利用率，用于干燥农产品。热泵干燥系统如图 5-18 所示。

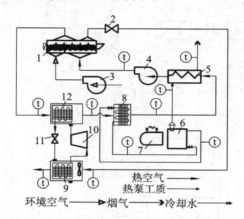

图 5-18　热泵干燥系统流程图

1—流化床干燥室；2—阀门；3—风机 2；4—风机 1；5—烟气换热器；6—柴油机；
7—发电机；8—散热器；9—蒸发器；10—压缩机；11—节流阀；12—冷凝器

热泵干燥系统由热泵系统（冷凝器、发电机、散热器和压缩机）、柴油发电机组（柴油机、发电机、散热器）、烟气换热器、风机、流化床干燥室等组成。风机 2 将环境状态的新鲜空气吹入流化床，对经过干燥后的热物料进行冷却，并回收物料显热。热空气经过风机 1 从下方进入流化床干燥室，吸湿降温后，前段排气进入热泵蒸发器，在蒸发器中回收水蒸气潜热和空气显热，然后排入大气。干燥室后段排气与回收了物料显热的新鲜空气混合后进入热泵冷凝器加热，然后依次经过散热器和烟气换热器，回收余热后被风机 1 鼓入干燥室，继续循环。干燥系统运行时，柴油发电机、热泵和风机等各个部分相互耦合。干燥负荷变化会影响风机、热泵的功耗与柴油发电机的输出；柴油发电机输出变化，其排出的余热量也会波动，直至达到新的平衡。

5.3 吸收式热泵

吸收式热泵可分为两种类型,即增热型吸收式热泵和升温型吸收式热泵。

5.3.1 增热型吸收式热泵

增热型吸收式热泵又称第一类吸收式热泵,一般简称为 AHP(absorption heat pump),此类吸收式热泵利用高温热源,把低温热源提升为中温热源,以达到提高能源利用率的目的。

如图 5-19 所示,增热型吸收式热泵分为以溴化锂-水为介质的吸收式热泵和以氨-水为介质的吸收式热泵。以溴化锂-水为介质为例,吸收式热泵是以水为制冷剂,溴化锂溶液为吸收剂。吸收式热泵中蒸发器的原理为水在 5 mmHg(1 mmHg=133.322 Pa)真空状态下,温度达到 4 ℃时便蒸发,作为高温驱动热源。在吸收器中,溴化锂浓溶液吸收来自蒸发器的水蒸气(作为低温热源)。溴化锂浓溶液被稀释为稀溶液,放出热量,用于工艺或采暖;然后压缩机将稀溶液从吸收器中转移到发生器,溶液的压力从蒸发压力相应地提高到冷凝压力;在发生器中,稀溶液被加热浓缩成为浓溶液,此时释放出来的水蒸气进入冷凝器,而浓溶液则流回吸收器;来自发生器的水蒸气在冷凝器中放出冷凝热,冷凝成水;制冷剂水经过膨胀阀降压后,进入蒸发器蒸发,产生水蒸气;水蒸气进入吸收器,再被浓溶液吸收。这样就完成了增热型吸收式热泵的供热循环。

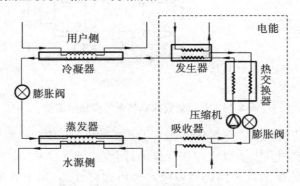

图 5-19 增热型吸收式热泵的原理示意图

5.3.2 升温型吸收式热泵

升温型吸收式热泵又称第二类吸收式热泵,一般简称为 AHT(absorption heat transformer)。升温型吸收式热泵利用工业生产的废热和低温热源的热势差,制取数量少于而热品味高于废热的热量,以达到合理利用废热、节约能源的目的。

从循环的热力过程来看,升温型吸收式热泵是在增热型吸收式热泵的基础上对热源梯级利用的一种改进。

升温型吸收式热泵的原理如图 5-20 所示,多用溴化锂-水作为工质。中温驱动热源 Q_H 在发生器内加热溴化锂溶液或氨水,产生低压工质水蒸气,这部分低压工质水蒸气经连接管路进入冷凝器;在冷凝器中,低压工质水蒸气与低温热源换热,温度降低,水蒸气冷凝为水,冷凝水通过工质泵输送至蒸发器中变为高压工质水;在蒸发器中,高压工质水吸收驱动热源的热量,蒸发变为高压工质水蒸气,这部分高压工质水蒸气经由连接管路进入吸收器;在吸收器中,溶液泵输送的浓溶液吸收高压工质水蒸气,放出大量热量,利用这部分热量可以制取用户需要的高品位热源,低温低压工质经加压后再进入发生器。经过这种循环方式,利用热泵的发生器和蒸发器的低品位驱动热源与冷却水之间的热势差,升温型吸收式热泵制取了比低品位驱动热源温度高的热源。

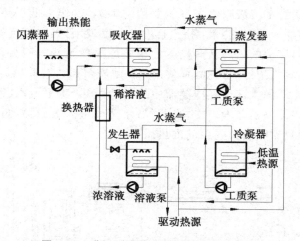

图 5-20　升温型吸收式热泵的原理示意图

近十几年,我国吸收式热泵的使用有了长足的发展和进步,尤其是在工业余热利用方面,大量使用升温型吸收式热泵技术,回收工业生产中 50 ℃ 左右的热循环水或 70～90 ℃ 低温蒸汽中的热量以及其他形式的废热,用于其他生活或生产需求,例如热电厂、橡胶厂、石化厂以及印染厂等工业厂房内的余热回收。

与压缩式的电动热泵相比,其优点是吸收式热泵不用高品位的电能,噪声小、寿命长、维修费用低。缺点是设备投资高。升温型吸收式热泵在布置上也有紧凑型和分离型之分。

紧凑型吸收式热泵装置增加了高压吸收器、低压蒸发器、一级溶液换热器、二级溶液换热器;热泵装置采用两级蒸发、两级吸收方式,将高压蒸发器和低压吸收器结合为一个部件,其中发生器、冷凝器置于一个腔体内,高压吸收器和蒸发器-吸收器的蒸发器侧置于一个壳体内,低压蒸发器和蒸发器-吸收器的吸收器侧置于一个壳体内。该系统示意图见图 5-21。这种安装方式组成了蒸发器-吸收器一体化的结构,减小了热泵体积,同时简化了热泵机组的运行流程。

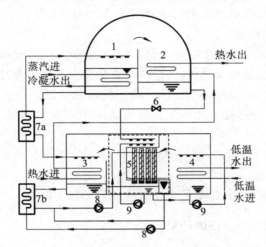

图 5-21 能够大幅度提升余热温度的紧凑型吸收式热泵示意图

1—发生器;2—冷凝器;3—高压吸收器;4—低压吸收器;5—蒸发器-吸收器;

6—节流装置;7a—一级溶液换热器;7b—二级溶液换热器;8—溶液泵;9—制冷剂泵

分离型吸收式热泵是将吸收器和蒸发器分离,用于住宅采暖的分离型吸收式热泵如图 5-22 所示。

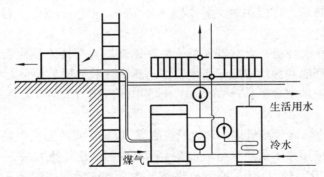

图 5-22 用于住宅采暖的分离型吸收式热泵

根据有关资料,将压缩式和吸收式这两类热泵比较如下:

根据热力学第二定律,热量是不会自发地从低温介质向高温介质传递的,必须向热泵输入一部分驱动能量才能实现热量的传递。上述两种热泵则分别通过热能和电能的输入来驱动能量传递。

可以看到,压缩式热泵的能效比要高于吸收式热泵,这是因为压缩式热泵使用的是高品位能源——电能,而吸收式热泵直接使用了低品位热能。但是吸收式热泵使用的热源可以是余热、废热、排热,因此从总体上说,其节能性能比压缩式热泵要好。相关资料指出,以一台 3500 kW 的制冷机组为例,压缩式制冷机耗电量为900 kW,而溴化锂吸收式制冷机耗电量仅多 10 kW,在当下我国电力紧缺的情况下,使用吸收式制冷机很有意义。

热泵在工厂企业中的应用也很广泛。轻纺、造纸、制糖、食品、建材等行业在生产过程中会产生大量低温余热,这些余热经常是被白白地浪费掉了。采用热泵"制热"的特性,可将这些低温余热的品位提高。提高品位后的热水或蒸汽,不但可用于采暖和生活用水,而且还可用于工艺过程,取得明显的经济效益。

5.4　热泵应用中存在的问题

热泵目前被广泛应用,特别是在建筑物的采暖和空调中。

5.4.1　地源热泵应用中存在的问题

地源热泵系统所需热量由地下岩土层提供。该系统既不像空气源热泵那样易受环境温度影响,也不像地下水源热泵那样易受限于地下水量和水质,且对生态环境影响较小。但土壤源热泵系统安装成本较高,且土壤热失衡也是土壤源热泵系统面临的重要问题。为解决热失衡问题,有学者提出以太阳能、化石燃料、空气源、工业余热等热源补偿方式和改变热泵运行策略的方式对土壤进行热补偿。

影响地源热泵推广应用的主要原因多种多样。但从土壤角度分析,存在以下主要原因:

(1) 土壤特性问题。地源热泵系统的性能好坏与当地土壤热特性密切相关,地热源的最佳间隔和深度取决于当地土壤的热物性和气候条件。土壤的热特性研究主要包括土壤的能量平衡、热工性能、土壤中的传热与传湿以及环境对土壤热物性的影响等。

(2) 地下换热器传热机理的理论研究繁多,但缺乏理论与实践的有效结合,缺乏多数环境下应用技术的系统研究以及实际有效的强化传热方法。

(3) 对不同冷、热负荷下,地下换热器与热泵系统最佳匹配技术的研究不够。20 世纪 90 年代以来,地热空调技术的研究热点依然集中在地热能换热器的换热机理、强化换热及热泵系统与地热能换热器匹配等方面。与前一阶段单纯采用"线源"传热模型不同,最新的研究更多地开始关注相互耦合的传热、传质模型,以更好地模拟地热能换热器的真实换热情况。

(4) 安装土壤埋管初期投资较大。为增强经济性,进一步研究采用热物性更好的回填材料,以强化土壤埋管在土壤中的导热过程,从而降低系统用于安装土壤埋管的初投资;为进一步优化系统,国外有关地热能换热器与热泵装置的最佳匹配参数的研究也在开展。

(5) 热泵技术与其他技术的配合问题。地源热泵技术是暖通空调技术与钻井技术的综合技术,两者缺一不可,这要求工程组织者和工程技术人员能够合理协调,做好充分的技术经济分析。

(6) 对环境的影响问题。目前地下水的回灌技术不完善,在一定程度上会影响以水为低位热源的地源热泵的进一步推广;此外,土壤源热泵空调系统钻井对土壤热、湿及盐分迁移的影响研究有待进一步深入,如何使不利因素的影响减到最低程度是必须考虑的问题。

地源热泵系统的施工主要在于钻井、成井、洗井、回填、回灌等方面。对于专门针对地源热泵的打井回灌工作没有相应的培训与资格认证,打井人员技术参差不齐,井深与孔径达不到标准、井内故障难以维修、回灌材料不合格等问题频发。

5.4.2　空气源热泵应用中存在的问题

空气源热泵系统的缺点是机组效率较低,且机组的效率受室外温度影响较大。由于受到气候的限制,空气源热泵系统主要适用于冬冷夏热地区及无集中供热的华北、华东、华中等寒冷地区。

(1) 环境适应性问题。空气源热泵的热量来源就是我们都必需的空气,而作为一种节能产品,其节能程度都与能效比(COP 值)密切相关。在较冷天运行效率低,甚至不能正常使用。应用空气源热泵技术时需要解决化霜问题。尤其在湿度大、温度低的环境中运行时,化霜会更加频繁,化霜时会使室温出现较大波动,且产生噪声。

(2) 空气源热泵安装问题。空气源热泵往往需要一个水箱来加热和储存热水。以一家 3～5 口人为例,需要 120～150 L 的水箱。这样大尺寸的水箱不容易与整体家居协调,目前只在东莞空气源热泵能安装在阳台上。随着人们对家居环境要求的提高,阳台上的这个"大家伙"消费者是不愿意接受的。

(3) 消费者对热泵热水器的认知程度。空气源热泵在国内市场是一个新生事物,消费者对它的认知程度还很低。有很多人认为用一份的热量就能得到三份的热量是不可能实现的,而且对有关热泵技术应用的其他产品也是一样,虽然热泵空调器普及率已经非常高。人们的认识仅仅局限在空调器是耗电大户,却不知道其比烧煤球炉更节能。

(4) 空气源热泵换热器和套管换热器易结垢断裂。空气热泵的出水温度通常可达到 50～60 ℃,在这个温度范围内水是最容易结垢的,如果不能定期清洗换热器,对于板式换热器而言,其内管就会破裂,从而导致整个热泵热水机组失去功能。

（5）出水温度较低，一般只能达到 50～60 ℃，在低温条件下制热效能低，容易造成烧机。

5.4.3　水源热泵应用中存在的问题

水源热泵系统是指以特定水体为储存和提取能量的基本介质，通过热泵实现水体和建筑物形成换热。不像空气源热泵机组那样易受环境影响，水源热泵所用水体温度波动较小，机组效率高，运行稳定性好。其缺点也比较明显，水的抽取与回流易导致水体的水质、水温变化，影响水体周边的生态环境。地下水源热泵易受限于地下水的水质和水量，地下水回灌效果将影响整个系统的性能和使用寿命。地表水源热泵系统在使用时需处理好结垢、腐蚀、生物污泥等问题。海水源热泵系统所用海水具有腐蚀性，故机组与海水连接侧所用管道、设备、水泵等应具有一定耐腐性。污水源热泵技术应用需要解决的关键难题是堵塞和污垢。如今太阳能与水源热泵系统的耦合也受到人们的关注。

经过多年的发展，热泵技术已经应用于供热、制冷、供热水等人们生活的各个方面。今后针对热泵技术的研究主要有以下几个方面：

（1）除了热泵技术与太阳能、生物质能等新能源相结合的研究不断深入外，随着土壤源与空气源复合型热泵机组得到开发，由其他热源有机结合的复合型热泵机组也将得到不断开发；

（2）随着热泵技术应用于工业生产，出水温度更高、效率也更高、稳定性更好的高温热泵机组需要得到开发；

（3）热泵技术与蓄热、热回收等技术相结合，开发更加节能的热泵系统。

参 考 文 献

[1]　张希浩,张姝.热泵技术应用优缺点及发展动向[J].现代商贸工业,2017,(28):179-180.

[2]　康磊,么旭,陈颖,等.地源热泵与空气源热泵的对比浅析[J].环境与可持续发展,2017,42(2):125-126.

[3]　张炯,宋建华,李锐,等.燃气热泵应用分析[J].建筑经济,2007,(S2):235-238.

[4]　蒋一军.燃气机驱动热泵空调系统及其实验研究[D].南京:东南大学,2004.

[5]　冯明志,王峰.柴油机热泵供暖系统[J].柴油机,1998,(6):11-14.

[6]　淮秀兰,王立,倪学梓,等.采用出口空气再循环的流化床谷物干燥系统模拟[J].河北理工学院学报,1997,(3):37-42.

[7]　马晓梅,杨晶,王立,等.谷物干燥热泵性能的实验研究及理论分析[J].北京

科技大学学报,2005,27(5):617-622.

[8] 陈松,杜垲.吸收式热泵初步分析与研究[J].制冷技术,2003,(3):12-16.

[9] 孔令凯,何正,魏茂林,等.升温型吸收式热泵技术综述[J].暖通空调,2017,47(5):58-63.

[10] 卢阔.吸收式热泵在冷热电联产中的应用分析[J].化工管理,2017(2):56-58.

[11] 李巍,梁爱民,周淑芬.吸收式热泵技术在合成橡胶领域的应用[J].中外能源,2006,11(5):77-80.

[12] 邹盛欧.吸收式热泵的设计和应用[J].化工装备技术,1994,15(2):14-19.

[13] 孙天宇,王庆阳,张健,等.压缩式与吸收式热泵系统的分析比较[J].上海电力学院学报,2014,30(2):115-118.

[14] 戴永庆.溴化锂吸收式制冷技术及应用[M].北京:机械工业出版社,1999.

[15] 雷飞.地源热泵空调系统运行建模研究及能效分析[D].武汉:华中科技大学,2011.

第6章 热管及其在节能中的应用

6.1 概 述

6.1.1 热管的基本原理

物体的吸热、放热是自然界的普遍现象,只要有温差存在,就必然出现热从高温处向低温处传递的现象。热传递有三种基本形式:传导、对流、辐射。热管是利用介质在热端蒸发后在冷端冷凝的相变过程(即利用液体的蒸发潜热和凝结潜热),使热量快速传导。图 6-1 为典型的热管示意图。它由密封的壳体、紧贴于壳体内表面的吸液芯和壳体抽真空后封装在壳体内的工作液组成。这种液体沸点低,容易挥发。热管一端为蒸发段(简称热端),另外一端为冷凝段(简称冷端)。当热管蒸发段受热时,工作液受热沸腾迅速蒸发,蒸气在压差的作用下高速地流向热管的另一端(冷端),在冷端放出潜热而凝结。凝结液在吸液芯毛细抽吸力的作用下,从冷端返回热端。如此反复循环,热量就从热端不断地传到冷端。因此热管的正常工作过程是由液体的蒸发、蒸气的流动、蒸气的凝结和凝结液的回流组成的闭合循环。这种循环是快速进行的,热量可以被源源不断地传导出来。

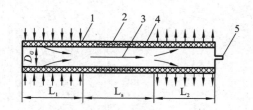

图 6-1 热管的工作原理

1—壳体;2—液体;3—蒸气;4—吸液芯;5—充液封口管

L_1—加热段(蒸发段);L_a—绝热段(输送段);L_2—冷却段(凝结段)

从热管与外界的换热情况来看,可将热管分成三个区段。

(1)加热段:热源向热管传输热量的区段。

(2)绝热段:外界与热管没有热量交换的区段,这一段并不是所有热管都必需的。

（3）冷却段：热管向冷源放出热量的区段，亦即热管本身受到冷却的区段。

从热管内部工质的传热传质情况来看，热管也可分为三个区段。

（1）蒸发段：它对应于外部的加热段。在这一段中，工作液体吸收热量而蒸发成蒸气，蒸气进入热管内腔，并向冷段段流动。

（2）输送段：它对应于外部的绝热段。在这一段中，既没有与外部的热交换，也没有液气之间的相变，只有蒸气和液体的流动。

（3）凝结段：它对应于外部的冷却段。蒸气在这个区段内凝结成液体，并把热量传给冷源。

蒸发段和凝结段具有相同的内部结构，外界环境的热状态变化时，蒸发、凝结两个工作段完全可以互换，因此这种结构的热管其传热方向是可逆的。

热管在实现这一热量转移的过程中，包含以下六个相互关联的主要过程：

（1）热量从热源通过热管管壁和充满工作液体的吸液芯传递到液-气分界面；

（2）液体在蒸发段内的液-气分界面上蒸发；

（3）蒸气腔内的蒸气从蒸发段流到冷凝段；

（4）蒸气在冷凝段内的气-液分界面上凝结；

（5）热量从气-液分界面通过吸液芯、液体和管壁传给冷源；

（6）在吸液芯内由于毛细作用，冷凝后的工作液体回流到蒸发段。

6.1.2　热管的特性

热管是依靠自身内部工作液体相变来实现传热的传热元件，具有许多优良的性能，正是这些优良性能使热管得到了发展和应用。

1. 极好的导热性能

热管利用了两个换热能力极强的相变传热过程（蒸发和凝结）和一个阻力极小的流动过程，因而具有极好的导热性能。与银、铜、铝等金属相比，单位质量的热管可多传递几个数量级的热量。当然，高导热性也是相对而言的，温差总是存在的，不可能违反热力学第二定律，并且热管的传热能力受到各种因素的限制，存在着一些传热极限；热管的轴向导热性很强，径向并无太大的改善（径向热管除外）。

2. 良好的均温性

热管内腔的蒸气处于气液两相共存状态，是饱和蒸气。此饱和蒸气从蒸发段流向凝结段所产生的压降甚微，这就使热管具有良好的均温性。热管的均温性已在均温炉和宇航飞行器中得到了应用，另外也可以通过热管来均衡机床的温度场，减少机床的热变形，提高机床加工精度。

3. 热流方向可逆

热管的蒸发段和凝结段内部结构并无不同，因此当一根有芯热管水平放置或处于失重状态时,任何一端受热,则该端成为加热端,另外一端向外散热,就成为冷却端。若要改变热流方向,无须变更热管的位置。热管的这种热流方向的可逆性为某些特殊场合的应用提供了方便,如用于某些需先放热后吸热的化学反应,或用于室内的空调。在冬天换气时,热管式空调器通过热管利用排出室外的热空气加热从室外吸入的新鲜冷空气;由于热管传热方向的可逆性,夏天吸入的新鲜空气又被排往室外的冷空气冷却。同一种设备两种用途,起到自动适应环境变化的目的。而重力热管则无此性能。

4. 热流密度可变

在热管稳定工作时,由于热管本身不发热,不蓄热,不耗热,因此加热段吸收的热量 Q_1 应等于冷却段放出的热量 Q_2。若加热段的换热面积为 A_1,冷却段的换热面积为 A_2,则它们的热流密度分别为 $q_1 = Q_1/A_1$,$q_2 = Q_2/A_2$;因为 $Q_1 = Q_2$,由此得 $q_1 A_1 = q_2 A_2$,这样通过改变换热面积 A_1 和 A_2 即可改变热管两工作段的热流密度。

有些场合需要将集中的热流分散冷却,如某些电子元件体积很小,工作时发热强度高达 $500\ \text{W/cm}^2$,即加热端换热面积很小,热流密度很高。若采用空气冷却,冷却段只能达到很小的热流密度。若采用热管,只需将冷却段换热面积加大即可较好地解决这一矛盾。

另外利用热管的上述性质,加大加热段的换热面积也可以把分散的低热流密度收集起来变为高热流密度供用户使用。热管太阳能集热器就是应用了这一原理制成的。

5. 适应性较强

与其他换热元件相比,热管有较强的实用性,表现在以下方面:

(1) 无外加辅助设备,无运动部件和噪声,结构简单、紧凑,质量轻。

(2) 热源不受限制,高温烟气、燃烧火焰、电能、太阳能都可以作为热管热源。

(3) 热管形状不受限制,形状可以随热源、冷源的条件及应用需要而改变。除圆管外,还可以做成针状、板状等形状。

(4) 既可用于地面(有重力场),又可用于空间(无重力场)。在失重状态下,吸液芯的毛细抽吸力可使工作液回流。

(5) 应用的温度范围广,只要材料和工作液选择适当,可用于 $-200 \sim 2000\ ℃$ 的温度范围。

(6) 可实现单向传热,即只允许热量向一个方向流动,这种热管也称"热二极管"。如依靠重力回流工作液的无芯重力热管(热虹吸管),其热源只能在下端,产生的热蒸气在上端凝结后,工作液靠重力回流至下端,即热只能由下端传至上端,反向传热则不可能实现。

6. 热二极管与热开关性能

热管可做成热二极管或热开关。所谓热二极管,就是只允许热流向一个方向流动,而不允许向相反的方向流动;热开关则是当热源温度高于某温度时,热管开始工作,当热源温度低于此温度时,热管就不传热。

7. 恒温特性(可控热管)

普通热管的各部分热阻基本上不随加热量的变化而变化,因此当加热量变化时,热管各部分的温度亦随之变化。近年来出现了另一种新型热管——可变导热管,使得冷凝段的热阻随加热量的增加而降低,随加热量的减少而增加,这样可使热管在加热量大幅度变化的情况下,其蒸气温度变化极小,实现温度的控制,这就是热管的恒温特性。

8. 环境的适应性

热管的形状可随热源和冷源的条件的变化而变化,热管可做成电机的转轴、燃气轮机的叶片、钻头、手术刀等,热管也可做成分离式的,以适应长距离或冷、热流体不能混合情况下的换热。

6.1.3　热管的发展历史

热管原理首先是由 R. S. Gaugler 于 1944 年在美国俄亥俄州通用发动机公司提出的。他设想一个由封闭的管子组成的装置,在管内液体吸热蒸发后,由下方的装置放热冷凝,在无任何外加动力的前提下,冷凝液体借助管内的毛细吸液芯所产生的毛细抽吸力回到上方继续吸热蒸发,如此循环,达到热量从一处传输到另一处的目的。

1963 年,美国 Los Alamos 国家实验室的 G. M. Grover 独立发明了类似于 Gaugler 提出的传热元件,并进行了性能测试试验,在美国《应用物理》杂志上发表了第一篇论文,并正式将此传热元件命名为热管(heat pipe),指出它的热导率已超过任何一种已知的金属,并给出了以钠为工质、不锈钢为壳体,内部装有吸液芯的热管的试验结果。1965 年,Cotter 首次提出了较完整的热管理论,为以后的热管理论的研究工作奠定了基础。1967 年一根不锈钢-水热管首次被送入地球卫星轨道并运行成功。

此后的几年里,各国的科研机构更加致力于热管的应用研究方面。日本出现了带翅片热管束的空气加热器,在能源日趋紧张的情况下,可用来回收工业排气中的热能。同时 Turner 和 Bienert 提出了可变导热管来实现恒温控制。Gray 研究了一种新型热管——旋转热管。这些发明都是热管技术的重大发展。在热管发展史上值得一提的是在横穿阿拉斯加输油管线的工程中,应用热管作为管线的支撑,保证地面的永冻层,以满足工程需要。1974 年以后,热管在节约能源和新能源开发方面的研究受到了充分的重视,热管换热器以及热管锅炉相继问世。

1984 年,Cotter 较完整地提出了微型热管的理论及展望,为微型热管的研究与应用奠定了理论基础。随着科学技术水平的不断提高,热管研究和应用的领域也将不断拓宽。新能源的开发,电子装置芯片冷却、笔记本电脑 CPU 冷却,以及大功率晶体管、可控硅元件、电路控制板等的冷却,化工、动力、冶金、玻璃、轻工、陶瓷等领域的高效传热传质设备的开发,都将促进热管技术的发展。

进入 20 世纪 80 年代后,世界各国的热管换热器研制工作迅猛展开。到 90 年代末期,为了降低热管的生产成本、缩短热管的设计周期、提高热管的设计水平,特别是随着热管计算机辅助设计水平的提高,各大热管生产厂家纷纷开发出热管计算机辅助设计的软件,大大缩短了热管的设计和开发周期,促进了热管技术应用的发展。

6.2　热管的分类和制造

6.2.1　热管的分类

由于热管的用途、种类和型式较多,再加上热管在结构、材质和工作液体等方面各有不同之处,故而对热管的分类也很多。常用的分类方法有以下几种。

(1) 按工作温度分类:

①极低温热管,工作温度低于−200 ℃;

②低温热管,工作温度在−200~50 ℃;

③常温热管,工作温度在 50~250 ℃;

④中温热管,工作温度在 250~600 ℃;

⑤高温热管,工作温度高于 600 ℃。

应根据热管的工作温度范围选用工作液,保证工作液处在气液共存的范围内,否则热管不能运行。表 6-1 给出了热管常用的工作液与使用温度范围。

表 6-1　热管常用的工作液与使用温度范围

工 作 液	熔点/℃	10^5 Pa 下沸点/℃	工作温度范围/℃
氦	−272	−269	−271~269
氮	−210	−169	−203~160
氨	−78	−33	−60~100
氟利昂-11	−111	24	−40~120
戊烷	−129.75	28	−20~120
氟利昂-113	−35	48	−10~100

续表

工 作 液	熔点/℃	10^5 Pa 下沸点/℃	工作温度范围/℃
丙酮	−95	57	0～120
甲醇	−93	64	10～130
乙醇	−112	78	0～130
庚烷	−90	98	0～150
水	0	100	30～320
导热姆 A	12	257	150～395
汞	−39	361	250～650
铯	29	670	450～900
钾	62	774	500～1000
钠	98	892	600～1200
锂	179	1340	1000～1800
银	960	2212	1800～2300

（2）按工作液回流的原理分类。

按工作液回流的原理，主要可以分为以下几类：

①内装有吸液芯的有芯热管。吸液芯是具有微孔的毛细材料，如丝网、纤维材料、金属烧结材料和槽道等。它既可以用于无重力场的空间，也可以用在地面上。在地面重力场中它既可以水平传热，也可以垂直传热，传热的距离取决于毛细抽吸力的大小。

②两相闭式热虹吸管，又称重力热管。它是依靠液体自身的重力使工作液回流的。这种热管制作方便，结构简单，工作可靠，价格便宜。但它只能用于重力场中，且只能自下向上传热。

③重力辅助热管。它是有芯热管和重力热管的结合。它既依靠吸液芯的毛细抽吸力，又依靠重力来使工作液回流到加热段。它只限于在地面上应用，加热段必须放在下部，在倾角较小时用吸液芯来弥补重力的不足。

④旋转热管。热管绕自身轴线旋转，热管内腔呈锥形，加热段设在锥形腔的大头，冷却段设在锥形腔的小头。在冷却段凝结的液体依靠离心力的分力回流到加热段，其工作原理如图 6-2 所示。

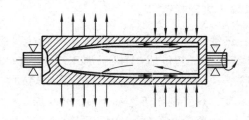

图 6-2 旋转热管工作原理

⑤其他热管：依靠静电体积力

使液体回流的电流体动力热管；依靠磁体积力使液体回流的磁流体动力热管；依靠渗透膜两边工作液的浓度差进行渗透使液体回流的渗透热管等。

（3）按管壳与工作液体的组合方式分类：铜-水热管、碳钢-水热管、铜钢复合-水热管、铝-丙酮热管、碳钢-萘热管、不锈钢-钠热管等。

（4）按结构形式分类：普通热管、分离式热管、毛细泵回路热管、微型热管、平板热管、径向热管等。

（5）按热管的功用分类：传输热量的热管、热二极管、热开关、热控制用热管、仿真热管、制冷热管等。

（6）按形状分类：可以分为管形、板形、室形、L形、可弯曲形等，此外还有径向热管和分离式热管。径向热管的内外层分别为加热段和冷却段，热量既可沿径向导出，也可以由径向导入。

普通热管是将加热段和冷却段放在一根管子上，而分离式热管是将冷却段和加热段分开（见图 6-3）。工作液在加热段蒸发后产生的蒸气汇集在上联箱中，经蒸气管道至冷却段，在冷却段放出热量凝结成液体，通过下降管回流到加热段。这种分离式热管为大型发电厂和冶金工业、化学工业的热能利用开辟了广阔的前景。

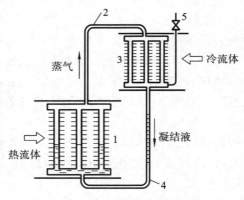

图 6-3　分离式热管的原理

1—组合蒸发段；2—气导管；3—组合凝结段；4—气液管；5—排气阀

6.2.2　热管制造

热管通常分为吸液芯型热管和重力热管，其制作工艺大致相同。对吸液芯型热管，制作工艺包括：①机械加工；②清洗；③管芯制作；④清洗；⑤焊接；⑥检漏；⑦除气；⑧检漏；⑨充装；⑩封接；⑪烘烤；⑫检验。

重力热管制作工艺如下：①机械加工（管壳、端盖，或者直接采购）；②前处理（管壳、端盖除油除锈）；③烘干；④端盖焊接（氩弧焊，焊口打磨）；⑤充装工质；⑥排空气（烘烤）；⑦封头焊接（氩弧焊）；⑧检验。

热管的主要零部件为管壳、端盖(封头)、吸液芯、腰板(连接密封件)。不同类型的热管对这些零部件有不同的要求。

1. 管壳

热管的管壳大多为金属无缝钢管,根据不同需要可以采用不同材料,如铜、铝、碳钢、不锈钢、合金钢等。管子可以是标准圆形,也可以是异形的,如椭圆形、正方形、矩形、扁平形、波纹管等。管径可以从 2 mm 到 200 mm,甚至更大。长度可以从几毫米到 100 m,甚至更长。低温热管换热器的管材在国外大多采用铜、铝作为原料。采用有色金属作管材主要是为了满足与工作液体相容性的要求。

2. 端盖

热管的端盖具有多种结构形式,它与热管连接方式也因结构形式而异。端盖外圆尺寸可稍小于管壳。配合后,管壳的突出部分可作为氩弧焊的熔焊部分,不必再填焊条,焊口光滑平整、质量容易保证。

旋压封头是国内外常采用的一种形式,旋压封头是在旋压机上直接旋压而成,这种端盖形式外形美观,强度好、省材省工,是一种良好的端盖形式。

3. 吸液芯结构

吸液芯是热管的一个重要组成部分。吸液芯的结构形式将直接影响热管和热管换热器的性能。近年来随着热管技术的发展,各国研究者在吸液芯结构和理论研究方面做了大量工作,下面对一些典型的结构作简要的介绍。

一个性能优良的管芯应具有:

(1) 足够大的毛细抽吸力或较小的管芯有效孔径;

(2) 较小的液体流动阻力,即有较高的渗透率;

(3) 良好的传热特性,即有小的径向热阻;

(4) 良好的工艺重复性及可靠性,制造简单,价格便宜。

4. 管芯的结构形式

管芯的结构形式大致可分为以下几类。

1) 紧贴管壁的单层及多层网芯

此类管芯多层网的网层之间应尽量紧贴,网与管壁之间亦应贴合良好,网层数有 1~4 或更多,各层网的目数可相同或不同。若网层多,则液体流通截面大,阻力小,但径向热阻大;用细网时,毛细抽吸力大但流动阻力亦增加。如在近壁数层用粗孔网,表面一层用细孔网,这样可由表面细孔网提供较大的毛细抽吸力,通道内的粗孔网使流动阻力较小,但并不能克服径向热阻大的缺点。网芯式结构的管芯可得到较大的毛细抽吸力和毛细提升高度,但因渗透率较低,液体回流阻力较大,热管的轴向传热能力受到限制。此外,其径向热阻较大,工艺重复性差,又不能适应管道弯曲的情况,故在细长热管中逐渐被其他管芯取代。

2）烧结粉末管芯

由一定目数的金属粉末烧结在管内壁面而形成与管壁一体的烧结粉末管芯，也有用金属丝网烧结在管内壁面上的管芯。此种管芯有较大的毛细抽吸力，并较大地改善了径向热阻，克服了网芯工艺重复性差的缺点，但因其渗透率较差，故轴向传热能力仍较轴向槽道式管芯及干道式管芯的小。

3）轴向槽道式管芯

在管壳内壁开轴向细槽以提供毛细压头及液体回流通道，槽的截面形状可为矩形、梯形、圆形及变截面。轴向槽道式管芯虽然毛细压头较小，但液体流动阻力甚小，因此可达到较高的轴向传热能力，径向热阻较小，工艺重复性良好，可获得精确的几何参数，因而可较正确地计算毛细限。此种管子弯曲后性能基本不变，但由于其抗重力工作能力极差，不适于倾斜（热端在上）工作，对于空间的零重力条件则是非常适用的，因此广泛用于空间飞行器。

4）组合管芯

一般管芯往往不能同时兼顾毛细抽吸力及渗透率。为了有大的毛细抽吸力，就要选用更细的网或金属粉末，但它的渗透率较差，组合多层网虽然在此方面有所提高，可是其径向热阻大。组合管芯能兼顾毛细抽吸力和渗透率，从而获得较高的轴向传热能力且径向热阻小。它基本上把管芯分成两部分，一部分起毛细抽吸作用，另一部分起液体回流通道作用。

6.2.3　热管的相容性及寿命

热管的相容性是指热管在预期的设计寿命内，管内工作液体同壳体不发生显著的化学反应或物理变化，或有变化但不足以影响热管的工作性能。相容性在热管的应用中具有重要的意义。只有长期相容性良好的热管，才能保证稳定的传热性能、长的工作寿命及工业应用的可能性。正是通过化学处理的方法，有效地解决了碳钢与水的化学反应问题，才使得碳钢-水热管这种高性能、长寿命、低成本的热管得以在工业中大规模推广使用。

影响热管寿命的因素很多，归结起来，造成热管不相容的主要形式有三方面，即产生不凝性气体，工作液体热物性恶化，管壳材料的腐蚀、溶解。

（1）产生不凝性气体。

由于工作液体与热管材料发生化学反应或电化学反应，产生不凝性气体，在热管工作时，该气体被蒸气流吹扫到冷凝段聚集起来形成气塞，从而使有效冷凝面积减小，热阻增大，传热性能恶化，传热能力降低甚至失效。

（2）工作液体热物性恶化。

有机工作介质在一定温度下，会逐渐发生分解，这主要是由于有机工作液体的性质不稳定，或与热管壳体材料发生化学反应，使工作介质改变其物理性能，如甲苯、烷、烃类等有机工作液体易发生该类不相容现象。

（3）管壳材料的腐蚀、溶解。

工作液体在管壳内连续流动，同时存在着温差、杂质等因素，使管壳材料发生溶解和腐蚀，流动阻力增大，使热管传热性能降低。管壳被腐蚀，引起强度下降，甚至引起管壳的腐蚀穿孔，使热管完全失效。这类现象常发生在碱金属高温热管中。

6.3　热管的传热极限

6.3.1　热管正常工作的条件

图 6-4 表示了热管管内气-液交界面形状，蒸气质量、流量、压力以及管壁温度 T_{wc} 和管内蒸气温度 T_v 沿管长的变化趋势。沿整个热管长度，气-液交界处的气相与液相之间的静压差都与该处的局部毛细压差相平衡。

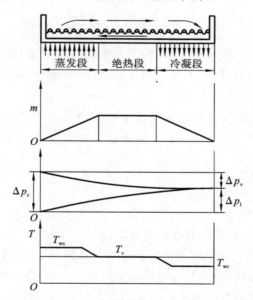

图 6-4　热管管内气-液交界面质量流、压力和温度沿管长的变化示意图

热管正常工作的必要条件是

$$\Delta p_c \geqslant \Delta p_l + \Delta p_v + \Delta p_g$$

其中毛细压头 Δp_c 为热管内部工作液体循环的推动力，用来克服蒸气从蒸发段流向冷凝段的压力降 Δp_v、冷凝液体从冷凝段流回蒸发段的压力降 Δp_l 和重力场对液体流动产生的压力降 Δp_g（Δp_g 可以是正值，也可以是负值或零，视热管在重力场中的位置而定）。

热管的传热能力虽然很大,但也不可能无限地加大热负荷。事实上,热管的传热能力总是受到若干因素控制的,如管内工质的性质、外部传热条件及热管本身的结构尺寸、工作方式等。限制热管传热能力的因素主要由黏性限、声速限、毛细限、携带限和沸腾限等五个方面构成,而影响各传热极限的因素较多,下面讨论在其他各种影响传热极限的参数(工质物性参数、吸液芯结构参数、热管传热工作条件参数等)确定的条件下,热管的传热极限随热管尺寸变化的关系。

6.3.2 黏性传热极限

热管内工质蒸发后流向冷凝段,黏性力的作用使推动蒸气流动的蒸气压力下降。当压力降至零时,蒸气的流速达到极限值,此时传热量也达到最大值,即达到黏性传热极限。

假定热管内部蒸气为饱和蒸气,并服从理想气体定律,在温度一定时,利用Navier-Stokes 方程,导出热管的黏性传热极限为

$$Q_{n,max} = \frac{d_v^2 h \rho_v p_v A_v}{64 \eta l_e} = \frac{\pi d_v^4 h \rho_v p_v}{256 \eta l_e} \tag{6-1}$$

式中,d_v 为热管的蒸气腔直径,m;h 为工质的汽化潜能,J/kg;ρ_v 为工质的蒸气密度,kg/m³;p_v 为饱和蒸气压力,N/m³;A_v 为蒸气腔面积,m²;η 为蒸气动力黏度,N·s/m²;l_e 为热管长度,m。

由式(6-1)可见,黏性传热极限只与工质的物性、热管长度和蒸气腔直径三个因素有关。当热管工作温度及所用工质确定后,工质的物性参数也就确定。

令
$$K_n = \frac{\pi h \rho_v p_v}{64 \eta}$$

则
$$Q_{n,max} = K_n \frac{d_v^4}{l_e} \tag{6-2}$$

由式(6-2)可看出热管的黏性传热极限值与热管的长度成反比,与热管蒸气腔直径的 4 次方成正比。在确定热管直径条件下热管黏性传热极限随热管长度变化的关系如图 6-5 中曲线 1 所示,而对确定的热管长度,黏性传热极限与热管蒸气腔直径的关系如图 6-6 曲线 1 所示。

6.3.3 声速传热极限

热管蒸气腔内的蒸气流动与收缩-扩散喷管中的气体流动十分类似。在蒸发段开始端,蒸发速度为零,沿蒸发段不断蒸发,蒸气的质量流量不断增加,蒸气不断被加速,在蒸发段出口处达到最大值,而温度逐渐下降;在冷凝段,随着蒸气不断凝结,流动减慢,温度回升,进一步降低冷凝段温度,使蒸气凝结加速,在蒸发段出口处,蒸气达到声速,也就达到了临界状态,并出现了阻塞现象,此时热管的正常工作

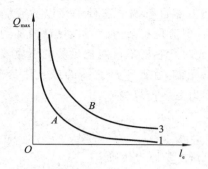

图 6-5　热管长度与传热极限

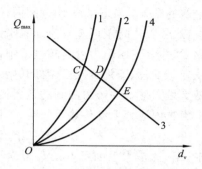

图 6-6　热管直径与传热极限

被破坏,即使进一步减小冷凝段与冷凝热阻,热流量也不再增加。因此蒸发段出口截面蒸气流速达到当地声速时所对应的传热量称为声速传热极限。

　　根据一维蒸气流动理论,可导出声速极限表达式。假定蒸气流动遵循理想气体定律,且惯性影响起主导作用,摩擦力可忽略不计,由一维动能量方程

$$mc_pT_o = mc_pT_v + \frac{mW_v^2}{2} \tag{6-3}$$

代入理想气体方程

$$\frac{p_o}{\rho_o T_o} = \frac{p_v}{\rho_v T_v} \tag{6-4}$$

可得

$$Q = \frac{A_v \rho_o h M_v}{1 + V_v M_v^2}\left[V_v R_v T_o\left(1 + \frac{V_v - 1}{2}M_v^2\right)\right]^{1/2} \tag{6-5}$$

　　当 $M_v = 1$ 时,可得热管声速传热极限为

$$Q_{s,\max} = \frac{\pi}{4}d_v^2 \rho_o h\left[\frac{V_v R_v T_o}{2(V_v + 1)}\right]^{1/2} \tag{6-6}$$

式中,d_v 为热管蒸气腔直径,m;W_v 为热管中的蒸气速度,m/s;M_v 为热管中的蒸气质量,kg;ρ_o 为蒸气密度,kg/m³;h 为汽化潜热,J/kg;V_v 为蒸气比热比(对单原子蒸气 $V_v = 5/3$,双原子蒸气 $V_v = 7/5$,多原子蒸气 $V_v = 4/3$);R_v 为蒸气的气体常数。

　　令

$$K_s = \frac{\pi}{4}\rho_o h\left[\frac{V_v R_v T_o}{2(V_v + 1)}\right]^{1/2}$$

则

$$Q_{s,\max} = K_s d_v^2 \tag{6-7}$$

　　对确定的工质及工作温度,K_s 为常数。因此,由上式可看出热管的声速传热极限与热管管径的平方成正比,与长度无关。其变化关系如图 6-6 中曲线 2 所示。

6.3.4　毛细传热极限

　　普通热管工质的循环是在热传递过程中毛细抽吸力,体积力和液、气相流动损

失平衡的结果。在正常工作范围内,毛细抽吸力能自行调节这种平衡以适应循环要求,热管工作时不但蒸气流动有阻力,凝结液回流也有阻力。当传热量增加到一定程度时,上述两阻力可能超过毛细抽吸力,此时管芯就不再能把足够的工质液体回输到蒸发段,于是蒸发段端部开始发生局部干涸,在此干涸之前的最大热负荷,就是受最大毛细抽吸力限制的最大传热量,称为毛细传热极限。

当管内达到毛细传热极限时,其压差平衡方程为

$$\Delta p_c = \Delta p_v + \Delta p_l \tag{6-8}$$

式中,Δp_c 为最大毛细压力;Δp_v 为蒸气压降;Δp_l 为摩擦力压降。

通过对上述压差平衡方程进行推导,可求得毛细传热极限的微分形式。由于该压差平衡方程中各压力项表达式相关因素十分复杂,随着管内流动工况、吸液芯结构、热管角度等因素的不同,毛细传热极限的积分表达式也不相同,这里仅以普通丝网式水平热管在层流工况下($Re \leqslant 2300$)下的最大传热量表达式来探讨热管尺寸对传热极限的影响,该式为

$$Q_{m,\max} = \frac{2e/r_c - \rho_l g d_v}{l_e(F_l + F_v)} \tag{6-9}$$

式中,液体摩擦系数 $F_l = \dfrac{\eta_l}{KA_w\rho_l h}$,η_l 为液体黏度($\mathrm{kg/m \cdot s}$),K 为渗透率,A_w 为吸液芯截面积($\mathrm{m^2}$),h 为汽化潜热($\mathrm{J/kg}$);蒸气摩擦系数 $F_v = \dfrac{8\eta_v}{r_{hv}^2 A_v \rho_v h}$,η_v 为蒸气黏度($\mathrm{kg/m \cdot s}$),A_v 为蒸气腔面积($\mathrm{m^2}$),ρ_v 为蒸气密度($\mathrm{kg/m^3}$),r_{hv} 为水力半径(m);e 为工质液体的表面张力系数,$\mathrm{N/m}$;r_c 为有效毛细半径,m;ρ_l 为液体密度,$\mathrm{kg/m^3}$;d_v 为蒸气腔直径,m;g 为重力加速度,$\mathrm{m/s^2}$;l_e 为热管有效长度,m。

从上式可以看出,热管的长度及管径均是影响热管的毛细传热极限的因素,其中热管有效长度 l_e 与热管的毛细限大小成反比,其变化关系如图 6-5 中曲线 1 所示,而热管蒸气腔直径对毛细限的影响较为复杂,且不直接影响毛细限的大小,毛细限主要是受吸液芯结构的影响,一般情况下,F_v 远远小于 F_l,因而可忽略不计,而对确定的物性参数及吸液芯结构尺寸,上式可写为

$$Q_{m,\max} = \frac{2e}{l_e F_l} - \frac{\rho_l g}{l_e F_l} d_v \tag{6-10}$$

令 $K_{m1} = \dfrac{2e}{F_l}$,　　　　　　　　$K_{m2} = \dfrac{\rho_l g}{F_l}$

则　　　　　　　　$$Q_{m,\max} = \frac{K_{m1} - K_{m2} d_v}{l_e} \tag{6-11}$$

由上式看出,毛细传热极限在各工质物性参数及吸液芯确定的情况下与热管的长度成反比,如图 6-5 中曲线 3 所示,毛细传热极限与蒸气腔直径关系如图 6-6 中曲线 3 所示。

6.3.5　携带传热极限

在热管内,蒸气和回流液体运动方向是相反的。随着传热量增加,两流体的相对速度也增大,由于剪切力的作用,流动蒸气会将部分回流液滴携带至凝结段。因此当蒸气的流速足够大时,就可能把液体从吸液芯表面撕下来带回冷凝带。由于被携带的液体未回到蒸发段,因此起不到传递热量的作用,凝结液的回流受阻,使热管不能正常工作。当携带量足够大时,返回蒸发段的液体就不能满足蒸发需要,蒸发段出现干涸,传热量即达到了携带传热极限,此时蒸气流动的惯性力与吸液芯表面液体的表面张力达到平衡,即

$$\rho_v W_v^2 Z = e \tag{6-12}$$

而热管中的蒸气速度

$$W_v = \frac{Q}{A_v \rho_v h} \tag{6-13}$$

因此携带传热极限

$$Q_{x,\max} = \frac{\pi}{4} d_v^2 h \left(\frac{\rho_v e}{Z} \right)^{1/2} \tag{6-14}$$

式中,d_v 为蒸气腔直径,m;h 为汽化潜热,J/kg;ρ_v 为蒸气密度,kg/m³;e 为工质液体的表面张力系数,N/m;Z 为与气-液交界面几何形状有关的定性尺寸(m),它可由吸液芯的种类结构确定。

由式(6-14)可知,携带传热极限与热管的直径的平方成正比,而与热管的长度无关,如图 6-6 曲线 4 所示。

6.3.6　沸腾传热极限

热管中热量的传递是通过蒸发段管壁和充满工质液体的管芯进行的,随着传热量增加,蒸发段工作液的蒸发量也将增加。如果热流量增大,那么与管壁接触的液体将逐渐过热,并在核化中心生成气泡,这将妨碍液体的循环蒸发,进而影响热量的传递。热管蒸发段与管壁接触的液体生成气泡时的最大传热量称为沸腾传热极限。沸腾传热极限的理论基础是核态沸腾理论。运用该理论分析热管内蒸发过程中气泡的形成及长大运动过程中的力平衡过程,应有

$$\pi r_b^2 (p_{vw} - p_l) = 2\pi r_b e \tag{6-15}$$

整理得

$$p_{vw} - p_l = \frac{2e}{r_b} \tag{6-16}$$

根据 Clausina-Clapeyron 方程得

$$\frac{dp}{dT} = \frac{h\rho_v}{T_v} \tag{6-17}$$

因而

$$\Delta T = \frac{T_v}{h\rho_v} \cdot \frac{2e}{r_b} \tag{6-18}$$

由传热方程得

$$\Delta T = \frac{Q\ln(r_1/r_v)}{2\pi l_e k} \tag{6-19}$$

合并式(6-18)、式(6-19),得出沸腾传热极限的表达式为

$$Q_{\mathrm{f,max}} = \frac{2\pi l_e k T_v}{h \rho_v \ln(r_1/r_v)} \cdot \frac{2e}{r_b} \qquad (6\text{-}20)$$

式中,h 为汽化潜热,J/kg;ρ_v 为蒸气密度,kg/m³;k 为浸满液体吸液芯的导热系数,W/(m·K);r_1 为管壳内径,m;r_v 为蒸气腔半径,m;T_v 为热管工作温度,K;e 为液体表面张力系数,N/m;l_e 为热管有效长度,m;r_b 为气泡生成半径(m),实验表明对一般热管可取 $r_b = 2.54 \times 10^{-7}$ m。

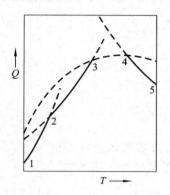

图 6-7　热管的传热极限

1—2—声速传热极限;2—3—携带传热极限;
3—4—毛细传热极限;4—5—沸腾传热极限

下热管才能正常工作。

在工质确定的情况下,沸腾传热极限与管内径和蒸气腔直径比的自然对数成反比。由于 r_1/r_v 的大小主要取决于丝网的结构及厚度,因此对于确定的物性参数与吸液芯可忽略管径的影响,因而可近似认为沸腾传热极限仅与热管长度成正比,如图 6-5 中曲线 5 所示。

综上分析,热管工作温度低时,容易出现声速传热极限和携带传热极限;工作温度高时,须提防出现毛细传热极限和沸腾传热极限,而黏性传热极限与温度无关。从图 6-7 中看出,只有在包络线 1—2—3—4—5

6.4　热管换热器的应用

6.4.1　热管换热器的分类和特点

将若干热管组装起来,就成了热管换热器。图 6-8 为热管空气预热器的示意图。由于冷热两侧气体都可以在管外流动,因此两侧都可以在热管外加装翅片以增大换热面积,此外还易于把换热器设计成逆流、叉排等形式,以尽量提高换热器的效率;中间隔板将两种流体有效地隔开,避免冷热流体掺混污染。

热管换热器种类很多,主要有以下几种分类方法:

(1)按冷热流体的状态的不同,热管换热器可分为气-气式、气-液式、液-液式、液-气式;

(2)按结构形式的不同,热管换热器可分为一体式、分离式和组合式;

(3)按工作环境温度不同,热管换热器可分为低温热管换热器、常温热管换热器、中温热管换热器、高温热管换热器和超高温热管换热器;

（4）按其作用不同，热管换热器又可分为冷却型和加热型。

与其他换热器相比，热管换热器的优点如下：

（1）换热效率高。

与传统的换热器不同，热管换热器是以热管为中间传热介质，以工质的相变蒸发热来传递热量，冷热流体分别与热管的冷凝段和蒸发段进行热交换，在管外进行传热的。由于利用的是工质的相变蒸发热来传递热量，因此比传统的以金属界壁进行的传热过程传热效果要高出几个数量级。

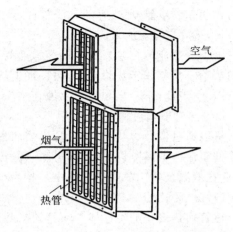

图 6-8　热管空气预热器的示意图

（2）安全性、可靠性更高。

由于热管换热是依靠热管内封闭的工质来传递的，每根热管都是相对独立的密闭单元，冷热流体都在管外流动，并由中间密封板严密地将冷热流体隔开，冷热流体与热管之间的换热不会影响到工质的工作，单根热管的损坏也不会对冷热流体的正常流动产生影响，这与常规间壁换热设备不同。也就是说，由于设备事故造成的临时停车不会影响到热管的性能，不会对热管产生破坏；如果热管中一根换热元件损坏，也不会影响到冷热流体的各自流动，也不需停车检修，大大增强了设备运行的可靠性，尤其适用于不允许泄漏的易燃、易爆、有毒等介质的加热。这是传统的间壁换热设备所不具备的，这一特点对连续性生产具有特别重要的意义。

（3）无任何外加动力。

热管换热器依靠热管内封闭的工质的汽化来传递热量，被冷凝后工质依靠自身重力回流至蒸发段又重新汽化，工质的循环主要靠重力，不需外加动力，因而增加了热管换热器系统运行的可靠性，降低了运行费用。

（4）便于强化传热。

热管换热器的热传导速率是很高的，相变产生的相变热比一般的金属热传导的热量要大几个数量级，因此与热管进行热交换的冷热流体必须有足够的流速和换热面积，才能迅速进行换热，否则很难实现足够高的热传导速率。另外，工质、工质的用量以及热管蒸发段或冷却段的面积也都对传热产生直接的影响，因此通过加长热管、增加工用量（适宜的范围内）以及热管外部加装翅片都可以增大热管本身的传热量，所以一般热管管外都加装翅片，而且尽量采用大的翅化比和长的热管，这样可以加大冷热流体与热管接触的外表面面积，提高传热量。比如普通光管碳钢-水热管的换热效率是银的几百倍到上千倍，而加装翅片的热管可以将其再提高为普通光管碳钢-水热管的 7 倍左右。

（5）防积、堵灰能力。

由于冷热流体在管外的流动横掠热管，而且速度很快，会增大对热管的扰动，使积灰不容易累积于热管表面，另外加上热管壁温很高，管外温度始终处于流体的露点以上，因此，不会出现露点腐蚀和结焦。

（6）热管壁温可调。

可以通过调节冷热流体流速、换热面积等方法来调节热管的壁温，使热管壁温始终处于流体的露点以上，从而可防止露点腐蚀对热管的侵害，保证热管的长期运行，这在低温余热回收或热交换中是相当重要的。

（7）布置灵活。

热管换热设备的冷流体与热管的换热部位结构和位置布置可以非常灵活，可以通过增加绝热段的长度使其适应于不同空间位置的排放，也可以实现远距离热量传输，对于地面空间狭小和设备拥挤的场合特别适合。

此外，热管换热器还具有受传热极限的制约少、热流密度可变、冷热源完全隔离、不存在相互污染、维护费少、密封简单可靠、容易清灰等优点。

6.4.2　热管换热器的设计

和普通换热器设计一样，热管换热器可采用程序化设计。它主要包括两大部分：换热器的热力计算和热管的极限校核。通常设计者只要根据工程设计条件输入原始参数，即可得到设计结果。然而热管换热器与其他通用性换热器不一样，它对工程的实际情况比较敏感，即通用性不强，在许多情况下，程序计算的结果并不完全合理，甚至不可行，必须作合理的修改调整。

热管换热器热力计算的主要任务在于求取总传热系数 U，然后根据平均温差及热负荷求得总传热面积 A，从而定出管子根数。设计中应考虑如下特殊点：

（1）对气侧，应选择适当的标准迎面风速，通常把迎面风速（标准状况）限制在 $2\sim3$ m/s 的范围内，风速过高会导致压降过大和动力消耗增加，风速过低会导致管外传热系数降低，管子的传热能力得不到充分的发挥。

（2）选定适当的翅片管参数，对清洁气体可选择较密的翅片间距和较薄、较高的翅片；对灰尘多的或有腐蚀性的气体，则应选择间距较宽、翅片较厚较低的翅片管，管壁也应稍厚，以抗磨损和腐蚀。

（3）重视原始设计参数的核实及计算公式的验证。热管换热器的设计应特别重视原始设计参数，因为一般作为余热回收设备往往是在已运转的系统中作为附加设备设计的，因此对前后设备的影响要求颇为严格，现场原始参数（气温、气量）必须精确测定。根据场地情况、系统的要求（压降、温降等），选择合适的结构。对重要的工程，以及在缺少经验的情况下一些重要的设计参数计算公式（传热系数、压降),应进行必要的试验,予以验证。

热管换热器的设计方法大致可分为三类:①常规计算法;②离散计算法;③定壁温计算法。

常规计算法的出发点是把整个热管换热器看成一块热阻很小的间壁,因而可以采用常规间壁式换热器的设计方法进行计算。离散计算法的出发点是认为通过热管换热器换热的热流的温度变化不是连续的,而是阶梯式的,因而可以通过离散的办法建立传热模型,并进行设计计算。定壁温计算法是近年来在实践中逐步摸索出来的一种方法,它主要是针对热管换热器在运行中易产生露点腐蚀和积灰而提出的,主要目的是要把各排热管(特别是烟气出口处的几排)的壁温都控制在烟气的露点之上,从而可避免露点腐蚀以及因结露而形成堵灰。

热管设计应当考虑以下几个因素:①热管内部工作液体的种类;②热管内吸液芯结构形式;③热管的工作温度,亦即工作情况下热管内部工作液体的饱和蒸气温度;④热管管壳材料的种类。

在进行热管设计之前,首先应考虑确定上述这些因素。一般说来,这与设计的目的有关。如前所述,热管的用途相当广泛,不同的用途对热管的要求也不尽一致。在某些场合下要求相当苛刻,例如在宇航、军工中应用的热管。此时管子的数量可能较少,可靠程度和精密性要求却相当严格,可靠性占第一位,经济性则处于次要地位。在民用和一般工业中,管子数量相当多(批量生产),这时经济性占突出地位,如果价格昂贵,应用也就失去了意义。故此时的热管设计更应注意经济性,应尽量采用价廉易得且传输性能好的工作液体,吸液芯尽可能采用简单的结构,或不用吸液芯(热虹吸管-重力热管),对管壳则尽可能采用价廉的金属——碳钢管。

6.4.3 热管换热器在冶金中的应用

热管换热器在宇航、军工、石油、化工、冶金、机械、电力、电子、煤炭、铁路、通讯、纺织、家电、IT 产品等领域都有广泛的应用。下面对热管换热器的应用作简要介绍。

热管换热器在冶金工业中应用很广。下面仅以炼铁和电炉炼钢为例。

现代炼铁主要采用高炉法,即将铁矿石在高炉中还原,熔化,炼成生铁。从高炉风口鼓入的风先经过预热,成为高温热风,加快高炉内焦炭燃烧的速度以增加产量,同时热风具有的物理热也提高了燃烧温度,并能够降低焦炭的消耗量。

风的预热在热风炉中进行。高炉热风炉是产生热风的设备,采用蓄热式热交换炉。热风炉有燃烧室和蓄热室,燃烧室内的烧嘴燃烧气体燃料,即高炉煤气或焦炉煤气与高炉煤气的混合煤气,产生高温燃烧产物,蓄热室内充满格子状耐火砖或蜂窝陶瓷,其表面就是蓄热室的加热面。煤气和助燃空气在燃烧室燃烧,燃烧生成的高温烟气进入蓄热室,将室内的格子砖或蜂窝陶瓷加热,然后停止燃烧,再将鼓风机送来的冷空气通过蓄热式格子砖或蜂窝陶瓷,将其积蓄的热量带走。冷空气被加热到所需的温度进入高炉,加热后的热风温度为 1000~1200 ℃,为降低焦比,节约焦炭,满足喷吹燃料对风温越来越高的要求,目前都在努力提高送风温度(通常以 1300 ℃以上为目标)。而热风炉排放的烟道废气的温度一般限制在 400 ℃以下,再使用热管换热器回收这部分余热,用来预热助燃空气或预热燃烧气体燃料,则可以改善蓄热炉内的燃烧状况,提高炉顶温度。

例如原来我国马鞍山第一炼铁厂首先采用热管技术回收热风炉余热加热助燃空气。使用结果表明,由于出炉热风温度提高了,每吨铁减少 10 kg 焦炭,同时用于燃烧的煤气节省 40%。这一效果的获得大大促进了热管换热器在冶金行业的推广应用。

目前我国大型钢铁企业的高炉热风炉大都采用了热管技术回收余热技术。依据现场的布置条件,可采用整体式热管空气预热器、整体式热管煤气预热器,也可采用分离式热管换热器回收排烟余热,同时加热助燃空气和煤气(称为双预热)。

高炉热风炉分离式双预热热管换热器系统由三台换热器组合而成。热风炉来的烟气经烟道总管进入分离式热管换热器加热段,并在其内自然分流,分别通过煤气侧热管的加热段及空气侧热管的加热段,放出热量后经烟囱排空,其放出的热量被热管加热段吸收后,管内的工作液体所产生的蒸气通过联络管分别被传送到布置在煤气箱体及空气箱体中的热管冷凝段,放出热量,达到将煤气及空气预热的目的。在烟气换热器箱体中,煤气侧热管加热段及空气侧热管加热段并联布置,烟气按它们之间所占迎风面积比例自然分流,为了便于换热器的现场调试及整套装置不影响高炉热风炉的生产运行,在三台换热器冷热风道上分别设置了旁路风道。

电炉炼钢主要是靠电极和炉料间放电产生的电弧,使电能在弧光中转变为热能,并借助辐射和电弧的直接作用加热并熔化金属和炉渣。目前,电炉炼钢是世界各国生产特殊钢的主要方法。电炉主要是通过用废铜、铁合金和部分渣料进行配料冶炼,根据不同的钢种要求,可以接收高碳铬铁水,然后熔制出碳钢或不锈钢钢水供连铸用。电炉炼钢时含有有害物污染的烟气主要产生在电炉的加料、冶炼和出钢这三个阶段。电炉冶炼一般分为装料期、熔化期、氧化期、还原期和出钢期。熔化期主要是炉料中的油脂类可燃物质的燃烧和金属物质通电达高温时的熔化过程,此时产生的是黑褐色烟气;氧化期强化脱碳,由于吹氧或加矿石而产生大量赤褐色浓烟;还原期主要是去除钢中的氧和硫,调整化学成分而投入炭粉等造渣材料,产生白色和黑色烟气。在这几个过程中氧化期产生的烟气量最大,含尘浓度和烟气温度最高。目前国内冶金行业中,电炉、转炉炼钢等冶炼过程的余热均未得到充分有效的利用,而且该部分高温烟气的降温均采用循环水激冷,不仅浪费了大量高品位的能源,而且消耗电力和水资源,造成极大的能源和资源的浪费及环境污染。对这部分能量的回收,电炉炼钢的主要困难在于:第一,温度高,最高时达

1000 ℃以上;第二,交变幅度大,每 40～45 min 一个周期,温度在 200～800 ℃之间变化,每炉钢烟气流量从几万到数十万标准立方米,呈现出强周期性变化;第三,粉尘含量高,灰尘在烟气降温降速过程中会沉积和产生腐蚀。

传统的管式、板式换热器不但难以承受如此大幅度的热应力,同时对高含尘量也无能为力。采用热管作为传热元件,可以通过热管内部性能的改善以及灵活排列和冷热段长度的调整,控制一定的流速和管壁温度,减少和避免灰尘的沉淀,同时换热元件热管的两端处于自由状态,避免了热应力的问题,实现了高温交变、高含尘量的烟气余热的有效回收,产生连续稳定的饱和蒸气输出,输出的饱和蒸气可并网使用或用于后续 VD 炉(真空炉)抽真空所需要的蒸气供给。

通常电炉炼钢的高温烟气由和炉盖连接的第四孔进入,此时最高温度在 1200 ℃以上,经过高温冷却到达二次燃烧沉降室,进行 CO 气体的充分燃烧和灰尘初步的沉降后,烟气最高温度也可达 1000 ℃左右,烟气依次进入多级热管蒸气发生器和热管省煤器,将排烟温度降到 200 ℃以下,进入后续袋式除尘器、风机、烟囱后达标排放。

6.4.4　热管换热器在化工中的应用

化学反应往往有热效应相伴随,对于放热反应,需要及时移走热量,而对于吸热反应,则需及时供给热量才能维持化学反应的正常进行。利用热管换热器移走化学反应热或供给化学反应热,可以把化学反应控制在理想的温度范围内进行,从而可以得到高质量的产品,提高产量。

将热管应用于化学反应器上是近年来热管技术应用领域的又一扩展。热管组成的换热器用于化学反应器上(吸热反应或放热反应),可以控制反应器的触媒床层温度,使其逼近最佳反应温度,从而提高反应器的生产能力和产品质量。热管具有温度平展的特性,其热管的表面有很好的温度均匀性,因此用它来保持想要的恒温环境是很理想的。在化学工业中,用热管作为等温化学反应器的热源效果良好,特别是固定床催化反应器中,轴向触媒温度分布的不均匀问题可以获得较好的解决。

如某厂有一台 MTBE 混相反应器,设计压力为 1.0 MPa,工作温度为 65 ℃。改造前,存在的主要问题是触媒层反应温度不稳定,反应温度在触媒层分布不均匀,反应温度过高。按要求触媒层反应温度应保持在 45～65 ℃,不能超过 65 ℃。而现在反应温度一般在 70 ℃左右,物料进口温度在冬季尚可,在夏季偏高(40 ℃左右),反应温升一直是制约该厂产品质量和产量的一个瓶颈。于是使用了由南京化工大学热管研究所设计的热管换热器进行改造。该反应器热管部分的工作过程如下:反应温度在 45～65 ℃时,位于触媒层内部的热管内工作液体(甲醇)便汽化,然后通过热管传输到反应器外的冷凝器内,用循环水进行冷凝,冷凝后的甲醇液体在重力作用下进入热管,在工作温度下再次汽化。如此循环,最终实现将触媒层反应温度控制在 45～65 ℃ 的目的。反应器热管取热部分的结构如图 6-9 所示。

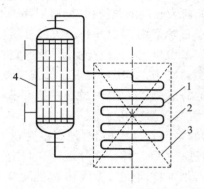

图 6-9 反应器结构(热管取热部分)

1—热管;2—反应器筒体;3—触媒层;4—冷凝器

热管及热管换热器近年来在石油化工中的应用已愈来愈受到人们的重视。它具有结构紧凑、压降小、可以控制露点腐蚀、一端破坏不会引起两种换热流体互混等优点,不仅提高了设备的热效率,而且可靠性也大为增加,减少了停车次数。

早在 20 世纪 70 年代,国外一些研究者就开始注意到热管的一些独特特点使其可以在化学反应设备和核反应堆工程中发挥重要作用。美国加利福尼亚大学的 William 和 Ranken 首先在 1976 年发表了他们对热管煤气化炉及三合一热管甲烷转化反应器的研究设计结果,1979 年日本公开了热管固定床催化剂反应器的专利,1981 年英国公开了流化床热管化学反应器专利,1982 年日本公开了热管裂解炉的专利,1983 年美国华盛顿研究中心的 Y. O. Parent、里海大学的 H. S. Caram、康乃狄克大学的 R. W. Coughlin 联合发表了径向热管的氧化反应器。这些设计的特点如下:利用热管的等温性,均化床层温度得到较高的转化率和收率;利用热管的可变导特性,控制反应床温度使其不超温或过冷;利用热管的源汇分隔特性,提高设备使用的可靠性;利用热管热流体密度可调的特点,改善和强化反应设备的传热条件。应当指出的是,热管化学反应器的开发研究远比热管换热器的研究困难得多,因为涉及原料的组成、催化剂活性、停留时间等一系列因素,这就使得开发进展缓慢。但由于这种开发前景诱人,广大研究者正在不断努力之中。

6.4.5 热管换热器在空调中的应用

一般热管热回收式空调系统多用于一次回风空调系统中,在一次回风空调系统中新风量为送风量与回风量的差值,且新风比随季节和室内外工况的不同变化很大。当新风比很大时,回风量就相对很小,此时回风中冷量或热量很难对新风作出改善;当新风比很小时,回风量就相对很大,此时对新风温度的控制便很难调节。

热管热回收式空调系统将回风与送风利用热管换热达到节能目的,新风再与回风混合后经过表冷器降低夏季空气处理的再热量,同时降低了新风处理能耗。但由于送风量大于回风量,因此其再热能耗的降低是有限的,亦不能解决由于连续送风而造成的室内正压过高的问题。此系统只能用于夏季,在冬季无法使用;过渡季节如加大新风比,其节能效率也会大幅降低。

为了改进上述空调系统的节能性能,我国研究人员做了大量的工作。广州大学张景玲对热管在空调系统节能与室内热舒适的应用进行了研究,得出常规一次回风集中空调系统可以通过降低室内相对湿度来满足人体热舒适的要求。

刘凤田等提出采用直流式分体热虹吸热管冷热回收装置,如果空调系统新风量按送风量的30%计算,可使空调系统节能7%以上。实验表明,冷热气流温差只要超过 3 ℃,即可回收能量。陈振乾等提出了一种带热力毛细动力循环的热管热回收系统,其原理如图 6-10 所示。与传统一次回风再热式空调系统比较,带热力毛细动力循环热管热交换器的一次回风空调系统将表冷器出来的空气与回风进行热交换,从而可以减少表冷器的冷量并节省部分或者全部再热器的再热量。从图6-10 还可以看出,表冷器后送风管道设有温度传感器,空调送风状态是通过调节阀控制热管管路中介质的流量进行调节的。

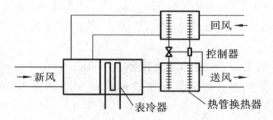

图 6-10　毛细动力循环热管空调系统

二次空调系统是一种二次热管热回收式空调系统(图 6-11)。本系统设置了毛细芯热管换热器和毛细泵回路热管换热器。毛细芯热管换热器利用毛细芯热管实现排风与新风的热交换,换热器为多组水平放置的毛细芯热管,中间设置控制装置,通过对热管冷凝回液流量的控制实现对换热量的调节,从而控制 W1 点的温度。此换热器可以做到冬、夏季两用,毛细芯热管高温段为蒸发端,低温段为冷凝端。毛细泵回路热管换热器在夏季利用热管实现回风与送风的热交换,换热器为多组毛细泵回路热管,中间为控制器,回风段为蒸发端,送风段为冷凝端,夏季利用回风中的显热对表冷器出口的低温空气进行等湿加热,冬季此换热器不工作。

以上系统有两个优点:①夏季回风与送风是等风量换热,所以热管从回风中吸收的热量能满足送风的再热量,排风与新风也是等风量换热,因此能最大限度地降低新风处理能耗。冬季只有毛细芯热管换热器工作,通过对新风比的调节控制新风处理能耗。②过渡季节新风比变化,制冷工况下两个换热器同时工作,制热工况下只有毛细芯热管换热器工作,且两种工况都是在最高换热效率下运行。因此本系统可以做到全季节运行,并且节能效果明显。

热管技术在空调领域有着广泛的应用,利用其超导热性进行热回收和除湿,从

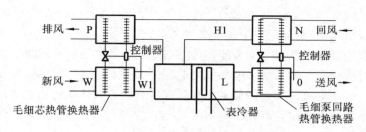

图 6-11　二次热管热回收式空调系统

而达到节能减排和提高室内空气品质的目的,并且随着技术的更加成熟,它还会以新的形式体现在中央空调系统中。

6.4.6　热管换热器在造纸、纺织中的应用

　　我国制浆造纸行业快速发展,生产规模已居世界第二位。目前,国内有 3000多家造纸企业,由于生产集中度较低,企业规模小、数量多,原料结构不合理,装备水平落后等,制浆造纸行业已成为排污大户。因此造纸行业节能减排的压力比较大。

　　对于废水的热回收,汽水换热器可以解决。但对于造纸车间废汽的热回收,就要依靠中低温热管换热器。中低温热管换热器应用于造纸业,在我国已经有很多成功案例。因为造纸厂排出的热空气温度,一般为 40~50 ℃,含水量较大,如果用碳钢热管,因为汽化温度不够,管内工质无法蒸发,从而无法实现节能目的。目前市场上有一种纯铝螺旋一体化翅片管热管,使用温度在 -40~80 ℃ 之间,其使用温度正好在此范围内,由中低温热管组成的热管换热器可以回收造纸企业的废热。而且热管换热器根据要求可以立放或竖放,例如热管换热器的排风可以直接排至室外,室外冷空气被加热后可以送到车间取暖或作为其他用途。

　　此外在纺织工业中要使用大量的耗能机械,如定型机、浆纱机、烘干机等,这些机械一般使用电、燃油、燃气、蒸汽作为热源。纺织行业耗热机械生产后有大量的废热排出,尽可能利用这些余热减少耗热设备热能的消耗,也是纺织行业节能降耗的一个重要方面。如定型机(或称拉幅机)是纺织行业中主要耗能机械之一,它是利用热空气对纺织物(如布匹)进行干燥和整理并使之定型的设备。采用热管回收热量后,可以把干净热空气预热,送入烘房,也可以送到烘房口形成风帘,这样就可以提高烘干效率,使用户在原有的基础上提高车速,减少水汽发生量,降低成品色差。

　　热定型机的回收是气-气回收,用排出的热风加热新鲜空气,再返回热定型机。如果热定型机直接燃烧煤气或轻柴油,一部分预热的空气也可以作为助燃空气,提高燃烧机的效率。热回收后如果觉得废热的温度较高,还可以进行二次热回收,加

热新鲜空气或水。

浆纱机是做浆纱干燥之用。在浆纱机下半部有热风加热系统,热风进入浆纱机后,吸收浆纱的水分,排至室外。由于干燥过程主要是热风吸收水分的过程,因此热气体的温度下降不多,主要是含湿量加大。利用排出的湿热空气热量加热新鲜空气,返回浆纱机内与热源热风混合,达到节能的目的。

陈敏等对高温热管热风炉在白炭黑喷雾干燥中的应用进行了研究。试验表明,高温热管热风炉可有效提高热风温度,降低排烟温度,使干燥塔干燥效率提高到 81%。

食品企业生产也可以使用热管。例如食品生产过程中需要脱水和烘干,送风量 16000 m^3/h,回风量 12000 m^3/h,补入新风量 4000 m^3/h,选用热泵机组,蒸发器除湿量 25 kg/h,改造后使用加热管换热器,除湿量增至 40 kg/h,并预热低温空气,生产效率大幅提高。其流程如下:湿热空气通过热管换热器吸热端预冷,再经过蒸发器降温,增加了除湿量;除湿后的冷空气经过热管放热端预热,再通过加热器或机组冷凝器升温,将干燥后的热空气送入烘干室。气流根据不同状态两次流过换热器,既预冷又预热,使能量得以充分利用,相当于效率增加 1 倍。

6.4.7　热管换热器在航天和电子器件中的应用

在航天的恶劣条件下,散热性能的好坏直接影响发动机的散热效果及动力性、经济性和可靠性。航天器面向太阳的一侧受到太阳的直射,而背向太阳的那一侧温度很低。由于太空里几乎没有空气,不可能通过空气来调节温度,因此,飞行器两侧的温差很大,可以达到 275 ℃,使飞行器容易变形。

目前航天换热器主要有管片式和管带式两种,所采用的换热方式也是传统的风冷和水冷。在高空进行风冷换热受到气压低、换热量小的制约,水冷又会带来质量的增加。考虑到热管及其散热技术的特点,将热管应用于航空发动机换热器进行辐射换热不失为一种有意义的探索。

航天冷却系统首先要保证发动机正常工作,其次是其本身的良好运转,在此基础上,还要追求尺寸小、质量轻以及少消耗功率,最终以最优化的方式来实现动力传动整体结构和性能要求。

热管的超导热性以及等温性使它成为航空航天技术中控制温度的理想工具。热管在航天器中的应用主要有两方面:①用于卫星表面的等温化。美国一技术卫星的主体为 ϕ1.5 m×1.5 m 的圆柱,在未装热管前,向阳面与背阳面的温差达 145 ℃,而安装了 8 根热管后温差减小到 17 ℃。②用于卫星内仪器设备的温度控制。我国在一返回式卫星上使用了 16 根直径为 7 mm 的铝-氨热管,用于控制直流稳压电源等 4 个发热元件及舱内 3 块主电池的温度,使之位于适宜的范围内。

作为电子器件中一个传热元件,传统热管已不能满足某些使用要求,由此出现了一些新型热管。如环路热管、振荡热管和平板热管是目前用于电子器件散热方面研究和应用较多的新型热管。

（1）环路热管（loop heat pipe，简称 LHP），又称回路热管，是一种在毛细抽吸力驱动下的两相传热元件。基于相同工作原理、结构有所不同的毛细抽吸两相流体回路（capillary pumped loop，简称 CPL）在 1966 年已由美国 NASA Lewis 研究中心的 F. J. Stenger 提出，而 LHP 则由苏联的 Y. F. Gerasimov 和 Y. F. Maydanik 在 1972 年独立提出。

不同于传统热管，环路热管的毛细芯只设置在蒸发器内。对环路热管研究的一个重要方面是毛细芯的材料与结构。常用的毛细芯有丝网结构、多孔泡沫金属、粉末烧结等。一些研究表明，采用双孔径毛细芯甚至复合结构的毛细芯有利于提高环路热管的性能。另有一些研究对毛细芯孔隙尺寸进行优化，以提高蒸发器的性能。在工质方面，常用的工质有水和氨。此外，也有人采用纳米流体如 SiO_2-H_2O 作为环路热管工质进行实验研究。环路热管蒸发器一般有方形、圆柱形、扁椭圆形或圆盘形等几种结构，可根据使用场合等因素加以选择。

（2）振荡热管（pulsating heat pipes（简称 PHP）或 oscillating heat pipes），又称脉冲热管，首先由日本的 H. Akachi 于 20 世纪 90 年代初提出。振荡热管一般由一根金属细管弯曲制成，管内充注一定量的工作介质。振荡热管一端为蒸发段，吸收热量，另一端为冷凝段，释放热量。有开式和闭式两种类型。工作时，柱状液塞和气塞在管内交替出现。与传统热管相比，振荡热管不需吸液芯，成本低，结构简单，自其出现以来，在电子器件散热方面受到了广泛关注。影响振荡热管运行的因素众多，主要有管径、工作介质和充液率等。振荡热管对管径有一定的范围要求，否则无法形成振荡流动。可以选用的工作介质有水、乙醇、R123、R142b 等，也有选用纳米流体进行研究。研究表明，某些混合工质如水-丙酮、水-甲醇等在一定的配比下可改善振荡热管的启动特性和小负荷时的烧干特性。研究表明对于去离子水振荡热管，当充液率为 62% 时热管的传热性能最好。

（3）平板热管有两种类型。一种起均热作用，这种热管有一个空心的腔体，蒸气可在其中自由流动。腔体内壁有毛细结构，腔体内靠近热源处的液体吸热蒸发，而腔体另一侧的蒸气遇冷凝结成液体，通过毛细结构回流至热源处。腔体内还可设置一些支撑体以增强腔体的抗压性能。研究表明，采用金属毡作为吸液芯的平板热管，工作介质为丙酮，这种热管具有良好的均温特性。

另一种平板热管起传递热量作用，因使用等方面的原因将其制成平板形式。类似于传统热管，平板热管的毛细结构也有丝网、沟槽式或粉末烧结等。研究表明，泡沫金属中的微小孔隙使流动得到强化，适于用在平板热管中。在工作介质方面，实验显示纳米流体有利于提高平板热管的传热性能。

热管在大功率电力电子器件、大功率 LED、电脑 CPU 等电子器件的散热方面有着十分广阔的应用前景。

（1）大功率电力电子器件如绝缘栅双极晶体管（IGBT）工作时会产生热量，需要有效的散热措施。如采用环路热管，将电厂电除尘器的 IGBT 模块产生的热量传输到电源柜外进行风冷，可降低模块温度，而且可减少维护工作量。所用环路热管传输能力达到了 3 kW。文献还报道，采用平板热管对快恢复二极管和 IGBT 混合封装的电力电子集成模块进行散热研究，平板热管在热流密度高至 186 W/cm² 条件下具有良好的均热性能。

（2）在大功率 LED 进行光电转换时，70%～90%的电能转换成热能。这些热量需要被及时散掉，否则将导致 LED 结温偏高，影响其使用寿命，甚至使其失效。文献报道将平板热管安装于散热器表面，对 40 W 大功率 LED 阵列进行了散热研究，由于平板热管使散热器表面温度更均匀，LED 结温降低了 5 ℃。在热负荷为100 W 时，蒸发器温度可控制在 100 ℃以下，满足对 LED 结温的要求。

（3）电脑 CPU。对铜-水环路热管应用于服务器散热进行了研究，环路热管长400 mm，外径 0.8 mm，蒸发器最高热负荷为 600 W。CPU 等器件产生的热量可通过热管传递到显示屏背面的平板热管，并依靠自然对流进行散热。研究结果显示相比于实心铝板，平板热管具有更好的均温特性。

在 Pentium 笔记本电脑中使用的热管热键盘的解决方案已成为主流的热解决方案。板式热管被设计成一个非常有效率的散热片或散热板，主要用于高端热冷却的要求。热管还广泛应用于笔记本电脑的芯片冷却技术中。

热管热流密度的可调节性使它可以用于高热流密度的电子元器件，在散热量较大的仪器仪表的密封柜内，安装中型风扇，使发热元件产生的热气体在壳体内部循环，传递给小型热管换热器的蒸发段。热量通过热管传递到壳体外部的冷凝段，并通过风扇散失到环境中去。

6.4.8　热管换热器在内燃机中的应用

增压中冷器作为提高发动机动力性、经济性，降低发动机热负荷、发动机排放的重要手段，越来越多地应用到新型发动机的开发中去。中冷器是实现进气冷却技术的关键性部件，其性能的好坏直接影响进气量，进而影响发动机的功率。热管换热器作为中冷器时的高效导热性能使其在内燃机增压中冷技术的应用前景非常广阔。

作为增压柴油机组件的重要组成部分，必须不断提高其换热能力以适应高发动机功率密度及经济性、排放性的要求。同时，也要尽量降低中冷器的消耗功率，目前对高效中冷器的设计要求主要包括以下几个方面：

（1）为取得满意的中冷效果，要求中冷器在发动机多种工作条件下保持相对恒定的进气温度。对中冷器而言，由于发动机在大进气量的满负荷条件下，要获得足够低的进气温度比在低进气量下更为困难,因此,中冷器应按满负荷条件下设计。

(2)为得到中冷后发动机需要的最大温度降,中冷器的工作特性应根据发动机和涡轮增压器给定的工作点来确定,一般情况下中冷后的进气温度在60~80 ℃是理想的。

(3)应使进气压降尽可能低,一般应小于2%。

(4)尽可能降低冷却空气侧压降。

目前水冷式中冷器多采用管片式结构,由管内的水冷却管外的空气。其中传热热阻包括空气侧传热热阻、管壁导热热阻和水侧传热热阻。试验表明,空气侧传热热阻远大于管壁导热热阻和水侧传热热阻,故应抓住热阻大的一侧来强化传热。有研究证明,采用涡产生器加条缝式强化传热板芯能有效地提高空气侧的对流换热系数,从而降低空气侧的热阻。具体措施是:设计出强化传热翅片,利用翅片上的涡产生器及条缝增强对空气的扰动,破坏空气在冷却管外形成的边界层,形成旋涡,以提高空气侧的对流换热系数,进而提高中冷器的传热系数。

铝翼散热管式中冷器是近几年出现的一种新型的结构形式。在同样的中冷器体积下,其散热面积较小,但传热系数较大,换热能力与通常的管片式大致相当。其缺点是流动损失较大,比内管为椭圆管或滴形管的管片式中冷器约大1倍。其主要优点是工作可靠性好,抗震性好,成本较低。

同样,冷轧翅片管式中冷器由于具有换热效率高、可靠性好等优点,近年来也开始受到重视与应用。冷轧翅片管是由单金属管或内硬外软的双金属管在专用轧机上轧制而成的。通常单金属管的材料采用紫铜或铝;双金属管内管用黄铜,外管用铝,在轧制过程中使两种金属牢固地贴合在一起,几乎没有间隙,即使在长期震动工作条件下也不会脱开,接触热阻接近零。将翅片管用胀管法固定在端板上,整个加工过程不用焊接,不存在虚焊或长期震动工作后的脱焊现象。翅片的断面沿直径方向是内宽外窄的梯形,有利于热传导;叶片沿圆周对称分布,叶片高相同,无效散热面积小。管束的空间有利于空气的混合和对流换热。因此,冷轧翅片管中冷器的主要优点是传热系数大、工作可靠性好、长期工作的稳定性好。与管片式相比,在同样体积下,设计合理的中冷器冷却面积可以减少约30%,而传热系数约增大30%,使总的散热能力大体持平。由于冷轧翅片管翅根部只能是圆形,不能做成椭圆形或滴形,因此空气的压力损失较大,与水管为圆管的管片式大体相同,而大于水管为椭圆管或滴形管的管片式中冷器。

湘潭大学袁胜利设计了碳钢-氨重力式热管换热器,用来回收汽车内燃机废气中的热量,可供乘员冬季取暖。吉林工业大学苏俊林等设计了工质为导热姆的热管换热器,用来回收汽车内燃机排出废气中的热量,可供乘员冬季取暖。美国的几艘海岸巡逻艇上安装了换热装置,从内燃机废气、冷却水中提取一部分热量以提高水的温度,供船员们洗澡、洗衣用。

汽车发动机的排气管内废气通入热管换热器的加热段,使碳钢-氨重力热管内腔的氨液工质真空蒸发,蒸气在热管冷凝段放出热量,加热由客车车头窗下通风口吹入的新鲜空气,加热后的新鲜空气迎风吹入车厢用于取暖。该小型热管换热器位于驾驶座和发动机的右前方,热管换热器的冷凝放热段在车厢内、客车的地板之上,热管换热器的废气加热段位于客车的地板下、车厢下的外面,接通发动机排气管的废气,如图 6-12 所示。这样废气不会泄漏到车厢内。

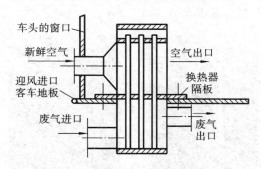

图 6-12　车用热管换热器安装

高效传热元件——热管回收废气余热,热损失小,传热效率高,启动快。新研制的氨-碳钢重力热管成本低,热管换热器结构简单,制造与安装方便,设备轻便、便宜,取暖效果良好、供暖热量足。该热管换热器和日本的轿车及货车上用的热水式暖气装置一样,能使车厢内与车厢外空气温差达到 35～40 ℃。

6.4.9　热管换热器在其他方面的应用

热管式太阳能热水器是一种高效太阳能热水器,与制冷系统联合循环,还可提高太阳能的利用效率。在许多有地热源的地方,可以利用热管换热器将地热传送到地面上来加以利用。热管风冷器则是一种高效的蒸发冷凝设备,适用于大型电站透平背压蒸汽的冷凝,在缺水地区采用风冷方式时使用。

平板式热管太阳能热水器是用热管代替普通平板集热器中的水管。热管在蒸发段两侧焊有纵向肋片,肋片和热管上涂有选择性涂料,以吸收太阳辐射能。热管冷凝段插入水箱中,热量通过涂层和金属管壁进入热管内部,冷凝段放热来加热水箱中的水。低温热管墙壁辐射散热器和热管地板辐射供暖也都利用了热管辐射换热技术。

根据新型热管式平板太阳能集热器的结构,太阳能热水器分为两种,即自然循环的紧凑式平板太阳能热水器和强制循环的分离式平板太阳能热水器。紧凑式平板太阳能热水器如图 6-13(a)所示,由新型热管式平板太阳能集热器、储热水箱和支架组成。热水器工作时,集热器将吸收的热量通过圆热管冷凝段传递给水箱里的水,水箱下部的水受热升温,与水箱顶部的水产生温差,从而产生自然对流增强内部的换热。这种热水器没有外部循环管路,从结构上解决了平板型热水器冬季易冻裂的问题,而且通过自然循环的集热蓄热方式使得热水器的运行和维护成本极大地降低。强制循环的分离式平板太阳能热水器如图 6-13(b)所示,由新型热管式平板太阳能集热器、集热水箱、储热水箱、水泵、流量计、循环管路和支架组成。热水器工作时,集热器将吸收的热量通过圆热管冷凝端传递给流经集热水箱的水,通过水泵使得储热水箱与集热水箱的水不断循环,将水加热。

(a)紧凑式　　　　　　　　　(b)分离式

图 6-13　紧凑式和分离式平板太阳能热水器

　　热管被广泛应用在太阳能热驱动吸收式制冷系统的集热器部分,热管式真空管集热器能将吸收式制冷系统的热源温度从 75 ℃提高到 120 ℃以上,并且利用重力热管可以实现热传递的单向性,这也大大降低了集热器的热损失。集热器是太阳能热驱动吸收式制冷系统的关键部件,其集热效率将直接影响制冷系统的 COP 值,并且从安全性和稳定性的角度考虑,热管式真空集热器相比于全玻璃真空集热管和直通式真空集热管都有明显的优势。随着太阳能热驱动吸收式制冷系统的不断优化和创新,它对热源品位和稳定性也提出了更高的要求,热源的温度越高,其制冷系统的 COP 值也越高。如双效循环吸收式制冷系统对热源温度要求在 160 ℃以上,而三效循环吸收式制冷系统则要求热源温度为 200 ℃左右时才能达到较高的 COP 值。何梓年等通过实验测得 BTZ-2 型热管式真空管集热器的工质进口温度可以高达 131 ℃,另外,实验测得工质进口温度为 101～131 ℃时的集热器效率为 45%～35%。廖乃雄等设计的复合抛物面(CPC)型热管式中高温太阳能集热器采用外聚光的方式,以热管式真空管作为吸收体,在热管式真空管外增加复合抛物面聚光反射器(CPC),使集热效率得到大幅度提高,温度可达 100～250 ℃。

　　热管式太阳能集热器以其优越稳定性、安全性、高集热率以及简单的结构在太阳能制冷系统和太阳能供热系统中都有着广泛的应用,新材料、新形式的热管式太阳能集热器也在不断探索研究中。

　　大自然赐予人类丰富的地热资源,重力热管可作为提取地热的途径。在严寒地区,应用埋地重力热管将恒温层中的热量传递到道路表面,防止积雪,对融化停车场、加油站、高速公路收费处等场所的积雪取得了良好的效果;在采油工程领域,应用重力热管优良的导热性,利用地热对石油进行加热,减小石油的黏度以获得更大的流动速度,从而提高采油效率。

　　在农业方面,日本学者把重力热管提取的地热应用到冬季的蔬菜大棚,对西红柿的种植进行试验,结果显示:使用热管的蔬菜大棚内的室温比普通的大棚室温高2~9 ℃,两者之间的温差会随着室外温度降低而增大,加快了西红柿的生长速度。

　　提取地热装置的工作原理如图 6-14 所示,在重力热管内充入一定量的工质——蒸馏水,热管底部的温度高于水的汽化温度,蒸馏水受热沸腾,产生水蒸气。水蒸气在热管内压力及重力的作用下,沿着重力热管向上流动。水蒸气流至板式换热器,与其中的冷水进行换热,接着水蒸气遇冷变成冷凝水,从板式换热器流回重力热管,而板式换热器中的冷水则吸收水蒸气相变化放出的热量被加热,从换热器流入水池中,如此往复循环。

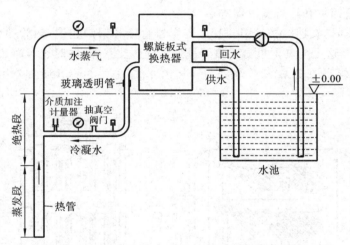

图 6-14　超长重力热管提取地热装置示意图

　　浅层地热资源分布广泛,将土壤恒温层内积蓄的热量传递到路面,可在无外加热源的情况下防止道路积雪,并能避免对环境的不良影响。地热热管道路融雪系统工作原理如下:冬季,热管将土壤中积蓄的热量传递到路面;夏季,热管停止工作,热管周围的土壤从恒温层和上层土壤中吸收热量,重新完成热量的积蓄。热管的传热机理十分复杂,目前尚没有成熟的数值方法对其工作过程进行数值模拟。通过对热管传热机理和热阻的分析,建立了地热热管道路融雪系统的物理模型。对路面及土壤中的温度场进行数值模拟,验证了地热热管道路融雪系统的运行效果。该系统应用于高速公路、机场跑道、广场和生活小区,能有效消除道路积雪,具有重要的工程应用价值。

在我国的一些北方地区,冬季的温度很低,会导致土壤处于冻土的状态。冻土是一种对温度极为敏感的土体介质,含有丰富的地下冰。进入初夏以后,在温度提升的影响下,冻土层会自下而上融化,这样就会形成翻涌现象。受此影响,铁路路基会变得松懈,可能导致交通事故的产生,产生不可估量的损失。

为了有效解决这种问题,我国科学家采用了一种“热管”来进行地基冷却。通过分析热管的特点,可以了解到热管能够适应温差的变化,并且将路基的热量导出来,有效地平衡温差。在铁路路基的铺设中应用低温热管,通过热量的循环传递,可以平衡冻土层与空气之间的温度,从而有效避免翻涌现象的产生,降低交通事故的发生概率。目前,青藏铁路的线路和设备设施都通过这种方式保持了正常的运行状态。

6.4.10　热管余热锅炉

在动力工程和余热回收中应用最广泛的热管换热器是热管空气预热器、热管省煤器、热管锅炉和热管蒸发器等。

热管和锅炉直连结构见图 6-15。省煤器直接和锅炉相连,热管热管排列采用45°倾斜方式,这个角度下重力式热管进入最佳传热状态,同时也可减少翅片积灰。这种热管省煤器在正常工作情况下,其出水温度＜80 ℃,通常联箱的壁温＜90 ℃。

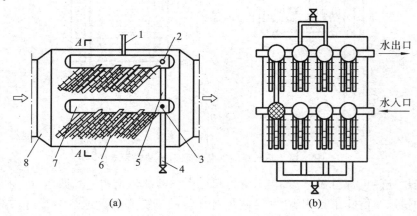

(a)　　　　　　　　　　　　(b)

图 6-15　热管和锅炉直连结构

1—排气管;2—出口管;3—入口管;4—排污管;5—联管;6—热管;7—联箱;8—壳体

热管余热锅炉可以用于回收流体或固体的余热。回收余热时通常将热管元件的一端置于烟道内,另一端插入锅筒中。由于烟气侧和沸腾水侧的换热系数相差悬殊,因而元件加热段较长,并加装肋片;冷却段较短,一般为光管。水通过热管吸收烟气的余热后,蒸发成一定压力的饱和蒸汽,供动力、工艺加热或生活用。热管余热锅炉既有类似于火管锅炉的池沸腾的特点,从而循环过程稳定,又有水管锅炉传热强度高的优点,可使余热得到充分的利用。

根据不同的烟气量和用处,热管余热锅炉结构形式主要分为以下三种。

1. 结构形式 I

热管余热锅炉结构形式 I 如图 6-16 所示。此结构形式的热管余热锅炉主要为单台运行。进入的烟气量在 50000 Nm³/h 以下,表压力为 0.8 MPa,烟气走向为水平方向。所产蒸汽主要用于雾化重油、吹扫烟道(煤气发生炉)、烘干物料(碎玻璃、原料等)、生活用汽(供暖、洗澡、空调)。

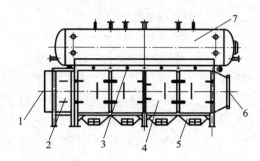

图 6-16　热管余热锅炉(卧式)简图
1—烟气入口;2—除尘器;3—吹灰器;4—烟箱;5—落灰斗;6—烟气出口;7—汽包

该系统余热锅炉主要由以下三部分组成:

(1) 压力容器(蒸汽聚集器——汽包),在其中产生蒸汽;

(2) 传热元件(热管),吸收流经烟箱中的烟气余热,将热量传递给压力容器中的软水,使其汽化、蒸发;

(3) 烟箱包裹着的热管管束,它与热源进出口连接,并设有吹灰、清灰、除尘装置(根据用户需要配置)及控制仪表等。

2. 结构形式 II

热管余热锅炉结构形式 II 如图 6-17 所示。此结构形式的热管余热锅炉主要为单台运行。进入烟气量超过 50000 Nm³/h,烟气走向为水平方向,主要应用于浮法玻璃、焦化、水泥等企业。

该结构形式的余热锅炉主要是和余热发电系统,脱硝、脱硫系统配套使用。所产过热蒸汽主要供发电使用,发电后的背压蒸汽用于雾化重油、吹扫烟道(煤气发生炉)、烘干物料、生活用汽(供暖、洗澡、空调)。烟道出口温度为 180 ℃ 左右,然后进入除尘、脱硫。

该系统余热锅炉主要由蒸汽过热器、软水预热器、蒸汽发生器、汽包、上升下降管、外连管路和控制仪表、辅助支架等组成。系统工作原理如下:工业软化水经过软水泵进入热力除氧器除氧,除氧水由给水泵输入软水预热器预热后进入汽包,再

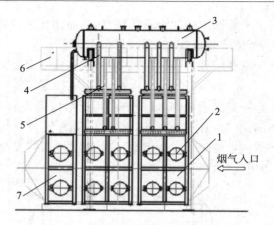

图 6-17　热管余热锅炉(卧式分离)简图

1—蒸发器;2—观察孔快开门;3—汽包;4—上升管束;5—下降管束;6—平台爬梯;7—水加热器

通过下降管进入蒸汽发生器,水吸收热量变成饱和水,饱和水再经上升管进入汽包,在汽包里进行水汽分离,形成一定压力的(饱和-过热)蒸汽,一小部分蒸汽送至除氧器除氧,其余蒸汽送至总管进入发电系统装置或其他用户。

3. 结构形式Ⅲ

热管余热锅炉结构形式Ⅲ如图 6-18 所示。此结构形式的热管余热锅炉主要为单台运行。进入烟气量超过 50000 Nm³/ h,烟气走向为 U 形,也可为水平方向。该种热管余热锅炉主要应用于浮法玻璃、焦化、水泥等企业。

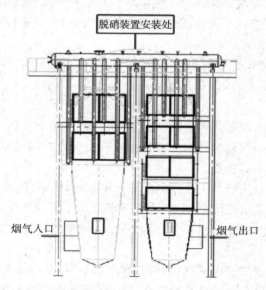

图 6-18　热管余热锅炉(U 形立式)简图

　　该结构形式的余热锅炉主要是和脱硝、脱硫系统配套使用。高温烟气（450～500 ℃）经 Ⅰ 号余热锅炉将温度降至 300 ℃，进入脱硝装置，脱硝后的烟气（温度285 ℃）进入 Ⅱ 号余热锅炉，烟气温度降至 180 ℃，进入脱硫、除尘装置。根据所产蒸汽量的多少，若具备发电条件，可用于发电，不具备发电条件的可用于雾化重油、吹扫烟道（煤气发生炉）、烘干物料、生活用汽（供暖、洗澡、空调）等。该系统余热锅炉装置组成与结构形式 Ⅱ 相同，工作原理相仿。

参 考 文 献

[1] 方彬,王凤兰.热管换热器节能减排技术[M].北京:化学工业出版社,2015.

[2] 张红.热管节能技术[M].北京:化学工业出版社,2009.

[3] 吴存真,刘光铎.热管在热能工程中应用[M].北京:水利电力出版社,1993.

[4] 张红,庄骏.热管技术及其工程应用[M].北京:化学工业出版社,2000.

[5] 马永昌,张宪峰.热管技术的原理、应用与发展[J].变频器世界,2009,7:70-75.

[6] 姚强.热管式空气预热器的设计与应用[D].上海:华东理工大学,2012.

[7] 蔡贺.航空内燃发动机热管换热器的应用研究[D].北京:北京交通大学,2011.

[8] 康芹,郭建利.热管换热器的应用[J].机械管理开发,2010,10:60-62.

[9] 吴青青.二次热管热回收式空调系统的研究[D].昆明:昆明理工大学,2017.

[10] 曹茹,张永恒,张建萍.新型中冷器板芯设计及试验研究[J].内燃机车,2004(2):12-13.

[11] 任淑琼.铝翼散热管式中冷器的设计计算方法[J].山东内燃机,2004(4):35-38.

[12] 翁建华,石梦琦,崔晓钰.电子器件散热中新型热管的研究与应用[J].机电产品开发与创新,2017,30(5):30-31,34.

[13] 崔晓钰,陈上志,孙慎德,等.振荡热管的运行特征和传热机理[J].化学工程,2013,41(08):21-24.

[14] 寇志海,吕洪涛,陈保东,等.烧结金属毡吸液芯平板热管传热特性试验研究[J].热力发电,2014,43(06):51-54.

[15] Dhanabal S, Annamalai M, Muthusamy K. Experimental Investigation of Thermal Performance of Metal Foam Wicked Flat Heat Pipe [J]. Experimental Thermal and Fluid Science,2017,82:482-492.

[16] 庞乐,刘振华.水基纳米流体在铜丝平板热管中的应用[J].热科学与技术,2012(1):89-94.

[17]　闫涛,李学良,梁惊涛,等.用于电厂 IGBT 模块散热的回路热管研制[J].工程热物理学报,2016,37(05):952-956.

[18]　张良华,余小玲,杨旭,等.电力电子集成模块用平板热管的传热研究[J].电子学报,2009(8):1848-1853.

[19]　郝丽敏,赵耀华,刁彦华,等.基于平板热管的大功率 LED 照明散热研究[J].工程热物理学报,2010(9):1575-1577.

[20]　鲁祥友,华泽钊,方廷勇,等.照明用大功率 LED 回路热管散热器的研究[J].低温与超导,2010,38(06):61-64.

[21]　Chernysheva M A,Yushakova S I,Maydanik Y F. Copper-water Loop Heat Pipes for Energy-efficient Cooling Systems of Supercomputers[J]. Energy,2014,69:534-542.

[22]　寇志海,白敏丽,杨洪武.平板热管用于笔记本电脑散热的研究[J].大连理工大学学报,2011,51(5):658-661.

[23]　廖乃雄,陈焕懿.CPC 在中高温太阳能集热器中的应用与设计[J].科技创新与应用,2014(32):58.

[24]　李诚,王志亮,袁树成,等.热管技术及其在化学反应器上的应用[J].石油化工设备技术,2003(4):16-17.

[25]　陆景阳,张金玺,周晓坤,等.热管技术及其在小型锅炉的应用研究[J].辽宁化工,2015,44(10):1194-1196,1200.

[26]　石映飞.热管技术在热能工程中的应用[J].科技创新与应用,2016(19):147.

[27]　宁文芳.利用热管省煤器降低锅炉排烟温度的可行性分析[J].石油石化节能,2014(2):34-35.

[28]　李宝江.利用热管蒸发器(余热锅炉)回收玻璃熔窑烟道废气余热现状[J].玻璃与搪瓷,2013,41(1):12-17.

[29]　郭振贤,刘仁涛.热管换热器应用现状及其制约因素[J].应用能源技术,2002(4):32-33.

第7章 换热器及其进展

7.1 概 述

7.1.1 换热器的作用和分类

换热器是实现两种或多种不同温度流体之间热量交换的设备。这种高低温流体之间的热量交换可以通过直接接触,也可以通过固体间壁间接进行。由于冷热流体之间的热量交换过程广泛存在于动力、化工、炼油、冶金、建筑、食品、轻工等诸多部门,因此换热器是一种量大面广的通用设备。以电厂为例,如果把锅炉也看作换热设备,再加上冷凝器,除氧器,高、低压加热器等换热设备,换热器的投资约占整个电厂设备总投资的 70%。在炼油企业中四分之一的设备投资用于各种各样的换热器;换热器的质量占设备总质量的 20%,在制冷设备中蒸发器、冷凝器的质量也要占整个机组质量的 30%~40%。

由于换热器量大面广,类型复杂,因此分类方法也很多。若按传热过程分类,则有直接接触型和间接接触型。对直接接触型,冷热流体可以是互不相溶的液体、气-液(包括液体-蒸汽);对间接接触型,又有冷热流体连续通过间壁传递热量的间壁式、冷热流体交替通过壁面的回热式(又称蓄热式)以及流化床式。若按冷热流体数目来分,就有两流体换热器(又称双股流——仅工艺流体和二次流体——换热器)、三流体换热器和多流体换热器(通称多股流换热器)。根据冷热流体间的传热方式,有:间壁两侧均为单相介质对流换热;一侧为单相介质对流换热,另一侧为两相介质对流换热;两侧均为两相流体对流换热;一侧为单相或两相介质对流换热,另一侧为单相介质对流与辐射的耦合换热。

人们也常根据换热器的结构进行分类,例如对间壁式换热器,就将其分为管式和板式两大类。前者有管壳式、套管式、列管式、盘管式等。后者有波形板式(简称板式)、螺旋板式、板翅式、板壳式等。对蓄热式换热器,有换向型(又称阀门切换型)、转轮型(或称回转型)以及移动颗粒型等。对直接接触型换热器,根据结构又可分为直接混合式、板塔式、填料塔式、喷射混合式等。

按照换热器中冷热流体的流动方式,有单流程和多流程之分。对单流程而言,又有逆流式、顺流式、叉流式和混流式等。工业上常根据换热器中冷热介质的类型直接将其称为水-水换热器、油-水换热器、油-气换热器等。还可根据换热器的用途直接称为蒸发器、冷凝器、加热器、冷却器,甚至更直接地称为汽水加热器、油水冷却器等。

在工业用的各种换热器中,间壁式换热器用得最为广泛,本章也主要讨论间壁式换热器。

7.1.2 换热器的传热系数和污垢热阻

换热器的传热系数是反映换热器性能的重要指标。间壁式换热器的传热系数是间壁两侧流体换热热阻、间壁的导热热阻及间壁两侧污垢热阻之和的倒数。不考虑污垢热阻,间壁为平壁、圆筒壁及肋壁时的传热系数的计算公式一般传热学教科书上均有介绍。工业上常用的换热器的传热系数 K 的大致范围如表 7-1、表 7-2所示。

表 7-1　常用管式换热器的传热系数 K 的大致范围

换热器型式	换热流体		传热系数 K /[W/(m² · ℃)]	备注
	内侧	外侧		
管壳式(光管)	气	气	10~35	常压
	气	高压气	170~160	20~30 MPa
	高压气	气	170~450	20~30 MPa
	气	清水	20~70	常压
	高压气	清水	200~700	20~30 MPa
	清水	清水	1000~2000	
	清水	水蒸气凝结	2000~4000	
	高黏度液体	清水	100~300	液体层流
	高温液体	气体	30	
	低黏度液体	清水	200~450	液体层流
套管式	气	气	10~35	
	高压气	气	20~60	20~30 MPa
	高压气	高压气	170~450	20~30 MPa
	高压气	清水	200~600	20~30 MPa
	水	水	1700~3000	

换热器型式	换热流体		传热系数 K /[W/(m² · ℃)]	备注
	内侧	外侧		
盘形管(外侧沉浸在液体中)	水蒸气凝结	搅动液	700~2000	铜管
	水蒸气凝结	沸腾液	1000~3500	铜管
	冷水	搅动液	900~1400	铜管
	水蒸气凝结	液	280~1400	铜管
	清水	清水	600~900	铜管
	高压气	搅动水	100~350	铜管,20~30 MPa
水喷淋式水平管冷却器	水蒸气凝结	清水	1000~3500	
	气	清水	20~60	常压
	高压气	清水	170~350	10 MPa
	高压气	清水	300~900	20~30 MPa

表 7-2　常用板式换热器的传热系数 K 的大致范围

换热器型式	换热流体		传热系数 K /[W/(m² · ℃)]	备注
	内侧	外侧		
螺旋板式	清水	清水	1700~2200	
	变压器油	清水	340~450	
	油	油	90~140	
	气	气	30~45	
	气	水	35~60	
板式(人字形板)板式(平直波纹板)	清水	清水	3000~3500	水速约 0.5 m/s
	清水	清水	1700~3000	水速约 0.5 m/s
	油	清水	600~900	水和油流速均约 0.5 m/s

换热器型式	换热流体		传热系数 K /[W/(m² · ℃)]	备注
	内侧	外侧		
板翅式	清水	清水	3000～4500	以油侧面积为准
	冷水	油	400～600	
	油	油	170～350	
	气	气	70～200	
	空气	清水	80～200	空气侧质量流速 12～40 kg/(m² · s)，以气侧面积为准

　　换热器使用一段时间后，通常就会在换热面产生污垢，包括水垢、油污、积灰等，以及由于换热面受腐蚀而形成变质的表面层。这种表面污垢或腐蚀层会产生附加的热阻，称为污垢热阻。由于污垢是不良的热导体，其导热系数比碳钢等金属壁面低 1.5～2 个数量级，故污垢热阻在计算传热系数时必须加以考虑。表 7-3 给出了某些污垢热阻的参考值。

　　污垢的形成十分复杂，除与流动介质的性质和流速有关外，还与运行时间有关。污垢的厚度可能与运行时间成正比，也可能逐渐减缓而趋于最终的极限。因为污垢沉积的速率取决于流动介质中杂质的含量、温度的高低以及流速等诸多因素，因此污垢热阻的确定十分困难，这也是确定换热器传热系数的难点之一。工程应用上为保险起见，一种解决方法是将通过计算得到的换热面积适当地增加一定的比例。这一常用的做法除了上述原因外，还因换热的诸多计算公式多为由试验获得的经验关联式，这些关联式都有一定的误差；此外工程实际中还必须考虑运行工况的不稳定性，故换热面积的选取必须留有一定的余量。

　　污垢除增加热阻外，还会使换热表面粗糙度增加，管径发生变化，从而导致流动阻力增加。因此由污垢引起的设备投资费用增加、能源消耗增加以及设备维护费用增加都对企业造成巨大的损失。据估计，美国一个典型炼油厂的换热设备由于污垢所造成的损失每年达一千万美元。我国每年各工业部门因污垢而造成的经济损失也高达数十亿元。除了采用各种技术抑制污垢外，显然对换热器定期清洗和缩短清洗周期是降低污垢热阻的最好方法。

表 7-3　污垢热阻的参考值

流动介质种类 / 水	污垢热阻/(m² · ℃/W)	
	供热介质温度＜115 ℃ 水温＜50 ℃	供热介质温度 115～200 ℃ 水温＞50 ℃
蒸馏水	0.0001	0.0001
海水	0.0001	0.0002
硬度不高的自来水和井水	0.0002	0.0005
经过处理的锅炉给水	0.0002	0.0005
多泥沙的河水	0.0007	0.001
盐水	0.0005	
汽油、有机液体	0.0002	
润滑油、变压器油	0.0002	
石油制品（液体）	0.0002～0.0001	
淬火油	0.0009	
含油蒸气、有机蒸气	0.0002	
制冷机蒸气	0.0005	
燃气、焦炉气	0.0002	

7.1.3　换热器的设计

　　从换热器的应用看，其产品有两大类。一类是大批量的产品，如汽车散热器、发动机油冷却器、空调机用的蒸发器和冷凝器等。另一类是化工和炼油行业用的换热器，它们的批量极小，大多是单件生产。对于前者，其设计是通过多次选型，反复试验，不断修改、完善、优化的结果。而后者的设计是一次性完成的，在工厂投产前基本上无法对该产品进行试验，为了保证产品满足工艺要求，必须精心设计。

　　换热器的设计准则如下：换热器应完全满足工艺需要，即在允许的压降内完成流体的热交换，而且在污垢存在的情况下，仍然保持这种换热能力，直到下一个规定的检修期；此外换热器应便于维修、造价低廉、有预期的寿命。

　　设计换热器的全部工作包括热计算、结构布置、流动阻力计算、结构强度计算及绘图。换热器热计算有两种基本类型，即设计计算和校核计算。设计计算的具体任务和目标如下：根据指定的换热任务，一般是介质的种类、流量和进出口温度，选择合适的换热器型式和流道布置方案，求出传热系数，进而确定所需的换热面积。校核计算则是针对已有的换热器，在已知换热面积的情况下核算它能否完成某项换热任务,即核算冷热流体出口温度是否能满足要求。

　　间壁式换热器设计和校核计算常用的方法有对数平均温差法(LMTD 法)和效能-传热单元数法(E-NTU 法)。其设计计算框图如图 7-1 所示。

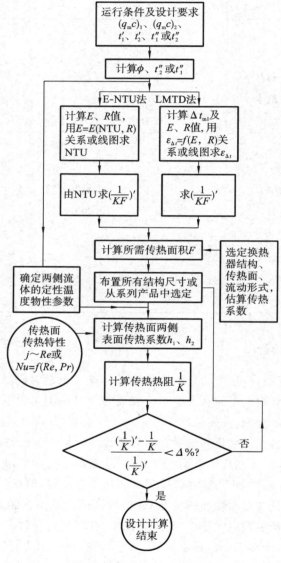

图 7-1　换热器设计框图

采用对数平均温差法时,间壁式换热器设计计算的步骤如下:

(1) 根据给定工艺流体的流量和进、出口温度,确定流体物性及所需换热量;

（2）选定二次流体及进口温度,按热平衡关系算出其流量和出口温度;

（3）选定换热器型式,计算对数平均温差及其修正系数;

（4）假定传热系数 K 值;

（5）根据假定的 K 值,计算传热面积;

（6）布置换热面,初定换热器的几何尺寸;

（7）计算两侧流体的流速和表面传热系数;

（8）按求得的表面传热系数及污垢热阻计算换热器传热系数和换热量;

（9）如换热量大于所需的换热量,并在要求的余量范围之内,则此换热面的布置可用,否则应重新假定 K 值,再按步骤(5)(6)(7)(8)重新计算,直到满足要求为止;

（10）核算两侧流体的阻力,如在允许范围之内,则换热面的布置可用,否则应重新布置,再按步骤(6)(7)(8)(9)重新计算。

采用对数平均温差法时,校核计算的步骤如下:

（1）根据给定工艺流体的流量、进口温度、物性及要达到的出口温度计算所需传热量;

（2）选定二次流体及其进口温度,按热平衡关系算出其出口温度及流量;

（3）根据工艺流体和二次流体的流量、物性和已知的换热器结构尺寸算出两侧流体的流速、表面传热系数和传热系数;

（4）计算对数平均温差;

（5）核算换热量;

（6）如所得的换热量与所需的换热量相差较大,应重新假定两流体的出口温度,再按步骤(1)至(5)计算,直到二者比较接近才为该换热器的真实传热量;

（7）核算两侧流体的阻力。

若采用效能-传热单元数法,换热器设计计算的步骤如下:

（1）根据给定工艺流体的流量和进、出口温度,确定流体物性及所需换热量;

（2）选定二次流体及进口温度,按热平衡关系算出其流量和出口温度;

（3）计算热容流量比 R 和换热器效能 E;

（4）选定换热器型式,并按对应的图线（或公式）确定传热单元数(NTU);

（5）根据 NTU 定义,确定 KF 值,然后假定 K 值,初步确定传热面积 F;

（6）布置换热面,初定换热器的几何尺寸;

（7）计算两侧流体的流速和表面传热系数;

（8）按求得的表面传热系数及污垢热阻计算换热器传热系数和换热量;

（9）如换热量大于所需的换热量,并在要求的余量范围之内,则此换热面的布置可用,否则应重新假定 K 值,再按步骤(5)(6)(7)(8)重新计算,直到满足要求为止;

（10）核算两侧流体的阻力，如在允许范围之内，则换热面的布置可用，否则应重新布置，再按步骤（6）（7）（8）（9）重新计算。

采用效能-传热单元数法时，换热器校核计算的步骤如下：

（1）根据给定工艺流体的流量、进口温度、物性及要达到的出口温度计算所需传热量；

（2）选定二次流体及其进口温度，按热平衡关系算出其出口温度及流量；

（3）根据工艺流体和二次流体的流量、物性和已知的换热器结构尺寸算出两侧流体的流速、表面传热系数和传热系数；

（4）计算 NTU 及 R 值；

（5）根据换热器型式，并按对应的图线（或公式）确定 E 值；

（6）由 E 定义式求得一种流体出口温度；

（7）根据热平衡关系式确定传热量及另一种流体的出口温度；

（8）核算两侧流体的阻力。

自 20 世纪 80 年代以来，由于传热和流动理论的发展以及计算机科学的进步，在换热器的设计领域开始推行优化设计。一些先进的优化方法也不断地被引入换热器的优化设计中，如模糊优化设计方法、基于人工神经网络和遗传算法的换热器网络优化等。此外换热器虚拟工程放大技术也得到很大的发展。限于篇幅，本节只介绍换热器网络分析中的夹点技术。

7.1.4　换热器的选型和经济性评价

换热器的选型和经济性评价在换热器的应用中有重要的作用。换热器选型中所需考虑的因素有：①投资费用、回收费用和回本时间；②壁面工作温度；③压力范围和阻力损失；④温度的可调范围；⑤使用寿命和可靠性；⑥抗腐蚀和抗损坏能力；⑦安装和检修是否方便；⑧安装场地及现场布置条件。显然上述诸因素的重要性是不同的，应根据换热器使用的具体情况侧重考虑某几个因素。例如对过程工业所用的换热器，它们常常是工艺过程中的关键设备，此时投资费用往往不是最重要的因素，最重要的是可靠性和检修是否方便，因为万一因换热器故障造成停产，其经济上的损失将大大超过投资上的差额。

运行的温度和压力往往是换热器选型的重要依据。例如当压力低于 3 MPa，运行温度低于 200 ℃，且介质清洁时，板式换热器常属首选。但当压力、温度较高时，就应选择管壳式或套管式换热器。套管式换热器特别适合于高压力、小流量的情况。此外壁面温度也是一个值得关注的问题。由于受材料限制，换热壁面的温度不能太高。某些材料的温度虽可达 1000 ℃ 以上，但除陶瓷材料外，其他耐热材料大都价格昂贵。通常为留有余地，换热器的壁温一般控制在 850 ℃ 以下。使用上，烟气温度可高达 1500 ℃，此时就必须设法降低壁温，其有效方法是增加空气侧的对流换热表面传热系数,例如在空气侧加装肋片。

参与换热的流体种类对选型也有影响。例如若流体的腐蚀性特别明显,就应选用高抗腐蚀性的换热器,诸如石墨或陶瓷制的换热器;若需防腐和防止内漏,螺旋板式换热器是最佳选择。虽然换热器中的工作流体在大多数情况下已由工艺条件确定,但也有不少情况下可由选型者自行决定。此时作为工作流体,其基本要求如下:①来源充足、运输方便、价格低廉,并可就近解决;②对其热物性等参数的要求是密度 ρ、比热容 c 及导热系数 λ 都要大,在高温工作时工作压力小,而在相变过程中潜热大;③化学性质稳定,且不易结垢和腐蚀。常用的冷流体为水和空气,常用的热流体则有烟气、水蒸气、热水、油等。近年来随着科学技术的发展,液态金属以及某些联苯混合物也逐渐得到应用。冷流体之所以常用空气和水,是因为它们能将热流体冷却到接近大气温度,但当冷却温度要求低于 0 ℃时,则需采用氨液、氯化钠和氯化钙的水溶液。在热流体方面,根据使用温度不同,可以有多种选择。高温时多选择烟气,其缺点是表面传热系数太小。如果需要把冷流体加热到 150 ℃时,水蒸气是一种最佳选择,由于水蒸气凝结时放出大量潜热,凝结传热系数又大,因此需要的换热面积较小,其缺点是水蒸气的饱和压力随温度提高会迅速增加,致使换热器结构复杂化。油类作为热流体,可以使换热器在低压下工作,而且能将冷流体加热到 250 ℃,其缺点是表面传热系数小,且对温度敏感,一旦过热,易裂解。

操作参数的选取对换热器的设计也非常重要。首先是流速和压降的选择,对无相变的换热,当热负荷一定时,流速越高,表面传热系数越大,换热面积越小。这不仅节省材料,而且可使设备紧凑,且不易结垢。但另一方面,流速增大,压降增加,泵功率随之增大,且易冲刷腐蚀换热面。理论计算还表明,压降增大的速率远远大于表面传热系数的增大速率。因此速度选取的原则是使系统的压降处于一个合理值。换热器中常用的流速范围如表 7-4 所示。通常壳程流速约为管程流速的一半。

表 7-4　换热器中常用的流速范围

介　　　质	管程流速/(m/s)	壳程流速/(m/s)
循环水	1.0～2.0	0.5～1.5
新鲜水	0.8～1.5	0.5～1.5
低黏度油	0.8～1.8	0.4～1.0
高黏度油	0.5～1.5	0.3～0.8
气体	5～30	2～15

对于易结垢的流体,流速应选取得较高,以降低管壁温度,且有利于抑制污垢的生长。一般管程流速应大于 1 m/s,壳程流速则应大于 0.5 m/s。流体黏度越

大,所选用的流速应越低。

安全允许流速与管径有关,管径越大,流速越低。密度大的液体,阻力消耗与传热速率相比一般较小,故可适当提高其流速。而密度小的气体,传热系数低,阻力消耗又大,更应注意合理选取流速。

换热器终温的选择对换热器的效率和传热强度都有很大的影响。通常换热终温可按如下要求选择:

(1)热端温差不小于 20 ℃。

(2)冷端温差不小于 5 ℃。从经济性出发,空冷式换热器热流体出口和空气出口之间的温差应不小于 20 ℃。多管程换热器为避免出现温度交叉,有时也把较小一端的温差加大到 20 ℃以上,或采用多台单程串联的方案。

(3)冷却器或冷凝器中,冷却剂的初温应高于被冷却流体的凝固点;对于含有不凝性气体的冷凝,冷却剂终温要低于被凝气体的露点 5 ℃。

对于换热器中两种流体中哪一种走管程,哪一种走壳程,需要考虑很多因素。总的来说,要求有利于传热,有利于减小压降,且材料消耗少,成本低、安全,便于维修清洗等。除了工作压力和温度高、结垢特别严重或有毒等特殊工艺条件应另行考虑外,一般应遵循如下原则:

(1)黏度大或流量小的流体应走壳程,这是因为壳程流道截面和方位都在不断变化,且可设置折流板,当 $Re>100$ 时即可形成素流。从减小压降的角度来看,Re 小的流体走壳程也较为有利。但若采取多管程等措施且压降也控制在允许的范围内,也可考虑走管程。

(2)换热器为刚性结构,且两流体温差很大,由于壁面温度与表面传热系数大的介质温度相接近,故应使表面传热系数大的流体走壳程,以减小管束和壳体间的差胀。但当两流体温差小,而表面传热系数的值又相差很大时,应使表面传热系数大的走管程,因为在管外采取某些强化传热的措施(如加翅片等)比较方便。

(3)与外界温差大的流体走管程,这样安排不仅可以减少对外界的热损失,而且可以使壳体不易变形。

(4)容许压降小的走壳程较好。

(5)凡有凝结相变的流体应走壳程,因为它与流速和清洗关系不大,且易于排除凝结液。

(6)有毒介质宜走不易发生泄漏的管程,也可采用双套管式换热器,使有毒介质走内管。

(7)易结垢、有沉淀及含有杂质的不清洁流体应走管程,因为相比之下管程的清洗要比壳程方便。

(8)高温、高压和腐蚀性较强的流体走管程,这对降低外壳厚度、耐热性、耐腐蚀性和密封性的要求有利,且避免了管子和壳体同处于恶劣条件下,节省了贵重材料,降低了成本,提高了经济性。

上述这些选择原则有时是相互矛盾的,并不可能同时全部满足。在具体选型时,应从实际情况出发,满足最重要的因素。

换热器量大面广,在某些行业其投资费占很大比重,因此对换热器进行经济性评价也很重要。除了考虑换热器的初投资外,还必须考虑其运行费用,包括泵或风机所消耗的能量、清除污垢及日常维修费用等。

从经济性考虑,首先应选用定型的标准换热器。因为标准设备的购置费用大大低于非标设备,且其操作、维修也比较方便。在购置新换热器或对原有换热设备进行技术改造时,多用投资回收法对其经济性进行评价,因为此法最为简单、直观。

7.1.5　换热器网络分析

作为能量传递设备的换热器,在动力、化工、炼油、制药等企业中往往不止一台,而是多台甚至几十台构成一个复杂的换热器网络,其换热性能的好坏直接影响企业的能源利用效率。在生产中还会出现这样的问题,即单台换热器的效率很高,但并入一个大型换热器网络后,其换热并不理想。因此有必要对换热器网络进行分析。

在过程工业中,通常有若干冷介质(即冷物流)需要加热,与此同时又有若干热介质(即热物流)需要冷却。最理想的情况是各种冷介质所需要的热量正好等于各种热介质放出的热量,这时加热或冷却介质的能耗为零。显然在实际的工艺过程中是无法实现这一理想情况的,只能在设计工艺过程时使其尽可能地接近理想工况。

在对换热器网络进行分析时,常常采用温焓图。设工艺过程中有三股热流,其热容流率分别为 A、B、C(kW/℃),温位为 $T_2 \to T_5$、$T_1 \to T_3$、$T_2 \to T_4$,如图 7-2(a)所示。显然在 T_1 至 T_2 温区只有一股热流能给冷介质提供热量,其值为 $\Delta H_1 = B(T_1 - T_2)$。故在温焓图上该段曲线的斜率就等于曲线 B 的斜率。而在 T_2 到 T_3 的温区内则有三股热流能提供热量,其总热量值为 $\Delta H_2 = (A + B + C)(T_2 - T_3)$,于是在温焓图上这段复合曲线的斜率将改变,即两个端点的纵坐标不变,而横坐标的距离为三股热流横坐标的叠加。显然对每一温区而言,其总热量均可表示为

$$\Delta H_i = \sum_j C_p (T_i - T_{i+1}) \tag{7-1}$$

式中,C_p 为热容流率,即热容与流量的乘积,其单位为 kW/℃;j 为第 i 温区的物流数。因此综合每个温区不同斜率的曲线,即可得到如图 7-2(b)所示的热物流复合温焓曲线。对冷物流,也可得到一条类似的冷复合温焓曲线。

如将热物流和冷物流的两条复合温焓曲线画在一起,就得到如图 7-3 所示的冷、热复合温焓曲线。图中冷、热复合温焓曲线之间垂直距最小的点称为夹点。显

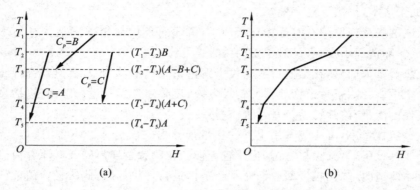

图 7-2　过程工业中热物流的温焓曲线

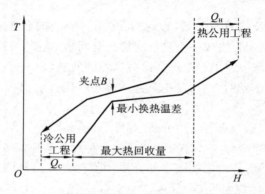

图 7-3　冷、热复合温焓曲线

然夹点处的温差即为换热网络中的最小换热温差。从图上可以获得如下信息：

（1）当采用热物流来加热冷物流时可能得到的最大热回收量。

（2）夹点 B 将热、冷物流之间的换热分成上、下两部分。在夹点上部，热物流所放出的热量不能完全满足冷物流加热的需要，所差的热量需用另外的热公用工程来提供；而在夹点下部，冷物流所吸收的热量则不足以将热物流冷却，欲将热物流完全冷却还需用另外的冷公用工程来解决。换句话说，在过程工业中当热回收是采用热物流来加热冷物流时，在夹点上部，热物流对冷物流供热不足；在夹点下部，热物流对冷物流供热过剩。

（3）如果在夹点上部采用换热器对热物流进行冷却，由于本来在夹点上部热物流对冷物流的供热就不足，故这一措施的结果是使热公用工程的能耗大为增加。具体而言，若该冷却工程的能耗为 Q_C，则热公用工程将额外增加 $2Q_C$ 的能耗。

（4）如果在夹点下部采用换热器对冷物流进行加热，由于本来在夹点下部热物流对冷物流的供热就过剩，故这一措施的结果是使冷公用工程的能耗大为增加。具体而言，若该加热工程的能耗为 Q_H，则冷公用工程将额外增加 $2Q_H$ 的能耗。

从上述分析可知,夹点在热能利用中有重要意义。通常在换热器网络分析中,根据夹点的特性可将换热器网络分为相互独立的热端和冷端两个子网络,并进行各自的热端网络设计和冷端网络设计。对于由多台换热器组成的换热器网络,为了获得节能效果,根据夹点分析应采取以下措施:

(1) 取消在夹点上部设置的对热物流进行冷却的所有换热器(或冷却工程设施);

(2) 取消在夹点下部设置的对冷物流进行加热的所有换热器(或加热工程设施);

(3) 找出那些穿过夹点进行换热的夹点上部的热物流,并重新设计,使它们只对夹点上部的冷物流进行加热;

(4) 根据已有的换热设备和现实条件,进行夹点上部和夹点下部各换热设备及系统的优化协调;

(5) 如有条件应尽可能地就近将内燃机、燃气轮机、蒸汽轮机或其他热机的余热引入夹点上部,用来加热冷物流;

(6) 在夹点下部设置热泵,利用热泵吸收夹点下部热物流的热量,提高温度后再用来加热夹点上部的冷物流。

目前由夹点分析发展起来的夹点节能技术已广泛地应用于国内外的过程工业中,取得了显著的节能效果。对新厂设计而言,夹点技术比传统的方法节能30%～50%;对老厂改造而言,节能也可达 20%～35%。有关夹点技术更详细的知识请参阅文献[30、31]。

7.2　常用工业换热器

换热器历史悠久,应用广泛。不同换热器的使用场合不同,其目的也不同。例如:电厂中的回热加热器、油冷却器等是为了使工作介质获得或散去热量;化工厂中的凝汽器、结晶器等是为了回收或制取纯净的工质。有时为了维持介质恒定的工作温度,例如在硫酸工业中,二氧化硫转化为三氧化硫必须保持 400 ℃的高温,也需采用换热器。此外为回收余热、节约能源,对换热器更提出了各种各样的要求。显然任何一种形式的换热器都不能满足如此多的要求,这就是换热器型式众多的原因。常用的间壁式工业换热器有管壳式换热器、板式换热器、翅片管式换热器、螺旋板换热器和板翅式换热器等。此外,蓄热式换热器和直接接触式换热器在工业中也有广泛应用。

7.2.1　管壳式换热器

管壳式换热器是应用最广泛的工业换热器。在应用的各类换热器中,管壳式换热器约占 70%。管壳式换热器的最大优点是能承受高温高压,适应性强,处理量大,工作可靠;此外其制造相对简单,生产成本低,选材范围广,清洗方便也是易为用户接受的原因。虽然它在结构紧凑性、传热强度和单位金属消耗量方面远逊于板式或板翅式换热器,但由于上述优点,管壳式换热器在能源、化工、石油等行业至今仍占主导地位。

管壳式换热器是把管子和管板连接,然后再用壳体固定,其结构形式也很多,主要有固定管板式、浮头式、U 形管式、滑动管板式等。其中固定管板式结构最为简单,但换热器工作时,由于管板是固定的,热胀冷缩的余地小,从而产生的热应力大,只能应用于管壁温度和壳壁温度相差不超过 50 ℃,或壳程和管程流体温差不超过 70 ℃的场合。有时为了解决温差膨胀问题,可在固定管板式换热器的壳体上带膨胀节。图 7-4 为典型两流程固定管板式管壳式换热器。浮头式、U 形管式、滑动管板式换热器就是为了解决固定管板式的上述缺点而设计的,其目的是使换热器运行时管束有膨胀的余地。图 7-5 为两流程 U 形管式管壳式换热器的示意图,当受热时 U 形管束能自由地膨胀。但上述换热器也带来另外的缺点,如浮头式结构复杂、造价高;U 形管式管内无法清洗,管子破损后不能更换等。

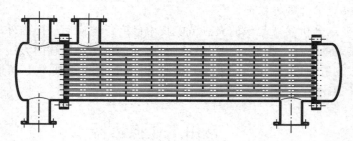

图 7-4　典型两流程固定管板式管壳式换热器

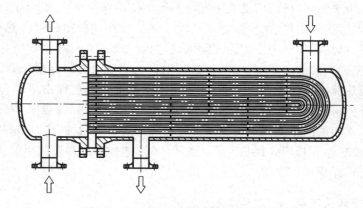

图 7-5　两流程 U 形管式管壳式换热器

　　各种型式的管壳式换热器都是由封头、管板、隔板和外壳组成。其中隔板的作用如下：①作为管子的支撑结构；②提高壳侧流体的速度，并使流体横掠管束，从而强化壳侧的传热。由于隔板起到了折流作用，因此通常又将其称为折流板，相应的换热器也称为折流板管壳式换热器。典型的折流板（又称单弓板）及折流方式如图 7-6 所示。图 7-7 和图 7-8 所示则为改进后的折流板（又称双弓板）及折流方式，显然从定性分析即可看出改进后的换热器其壳侧阻力有所降低。此外还有三弓板换热器，它们共同的缺点是制造较单弓板复杂。

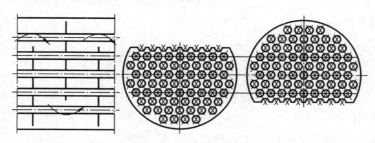

图 7-6　典型的折流板（单弓板）及折流方式

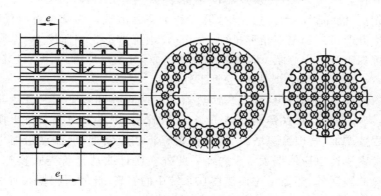

图 7-7　改进后的折流板及折流方式

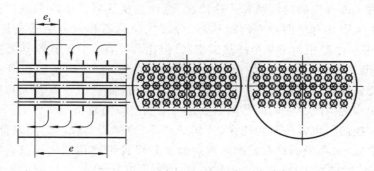

图 7-8　改进后的双弓板及折流方式

对于折流板管壳式换热器,壳侧流体流速的选择十分重要。流速太低,壳侧的表面传热系数太小;流速太高,又会引起流体诱导振动,导致换热器损坏。通常壳侧流体流速可根据表 7-5 选取。

表 7-5　折流板管壳式换热器内常用流速范围

流　　体	壳侧流体的流速/(m/s)	管侧流体的流速/(m/s)
循环水	0.5～1.5	1.0～2.0
新鲜水	0.5～1.5	0.8～1.5
低黏度油	0.4～1.0	0.8～1.8
高黏度油	0.3～0.8	0.5～1.5
气体	2～15	5～30

管壳式换热器中管子的排列方式多种多样,有错正方形排列、顺正方形排列、错三角形排列、顺三角形排列、同心圆排列等。其中前四种应用较多(见图 7-9)。顺三角形排列有利于使壳程流体达到湍流状态,能增强壳侧的传热,且能布置的管排数也较顺正方形排列多,使换热器较为紧凑;缺点是壳程清洗困难。顺正方形排列则正好相反,能布置的管排数较少,但有利于壳程清洗。为弥补各自的缺点,就产生了错正方形排列和错三角形排列。前者较顺正方形排列紧凑,后者则留有清洗通道。排列时管子中心距 s 应按如下规定选择:对三角形排列,$s > 1.25d_0$;对正方形排列,$s - d_0 > 6$ mm。其中 d_0 为管子外直径。

按管内流体流程的多少,管壳式换热器又有两管程和多管程之分。其中偶数管程,管内流体进出口在换热器的同一端;奇数管程,则进出口分别位于换热器的两端。管程数增加,管内流速增大,传热系数也将相应增加,但流动阻力也会随之增大。故管内流速也应依据表 7-5 选择。此外在设计或选择管壳式换热器时,除了考虑传热的因素外,还需考虑换热器在系统中的布置,此时可根据布置的需要选择偶数管程或奇数管程。

同样为了改善壳侧的流动和传热情况,也可在换热器筒体内加纵向挡板得到多壳程结构。因此有所谓双壳程换热器、分流式换热器和双分流式换热器(见图 7-10)。其中双壳程相当于两个换热器串联,但比其便宜。分流式换热器适用于壳侧流量大,而又要求阻力小的情况。如壳侧流体冷凝时,当中的隔板可采用多孔板。双分流式换热器则可进一步减小壳侧流动阻力,而且适于温差大和管程表面传热系数很高的情况。它们的共同缺点是加工制造较为复杂。

管壳式换热器也常按其功能命名,如加热器、冷却器、冷凝器、蒸发器、过热器等,各国(地区)对典型的管壳式换热器的命名和设计都有相应的规范。如美国有 TEMA 规范,欧盟有 DIM 规范,日本有 JISB8249 规范,我国则依据 GB151—2014《热交换器》执行。

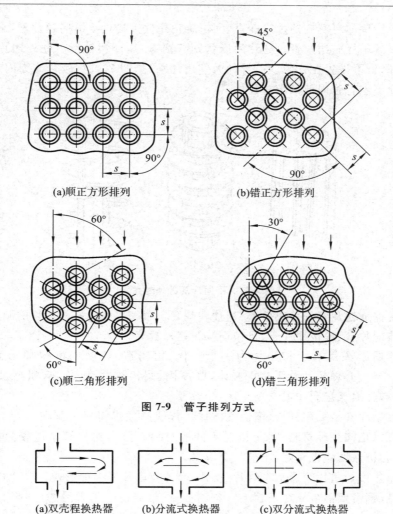

(a)顺正方形排列　　　　　　(b)错正方形排列

(c)顺三角形排列　　　　　　(d)错三角形排列

图 7-9　管子排列方式

(a)双壳程换热器　　(b)分流式换热器　　(c)双分流式换热器

图 7-10　壳程的形式

7.2.2　翅片管式换热器

　　翅片管式换热器在动力、化工、炼油、空调和制冷工程中有广泛的应用。当换热器两侧流体的表面传热系数相差较大时，在表面传热系数小的流体一侧加上翅片，不但可以增大换热面积，而且由于翅片对流体的扰动作用，能有效地增加这一侧的表面传热系数，从而达到强化传热的目的。因此在换热器一侧为气体，另一侧为液体的强制对流或相变换热情况下多采用翅片管式换热器。

　　翅片管式换热器的基本换热元件是翅片管。翅片管由基管和翅片组成。从结构形式上翅片管可以分为纵向翅片管和径向翅片管这两种基本类型，其他形式均为其变形。例如对螺旋翅片管而言,大螺旋角翅片管接近于纵向翅片管,小螺旋角翅片管接近于径向翅片管。翅片的形状则有圆形、矩形和针形。此外翅片既可设置在管外,也可设置在管内。前者称为外翅片管(见图 7-11),后者称为内翅片管。个别情况下也有管内外都带翅片的。

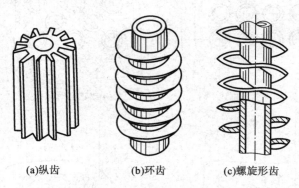

(a)纵齿　　　　　　(b)环齿　　　　　　(c)螺旋形齿

图 7-11　不同形式的外翅片管

为了保证翅片管的传热效率,翅片和基管应紧密接触。按翅片管的制造工艺,分为整体翅片管、焊接翅片管、机械连接的翅片管等。

整体翅片管其基管和翅片为一个整体,由铸造、轧制或机械加工而成(如图 7-12(d))。整体翅片管无接触热阻、强度高、耐机械震动,传热、机械及热膨胀性能均较好,缺点是制造成本高。

焊接翅片管是采用钎焊、惰性气体保护焊或高频焊将翅片焊在基管上。翅片与基管可以是同一种材料,也可以是不同的材料。此类翅片管制造较为简单、经济,传热和机械性能也较好,已被广泛应用。

机械连接的翅片管通常有绕片、镶片、套片及串片等多种形式。绕片式翅片管是将钢带、铜带或铝带绕在基管上。若钢带、铜带或铝带是光滑的,则称为光滑绕片管;若钢带、铜带或铝带是皱褶的,就称为皱褶绕片管。皱褶的存在既增加了翅片与管子间的接触面积,又增大了翅片对气侧流体的扰动作用,有利于增强传热。但皱褶的存在也会增加气侧的阻力,且容易积灰,不便清洗。通常为保证翅片与基管接触紧密,同时为防止生锈,可将此类翅片管镀锌或镀锡。镶片式翅片管是将翅片根部加工成一定的形状,然后镶嵌于基管壁的对应槽内。套片或串片式翅片管的翅片一般是先冲压成型,套在基管上后再采用机械胀管或液压胀管的方式将翅片牢牢地固定在基管上。翅片和基管的材料可以任意组合。例如空调器中换热器多采用此种形式的翅片管,通常在铜制基管上套铝翅片。铝翅片上又有许多百叶窗式的开缝,借以增加空气侧的扰动,强化传热。此类翅片管的翅化比都很高,可达 40,甚至更高。它制造简单,成本低,但由于翅片与基管属机械接触,长期使用可能产生变形松动及氧化,导致热阻增加。套片后进一步镀锌或锡,最好是采用热浸锌或热浸锡工艺,既可克服上述缺点,又能防止翅片管腐蚀;对钢制翅片管这一措施特别有效。此外还有一种二次翻边翅片管,它是在多工位连续机床上经多次冲压、拉伸、翻边、再翻边制成的,其传热效果也很好。换热器用的各种翅片管如图7-12 所示。

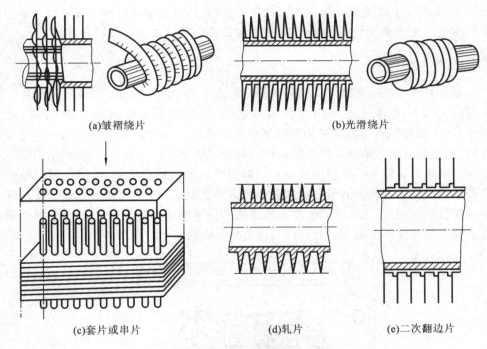

(a)皱褶绕片　　　　　　　　　　　(b)光滑绕片

(c)套片或串片　　　　　　　(d)轧片　　　　　　(e)二次翻边片

图 7-12　换热器用的各种翅片管

翅片管的优点如下:①传热能力强,与光管相比,传热面积通常可增加 2~10倍,传热系数通常可提高 1~2 倍;②结构紧凑,同样热负荷下与光管相比,翅片管换热器管子少,壳体直径或高度可减小,便于布置;③当介质被加热时,与光管相比,同样热负荷下翅片管的管壁温度将有所降低,这对减轻金属壁面的高温腐蚀和超温破坏是有利的;④不论介质是被加热或冷却,同样热负荷下翅片管的传热温差都比光管小,这对减轻管外表面的结垢是有利的,此外沿翅片和管子表面结成的垢片在翅片的胀缩作用下,会在翅根处断裂,促使硬垢自行脱落;⑤对于相变传热,可使增大相变传热系数和临界热流密度。翅片管的主要缺点是造价高和流动阻力大。在选用时应进行技术经济比较。

由于翅片管形式多样,其表面传热系数和压降的计算公式也很多。除了根据翅片管形式正确选用计算公式外,还必须注意翅片管式换热器的使用工况。例如当翅片管式换热器用于加热空气或冷却空气但不产生凝结水时,换热器的运行过程是处于干工况(即等湿加热或等湿冷却过程)下。但空调系统中所使用的表面式空冷器(由于表冷器外表面的温度低于湿空气的露点,空气中的水蒸气会部分凝结,从而在翅片表面上形成水膜),以及化工和炼油企业中的湿式空冷器(当环境温度很高时,在普通翅片管式空冷器入口喷雾状水,利用水的蒸发来提高空冷器的效率,以满足工艺要求),却处于湿工况下。此时被处理空气与空冷器之间不但发生显热交换,还有热质交换引起的潜热交换,通常用析湿系数来反映空气中凝结水的析出程度。关于翅片管换热器计算,有兴趣的读者可参考文献[3、4、5、7]。

7.2.3 板式换热器

板式换热器是一种高效、紧凑的换热器,在食品、电力、化工、制氧等部门有广泛的应用。板式换热器是用一组波纹板按一定的要求叠成板片束而成(见图 7-13)。波纹板片是板式换热器的基本传热元件,一般用 0.6～0.8 mm 的金属压制,其上贴有密封垫圈。板片按设计的数量和顺序叠在一起,然后两侧用固定压紧板通过螺栓压紧。工作流体从板片一端的角孔流入板间通道,然后从另一端的角孔流出。冷热流体的通道是依次排列的。根据角孔的布置可组合成所需要的各种工作流程。图 7-14 给出了板式换热器的几种典型的流程组合。其中密封垫圈除了使工作流体不泄漏、互不混合外,还起板间流动的导向作用。

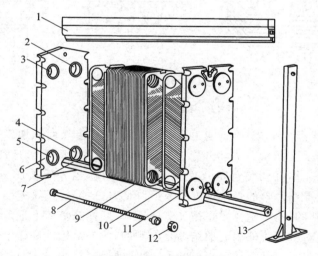

图 7-13　板式换热器结构

1—上轴;2、3、4、5—进出口;6—固定压紧板;7—下轴;8—压紧螺栓;
9—密封垫圈;10—板片;11—活动压紧板;12—压紧螺母;13—前支杆

波纹板片的波形及尺寸直接影响板式换热器的传热和阻力性能。常用的波纹板形式如下(见图 7-15):

(1) 平直波纹板。因流通断面形状不同又可分为三角形、圆弧形和梯形等。

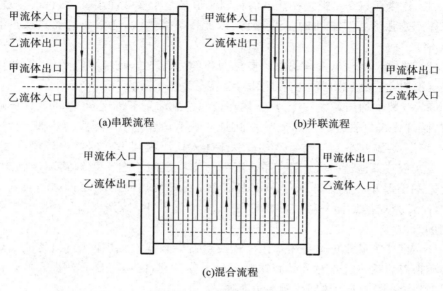

(a)串联流程　　　　　　　　(b)并联流程

(c)混合流程

图 7-14　典型的流程组合

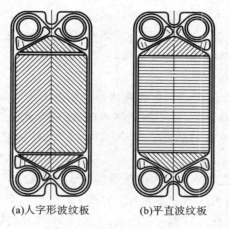

(a)人字形波纹板　　(b)平直波纹板

图 7-15　常用的波纹板

影响流动和传热特性的特征尺寸是波距、波深等。

（2）人字形波纹板。其波纹呈顺置或倒置人字形,对大尺寸的板片则采用人字形的组合。这种板片刚性强,传热性能也好,缺点是流动阻力较大,且不适宜于含颗粒或纤维的介质。影响人字形波纹板流动和传热特性的特征尺寸除了波距、波深外,还有人字形的夹角。夹角大,换热强,阻力也大;相反,夹角小,换热弱,阻力小。常用的人字形夹角为 120°。人字形波纹板又称锯齿形波纹板。

与管壳式换热器相比,板式换热器的优点如下:

（1）传热系数高。板式换热器的板间流道是一个横截面多变、曲折的流道，能使流体产生强烈的湍流，加之板壁很薄，因此传热系数大，通常为管壳式换热器的 3～4 倍。

（2）结构紧凑。单位体积内的换热面积约为管壳式换热器的 2 倍，因此用于同一工况时，板式换热器的占地面积仅为管壳式换热器的 1/5。

（3）对数平均温差大。冷、热流体在板间的流动是平行流动，且可设计成逆流模式，而管壳式换热器是以错流为主，因此对数平均温差小于板式换热器。

（4）末端温差小。末端温差是指一流体入口温度与另一流体出口温度之差。由于板式换热器流道是互相平行的，流程与流程之间不会出现短路和旁路现象，因此末端温差小。例如对水-水换热器而言，板式换热器的末端温差可低至 1～2 ℃，而管壳式换热器一般在 5 ℃以上。末端温差小对回收低品位的热能是很有利的。

（5）能实现多种介质换热。在板式换热器中只需设置中间隔板，就能实现多种介质换热。这一优点对乳品和饮料行业十分有利，例如能在一台板式换热器中实现加热、杀菌、冷却、热回收等多道工序。

（6）易改变换热面积或流程组合。只需增加或减少板片数目即可改变换热面积，而改变板片排列或更换几张板片即能得到所需的流程组合。

（7）清洗、维修方便。只要卸下压紧螺栓，即可取出板片清洗或维修（例如更换板片或垫圈等），这对需经常清洗的换热设备十分有利。

板式换热器的缺点如下：

（1）承受的压力不能太高。板式换热器是靠垫圈密封的，密封周边长，加之角孔两边密封处的支撑差，垫圈得不到足够的压紧力，因此板式换热器的工作压力不能太高。目前板式换热器的最高工作压力约为 2.5 MPa，板片越大，承受的压力越低。

（2）工作温度不能太高。板式换热器的工作温度取决于密封垫圈的材料。采用橡胶类垫圈时，最高工作温度不超过 200 ℃；采用石棉类垫圈时，最高工作温度可达 260 ℃，但由于石棉弹性差，其工作压力将低于橡胶类垫圈。

（3）流道易堵塞。由于板间流道的平均间隙为 3～5 mm，且流道曲折多变，当介质不清洁，特别是含有颗粒或纤维物时，极易堵塞。故只适用于清洁介质，对不太清洁的介质，需在换热器入口处加装过滤器。

对于板式换热器的设计，亦可采用对数平均温差法（LMTD 法）或效能-传热单元数法（E-NTU 法）。但在设计时要注意以下问题：

（1）板片波纹形式的选择。一般人字形波纹板的工作压力可高于 1.0 MPa，而水平平直波纹板的工作压力只能在 1.0 MPa 左右。人字形波纹板的流体流动的阻力和传热系数均大于水平平直波纹板。因此应根据工作压力、流体流动的阻力和传热系数来选择波纹板的形式。

（2）选择合适的单板面积。单板面积小，则板式换热器的片数多，除造成流动阻力增大外，换热器占地面积也将增加。反之，占地面积和流动阻力虽减小，但难以保证板间通道所必需的流速。因为角孔尺寸和单板面积有一定的内在联系，为使流体通过角孔流道不致压力损失过大，通常角孔流速取 4～6 m/s，并以此确定单板面积。表 7-6 为角孔流速取 6 m/s 时单板面积和处理量的关系。

表 7-6　角孔流速为 6 m/s 时单板面积和处理量的关系

单板面积/m²	0.1	0.2	0.3	0.5	0.8	1.0	1.6	2.0
角孔直径/mm	40～50	65～90	80～100	125～150	175～200	200～250	300～350	＜400
单台处理量/(m³/h)	27～42	71～137	108～170	265～380	520～680	680～1060	1530～2080	＜2700

（3）流速的选取。流体在板间流动，其流速是不均匀的，主流线上的流速为平均流速的 4～5 倍。为使流体在板间流动时处于湍流状态，一般取板间平均流速 0.3～0.8 m/s 为宜。具体设计时可以先确定一个流速，计算其压降是否在给定的范围内，也可按给定的压降先求出流速的初选值。

（4）流程的选取。一般来说，流程选取的原则如下：流程少，冷、热介质等程，逆流布置。若板两侧流量相差悬殊，流量小的一侧可按多程布置；另外，当某一介质温升或温降幅度较大时，也可采用多程布置。

（5）板片材料的选择。板片原材料的厚度通常为 0.6～0.8 mm，压制成波纹板后允许有 25% 的减薄量，因此板片最薄处的厚度仅为 0.45～0.6 mm。为此板片必须选用耐腐蚀的材料，通常仅对板片采用表面防腐措施是不行的。

此外，板式换热器一般不适用于气体的换热，也不宜用于易燃、易爆及有毒介质的换热。如果一定要用，则其设计压力至少要比工作压力高一个公称级别。有关板式换热器设计及运行方面的更多的知识请参阅文献[7]。

7.2.4　螺旋板换热器

螺旋板换热器的结构如图 7-16 所示。它是由两块厚 2～6 mm 的金属板卷成一对同心圆的螺旋形流道，流道始于中心，终于边缘，中心处用隔板将两边流体隔

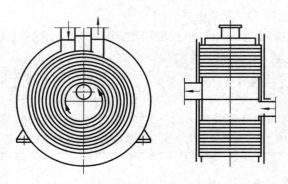

图 7-16　螺旋板换热器的结构

开。冷热流体在金属板两边的流道内逆向流动而实现热交换。由于螺旋体两端面的密封不同,螺旋板换热器有以下三种类型。

Ⅰ型:两螺旋形流道的两端面全部焊牢,两流体之一从外壳向中心流,另一流体从中心向外流,两流体逆向流动(见图 7-17(a))。

Ⅱ型:两螺旋形流道在两端面交替焊牢,端面处另加一个可拆卸的端盖密封,使两流体不混合,又可卸下端盖清洗通道。两流体也是逆向流动(见图 7-17(b))。

Ⅲ型:螺旋形流道是由四块金属板卷成。一个流道两端全部焊牢,一种流体在两端面焊牢的流道中先向外流向中心,然后再由中心流向外缘。另一个流道的两端全部敞开,流体在其中作轴向流动(见图 7-17(c))。

为了保证流道的间距,也为了加强传热板的刚度和强化湍流,在螺旋板换热器中设置了许多定距柱,一般是先用 3～10 mm 的圆钢或带钢在卷板前预先焊在钢板上。也可预先在板上先冲出凸包来作为定距柱。螺旋板换热器的板材一般采用碳钢、不锈钢、铜合金或铝合金等。

螺旋板换热器的优点如下:

(1)传热强度高。由于螺旋板换热器不存在流动死区,定距柱对流体的扰动以及螺旋流产生的附加二次流都强化了螺旋板换热器的传热。通常水-水换热时螺旋板换热器的传热系数可达 3000 W/(m² · ℃)。

(2)结构紧凑。螺旋板换热器和板式换热器都属紧凑式换热器。由于板型传热面积大,螺旋板换热器单位体积的传热面积可达 44～100 m²/m³,为管壳式换热器的 2～3 倍,加之传热强度高,纯逆流方式的对数平均温差大,这些都导致螺旋板换热器结构轻巧、紧凑。

(3)不易污塞。螺旋通道一般为等截面矩形,若流道内的流速选择恰当,则流体中的杂物很难在螺旋板面存留。通常螺旋板换热器的污垢热阻仅为管壳式换热器的 70% 左右。

(4)传热温差小。由于双螺旋流道能较完全地形成逆流且流道较长,有助于

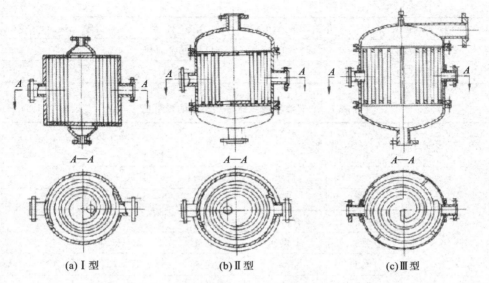

(a) Ⅰ型　　　　　　　(b) Ⅱ型　　　　　　　(c) Ⅲ型

图 7-17　三种不同型式螺旋板换热器

降低最小温差值,其冷热流体的最小温差仅为 2 ℃,这对低温热源的利用是很有利的。

螺旋板换热器的缺点如下:

(1) 承压能力有限。由于螺旋板的直径较大,且每一圈都必须承受工作压力,故螺旋板换热器的设计压力不能太高,否则板会太厚而无法卷板,且结构笨重。目前螺旋板换热器的最高工作压力为 4.0 MPa。而且当设计压力超过 1.6 MPa 时,螺旋体的最大直径应限制在 2000 mm 左右。

(2) 容量受限制。由于螺旋流道为单流道,流通能力有限,故介质的体积流量不能太大。否则流速太高,流动阻力太大,消耗泵功太多。

(3) 检修困难。螺旋板换热器虽不易泄漏,但由于结构上的限制,一旦泄漏,则很难检修,往往只能整台报废。

螺旋板换热器设计中所涉及的两个主要问题是:如何选择螺旋流道中介质的流速,以及如何合理地选择传热系数。螺旋流道中介质流速可根据表 7-7 选取,表 7-8 则给出了螺旋板换热器传热系数的推荐值。更多有关螺旋板换热器的知识请参阅文献[10]。

表 7-7　螺旋流道中的介质流速

介 质 种 类	介质流速/(m/s)	介 质 种 类	介质流速/(m/s)
一般液体	0.5～3.0	常压气体	5～30
冷却水或相似的水溶液	0.7～2.5	油蒸气	5～15

介 质 种 类	介质流速/(m/s)	介 质 种 类	介质流速/(m/s)
低黏度油	0.8~1.8	气液混合流体	2~6
高黏度油	0.5~1.5	水蒸气	10~30

表 7-8　螺旋板换热器传热系数的推荐值

传 热 形 式	介 质 种 类		流 动 形 式	传热系数 /[W/(m²·℃)]	备　注
单相介质对流换热	清水	清水	逆流	1700~2200	
	废液	清水	逆流	1600~2100	
	有机液	有机液	逆流	350~580	
	中焦油	中焦油	逆流	160~200	
	中焦油	清水	逆流	270~310	
	高黏度油	清水	逆流	130~350	
	油	油	逆流	90~140	
	气	气	逆流	29~47	
	电解液	水	逆流	1270	
	变压器油	水	逆流	327~550	推荐 350
	电解液	热水	逆流	600~1900	推荐 810
	浓碱液	水	逆流	350~650	推荐 470
	浓硫酸	水	逆流	760~1380	推荐 700
	辛烯醛	水	逆流	270~300	
蒸气凝结换热	水蒸气	水	错流	1500~1700	
	有机蒸气	水蒸气混合物或水	错流	930~1160	
	轻质有机物与蜡混合物	水	错流	620	
	氨	水	错流	1500~2260	推荐 1700

7.2.5　板翅式换热器

板翅式换热器又称二次表面换热器,是一种更为紧凑、轻巧、高效的换热器。它是由翅片、隔板和封条组合成板翅单元,然后钎焊而成(见图 7-18)。其中基本传热面是隔板,翅片是二次传热面,封条起密封作用,并能增加换热器的承压能力。

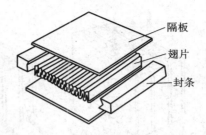

　　翅片是板翅式换热器的关键部分,板翅式换热器中的传热过程主要是通过翅片的热传导以及翅片与流体间的对流换热。翅片可以看成隔板换热面的延伸,它不但极大地扩大了传热表面,而且由于翅片对流体的强烈扰动作用,也大大地提高了传

图 7-18　板翅式换热器的单元结构

热系数,从而使换热器特别紧凑。此外翅片还起着加强肋的作用,使换热器强度和承压能力得以大大提高,因此尽管翅片和隔板都很薄,换热器仍能承受一定的压力。

　　常用的翅片形式(见图 7-19)有平直翅片、锯齿形翅片、多孔翅片、波纹翅片、百叶窗形翅片等。翅片形式和尺寸不同,其换热和阻力特性也各不相同。决定翅片结构的基本尺寸有翅片高度、翅片间距、翅片厚度等。

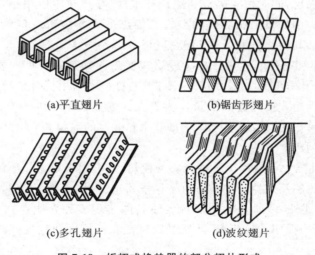

(a)平直翅片　　　　　　　　　　　(b)锯齿形翅片

(c)多孔翅片　　　　　　　　　　　(d)波纹翅片

图 7-19　板翅式换热器的部分翅片形式

　　根据工艺要求可由单元结构组成所需流程组合的各种板翅式换热器,例如逆流、叉流、叉逆流等形式(见图 7-20)。也可以通过单元结构组合实现三种、四种甚至五种流体在同一台板翅式换热器中进行热交换。这种能实现三种以上流体换热的板翅式换热器称为多股流板翅式换热器。它在石油化工和空气分离设备中有广泛应用。板翅式换热器还可根据冷热流体的流量及换热和阻力特性,在隔板两侧分别选择不同高度和不同形式的的翅片,以期达到最佳换热效果。

　　板翅式换热器的制造工艺十分复杂,特别是钎焊工艺的质量影响整台换热器

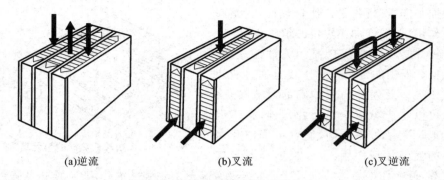

(a)逆流　　　　　　　　(b)叉流　　　　　　　　(c)叉逆流

图 7-20　板翅式换热器的流道组合

的性能。目前采用的钎焊方法为有溶剂的盐浴钎焊、无溶剂的真空钎焊和气体保护钎焊。真空钎焊制造板翅式换热器的工艺流程如图 7-21 所示。

板翅式换热器的优点如下：

(1) 传热能力强。由于翅片表面的孔洞、缝隙、弯折等对流体的扰动破坏了热阻最大的层流底层，同时由于隔板和翅片都很薄，导热热阻也很小，故板翅式换热器传热效率高。例如对强制对流的空气其传热系数可达 $35\sim350$ W/(m^2·℃)，对强制对流的油其传热系数可达 $116\sim1745$ W/(m^2·℃)。

(2) 结构紧凑、轻巧、牢固。由于板翅式换热器具有二次扩展表面，故比表面积可高达 $1500\sim2500$ m^2/m^3，结构紧凑；加之材料多采用铝合金薄片，质量轻，通常同等条件下板翅式换热器的质量仅为管壳式换热器的 $10\%\sim65\%$。由于波形翅片又起着支撑作用，故结构牢固，例如 0.7 mm 厚的隔板和 0.2 mm 厚的翅片配合可承压 3.9 MPa。

(3) 适应性强。可适用于各种介质的换热，既可用于单相介质的对流换热，也可作为相变传热的蒸发器、冷凝器；由于两侧都有翅片，非常适合两侧均为气体的气-气换热器。此外，多通道的结构特点使其能实现多种介质在同一台设备内换热；铝合金制造的板翅式换热器，其低温延展性和抗拉性能均较好，能用于低温和超低温的场合。

板翅式换热器的缺点如下：

(1) 制造工艺复杂，成本高，只有具备条件的专业工厂才能生产。

(2) 流道狭窄，易堵塞，且不耐腐蚀，清洗检修困难，故只能用于介质清洁、无腐蚀、不易结垢、不易堵塞的场合。

板翅式换热器的设计较为复杂，其设计步骤如下：

(1) 确定板翅式换热器的单层尺寸和层数。首先根据工作介质的物性和参数选择合适的翅片形式及翅片尺寸，同时选定单元的有效宽度和有效长度，然后针对每种介质的质量流量及选定的流速计算其所需的层数；得到各种流体所需的层数

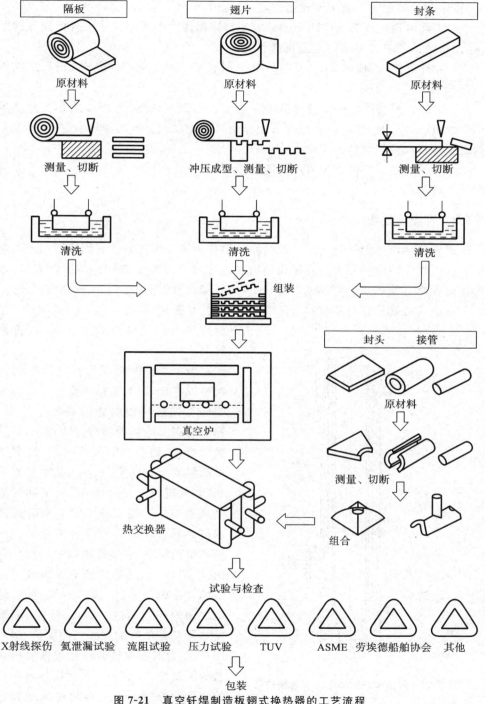

图 7-21　真空钎焊制造板翅式换热器的工艺流程

后,再进行冷热流体的通道安排。

(2)确定翅片效率及换热面的总效率。根据翅片形式和尺寸可查得翅片的效率,而换热面的总效率则与通道排列有关。

(3)计算传热面积。应计算的传热面积有 n 层通道的一次传热面积、二次传热面积和总传热面积。

(4)计算传热量。传热量可按冷介质侧换热面积计算,也可按热介质侧换热面积计算。计算时对冷、热介质而言应分别采用冷侧或热侧的传热系数,平均温差修正系数也应根据具体的流动方式选取。

多股流板翅式换热器虽有广泛的应用,但其设计则更为复杂,目前尚缺乏完善的计算模型。

7.2.6　高温换热器

通常将热流体温度高于 800 ℃的换热器称为高温换热器。它们主要用于工业炉窑高温烟气的余热回收。高温换热器按材质可以分为金属和非金属两大类,按操作原理则有换热式和蓄热式之分,按传热原理又可将其分为对流式和辐射式。

金属高温换热器与非金属高温换热器相比,其密封性好且可承受一定的压力。缺点是耐高温性不如非金属,且价格较高。

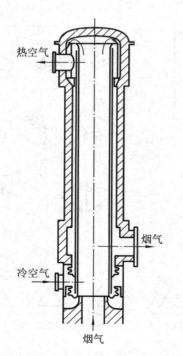

由于高温时辐射传热与温度的四次方成正比,因此对排烟温度很高的窑炉应首先选用辐射式的高温换热器。辐射式高温换热器与对流式相比,其热负荷高,预热空气的温度也高,且器壁最高温度与预热空气出口温度差值甚小,烟气流道不易堵塞,适用于烟气温度高于 900 ℃的工业炉窑。辐射式高温换热器有环缝式和管式两大类。环缝式结构简单,它通常由内筒、外筒、导向片、集热箱、波形膨胀节等组成。高温烟气在内筒通过,预热空气在内、外筒之间的环缝通过。这种环缝式辐射换热器又有单面加热和双面加热之分。图 7-22 为双面加热的环缝式辐射换热器的示意图,通常为了强化换热可在环缝内筒的外壁上焊上直肋片或螺旋导

图 7-22　双面加热的环缝式辐射换热器

向肋片。这种环缝式辐射由于结构简单,不易堵灰,在工业窑炉中应用较多。

为了充分利用烟气的余热,进一步提高空气的预热温度,在工业窑炉中也常常采用环缝式辐射换热器和光管列管式对流换热器的组合(见图 7-23),从而充分利用两种类型换热器在不同温度段的各自特点和优势,来实现高效的换热。

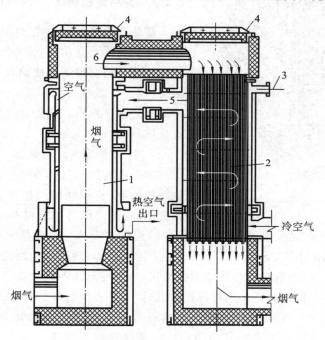

图 7-23 环缝式辐射换热器和光管列管式对流换热器的组合
1—环缝式辐射换热器;2—光管列管式对流换热器;3—上管板冷空气入口;
4—清扫孔;5—空气连接管道;6—烟气连接管道

非金属的陶瓷高温换热器,近十年来得到迅速的发展。陶瓷材料由于其耐温、耐腐蚀、价格低、寿命长等优点,非常适合于用作高温换热器的元件,但它也有导热系数小、热阻大、加工性能差、不易密封等缺点,这些缺点阻碍了它的应用。陶瓷高温换热器中应用最多的是黏土换热器,通常又称为四孔砖换热器,它是用耐火黏土或掺有碳化硅的耐火黏土先制成各种换热元件(各种形状的异性砖或管),而后根据需要再将这些元件组合成换热器。图 7-24 即为四孔砖黏土换热器的示意图。这种换热器能用于排烟温度超过 1000 ℃ 的窑炉,可使空气预热温度高达 450～750 ℃。其缺点是体积大,砌筑时接缝多,密封性差。

由于碳化硅的性能(如导热性、热稳定性)远优于一般的耐火材料,因此近几年碳化硅高温列管式换热器得到很大的发展。碳化硅管是以不同粒度的碳化硅粉为原料,通过浇铸成型、固化、高温烧结等工序制作而成,它导热系数大、热稳定性好、

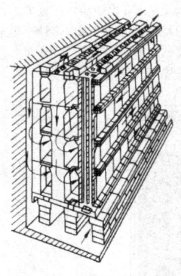

图 7-24　四孔砖黏土换热器

耐腐蚀,在高温下有足够的强度,是高温换热器比较理想的元件,目前世界各国都在大力研究碳化硅高温换热器。

7.2.7　蓄热式换热器

蓄热式换热器的主要类型有换向型(又称阀门切换型)、转轮型(又称回转型)以及移动颗粒型。前两种类型换热器其蓄热体多为耐火材料、金属板、网等,后一种的蓄热体则为流动的固体颗粒。此处只介绍前两种蓄热式换热器。

1. 换向型蓄热式换热器

换向型蓄热式换热器是一种固定型的蓄热式换热器,它和间壁式换热器一样也有固体换热面,即以固体填充物构成的蓄热体作为换热面;不同的是换热流体不是在各自的通道内吸、放热,而是交替地通过同一通道利用蓄热体来吸、放热。其换热分两个阶段进行:热流体先通过蓄热体放出热量加热蓄热体,将热量在蓄热体中储存起来,然后冷流体再流过蓄热体吸取热量并使蓄热体冷却。显然为使换热过程连续进行,必须有两套并列的蓄热体通道,当冷流体在一通道中吸热时,热流体则在另一通道中放热;冷热流体定期切换通道,故此类换热器称为换向型蓄热式换热器。这类换热器多用作空气预热器。图 7-25即为换向型蓄热式空气预热器的示意图。

作为工业炉窑的蓄热式空气预热器,由于烟气的温度很高,故蓄热体多采用耐火砖砌成。其砌法不同,换热和阻力的特性也不同。常用的砖格子砌体形式有连续通道式、西门子式、李赫特式、篮式等。各种格子体的特性指标,如单位格子体的受热面积、单位格子体中格子砖的体积、单位格子体横(纵)断面上气体的流通截面等都可从有关手册中查到,例如文献[3]。用于低温工程中的蓄热体(例如斯特林制冷机中的回热器)则多由金属波纹板组成。

图 7-26 所示为一种新型换向型蓄热式换热器,其蓄热体采用蜂窝形陶瓷。三种蓄热体的通过率和比表面积如下:通过率,球体 9%,六边蜂窝 62%,方孔蜂窝 58%;比表面积,球体 240 m^2/m^3,六边蜂窝 504 m^2/m^3,方孔蜂窝 961 m^2/m^3。

三种陶瓷蓄热体的阻力性能如图 7-27 所示。换热器的温度效率及热效率随换向周期变化趋势如图 7-28 所示。

此种陶瓷蓄热式换热器已应用在陶瓷窑和各种加热炉中,取得较好的节能效益。

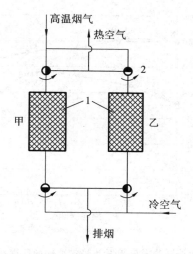

图 7-25 换向型蓄热式空气预热器的示意图

1—蓄热室;2—双通阀

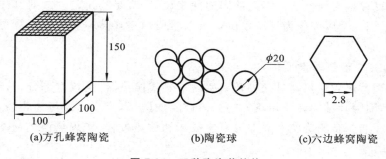

(a)方孔蜂窝陶瓷   (b)陶瓷球   (c)六边蜂窝陶瓷

图 7-26 三种陶瓷蓄热体

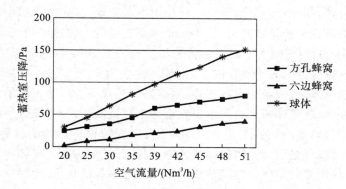

图 7-27 三种陶瓷蓄热体的阻力性能

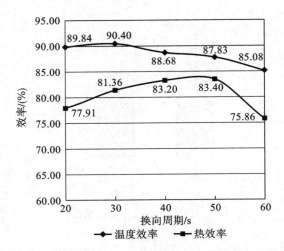

图 7-28　换热器的温度效率及热效率随换向周期变化趋势

　　值得注意的是,各种换向型蓄热式换热器中的传热都是非稳态换热,但这种非稳态换热过程是周期性的。因此从周期性来说,它又是稳定的。故对其热力计算而言,如采用一个周期作为计算单位就可以看成稳态换热。有关的计算可参阅文献[3]。

　　2. 回转型蓄热式换热器

　　回转型蓄热式换热器是一种转动型的蓄热式换热器,其核心部分(蓄热体)是一个转轮,围绕其轴旋转。转轮外的壳体被隔成两半,一半与热流体相通,另一半与冷流体相通。转轮旋转一周即可完成吸热和放热过程,实现热流体与冷流体之间的换热。

　　回转型蓄热式换热器视转轮的放置可分为立式和卧式(见图 7-29)。立式的转轮轴竖直放置,支撑在上下轴承上。转轮由电机驱动,其转速可根据其内的传热过程调节。大直径的转轮转速为 1～4 r/min,小直径转轮转速可稍高,但也不超过 10 r/min。卧式的转轮轴水平放置。转轮沿径向分隔成扇形隔仓,蓄热体就装在隔仓中。视转轮直径的大小隔仓的数目也不同,多为 12 个或 24 个。运行时转轮的一半通过热流体,另一半通过冷流体;为提高传热效率,冷、热流体的流动方向取逆流。此外在冷、热流体通道之间还设置有两个过渡区,每个过渡区一般为 30°。

　　视回转型蓄热式换热器工作温度的不同,作为转轮蓄热体的材料有钢板、陶瓷、铝板、纸质板、纤维板等。当热流体的温度很高,被加热的冷流体的出口温度也很高时,应采用陶瓷蓄热体。钢蓄热板则用于温度稍低的场合,此时钢板被压成斜波纹状,并与波纹定位板相间排列组成蓄热体;波形板和定位板的斜波纹方向相反且与气流方向约成 30° 夹角,以加强气流扰动,强化传热。铝板、纸质板或纤维板组成的蓄热体主要用于空调中冷量和热量的回收。其中纸质板或纤维板浸渍氯化

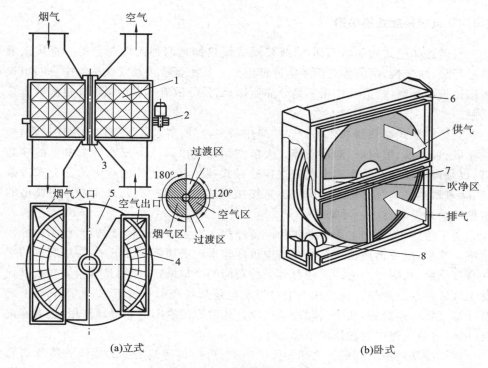

图 7-29　回转型蓄热式换热器

1—转轮；2、8—驱动装置；3—转轮中心轴；4—径向隔板；5—过渡区；6—壳体；7—回转器

锂后可吸收空气中的水分,既可回收空调排风中的显热,又可回收潜热,故在空调和除湿工程中称之为全热式热回收器。

回转型蓄热式空气预热器的突出优点如下:

(1) 由于蓄热体由多孔型或板型传热面构成,故单位体积传热面积大,质量轻,与管式空气预热器相比可节约 1/3 的钢材;

(2) 结构紧凑,体积小,节约用地;

(3) 蓄热体经常处于高温,可减轻换热面的低温腐蚀;

(4) 转轮高度小,易于用吹灰的方法清洁换热面,另外蓄热板周期性地被清洁空气通过,也有利于换热面的清洁。

回转型蓄热式空气预热器也有如下缺点:

(1) 结构较复杂,制造工作量大;

(2) 由于夹带及内部泄漏等,冷、热流体会有一定的混合;

(3) 由于密封困难,漏风量大,一般可达 12%~20%,影响效率。

基于回转型蓄热式空气预热器的上述特点,对大、中型锅炉采用它较为合适,因为可节约钢材和场地,减小锅炉体积。

7.2.8　直接接触式换热器

与前述间壁式换热器不同,直接接触式换热器是两种流体在设备中直接接触而进行热、质交换,两流体之间不需固壁隔开。某些直接接触式换热器中有时也设置固体板或蜂窝体,但其作用不是分隔流体,而是分散流体以增强流体之间的直接接触。

直接接触式换热器在化工行业中应用最多,它们多以各种"塔"的形式出现,如喷流塔、板式塔、填料塔、泡罩塔等。大型空调系统以及火力发电厂中常见的冷却塔,也是典型以"塔"的形式出现的直接接触式换热器。此外电厂中的混合式冷凝器、除氧器则是非"塔"形式的另一类直接接触式换热器。此处只简要介绍典型的直接接触式换热器——冷却塔。

为了节约用水,当工业中的各种设备冷却水完成冷却功能变热后,就需用冷却塔将其冷却,以便循环使用。冷却塔中被冷却水由塔顶部喷淋下来,与塔底来的空气直接接触,从而将水冷却。还有另一种功能的冷却塔,其作用是将粗煤气或其他化工气体用水来冷却。在冷却塔中冷却水也是从塔顶部喷淋下来,与由下而上的被冷却气体直接接触,从而实现冷却过程。此时冷却水不但起冷却作用,还兼有洗涤功能,可将气体中的固体颗粒除去。

根据冷却塔中水和空气之间的流动方式,可以将冷却塔分为横流式冷却塔和逆流式冷却塔。前者空气沿水平方向流动,即空气流垂直于水流的下落方向(见图7-30);后者空气向上流动且平行于水流(见图 7-31)。逆流式冷却塔使用得更多一些。根据冷却塔中的通风方式,又可将冷却塔分为机械通风式和自然通风式。前者利用风机通风,后者则利用高大冷却塔所形成的抽力。此外,还有两者兼而有之的混合通风式。值得注意的是,在许多专业书籍中常将冷却塔分为干式冷却塔和

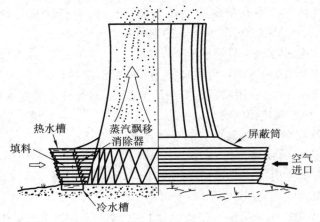

图 7-30　横流式自然通风冷却塔

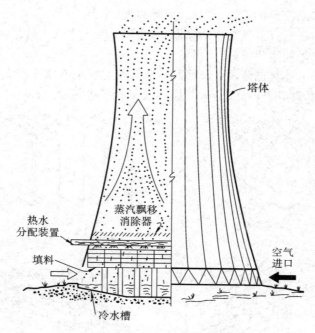

图 7-31　逆流式自然通风冷却塔

湿式冷却塔,显然干式冷却塔不属直接接触式换热器范畴,而是一种间壁式换热器,只不过利用塔的形式来形成空气侧的抽力。

　　冷却塔通常由水分配装置、填料、冷水槽(池)等组成,对机械通风式冷却塔则还有风机和导风装置。水分配装置的作用是使热水能均匀地分布到填料上,以充分发挥填料的作用。好的水分配装置除了能均匀布水外,还应消耗动力少、水量调节方便、维护管理简单。图 7-32 所示为一种用得较多的能旋转的管式水分配装置。

　　填料又称淋水装置,其作用是使水和空气充分接触,促进水蒸发。填料有两类:喷溅型填料和薄层液膜型填料。前者是填料将水破碎成水滴,以促进水的蒸发;后者是在填料的扩展表面上形成一层很薄的水膜,以强化水的蒸发。喷溅型填料常用三角形或矩形板条按

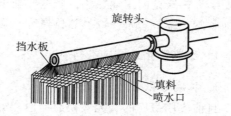

图 7-32　能旋转的管式水分配装置

一定的相对位置排列而成(见图 7-33(d)),木、竹、塑料、石棉水泥均可用作板条材料。薄层液膜型填料有多种形式。图 7-33(b)所示为平膜板型,它是将平膜板按一定的水平间距安装在冷却塔中。平膜板的材料有木、塑料、石棉水泥、酚醛纤维

等。膜板也可制成波形(见图 7-33(a))或蜂窝形(见图 7-33(c))。

　　在冷却塔中还设有蒸气飘移消除器,它实际上是一个气水分离装置,其目的是减少冷却空气携带的水分,以节约用水。

　　冷却塔的热力计算也分设计计算和校核计算。常用的计算方法有焓差法和压差法。限于篇幅,此处不作介绍,有兴趣的读者请参阅文献[3]。

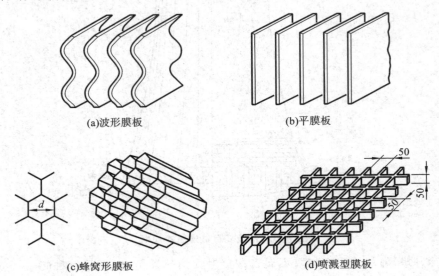

(a)波形膜板　　　　　　　　　　　(b)平膜板

(c)蜂窝形膜板　　　　　　　　(d)喷溅型膜板

图 7-33　填料

7.3　换热器进展

　　随着强化传热技术的进步以及节能要求的提高,换热器研究取得了很大成绩,出现了许多新型的工业换热器。这些新型的工业换热器或传热效率更高,或结构更加紧凑。本节着重介绍换热器研究及几种应用较广的新型的工业换热器。

7.3.1　纵流管壳式换热器

　　1. 折流板管壳式换热器

　　目前应用最广的管壳式换热器通常由封头、管板、隔板和外壳组成。其中隔板的作用如下:①作为管子的支撑结构;②提高壳侧流体的速度,并使流体横掠管束,从而强化壳侧的传热。由于隔板起到了折流作用,因此通常又将其称为折流板,相应的换热器也称为折流板管壳式换热器。

　　折流板管壳式换热器存在以下问题:

　　(1) 引起诱导振动,导致换热器损坏。

折流板使流体横掠管束,在增强传热的同时,也会引起流体的诱导振动。旋涡脱落、紊流抖振、流体弹性激振是引起诱导振动的主要原因。实验研究还证实:无论是单相流还是气液两相流,在横掠单管或管束时都会激发管子振动,而且垂直于绕流方向的振幅高于平行于绕流方向的振幅;两相流横掠管束时的振幅明显高于单相流;无论是单相流还是两相流,其引起管束振动的振幅都随着质量流速的提高而提高;对于两相流而言,随着含气量的增加,振幅也随之增加。

因诱导振动而引起的损伤主要表现在以下方面:

①管子互相碰撞,当管子振幅大到足以使管子经常碰击时,就会使管壁磨损变薄,直至破坏;

②管子与折流板孔壁因振动不断碰撞,从而引起管子破裂;

③振动的管子与管板连接处受到很大的应力,久而久之就造成胀接和焊接点因应力而损坏,并造成接头泄漏;

④管子因振动反复弯折而引起应力疲劳,长时间连续振动就会导致管子破裂;

⑤振动引起应力脉动,会使管材中的微观缺陷扩展,直至产生裂纹。

对折流板管壳式换热器而言,减少诱导振动的振幅的措施如下:①降低横掠管束的流速;②提高传热元件的固有频率,如增加管壁厚度、减小管子的跨度。显然这两个措施是矛盾的,因若要减少管子跨度,就需要增加折流板的数目,而折流板数目的增加又会使横掠管束的流速增加。此时为减小流速,就只有增加换热器筒体的直径,这样不但使换热器体积增加,而且流速降低又会使表面传热系数下降。

为防止诱导振动引起的破坏,在折流板管壳式换热器的设计中,对横掠管束的流速必须进行核算,并根据换热器的具体结构将其控制在某一流速之下。在 TEMA 等标准中,对此都有专门的规定和推荐的计算式。

诱导振动导致折流板管壳式换热器管子破坏的最典型的例子是华能汕头电厂 2 号机组的海水冷却器。该冷却器是俄罗斯产品,单台机组配两台 100% 容量的白铜管折流板管壳式换热器,其外形尺寸为 9540 mm×1200 mm,原设计为五块折流板,换热效果能满足设计要求,但运行一年后就有 500 多根管因振动而断裂,造成设备冷水大量泄漏。

(2) 存在流动死区和漏流,使实际传热效果远低于理论值。

流动死区的存在和漏流是折流板管壳式换热器的另一大问题。图 7-34 表示了折流板管壳式换热器的漏流损失。由于壳间的间隙漏流和折流板的孔隙漏流呈纵向流,与主流的横向流是不一致的,它们参与换热的程度很低,另外折流板与筒体之间还存在着流动死区,当流速较低时将使参与换热的有效传热面积减少 25%～30%。这些都是造成管壳式换热器传热系数低的原因。此外壳侧流速低和死区的存在还会引起结垢和腐蚀。

(3) 壳侧的流动阻力大。

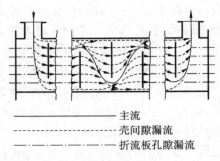

　　　　　　　　　　　　　　　　　—— 主流
　　　　　　　　　　　- - - - - - - - - - - - 壳间隙漏流
　　　　　　　　　　　—— - —— - —— 折流板孔隙漏流

图 7-34　折流板管壳式换热器的漏流损失

　　流体反复横向掠过管束，并不断地改变流动方向，致使壳侧流动阻力大，在设计折流板管壳式换热器时壳侧的阻力常常成为制约设备选型的一个主要因素，而且增加了壳侧的泵功。

　　显然最有效的防止诱导振动的方法是将流体由横掠管束改为纵掠管壳，但纵掠管壳的表面传热系数又不如横掠管束，显然这是一对矛盾，这也正是新型折流杆管壳式换热器产生的背景。

　　2. 折流杆管壳式换热器

　　1）折流杆管壳式换热器的结构

　　折流杆管壳式换热器（rod baffle heat exchanger）是 1970 年由美国菲利浦石油公司首创的。其设计初衷是为了改善折流板管壳式换热器中的流体诱导振动，其主要特点如下：壳程不再设置折流板，而用折流杆组成的折流圈代替折流板，它既对管子起支撑作用，又对流体起扰动作用，以达到强化传热的目的。

　　折流杆管壳式换热器的核心部分是由一系列焊有折流杆的折流圈组成的折流圈笼。图 7-35 为折流圈的示意图。图 7-36 则为折流圈笼和管板的组装图。从以上两图可以看出折流杆是均匀地焊在折流圈上，每一个折流圈则相隔一定的距离，按一定排列分别焊接在拉杆上，从而形成一个折流圈笼。

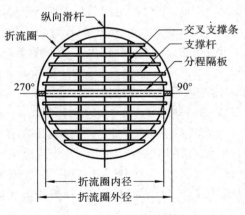

图 7-35　折流圈的示意图

　　折流杆可以是圆形、方形或长方形。通常相邻两个折流圈的折流杆其方向是互相垂直的，即如果前一个折流圈的折流杆是垂直布置的，则后一个折流圈的折流杆就为水平布置。传热管穿过折流圈时可以有不同的情况，例

图 7-36　折流圈笼和管板的组装图

如可以是两根折流杆中间夹一根传热管子，也可以是两根折流杆之间夹两根传热管。而且前后折流圈的折流杆与传热管之间也可以有不同的组合情况。例如前面折流圈的折流杆是水平地支撑第 1,3,5,… 排传热管，随后一个折流圈的折流杆则是垂直地支撑第 2,4,6,… 排传热管，然后依次交替布置。当然也可以有其他组合和布置方式，但不论何种布置方式，都必须保证每根传热管能被四个折流圈的四根折流杆从四个方向牢牢固定。

　　折流圈中的折流环可以用圆杆、方杆或方条制作，其内径等于管束的外径，其外径则等于壳体内径减去 TEMA 等设计标准所规定的间隙。折流环的形式有杆式、板式和带式三种（见图 7-37）。其中板式折流环的径向厚度大于纵向厚度，而带式折流环的径向厚度小于纵向厚度。对于直径小于 1500 mm 的管束，推荐采用杆式折流环结构。对于浮头式管束和其他管束，直径大于 1500 mm 者，推荐采用板式环，在需要更换管束而又必须布置更多换热面积时，推荐采用带式环。

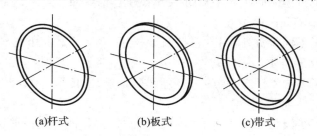

(a)杆式　　　　　　(b)板式　　　　　　(c)带式

图 7-37　折流环结构形式

　　折流圈的间距需根据换热器的结构、壳侧工作流体的性质、有无相变以及壳侧和管侧表面传热系数之比等诸多因素决定。显然折流圈间距的大小对管束振动、压降大小均有直接影响。间距小则有利于防振和强化传热，但流动阻力会有所增加。此外前述折流杆和传热管之间的组合方式对壳侧防振、传热和流动阻力也有很大影响。它们都是决定折流杆管壳式换热器能否达到最佳性能的关键因素。

　　在折流杆管壳式换热器的壳侧入口，为了降低入口接管引起的压降以及避免因安装防冲击板而引起布管数减少，通常都采用外导流筒结构。只有在特殊情况下(例如老换热器改造,壳体需保留不变,只将原折流板的换热器芯更换为折流杆时),才采用内导流筒结构。

2) 折流杆管壳式换热器的优点

从折流杆的结构特点可知,与折流板管壳式换热器相比,折流杆管壳式换热器有以下优点:

(1) 由于壳侧流体是纵掠管束,防止了诱导振动的产生,提高了换热器的安全性。

(2) 大大减小了壳侧流体的阻力,降低了管侧的泵功,节约能源。

(3) 由于折流杆增强了流体的扰动,减少了横掠管束时的流动死区和漏流损失,从而强化了壳侧的换热,即壳侧的表面传热系数不但不低于横掠时的表面传热系数,而且视壳侧介质、流速以及有无相变等情况,传热系数反而可提高15%~50%。

(4) 减少了污垢的沉积和腐蚀的产生,延长了换热器的使用寿命。

3) 折流杆管壳式换热器的实验研究

对于折流杆管壳式换热器,由于其结构形式多样、流动复杂,目前理论计算还有困难,实验就成为研究的主要手段。华中科技大学热工研究室从 20 世纪 90 年代初开始对折流杆管壳式换热器进行了一系列的实验研究,其研究内容包括:

(1) 对不同的传热介质(水-水、水-水蒸气凝结、水-油、水-空气等)测试了折流杆管壳式换热器的流动和传热特性;

(2) 研究了折流圈间距大小对折流杆管壳式换热器流动和传热性能的影响,包括等间距和不等间距的情况;

(3) 研究了不同折流杆形状(包括圆形杆、正方形杆和长方形杆)对折流杆管壳式换热器流动和传热的影响;

(4) 测试了不同管子布置方式下(正方形布置、三角形布置)折流杆管壳式换热器的传热和阻力特性;

(5) 研究了折流杆和管子间不同的组合方式(例如四杆夹一根管、四杆夹两根管等)对折流杆管壳式换热器流动和传热的影响。

从实验研究得到如下的结论:

(1) 无论何种结构形式的折流杆管壳式换热器,当用于不同的传热介质时,与折流板管壳式换热器相比其传热和流动性能均有改善,即传热系数都有所增加,流动阻力均有较大幅度的降低。但对不同的传热介质,改善程度的差别很大。例如,水-水折流杆管壳式换热器和水-水蒸气凝结折流杆管壳式换热器相对于折流板管壳式换热器而言,前者传热系数的增加程度远高于后者。除了与传热介质的性质有关外,与折流杆的结构形式也有很大关系。

(2) 折流圈的间距以及折流杆与管子间的不同组合方式是折流杆管壳式换热

器最重要的结构参数,它们的变化直接影响传热系数和壳侧流动阻力的大小。必须针对折流杆管壳式换热器的具体情况精心设计。一般而言,折流圈间距减小,壳侧表面传热系数相应增加,流动阻力也会相应增加。因此在阻力允许的情况下,为了满足传热要求,可适当缩小折流圈间距。例如在改造折流板管壳换热器时,用户往往要求壳体不变,只换一个新的折流杆的芯子,此时因为采用内导流筒,而且折流环有一定宽度,会使布管数目比原来数目有明显减少,导致换热面积不够,此时减小折流圈间距是保证传热量的唯一可行办法。当然,折流圈间距减小,折流圈数目增多,制造成本会相应增加一些。

(3) 沿换热管长度方向等距离布置和不等距离布置折流圈,在折流圈平均距离相当的情况下,换热和阻力的情况差别不大。但在某些情况下,不等距布置折流圈比等距布置折流圈有利得多。例如对于电厂的低压加热器,由于是立式的蒸汽冷凝器,在传热管上部冷凝液膜很薄,下部冷凝液膜较厚,因此上部折流圈布置很稀,下部布置较密,而且越接近底端,折流圈间距越小,这样不但上部空间蒸汽流动阻力很小,有利于保证一定的真空度,而且下部折流杆对液膜的扰动又极大地强化了传热。正是采取了这一措施,笔者在多座电厂成功地将 200 MW 的折流板式低压加热器,在壳体和进出口接管不变的情况下,改造为折流杆式低压加热器,而且是将原来的铜管改为不锈钢管。改造后的低压加热器完全能够满足要求。如仍采用铜管,加热后的给水温度可比原折流板式低压加热器提高 5 ℃。另外,对黏性流体在温降很大的情况下,采用不等距的折流圈布置方式也是有利的。

(4) 折流杆的形状,如圆形、方形、椭圆形等对流动和传热影响不明显,因此通常为加工方便,采用圆形折流杆即可,因为可以利用市场上购置的圆钢直接作折流杆。

(5) 由于是纵掠管束,所以正方形和三角形的布管方式对流动和传热的影响不大。虽然三角形布置可以在相同壳体直径下安排更多的换热面积,但对折流杆管壳式换热器而言,采用三角形布置后,其加工制造要困难得多,因此一般情况下采用正方形布置。即便对于折流板管壳式换热器的改造,改为正方形布置后,布管数目虽然减少,但由于总传热系数增加,在壳体直径不变的前提下,仍能满足原来的换热要求,只有在极个别情况下才考虑采用三角形布置。

(6) 折流杆和管子间的不同组合方式对流动和传热均有较大影响,它们之间的关系比较复杂,需根据换热器的具体结构(如长度和直径)、传热和流动要求及制造加工成本来求得一种最佳的组合方式。

(7) 按照折流杆管壳式换热器的结构特点,由于折流环内外径之差,在壳程会形成一个最大的流通截面 A_{max} 和一个最小的流通截面 A_{min}。显然 A_{min}/A_{max} 与折流环的内外径之差有关,因此壳侧流体每通过一个折流环就会形成一次节流,这种节流引起的扩缩流也和折流杆形成的绕流一样,能显著地强化壳侧的换热,特别当壳体直径小于 400 mm 时，这一影响通常都必须考虑。而且 $A_{\min}/A_{\max}$ 越小，折流圈数目越多，扩缩流的影响就越大，但壳侧的流动阻力也会相应增加。此外换热管长 L_t 与折流环外径 d_{b0} 之比 L_t/d_{b0} 对壳侧的换热也是有影响的，特别是当 L_t/d_{b0} 比较小时更是如此。

有关实验装置、系统、实验结果以及与折流板管壳式换热器的比较请参阅文献［27、28］。

4）折流杆管壳式换热器热力计算

（1）壳侧的表面传热系数。

折流杆管壳式换热器热力计算的关键是确定壳侧的表面传热系数和流动阻力。根据实验结果以及其后某些折流杆管壳式换热器的工业测试数据，发现壳侧表面传热系数在 $Re=3600$ 附近有较大的变化。计算折流杆管壳式换热器壳侧表面传热系数的经验公式如下：

当 $Re<3600$ 时
$$Nu = f_w \cdot Nu_1 \tag{7-2}$$

其中
$$Nu_1 = 1.86(Re \cdot Pr)^{1/3}\left(\frac{d_{b0}}{L_t}\right)^{1/3}\left(\frac{\mu}{\mu_w}\right)^{0.14} \tag{7-3}$$

当 $Re\geq3600$ 时
$$Nu = \phi_w \cdot Nu_2 \tag{7-4}$$

其中
$$Nu_2 = 0.027Re^{0.8}Pr^{1/3}\left(\frac{\mu}{\mu_w}\right)^{0.14} \tag{7-5}$$

上述诸式中，式（7-3）和式（7-5）实际上分别是流体纵掠管束无折流杆时，壳侧在层流及湍流状态下的换热系数的计算公式，d_{b0} 为折流环外径，L_t 为换热管长，f_w 和 ϕ_w 则为与折流杆换热器几何结构有关的修正系数。从前面分析可知加装折流杆后，影响传热的主要因素除折流圈的间距 L_b 外，还有 $A_{\min}/A_{\max}$ 和 L_t/d_{b0}。因此修正系数 f_w 和 ϕ_w 也应和这三个因数有关，可以写成

$$f_w = f_1 f_2 f_3 \tag{7-6}$$

其中
$$f_1 = f_1(L_b), f_2 = f_2(A_{\min}/A_{\max}), f_3 = f_3(L_t/d_{b0})$$
$$\phi_w = \phi_1 \phi_2 \phi_3 \tag{7-7}$$

其中
$$\phi_1 = \phi_1(L_b), \phi_2 = \phi_2(A_{\min}/A_{\max}), \phi_3 = \phi_3(L_t/d_{b0})$$

根据实验室实验和工业测试数据，有如下经验关系式可供参考：

$$f_1 = f_1(L_b) = 1 + 14.86n_b^{0.5}\exp(-0.0428L_b) \tag{7-8}$$

$$\phi_1 = \phi_1(L_b) = 0.72 + 23.462n_b^{0.3}\exp(-0.0489L_b) \tag{7-9}$$

上两式中，n_b 为折流圈的数目；L_b 为折流圈的间距，mm。

$$f_2 = f_2(A_{\min}/A_{\max}) = 1 - R + 0.85837R^{-0.031} \tag{7-10}$$

$$\phi_2 = \phi_2(A_{\min}/A_{\max}) = 0.96 - 0.062(0.1 + R)^{0.6} \tag{7-11}$$

上两式中，$R = A_{\min}/A_{\max}$。

$$f_3 = f_3(L_b/d_{b0}) = 1 + 0.1138\exp[-0.01022(S-1)^2] \tag{7-12}$$

$$\phi_3 = \phi_3(L_b/d_{b0}) = 0.4951 + 1.2488[-0.01659(S-1)^{2.5}] \tag{7-13}$$

上两式中，$S = (L_b/d_{b0})$。

（2）壳侧流动阻力。

在计算壳侧流动阻力时，折流杆管壳式换热器的总压降可表示为

$$\Delta p = \Delta p_s + \Delta p_L + \Delta p_b \tag{7-14}$$

式中，Δp_s 为壳侧进出口接管内的流动压降；Δp_L 为无折流圈时，沿管束纵向流动的压降；Δp_b 为加装折流圈引起的压降。显然 Δp_s 的计算公式和折流板管壳式换热器一样，Δp_L 类似于直管内的流动压降，均较容易计算。例如可以采用文献[5]和文献[10]中的推荐公式。根据实验结果和工业测试数据，对于折流圈压降，推荐如下的计算公式：

$$\Delta p_b = K_b n_b (\rho u^2/2) \tag{7-15}$$

式中，K_b 为折流圈的局部阻力系数；n_b 为折流圈的数目；ρ 为工作流体密度；u 为纵掠最大流速。

为反映传热管径和管子排列方式对压降的影响，采用 d_p 作水力特征尺寸，即

$$d_p = \frac{d_0^2 - n_t d^2}{d_0 + n_t d} \tag{7-16}$$

式中，d_0 为壳体内径；n_t 为管子数目；d 为管子外径。

实验发现，按 u 和 d_p 计算的 $Re_p = \rho u d_p / \mu = 7000$ 时流动压降发生明显变化。因此将 $Re_p = 7000$ 作为计算时的分界线。

当 $Re_p < 7000$ 时

$$K_b = \{1.0 + 0.7637\exp[-0.02015(S-1)^2]\}(c_1 + c_2/Re_p) \tag{7-17}$$

式中

$$c_1 = 1.5092\exp(-1.6229R) \tag{7-18}$$

$$c_2 = 9.83 \times 10^4 \exp(-6.8915R) \tag{7-19}$$

当 $Re_p \geqslant 7000$ 时

$$K_b = \{1.0 + 0.5638\exp[-0.02015(S-1)^2]\}(c_1 + c_2/Re_p) \tag{7-20}$$

式中

$$c_1 = -0.4116\exp(-1.6229R) \tag{7-21}$$

$$c_2 = 4.899 \times 10^5 \exp(-6.8915R) \tag{7-22}$$

上面诸式中 $s = L_t/d_{b0}$，$R = A_{min}/A_{max}$。

5）折流杆管壳式换热器的应用

折流杆管壳式换热器的应用日益广泛，目前它主要用在三个方面：①油-水换热设备，其中油或油蒸气走壳程，包括换热器和冷凝器；②水蒸气-水换热设备，其中水蒸气在壳侧凝结；③水-水换热设备。油-水折流杆管壳式换热器在石化行业应用最多。

水蒸气-水换热器在电厂和采暖行业用得很多，通常是用水蒸气凝结来加热给水。茂港电力设备厂为国内 20 座电厂更换了 40 台低压加热器。这些低压加热器

大多数是为 200 MW 发电机组配套的。所谓更换,是在保持壳体及进出口接管不变的情况下,用折流杆芯体替代原来的折流板芯体。根据电厂的要求,其中绝大部分是采用钢管或不锈钢管来代替原有的铜管。由于壳体不变,又需改用铜管,从传热过程分析可知,一侧为水蒸气凝结,另一侧为水强制对流,表面传热系数均很大,因此管壁的热阻就是一个重要因素。铜管改用钢管后,管壁热阻大大提高,因此更换工作的难度很大。但由于折流杆管壳式换热器本身的优点,加上在折流圈间距、折流杆布置等结构方面进行了不断的试验和改进,上述低压加热器的改造均非常成功。

水-水换热器是应用广泛的另一类换热器。例如用海水或河水将各种工业设备冷却水冷却后再使用,用高温热水加热生活用水或采暖用水等。茂港电力设备厂为电厂和采暖行业提供了一批水-水折流杆管壳式换热器,例如表 7-9 即为华能汕头发电厂 300 MW 发电机组的海水冷却器采用折流杆管壳式换热器前后的主要参数。从表中数据可以看出,折流杆式海水冷却器明显优于折流板式。目前已为 1000 MW 火电机组提供了 72 台海水冷却器,为 600 MW 火电机组提供了 36 台海水冷却器,节能效果十分明显。

表 7-9　华能汕头发电厂 2 号机海水冷却器改造前后的主要参数

结 构 参 数	改 造 前	改 造 后
型号	ОГ-760	BLQ-1000
型式	铜管折流板式	钛管折流杆式
台数	2 台/机	1 台/机
运行台数	2 台/机	1 台/机
外形尺寸	9540 mm×1200 mm	9515 mm×1495 mm
换热面积	760 m²/台	954 m²/台
设备冷却水流量	1300 m³/(h·台)	2600 m³/(h·台)
海水流量	3700 m³/(h·台)	3700 m³/(h·台)

3. 改变管束支撑物的结构,使壳程流动从横流变成纵流

在管壳式换热器中,与管内的换热相比,壳程的换热往往要弱得多,因此强化壳程的换热就显得很重要。管束支撑物是壳程的关键结构,直接影响着换热器壳程的各种性能。除了折流杆管束支撑物外,从 20 世纪 90 年代起,我国也开始对纵流式管束支撑物进行研究与开发。纵流式管束支撑物有以下几种形式:①大管孔整圆形隔板;②带小孔的整圆形隔板;③花隔板;④异形孔隔板(矩形孔、梅花孔);⑤网状支撑板;⑥折流杆式支撑(圆截面杆、矩形截面杆);⑦空心环支撑;⑧螺旋折流板;⑨管子自支撑等。

1）大管孔整圆形隔板

大管孔整圆形隔板出现得较早，其板上不开缺口而钻有比管径大的圆孔，既让管子穿过，又留有足够的间隙让管间流体通过。这种支承结构制造简便，流动死区和弯路少，压降低，传热面积能够得到充分利用。管壁与孔板之间的环形间隙对流体可产生射流作用，既增强了传热，又使管壁不易结垢。但采用大管孔整圆形隔板不但增大了换热器的直径，而且由于管子缺乏支撑，管束的抗振能力很差。

2）带小孔的整圆形隔板

隔板上除钻有等于管外径的管孔外，管孔之间再钻小圆孔，让管间流体由小圆孔流过隔板，使流体纵向从管间流过。这种折流板的管孔等于管子外径，使得小圆孔折流板对管子有很好的支承，防振性能得到大大提高。但在管孔与管子间的缝隙内容易存储杂质，易造成管子结垢及管子腐蚀。

3）花隔板

在整圆形隔板的基础上，黄素逸等人提出了一种所谓的花隔板，即只在圆形隔板的四个象限的某一象限或某两象限（最多三个象限）上开有管孔，作为管束的支撑，而未开管孔的某一象限则是空的，或钻有很大的孔，作为流体的通道。将这样的花隔板组合起来，通过壳体两端的导流筒，使壳侧流体一方面纵掠管束，另一方面又不停地反复改变流动方向，从而使传热得以强化。这种结构的最大优点是既能强化传热，又使换热器的制作简单化。

4）异形孔隔板（矩形孔、梅花孔）

为进一步提高整圆形隔板的性能，又开发出带异形孔（矩形孔、梅花孔）的整圆形隔板，既能支撑管子，又能让管间流体流过隔板。异形孔隔板既能使流体通过板孔与管壁之间的空隙流过，而且也能够很好地支承管子。当流体从空隙流过时，能够产生射流，冲刷管子，从而使管子与管孔之间不易结垢和腐蚀。异形孔隔板还具有传热性能好、压降低、防振性能好等优点。实验结果表明，梅花孔板强化传热的效果优于矩形孔板。当隔板间距为 50 mm 时，梅花孔板的传热系数是矩形孔板的 1.5～1.6 倍。异形孔的整圆形隔板的缺点是加工制造困难，制造成本较高。小圆孔、矩形孔和梅花孔的隔板如图 7-38 所示。

5）网状支撑板

为了克服异形孔隔板加工困难，制造成本较高的缺点，发展了一种网状整圆形支撑板。它一般采用冲压加工而成，其换热管从网状中穿过。不同的网状支撑板如图 7-39 所示。

6）空心环支撑

空心环支撑是由华南理工大学化学工程研究所邓先和等发明的。它是将直径较小的钢管截成短节，均匀分布在换热管之间的同一截面上（为一组），呈线性接触，在紧固装置螺栓力的作用下，使管束相对紧密固定，如图 7-40 所示。

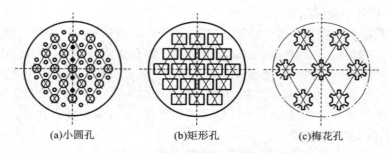

(a)小圆孔　　　　　(b)矩形孔　　　　　(c)梅花孔

图 7-38　小圆孔、矩形孔和梅花孔隔板

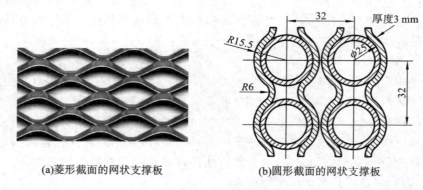

(a)菱形截面的网状支撑板　　　　　(b)圆形截面的网状支撑板

图 7-39　网状支撑板

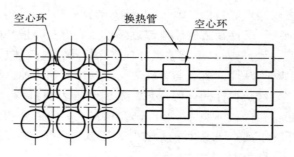

图 7-40　空心环支撑

　　空心环管壳式换热器以强化管(如横纹管)作为换热管,能够同时强化管程和壳程,且壳程空隙率大,对流体形体阻力小。流体的绝大部分压降作用在强化管的粗糙传热面上,以促进近壁流体传热滞流层的湍流强度,降低传热热阻。

　　研究表明,当支撑同样的强化管束(即横纹管束)时,空心环支撑结构较折流杆支撑结构更能使粗糙管束获得好的强化效果,在同等壳程条件下传热系数高 50％以上,且壳程压降更小。同时空心环支撑也具有折流杆式支撑的诸多优点,但扰流作用不如折流杆式支撑。

7) 螺旋折流板

为了克服折流板管壳式的缺点,西安交通大学王秋旺提出了一种螺旋折流板 (见图 7-41)。螺旋折流板是将传统的垂直弓形板换成螺旋状或近似于螺旋状的 折流板,折流板与换热器壳体的横断面倾斜连接,从而使流体在壳程沿螺旋通道流 动。这样既可避免传统垂直弓形板换热器中出现的流动死区,又可借助于旋流强 化壳侧的传热。其缺点是加工制造比较困难。

为加工方便,目前所采用的螺旋折流板,一般由若干个 1/4 的扇形平面板替代 曲面相连接,形成近似的螺旋面。在折流时,流体处于近似螺旋流动状态。相比于 弓形折流板,在相同工况下,这样的折流板(被称为非连续型螺旋折流板)可减少压 降 45% 左右,而总传热系数可提高 20%~30%,在相同热负荷下,可大大减小换热 器尺寸。

8) 管子自支撑

为了简化管束支撑,提高换热器的紧凑度,近几年出现了利用管子自身作支撑 结构的管壳式换热器(见图 7-42)。例如螺旋扁管、螺旋椭圆扁管、交叉缩放椭圆 管都可利用自身作为管束支撑。这类换热器均利用相邻管突出处的点接触支撑管 子,且管内外流体换热均能得到强化。

图 7-41　螺旋折流板

图 7-42　管子自支撑结构

9) 其他杆型支撑

除了前述的折流杆管壳式换热器外,最近几年也出现了其他杆型支撑。如扁 钢条的支撑方式、波浪形扁钢支撑结构、准椭圆截面的折流杆支撑等。

扁钢条的支承方式与圆钢杆单向支承方式类似,不同点在于用直扁钢条代替 了圆钢杆,其目的在于通过改善折流杆支承方式,抑制管子的不良振动。对于圆钢 杆支承方式来说,圆杆与管子相互垂直,其接触方式是点接触;而直扁钢条与管子 是线接触,因此其对管子振动有较强的抑制作用,又便于换热管呈错排排列,因此 跨距可以比折流杆构件大,而且对管子不易造成磨损。通过实验测试出利用直扁 钢条支承方式的换热器的抗振特性,虽然不能提高管子的固有频率,但能提高对数 衰减比。

波浪形扁钢支承结构如图 7-43 所示。它由折流栅组成,而折流栅是由环形折流圈和两端分别焊在环形折流圈上的多根波形扁钢支承带构成的。六块间隔一定距离的折流栅组成一组波浪形扁钢支承构件。整个换热器可设有多个波浪形扁钢支承构件,相邻的两块折流栅的波浪形扁钢支承带要相互成 60° 角,相隔一块折流栅的扁钢形支承带相互成 120° 角,相隔两块折流栅的扁钢形支承带相互平行,即 1与 4、2 与 5、3 与 6 都相互平行。

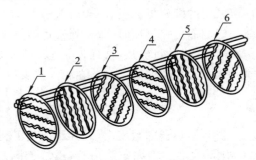

图 7-43　波浪形扁钢支承结构

准椭圆截面的折流杆支承与圆钢杆支承在结构上没有太大的区别,就是使圆钢杆变成准椭圆截面的杆。其目的是便于穿管并保证折流杆的位置精度。穿管完成以后,转动折流杆使其和换热管充分贴合,然后将折流杆焊固在折流圈上,因换热管和折流杆充分贴合,在有的换热管上可能产生小的接触预应力,从而也能有效地消除管束振动。

该结构的优点如下:①由于采用的是三角形布管,布管数增加,从而使换热器的整体换热面积增加;②钢带具有绕流作用,当壳程流体流速达到一定值时,流体经过钢带处的旋涡脱落和折流圈处的文丘里效应,在后面产生旋涡尾流,流体的流速越大,湍动越激烈,从而强化了传热效果;③由于折流栅的旋转,壳程流体在流动时形成一定程度的螺旋流,从而起到强化传热的作用。

4. 纵流管壳式换热器的发展方向

纵流管壳式换热器自出现以来就显示出良好的抗振性能,但和横流管壳式换热器相比,主要是壳侧换热小于横流,因此在采用纵流的同时,提高壳侧换热,一直是人们努力的方向。目前各种纵流管壳式换热器其管束支撑物在壳程空隙率均较大,对壳程流体流速的调节作用较小,只有在大流量下才能显示出其优越性。因而,如何在小流量或低雷诺数下提高纵流管壳式换热器的性能,也是今后值得考虑的一个问题。

异形孔隔板(如矩形孔、梅花孔)可以通过调节开孔的大小来改变壳侧的流速,是一种首选的纵流管壳式换热器的管间支撑物。但形状单一的异形孔隔板很难大大强化壳侧换热的效果。目前正在兴起的由多块不同异形孔隔板组成的复合隔板,能够根据换热的具体情况(如不同的工作介质、不同的流量大小)组合成多种形式,从而达到最佳的壳侧传热。

图 7-44 形象地表示了这种新型的组合孔板。图 7-45 表示不同组合孔板形成的纵向流的流通截面的变化。

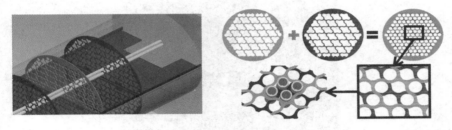

图 7-44　组合孔板的示意图

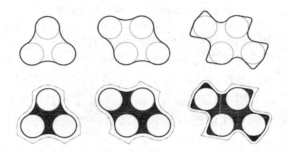

图 7-45　不同组合孔板形成的纵向流的流通截面的变化

纵流管壳式换热器代表了今后管壳式换热器的发展方向。与传统的横流管壳式换热器相比,其优点如下:①换热效果好,有效传热面积大大提高;②结构紧凑,实现了完全逆流,传热温差较大;③纵向流过管束,壳侧流体的流动阻力减小;④不会引起诱导振动,结构可靠;⑤不易结垢、堵塞,制造简单,材料利用率高。

7.3.2　异形翅片管换热器

异形管和异形翅片管优良的传热和阻力性能早为人知,但由于其制造复杂,成本高,一直未能得到广泛的应用。随着机械工业的进步,异形管和异形翅片管的成本大大降低,加上其性能的进一步提高,从技术经济的角度已能与普通的圆管换热器媲美,特别是用在一些特殊的场合。图 7-46 所示即为已获得应用的各种异形管和异形翅片管。

1. 椭圆翅片管换热器

在诸多异形管和异形翅片管中,应用最广的是椭圆矩形翅片管。有关椭圆管和椭圆矩形翅片管的介绍请见本书第 3 章。

图 7-46　各种异形管和异形翅片管

　　对于横掠椭圆矩形翅片管的换热，由于椭圆管的形状不同，翅片尺寸各异，对各种类型的椭圆翅片管束求得统一的计算式几乎是不可能的。国外采用椭圆管的大公司，如 GEA 公司，都有自己的实验室，并通过实验来得到某一特定椭圆管束的换热和阻力计算式。图 7-47 所示为黄素逸等通过实验研究对几种椭圆矩形翅片管和圆形绕片管的换热性能进行比较的结果。实验元件的主要特性尺寸如表7-10 所示。

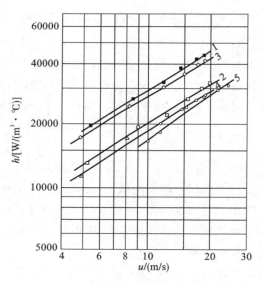

图 7-47　几种实验元件传热性能的比较

表 7-10　实验元件的主要特性尺寸

元　件　号	1	2	3	4	5
翅片形状	矩形翅片	矩形翅片	矩形翅片	矩形翅片	圆形绕片
基管尺寸/mm	36×14	31×18	34×13	35×11.5	22.5(直径)
翅片尺寸/mm	55×26	47.3×30.3	50×26	52×25	54(直径)
翅片厚度/mm	0.3	0.5	0.5	0.5	0.5
翅片间距/mm	2.5	5	3	7.5	7.5
每米管长传热面积/(m²/m)	0.9194	0.4841	0.7253	0.3455	0.7898
紧凑度/(m²/m³)	632.94	337.71	557.95	265.75	312.75

图 7-47 中的换热性能是以单位体积的传热系数（W/（m³ · ℃））为比较标准。从该图可以看出,无论何种形式的椭圆矩形翅片管,其换热性能均优于圆形绕片管。在四种椭圆矩形翅片管中,管型 1 的性能最优。

2. 椭圆热管换热器

热管是一种新型的传热元件,由于它良好的导热性能及一系列新的特点,自1964 年问世以来即得到迅速发展。热管现已广泛应用于宇航、电子、动力、化工、冶金、石油、交通等部门,成为强化传热和节能技术的重要部分。

椭圆热管正是利用热管优良的内部传热性能,椭圆管或椭圆翅片管优良的外部换热性能,将它们组成一个整体而形成一种新型的传热元件。研究表明,椭圆热管的传热和阻力性能都优于普通的圆热管。这种椭圆热管能够根据不同工作部门的需要,组成各种大小、各种热负荷、可以适应各种介质要求的换热器。这种由椭圆热管组成的热管换热器紧凑、高效、节能,已在不同工业部门获得应用,并显示出良好的市场前景。

对于椭圆热管内部传热特性的研究表明,与圆形热管相比,其内沸腾换热差别不大,但对凝结换热而言,由于液膜表面各处曲率半径不同,因此表面张力将使液膜沿管壁周向不均匀分布,从而对凝结换热产生影响。理论分析表明,对于圆形热管表面张力的作用沿周向处处相等,管内凝结换热的解与努塞尔解完全一致,但对于椭圆管而言,在与短轴相切的部分液膜厚度小于努塞尔解,而与长轴相切的那部分液膜厚度与努塞尔解一致。因此就总的换热效果而言,椭圆热管内的凝结换热将高于圆形热管。这种强化的效果则取决于椭圆管的离心率,并与凝结液体的性质有关。分析证明在最佳离心率的情况下,椭圆热管内的平均凝结换热系数与圆形热管相比可提高 28.5%。

正是由于椭圆热管内的凝结换热系数较大,因此热管的内热阻就比较小。图

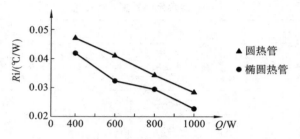

图 7-48　椭圆热管与圆热管的内热阻与传热量的关系

7-48 所示为文献[29]通过实验对椭圆热管和圆形热管内热阻进行比较的结果。其椭圆热管的参数为：长轴 $a=37$ mm，短轴 $b=14$ mm，壁厚 2 mm，管长 1800 mm，工质为水。作为对比的圆形热管为 $\phi25$ mm×1800 mm。通过比较可以看出，在传热量相同时，椭圆管的内热阻明显低于圆形热管。

椭圆热管的传热性能主要表现在最大传热量、内热阻、轴向平均传热温差及工作温度等方面。文献[29]对三种水重力热管进行了实验研究，这三种热管分别为 $\phi25$ mm×1800 mm 及 $\phi32$ mm×1800 mm 的圆热管，$a=37$ mm，$b=14$ mm，长 1800 mm 的椭圆热管。实验结果证实在相同的工作温度下，椭圆热管的输出功率可比圆形热管高 9%左右。

以椭圆热管作为传热元件的换热器，根据使用情况不同，椭圆热管可以是光管，也可以是翅片管，还可以是一端为光管，另一端为翅片管。如热介质均为气体，不清洁气体侧可用椭圆光管，清洁气体侧用椭圆翅片管。当换热介质为水和空气时，空气侧应用椭圆翅片管，水侧用椭圆光管。当换热介质为油和水时，水侧用光管，油侧用翅片管。这种组合可以根据不同的需要调整，有极强的适应性，再加上其特别优良的传热和阻力特性，使得椭圆热管有极广阔的应用领域，例如：①化工、炼油、冶金、动力行业中的空气预热器、废热锅炉，省煤器等；②供热工程中的热水锅炉、热水加热器等；③动力、石化、冶金工业中的空冷器、大电机冷却器等；④食品、造纸、轻工、陶瓷、纺织中的蒸汽-空气加热器、烟气-空气加热器等；⑤化工中的热管反应器、热管蒸发器、热管裂解炉等；⑥空调制冷工程中的余热（余冷）回收装置、表冷器、换气装置等；⑦太阳能海水淡化装置、太阳能干燥装置、地热水采暖装置等。

椭圆热管应用最成功的例子之一是武汉石化总厂在常减压炉上，采用黄素逸等研制的大型椭圆热管空气预热器。该换热器椭圆管的尺寸为 $a=36$ mm，$b=14$ mm；矩形翅片的尺寸为 55 mm×26 mm，冷、热端翅片厚度分别为 0.5 mm 和 1 mm，翅片间隔为 2.5 mm 和 6 mm；叉排管束的纵向管间距和横向管间距分别为 38 mm 和 70 mm；纵、横管排数为 55×28；热管总根数为 1540，总热负荷为 6000 kW。用其替换原有的回转式空气预热器后，经测试鼓风机电耗由 85 kW 减少到

39 kW,每吨原油加工的燃耗由 11.5 kg 减少到 10.4 kg,一年仅节约燃料即达 2220 t,不到一年就收回了投资,获得了巨大的经济效益。

3. 螺旋椭圆扁管换热器

扁管是另一种应用较多的异型管。洛阳石化工程公司、天津大学等单位在扁管的基础上研发出一种螺旋扁盘。它是以圆管为基础,再经压扁和扭曲而成。用螺旋扁管组成的管壳式换热器,不需折流板或折流杆作为管子的支撑,而是依靠螺旋扁管外缘螺旋线的点接触相互支撑。在管程,流体的螺旋流动提高了其湍流程度,强化了管内传热,但流动阻力也相应增大。而对壳程而言,螺旋扁管之间的流道也是螺旋形的,流体在其间运动时受到离心力的作用会周期性地改变速度和方向,从而加强了流体的纵向混合。同时,流体经过相邻管子的螺旋线接触点时将形成脱离管形的尾流,除增强流体自身的湍流外,还会破坏管壁上的热边界层。以上因素都使壳程传热得以强化。由于管内外换热同时得到强化,因而传热效果较普通管壳式换热器有较大幅度提高。特别是对于流体黏度大、一侧或两侧流动均为层流状态的换热器,其效果尤为突出。工业试验结果表明,螺旋扁管换热器的总传热系数可比普通弓形板换热器提高 1 倍以上,可节约 63% 的换热面积,经济效益明显。该螺旋扁管的研究项目于 1996 年通过中国石化总公司的鉴定。

在椭圆管的基础上开发了一种螺旋椭圆扁管,它是将椭圆管按一定的导程扭曲而成,但为了管板加工方便,螺旋管的两端仍为圆形(见图 7-49)。它也具有螺旋扁盘的特点。由其组成的管壳式换热器,壳体内也不需折流板或折流杆支撑,靠相邻椭圆管保持螺旋点接触。流体纵掠管束时,壳侧和管侧的流体换热都能得以强化。

图 7-49　螺旋椭圆扁管示意图

因为螺旋椭圆扁管由同样尺寸的椭圆光管经扭曲加工而成,为了证实螺旋椭圆扁管的优越性,将它与同尺寸的椭圆光管在等流量和等功耗下进行了比较。等流量的比较表明,在等流量下,1500<Re<8500 范围内,所有螺旋椭圆扁管均有强化效果,但强化的倍数随 Re 的增大而减小。这说明对高黏性流体,在层流和过渡区,采用螺旋椭圆扁管是十分有利的。

因为螺旋椭圆扁管的流动阻力大于扁管,因此进行等功耗的比较很有必要。比较结果表明,只有对某些管在 Re<300 时才具有强化效果。不过对于大多数工程实际情况,泵的功率常常有较大的余量,往往是传热效果达不到要求,而需要强

化传热。此外还可以用增加管径的办法来解决阻力过大的问题。

　　考虑到壳侧因为螺旋椭圆扁管不需要折流板,它已将传统的管壳式壳侧的横向绕流变为纵向流动,其壳侧阻力将小于折流板换热器。因此上述管程阻力增大(相对光管而言)的缺点是可以得到弥补的。

　　因为螺旋椭圆扁管管形线好,其换热系数可比螺旋扁管高 10%左右。因此它在炼油及化工行业将和螺旋扁管一样有良好的应用前景。

　　随着强化传热技术的发展,出现了更多的异形强化传热管,例如清华大学研制的交叉缩放椭圆管、青岛科技大学研制的滴形管等,由这些异形强化传热管组成的换热器均已应用于工业。

7.3.3　弹性管束换热器

　　正如前面所述,当流体横掠单管或管束时,会导致管子产生诱导振动。它常常是导致换热器管子磨损、泄漏、断裂的主要原因。因此在设计换热器时,尽量采用各种措施来避免流体的诱导振动。能否利用上述诱导振动来强化传热呢? 我国学者程林创新地提出并解决了这一问题。

　　程林设计了一种弹性盘管(见图 7-50),该盘管由两个自由端及两个固定端、4根具有相同管径的紫铜光管在同一平面内连接而成。其中 C、D 是固定端,A、B 是自由端。A 端具有附加质量,用来改变管束的固有频率。弹性管束作为传热元件,工作时热介质(例如热水和蒸气)由 C 端进入,依次经过 1、2、3、4 管被冷却后,从 D 端流出。冷介质(例如冷水)则在管外被加热。通过调整弹性盘管的曲率半径、管径、管壁厚及 A 端部附加质量等参数的组合可得到一种最有利的固定频率,在该频率下管束能被管外脉动的水流激发起具有足够振幅的振动,使传热得以强化。

　　为了能使管束外的水流产生脉动,程林还设计了一种脉动流发生器(见图 7-51)。它将进入换热器的水流分成两股,其中一股通过一个正置三角块后,在下游方向就会产生不同强度的脉动流,该脉动流直接作用在弹性盘管的附加质量端,从而诱发弹性盘管发生周期性的振动。当脉动流发生器中的绕流装置的几何形状确定后,脉动流的频率将取决于流体速度。通过调节流经脉动流发生器的流量,即可获得所需的脉动频率。通常流经脉动流发生器的流量约占总流量的 20%。

　　以弹性盘管作为传热元件的换热器如图 7-52 所示。弹性盘管在换热器内作水平层状布置。C、D 端通过接点分别与热介质进口母管 E 和出口母管 F 连接,被加热的水则从换热器底部的冷水进口流入,然后被分成两股:一股从 G 口向下折转,冲击换热器的下封头后再折流向上;另一股则从脉动流发生器口 H 流出,产生一定频率的脉动流后直接冲刷管束的端部 A。换热器内,脉动流诱发最下面一排

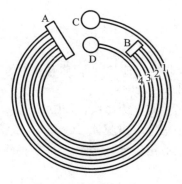

图 7-50　弹性盘管结构示意图

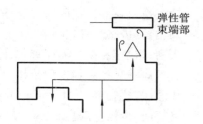

图 7-51　脉动流发生器

管束振动后,由于耦联效应,各排弹性盘管也会相继振动。

　　这种流体振动,换热面也振动的强化传热新方法,几乎不耗外功,却能极大地提高传热系数,根据这种原理设计的弹性盘管汽水加热器,在流速很低的情况下,可使传热系数达到 $4000 \sim 5000$ W/(m^2·℃),是普通管壳式换热器的 2 倍。现在这种换热器已在供热工程中得到广泛的应用,并获得了国家科技进步二等奖。

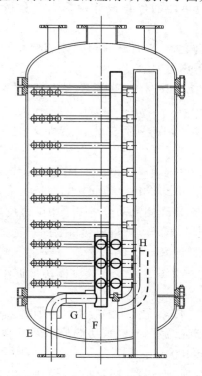

图 7-52　弹性管束换热器内部结构

参 考 文 献

[1] 黄素逸,林一欷.能源与节能技术[M].3 版.北京:中国电力出版社,2016.

[2] 陶文铨.传热学[M].5 版.北京:高等教育出版社,2019.

[3] 张利,李友荣.换热器原理与计算[M].北京:中国电力出版社,2017.

[4] 黄素逸,刘伟.高等工程传热学[M].北京:中国电力出版社,2006.

[5] 任泽霈,蔡睿贤.热工手册[M].北京:机械工业出版社,2002.

[6] 赵镇南.传热学[M].北京:高等教育出版社,2002.

[7] 杨儒周,宫兵,何璟.板式换热器设计计算影响因素[J].石油化工设备,2009,38:12-14.

[8] 王英双.纵流管壳式换热器流动与传热性能的理论与实验研究[M].武汉:华中科技大学,2011.

[9] 刘伟,刘志春,马雷,多场协同原理在管内对流强化传热性能评价中的应用[J].科学通报,2012,57(10):867-874.

[10] 蔡飞.螺旋板式换热器的优化设计及热力学分析[D].上海:华东理工大学,2014.

[11] 屈治国,何雅玲,陶文铨.平直开缝翅片传热特性的三维数值模拟及场协同理论分析[J].工程热物理学报,2003,24(5):825-827.

[12] 董其伍,刘敏珊.换热设备 CAD 系统开发技术[M].北京:化学工业出版社,2004.

[13] 过增元,黄素逸.场协同原理与强化传热新技术[M].北京:中国电力出版社,2004.

[14] S Kakac,A E Bergles,F Mayinger. Heat Exchangers[M]. Washington:Hemisphere Publishing Corporation,1981.

[15] 孙启鹏.管壳式换热器壳侧流动分析[J].中国科技信息,2008,1:59-61.

[16] 文宏刚,周帼彦,朱冬生,等.折流板切口方向对管壳式换热器传热性能影响[J].化学工程,2012,40(4):23-26.

[17] 赖永星.换热器管束动态特性分析及流体诱导振动研究[D].南京:南京工业大学,2006.

[18] 程新广.火积及其在传热优化中的应用[D].北京:清华大学,2004.

[19] 陈群,任建勋,过增元.流体流动场协同原理及其在减阻中的应用[J].科学通报,2008,53(4):489-492.

[20] 兰州石油机械研究所.换热器[M].北京:烃加工出版社,1988.

[21] 朱聘冠.换热器原理及计算[M].北京:清华大学出版社,1987.

[22]　E U 施林德尔主编. 换热器设计手册[M]. 马庆芳, 马重芳主译. 北京: 机械工业出版社, 1987.

[23]　杨崇麟. 板式换热器工程设计手册[M]. 北京: 机械工业出版社, 1995.

[24]　王补宣. 工程传热传质学(下册)[M]. 北京: 科学出版社, 1998.

[25]　W M 罗森诺主编. 传热学应用手册[M]. 谢力译. 北京: 科学出版社, 1992.

[26]　钱颂文. 换热器设计手册[M]. 北京: 化学工业出版社, 2002.

[27]　刘建清. 弹性管束换热器内诱导振动及传热特性的研究[D]. 武汉: 华中科技大学, 1998.

[28]　关欣, 李美玲, 罗行, 等. 预测多股流板翅式换热器动态特性的网络法[J]. 工业加热, 2002, 5: 21-24.

[29]　黄德斌. 气流横向冲刷圆壳管束换热及场协同研究[D]. 广州: 华南理工大学, 2004.

[30]　杨善让, 徐志明. 换热设备的污垢与对策[M]. 北京: 科学出版社, 1995.

[31]　[日]高效热交换器数据手册编委会. 高效热交换器数据手册[M]. 付尚信, 郎逵译. 北京: 机械工业出版社, 1979.

[32]　程林, 杨培毅, 陆煜. 换热器运行导论[M]. 北京: 科学出版社, 1995.

[33]　陈长青. 多股流板翅式换热器的传热计算[J]. 制冷学报. 1982, 1: 30-33.

[34]　陈长青, 沈裕浩. 低温换热器[M]. 北京: 机械工业出版社, 1993.

[35]　周强泰, 黄素逸. 锅炉与热交换器传热强化[M]. 北京: 水利电力出版社, 1991.

[36]　全国锅炉压力容器标准化技术委员会. GB151—2014 热交换器. 北京: 中国标准出版社, 2014.

[37]　程林. 换热器内流体诱发振动[M]. 北京: 科学出版社, 1995.

[38]　Paidoussis M. Flow-induced Vibrations in Nuclear Reactor and Heat Exchangers. In: Practical Experiences with Flow-induced Vibration. New York: IAHR/IUTAM Symposium Karlsruhe, Springer Verlag, 1979.

[39]　曾文明, 钱颂文. 折流杆换热器振动特性和壳程传热强化的研究[J]. 化工炼油机械, 1983, 2: 1-6.

[40]　张应豪. 折流杆换热器的试验及其应用[J]. 石油化工设备, 1988, 17(1): 7-10.

[41]　方江敏. 螺旋槽管折流杆冷凝器冷凝过程及其强化的研究[D]. 广州: 华南理工大学, 1991.

[42]　邢华伟. 新型换热设备——折流杆换热器性能研究[D]. 武汉: 华中理工大学, 1996.

[43]　朱佑顺, 肖雪葵. 椭圆热管实验研究, 热能转换理论与应用[M]. 长沙: 国防

科技大学出版社,1993.

[44]　詹世平.换热网络的夹点设计法[J].化学工业与工程技术,1999,20(2):
　　　　4-7.

[45]　刘洪谦,麻德贤.多夹点换热网络综合与分析[J].北京化工大学学报,2000,
　　　　27(3):9-10.

[46]　黄德斌,邓先和,王扬君,等.螺旋椭圆扁管强化传热研究[J].石油化工设
　　　　备,2003,32(3):1-4.

第8章 空冷技术

8.1 概 述

8.1.1 空冷技术的发展背景

1. 冷却问题

在工业过程和工业设备中会遇到各种各样的冷却问题,如火电厂的冷凝器、冷却塔,化工设备中的洗涤塔,炼油厂的各种油品冷却器,大功率柴油机的润滑油冷却,大电机冷却等。表 8-1 为采用空冷系统的若干典型例子。

表 8-1 采用空冷系统的若干典型例子

项 目	使用场所	作 用	相近的用途
空冷式水循环冷却装置、润滑油循环冷却装置		以一定量密闭的水为载体,用空冷器冷却炉子	·高炉、平炉、金属炉的冷却 ·各种机械润滑油冷却 ·热处理油冷却 ·石油分解急冷油的冷却
燃气透平及空气透平用冷却系统		因小、轻和高性能,使燃气轮机小型化	·高压气体的冷却 ·空气的预热 ·废热回收

项　　目	使 用 场 所	作　　用	相近的用途
化学工业和石油化学工业用空冷器		将馏出物用冷却器直接冷却	· 甲醇、乙醇、丁醇、醋酸、醛等有机物分馏冷却 · 石油分解蒸气冷却 · 氨气冷凝
干燥业（暖房、冷房）用空冷器		高效能的空气冷却和加热	· 干燥机用 · 冷、暖房用

　　空冷式换热器（简称空冷器）是以环境空气作为冷却介质，依靠翅片管扩展传热面积强化管外传热，靠空气横掠翅片管束后的温升带走管内热负荷，达到冷凝冷却管内热流体的目的。它在炼油、化工行业中是主要的工艺设备之一，故其研究备受重视，从其设计、制造、结构改进到其传热机理的研究与试验一直都在进行。

　　但从传热的角度分析，空气的热熔太低，其比热容仅为水的 1/4，在冷却相同的热负荷时，需要的空气质量将是水的 4 倍。而且水冷比空冷的换热系数高得多，因此对于上述设备和装置的冷却问题，目前大多采用水冷的方式。但是水资源是基础性的自然资源和战略性的经济资源，它首先应该用在生活和农业上。例如研究表明，生产 1 t 小麦需要耗费 1000 t 的水资源，生产 1 t 玉米需要耗费接近 1200 t 的水资源，生产 1 t 稻米需要耗费 2000 t 的水资源。即使生产一个 2 g 重的 32 M 计算机芯片，折算起来也需要 32 kg 水。因此采用空冷是发展经济和节能的重要举措。

　　2. 空冷与水冷相比较

　　随着工业的发展，水冷不但使能量消耗量不断增加，而且淡水的消耗量明显增长，大量地提供冷却淡水遇到了困难；此外水冷还存在着设备的腐蚀问题，如矿物质沉淀、水锈蚀等。更重要的是水冷会给环境带来污染,特别是化工中,一旦化工产品泄漏入水体,会造成严重危害,如松花江被污染就是一个典型的例子。即使是热水排入江河湖泊,也会造成所谓"热污染"。它会使水温升高,导致水中含氧量减少,妨碍鱼类生长,加速藻类繁殖,从而堵塞航道,破坏生态平衡。

此外水冷的运行费用也越来越高,因为它包括供水、过滤、废水处理或冷却水回收等费用。

为此人们越来越重视空冷技术应用,它包括采用间接空气冷却方式来回收冷却水,或采用直接空气冷却方式冷却设备。

总结起来,空冷的优点如下:

(1) 对环境没有热污染和化学污染;

(2) 空气可随意取得,只需很少的辅助设备和费用;

(3) 选厂址不受限制;

(4) 空气腐蚀性小,不需要除垢和清洗,使用寿命长;

(5) 空气的压降仅有 $10\sim20$ mmHg(1 mmHg$=133.322$ Pa),故空气的操作费用低;

(6) 空冷系统的维护费用,一般情况下仅为水冷系统的 $20\%\sim30\%$;

(7) 一旦风机电源被切断,仍有 $30\%\sim40\%$ 的自然冷却能力。

空冷的缺点如下:

(1) 由于空气比热容小,且冷却效果取决于干球温度,通常不能把工艺流体冷却到环境温度;

(2) 大气温度波动大,风、雨、阳光,以及季节变化,均会影响空冷器的性能,在冬季还可能引起管内介质冻结;

(3) 由于空气侧传热系数低,故需要的空冷器面积大;

(4) 空冷器不能紧靠大的障碍物,如建筑物、大树,否则会引起热风循环;

(5) 要求用特殊工艺制造的翅片管和风机;

(6) 有一定的噪声。

水冷的优点如下:

(1) 水冷通常能使工艺流体冷却到低于空气温度 $2\sim3$ ℃,且循环水在水塔中可被冷却到接近环境湿球温度;

(2) 水冷对环境温度变化不敏感;

(3) 水冷器结构紧凑,其冷却面积比空冷器冷却面积要小得多;

(4) 水冷器可以设置在其他设备之间,如管线下面;

(5) 用一般列管式换热器即可满足要求;

(6) 无噪声。

水冷的缺点如下:

（1）对环境污染严重；

（2）冷却水往往受水源限制，需设置管线和泵站等设施；

（3）特别对较大的厂，选厂址时必须考虑有充足的水源；

（4）水腐蚀性强，需要进行处理，以防结垢和脏物的淤积；

（5）循环水压高（取决于冷却器和冷水塔的相对位置），故水冷能耗高；

（6）由于水冷设备多，易于结垢，在温暖气候条件下还易生长微生物，附于冷却器表面，常常需要停工清洗；

（7）电源一断，即要全部停产。

3. 中国的水资源

目前全世界的淡水资源仅占其总水量的 2.5%，其中 70% 以上被冻结在南极和北极的冰盖中，加上难以利用的高山冰川和永冻积雪，有 86% 的淡水资源难以利用。人类真正能够利用的淡水资源是江河湖泊和地下水中的一部分，仅占地球总水量的 0.26%。目前，全世界有 1/6 的人口，即 10 亿多人缺水。专家估计，到 2025 年世界缺水人口将超过 25 亿。

我国是一个严重缺水的国家。我国的淡水资源总量为 2.8×10^{12} m³，占全球水资源的 6%，仅次于巴西、俄罗斯和加拿大，名列世界第 4 位。但是，我国的人均水资源量只有 2300 m³，仅为世界平均水平的 1/4，是全球人均水资源最贫乏的国家之一。

2013 年全国总用水量 6.1834×10^{11} m³。其中，生活用水占 12.1%，工业用水占 22.8%，农业用水占 63.4%，生态环境补水（仅包括人为措施供给的城镇环境用水和部分河湖、湿地补水）占 1.7%。

2013 年全国用水消耗总量 3.2634×10^{11} m³，耗水率（消耗总量占用水总量的百分比）为 53%。各类用户耗水率差别较大，农业为 65%，工业为 23%，生活为 43%，生态环境补水为 80%。2013 年全国废污水排放总量 7.75×10^{10} t。废污水排放总量是指工业、第三产业和城镇居民生活等用水户排放的水量，但不包括火电直流冷却水排放量和矿坑排水量。

2013 年全国人均综合用水量 456 m³，万元国内生产总值（当年价）用水量 109 m³。

8.1.2　空冷系统

空冷系统主要由空气冷却器构成。空气冷却器简称空冷器，以空气作为冷却剂，可用作冷却器，也可用作冷凝器。空冷器主要由管束、支架、风机和百叶窗等组成。空冷器热流体在管内流动，空气在管束外吹过。由于换热所需的通风量很大，而风压不高，故多采用轴流式通风机。

空冷系统可以分为间接空气冷却系统和直接空气冷却系统。前者是先用设备冷却水来冷却需散热的设备,而后再用空冷器来冷却设备冷却水,使设备冷却水能循环使用,以达到节水的目的。其优点是所有的设备冷却水都可共用一个大型的空冷器,从而节约投资。而直接空气冷却系统是直接用空气来冷却需散热的设备。

空冷系统按通风的方式可以分为强迫通风空冷系统和自然通风空冷系统,强迫通风空冷系统又可分为鼓风式和引风式。如按冷却方式,空冷又可分为干式空冷和湿式空冷。所谓湿式空冷,是为了增强空冷的效果,在换热面上(或空气中)喷水,利用水的蒸发吸热来强化散热的效果。由于湿式空冷仍需耗水,故只用于某些特殊的场合,例如我国南方夏天气温很高,为达到散热的效果,不得不采用增湿空冷。空冷系统的基本结构如图 8-1 所示。

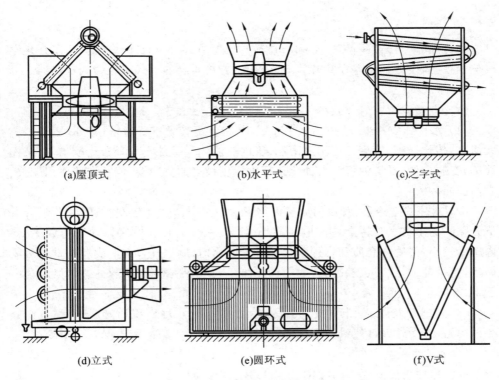

|(a)屋顶式|(b)水平式|(c)之字式|
|(d)立式|(e)圆环式|(f)V式|

图 8-1　空冷系统的基本结构

空冷技术的发展得益于下列关键技术的突破:

(1)设计和制造出高效的空冷器。如大量采用异型翅片管,特别是椭圆翅片管作为空冷器的元件,或采用板翅式空冷器。椭圆管与圆管相比空气流动阻力小,传热系数高,特别是在单位体积内可布置更多的换热面。这样就使空冷器高效、紧凑。板翅式空冷器也可使空气侧的换热面积大大增加。

(2)解决了空冷器的布置和管内流程选择的问题。现在大型空冷器均采用屋顶式布置,不但占地面积小,而且有利于管内蒸汽的流动与凝结传热;此外还采用了变翅距、大管径、分区配汽、顺流-逆流布置等一系列特殊技术。

(3) 解决了大型空冷器的制造和调节问题。现在热浸锌工艺可大大延长椭圆翅片管空冷器的寿命,真空钎焊保证了板翅式空冷器的密封性;新的检漏方法可保证空冷器的制造质量;风扇的风速可调;相应的自动控制系统则保证了空冷器的可靠性和经济运行。

(4) 制造出大功率的低噪声风机。空冷遇到的一个严重问题是风扇的噪声,通常轴流式风扇的噪声为 93~95 dB。而目前研制出的专门用于大型空冷器的低噪声风扇,转速一般低于 115 r/min,直径达 7 m 以上,噪声很小。

8.1.3　空冷器

空冷器是空冷系统的核心。它包括管束、支架、风机和百叶窗等。为了强化空气侧的换热,空冷器多采用翅片管,或采用结构更紧凑的板式或板翅式换热器。

1. 管束

空冷器按管束布置方式分为水平式、斜顶式、立式等。

(1) 水平式空冷器:管束为水平布置,其特点是管子布置清晰、整齐,适于多单元组合,传热面积、管束长度不受限制,管内热流体和管外空气分布比较均匀,结构简单,安装方便,是炼油厂和石油化工厂中应用最多的空冷器,但其占地面积较大、管内压降较大。

(2) 斜顶式空冷器:管束斜放呈人字形,夹角一般在 60 ℃左右,风机置于管束下方空间的中央。其特点是占地面积小(比水平式少 40%~50%),结构紧凑、管内压降较小,但管内介质和管外空气分布不够均匀,热空气容易形成较严重的热风循环,结构复杂,成本也较高,一般用作炼油厂减压塔顶冷凝器,与立式管束配合用于干、湿联合空冷。

(3) 立式空冷器:管束立放,其特点是结构紧凑、占地面积小,但管束中空气分布不均匀,易受外界自然风的干扰,结构复杂,多用于湿空冷和干湿联合空冷。

2. 通风方式

空冷器按通风方式分为鼓风式、引风式、自然通风式。

1) 鼓风式空冷器

它是管束置于风机排风侧的空冷器。其优点如下:①风机和驱动机构不与热空气接触,对结构材料可不考虑温度的影响,使用寿命较长;②结构简单,便于维护保养;③比较容易放置多个空冷器单元。

鼓风式空冷器缺点如下:①空气经过底排管束的速度大,压力损失大,虽然可以强化传热,但气流分布不均匀;②管束暴露于大气中,翅片管易被雪、雨侵袭而损伤、弄脏或腐蚀;③在特殊气候条件下(如暴风雨、冰雹等)管内热流体的出口温度不易精确控制,操作波动大;④热空气离开管束时,流速较低,有可能产生热风再循环现象。

2) 引风式空冷器

它是管束置于风机吸风侧的空冷器。其优点如下:①风扇和风筒对管束有屏蔽作用,能减少暴风雨及烈日对管束的直接影响,有利于温度控制;②经风机排出的热风流速较高,热风再循环的可能性大为减少;③进入管束的气流分布较均匀,空气压降稍有降低;④风筒具有一定的吸风作用,能促进空气进行自然对流,因而可减少动力消耗;⑤因为风机安装位置较高,所以平台处噪声较小;⑥占地面积小,因为管束下面的走廊可安装其他设备,如管线、泵等。

引风式空冷器缺点如下:①风机位于管束之上,直接受热空气作用,叶片和轴承需要有较好的耐热性能,一般要求风机出口温度不超过 120 ℃;②为防止风机空载时的超负荷,风机要有一定余量;③风机及传动机构的维修保养较为麻烦。

总的来说,目前国外应用情况大约是引风式占 60%,鼓风式占 40%。

3) 自然通风式空冷器

自然通风式空冷器是借管束上面的热空气和管束下面的冷空气的密度差引起的空气自然流动而带走管内热量,达到冷却管内热流体的目的,空气的速度主要取决于风筒的高度和通过管束及空气的温度。其优点如下:由于它不用或很少用风机,因而具有节能和无噪声污染、运行费用低的优点。缺点如下:由于是自然对流,空气流速低,总的传热效率不如普通空冷器,其一次性投资比普通空冷器高大约 44%。

自然通风式空冷器主要应用于火力发电厂。

3. 冷却方式

空冷器按冷却方式分为干式空冷器、湿式空冷器、干湿联合式空冷器以及表面蒸发式空冷器。

(1) 干式空冷器。

干式空冷器就是常规空冷器,它是以环境空气作为冷却介质,依靠翅片管扩展传热面积来强化管外传热,借空气横掠翅片管后的空气温升带走热量,达到冷却、冷凝管内热流体的目的。其优点是操作简单,使用方便。但其管内热流体出口温度取决于空气干球温度,一般以不低于 55 ℃为宜,而且热流体出口温度与设计气温之差不低于 15 ℃,否则不经济。

(2) 湿式空冷器。

为弥补干式空冷器的缺点,出现了湿式空冷器。湿式空冷器根据其喷水方式可分为增湿型和喷淋型两种。

①增湿型湿式空冷器(管束水平放置)。

其工作特点是在空气入口处喷雾状水,利用雾状水的蒸发使空气入口处干燥空气增湿接近饱和温度,以此降低空气温度,从而增大空气入口温度与管内热流体出口温度之间的温差来强化传热。增湿降温的空气经过挡水板除去夹带的水滴后横掠翅片管束。它仍然完全依靠空气温升来冷却或冷凝管内热流体。空气入口处空气相对湿度愈小,空气增湿后降温愈多,其冷却效果也愈显著。

②喷淋型湿式空冷器(管束立放)。

其工作特点是在空气入口处直接向翅片管管束上喷雾状水,使入口空气增湿降温;它主要依靠降低空气入口温度,增大空气入口温度与管内热流体出口温度之间的温差来强化管外传热;同时直接喷淋到前排翅片管表面上水的蒸发也部分地强化管外传热。但由于翅片管表面水的成膜性差,立置管束的喷透性差等,依靠翅片管表面水的部分蒸发带走的热量仅占总热负荷中较小部分。目前我国炼油化工厂使用的湿式空冷器大多属此形式,采用立放横排管。喷淋型湿式空冷器由于采用立放管束,管子为三角形排列,其喷透性较差,第二排后面的管子喷不上水,而且翅片管水的成膜性差,再加上其喷嘴容易堵塞,均严重影响湿式空冷器的冷却效果;其翅片管容易被腐蚀和结垢,不仅缩短了湿式空冷器的使用寿命,而且影响其传热效率。另外,湿式空冷器的软化水耗量大,设备运行费用较高。

增湿型和喷淋型湿式空冷器一般适用于管内工艺流体入口温度低于 80 ℃的低温位介质的冷凝或冷却,理论上可使管内热流体冷却到高于环境温度 5 ℃左右。

(3) 干湿联合式空冷器。

干湿联合式空冷器就是将干式空冷器和湿式空冷器组合成一体。由于组合方法的不同,结构形式也有多种变化。一般在工艺流体的高温区域用干式空冷,在低温区域用湿式空冷。其结构、操作均较复杂。

8.2　石化行业的空冷器

8.2.1　概述

几十年前炼油厂和石油化工厂大都采用水来冷却工艺流体。这种方法的优点是,虽然运行费用较高,但投资费用低,与空冷相比总体经济性好。但因为出现供水困难,还要体现环保优先原则,过去几十年某些水冷方式已逐渐被空冷方式代替。越来越多的炼油厂和石油化工厂安装了空冷器或空气冷凝器。事实说明空冷系统不仅运行费用低,而且与水冷相比有更长的寿命。

在我国,自 1964 年研制成功空冷器以来,空冷器在炼油厂和石油化工厂迅速得到应用。被冷却的工艺流体,从轻油、重油到渣油,从正压到负压,从炎热的南方到严寒的北方,从水源充足的地区到缺水地区,都已成功地使用了空冷器。随着水源紧张和环保要求的日益严格,空冷技术在炼油厂和石油化工厂将应用得越来越多。

这些年来空冷技术的进步主要反映在以下几方面：

（1）为了适应高气温要求，发展了湿式空冷器、干湿联合式空冷器；

（2）为了适应低气温与高黏度、易凝流体的冷却，设计出内外热风再循环、自调百叶窗、加热蒸汽盘管、纵向内翅片管等；

（3）为精确控制工艺介质的出口温度和节约动力消耗，发展了自调倾角风机、自动调速风机、变频电机等；

（4）为了适应各种操作温度和压力，研制出多种结构形式的管束和管箱，如水平式、斜顶式、立式管束，丝堵式、可卸盖板式、可卸帽盖式、集合管式、分解式管箱；

（5）为了提高传热效率、耐腐蚀性能，降低功率损耗，出现了数十种不同类型的翅片管，如 I 型简单绕片管、L 型绕片管、双 L 型绕片管、滚花型绕片管、镶嵌式翅片管、双金属轧制翅片管、椭圆翅片管、开槽翅片管等；

（6）为了降低噪声，提高风机效能，发展了各种风机叶型和传动形式，如 R 型、B 型玻璃钢叶片，铸铝叶片，铝合金叶片，以及 V 带传动、同步带传动、齿轮减速器传动、电动机直接传动等。

本节主要介绍石化行业的空冷器。

8.2.2　空冷器的总体结构形式及其选择

1. 整体设计应考虑的问题

炼油厂和石油化工厂空冷系统的整体设计应考虑以下问题：

（1）根据工艺介质的冷却要求和水源、电力情况，进行空冷和水冷方案的技术经济比较，以确定使用空冷的合理性；

（2）根据工艺介质的最终冷却温度、环境条件，确定空冷系统的型式，如干式空冷、湿式空冷、干湿式联合空冷；

（3）初步估算该工艺操作条件下所需的传热面积，选择空冷器的结构形式，如管束类型、翅片管的种类、风机等；

（4）对初选型号进行详细核算，包括管内外的换热系数及阻力系数、对数平均温差、风机的动力消耗、增湿水耗等；

（5）根据装置的特点，考虑空冷器的平面布置及调节控制方案；

（6）考虑噪声和防冻、防凝措施。

2. 工艺流程的选择

空冷器的工艺流程通常有如下选择：

1）前干空冷后水冷

前干空冷后水冷的工艺流程如图 8-2 所示。其适应场合和特点如下：①水源充足；②要求工艺介质的终端温度接近大气的湿球温度；③场地狭窄。

前干空冷后水冷的缺点如下：①需要另外的循环水冷却系统；②运行、电耗和维修费用较高；③终端温度控制较差。

2）前干空冷后湿空冷

前干空冷后湿空冷的工艺流程如图 8-3 所示。其适应场合和特点如下：①水源不足；②要求循环水量尽可能少，通常耗水量为前干空冷后水冷工艺的 5％～10％；③要求工艺介质的终端温度可冷至高于大气的湿球温度 5 ℃左右；④操作费用较使用后水冷者少 20％～40％；⑤一般湿空冷的排水经过滤后可重复使用，不需另设循环水场，或作其他循环水的补充水。

前干空冷后湿空冷的缺点如下：①后湿空冷占地面积比后水冷略大；②操作技术比采用后水冷要求略高。

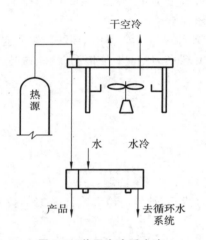

图 8-2　前干空冷后水冷

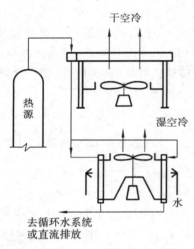

图 8-3　前干空冷后湿空冷

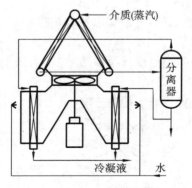

图 8-4　干湿联合空冷

3）干湿联合空冷

干湿联合空冷的工艺流程如图 8-4 所示。其适应场合和特点如下：①用于中、小处理量或大处理量干空冷的后冷；②占地面积小；③操作费用低。

干湿联合空冷的缺点是其操作技术比后水冷要求略高。

4）全干空冷

全干空冷适用场合及特点如下：①可用于寒冷地区或工艺介质终端温度比夏季设计气温高 15～20 ℃的场合；②可用于高压

工艺介质的冷却系统,不再设后冷;③运行费用较前干空冷后水冷低。

5) 全湿空冷

全湿空冷适用场合及特点如下:①作为干空冷的补充手段;②用于进口温度低的工艺介质(低于 75 ℃)的冷却,且终冷温度要高于大气湿球温度 5 ℃左右。其缺点是如进口温度高于 80 ℃,则翅片管表面易结水垢。

3. 结构形式的选择

空冷器的结构形式一般有水平式、直立式、斜置式和联合式。水平式的特点是管束和风机叶轮水平放置,气流垂直于地面,自下而上或自上而下。通常管排本身或最后一行管子有一坡度(0.5%～1%),以便于排液。这种布置的特点如下:结构简单、安装方便,但占地面积大,管内阻力也比其他结构形式大。

直立式的特点是管束垂直于地面,风机叶轮可以垂直或水平放置,引风或鼓风均可。其占地面积和管内阻力都比水平式小,但结构较复杂。

斜置式管束与地面成一夹角,占地面积和管内阻力都比水平式小,结构较复杂;由于管束斜置,空气侧阻力小,分配均匀,一般用于气相介质的冷凝冷却。

联合式置于塔类等高耸设备的顶部或其他设备上并与之连成一体,这样可以减小管内系统的阻力,减少管路,节约投资和占地面积。但检修较困难。

4. 通风方式

通风方式有鼓风式、引风式和自然通风式。鼓风式气流先经风机再至管束,风机在大气温度下工作,此种通风方式的优点如下:结构简单、振动小,检修方便;由于空气的紊流作用,管外传热系数较高。缺点如下:易受日照和气候变化的影响,排出的热空气易造成回流,影响管束的传热。

引风式气流先经管束再至风机,风机在高温气流下工作,此种通风方式下如用玻璃纤维增强的塑料制作风机叶片,需耐温 80 ℃以上。引风式受气候的影响较小,排出的热空气不易回流,且噪声可比鼓风式小 3 dB。其缺点如下:结构比鼓风式复杂,风机检修不便;出口终冷温度控制严格,所耗功率比鼓风式高约 10%。

自然通风式利用温差引起的空气自然对流进行冷却,主要适用于大处理量的火力发电厂和核电厂。由于一次投资大,在炼油厂和石油化工厂很少应用。

5. 风量控制

炼油厂和石油化工厂风冷系统的风量控制过去主要采用百叶窗,后来发展到采用手动或自动控制模式开、停风机群中的部分风机,现在大多选用变频调速。

6. 防凝防冻方式

空冷系统必须考虑防凝防冻,使其在最低设计气温下启用。炼油厂和石油化工厂风冷系统的防凝防冻方式主要有热风内循环、热风外循环和伴热式。热风内循环如图 8-5 所示。其适应场合和特点如下:①用于介质的倾点或冰点高于最低环境设计气温 14 ℃以上,介质中的水分高于 10% 的情况;②对介质温度控制要求不高(大于±3 ℃);③空冷器风机应不少于两台。热风内循环的缺点是风机能耗较大,控制比较复杂。

热风外循环如图 8-6 所示。其适应场合和特点如下:①用于介质的倾点或冰点高于最低环境设计气温 33 ℃以上,介质中的水分高于 50％的情况;②对介质温度控制要求较高(小于或等于±3 ℃);③需设置外部循环风道,有时尚需设伴热器。热风外循环除结构复杂、投资较高外,操作复杂、自控要求高,占地面积较大。

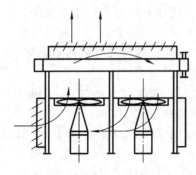

图 8-5　热风内循环示意图

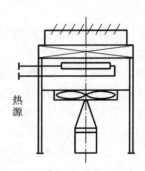

图 8-6　热风外循环示意图

伴热式将蒸汽或电热器置于管束下方,在最低设计气温下启用(见图 8-7)。这种方式结构简单,操作便利。主要缺点是能耗大,操作费用高。

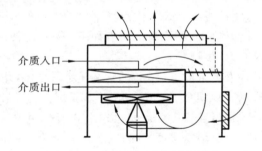

图 8-7　伴热式防冻示意图

8.2.3　空冷器的管束

1. 管束的选择

管束由翅片管(或光管)、管箱及框架组成。管子的两端胀接或焊接在管箱的侧面。管子的上下端分别与进出口管子相连。管子通常按三角形排列。管束的宽度虽然可以任意选择,但一般取整数,如 500 mm、750 mm、1000 mm 等。管束的长度也取整数,最长可达 15 m。管束的排数一般取 2～10。排数少时占地面积大,空气温升低,空气利用系数低,投资大,操作费用将按比例增加。但排数多,空气侧阻力大,能耗也将随阻力增加,一般空气温升应不小于 20 ℃。

管束迎面风速不大于 3.5 m/s,不小于 1.5 m/s。管程数选择的原则如下:①容许管内系统压降大者,可考虑采用多管程,否则应选用少管程;②对于冷凝过程,如对数平均温差的校正系数小于 0.8,或含有不凝气成分时,则应考虑采用单管程以上的行程数;③对于多管程的管束,如介质进出口温差大于 110 ℃,必须采用分解管箱,作为两行程间的热补偿;④对于单管程的冷凝器的管束,其管子应具有 1% 的斜率,以便排液。

2. 翅片管选用

翅片管型式繁多,必须根据各种翅片管的特点和采用空冷器的具体装置的实际情况正确选用。例如,翅片管翅化比的选择就取决于管内介质的换热系数。管内介质的换热系数高,就选用高翅化比的翅片管;反之,则应选择低翅化比的翅片管,或选择较低的迎面风速,或采用管心距较大的管束。

8.2.4　风机及风量调节

空冷器的风机要求压头低、流量大,一般采用空气螺旋桨轴流风机,通常采取立式安装。风机叶片通常为铸铝及玻璃钢叶片。空冷器风机的传动方式如图 8-8 所示。调节方式有角调式和调速式。

风机的运行方式有鼓风和引风两种方式。除了下列情况下可以考虑用引风式的风机外,其他情况下应采用鼓风式风机:

(1) 要求严格控制工艺介质温度,且突然降雨(即过度冷却)会导致操作不正常;

(2) 为降低热风再循环危险,特别是对大的生产装置及工艺介质出口温度和空气进口温度比较接近的情况;

(3) 在空气侧结垢对传热有较大影响的地方;

(4) 在风机故障的情况下(由于叠加影响)须保持较高传热性能的工况;

(5) 在炎热天气下需要风箱为管束遮住太阳的工况。

在选择风机时,通常在每一跨中,沿管长方向应配置两台以上的风机,每台风机的回转面积至少应占该风机所对应管束迎风面积的 40%;每台风机位置应使风机对其在管束中心线处的扩散角不超过 45°(见图 8-9)。

风机的叶尖速度不应超过 60 m/s。设计时必须考虑防虫网、防雹网等引起的附加空气阻力,通常认为污垢产生的附加阻力为干净网压力降的 2 倍。

8.2.5　空冷器的设计

空冷器的设计包括空冷器的工艺设计、空冷器的热力计算、管束的结构设计及强度计算等。空冷器的工艺设计包括空冷器的设计条件与基本参数的确定、空冷

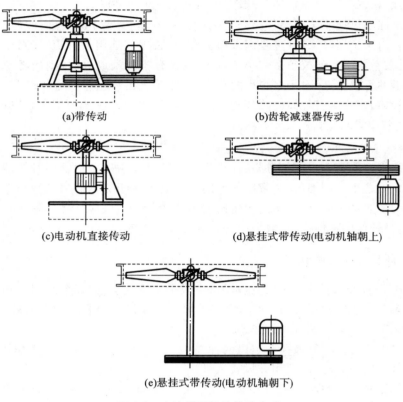

(a)带传动　　　　　　　　　(b)齿轮减速器传动

(c)电动机直接传动　　　　(d)悬挂式带传动(电动机轴朝上)

(e)悬挂式带传动(电动机轴朝下)

图 8-8　空冷器风机的传动方式

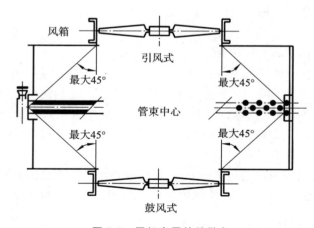

图 8-9　风机布置的扩散角

器的选型和空冷器的热负荷的确定。空冷器的热力计算主要是空冷器的传热系数
与阻力、空气出口温度、有效平均温差、传热面积、风机功率等计算。管束的结构设

计及强度计算包括结构布置与材料选择、荷载和荷载组合、构架的内力计算、杆件的截面设计、桁架节点设计与构造等。

空冷器的设计有专门的规范,本小节对此只作简要介绍。

1. 空冷器的设计条件

空冷器的设计条件主要包括设计温度、介质条件和热操作条件等。设计温度是指设计空冷器时所采用的空气入口温度。选用干式空冷器时,设计气温应按当地夏季日平均气温。采用湿式空冷器时,将干式空冷器的设计气温作为干球温度,然后按相对湿度查出湿球温度,该温度即为湿式空冷器的设计气温。

采用空冷器冷凝或冷却干净的介质,如轻质油品(如汽油、煤油)和干净气体是合适的。对以下介质是否能采用空冷器,则需要做具体分析:

(1) 低沸点介质,当其温度低于 70 ℃或当冷却到 50～60 ℃所带走的热量不到热负荷的 75%～85%时采用空冷器不一定合适。

(2) 油品的凝固点最好不超过 5 ℃,因为高凝固点的油品过度冷却易造成管道堵塞。需要采用空冷器时,必须考虑防凝措施。

(3) 当油品较脏,需要定期清扫管道及管箱时,一般不希望采用空冷器。若必须使用,要考虑水洗或化学清洗措施。

热操作条件通常指热介质的入口温度和出口温度。从传热的角度考虑,热介质的入口温度越高,所需的传热面积就越小。但考虑能量回收的可能性,入口温度不宜过高,一般控制在 120～130 ℃。超过该温度的那一部分热量应尽量采用换热的方式回收。

干式空冷器的出口温度一般以不低于 55 ℃为宜。若不能满足工艺要求,可以增设后湿空冷,或采用干湿联合空冷。通常干式空冷器出口温度与设计气温的差值应不低于 15 ℃。

2. 空冷器的基本参数

空冷器的基本参数主要有管排数、迎面风速、高低翅片及管程数的选用等。其中管排数对投资和操作费用有较大的影响。管排数少时传热效果好,所需面积小,但占地面积大,单位传热面积造价高,同时由于空气温升小,要求风量大。但管排数太多,对数平均温差降低,传热面积增大,同时流动阻力增加,风机的功率也随之增加。因此设计时要合理选择管排数。表 8-2 为根据工作介质推荐的管排数。

表 8-2 根据工作介质推荐的管排数

冷 却 过 程	推荐的管排数	冷 凝 过 程	推荐的管排数
轻碳氢化合物 (汽油、煤油等)	4 或 6	轻碳氢化合物 (汽油、煤油等)	4 或 6
轻柴油	4 或 6	水蒸气	4

冷却过程	推荐的管排数	冷凝过程	推荐的管排数
重柴油	4 或 6	重整或加氢 反应器出口气体	6
润滑油	4 或 6	塔顶冷凝器	4 或 6
塔底重质油品	6 或 8		
烟气	4		
汽缸冷却水	4		

3. 空冷器的热负荷和传热系数

可以根据热平衡计算空冷器的热负荷,但应该留有 10% 的余量。对空冷器而言,其传热系数与阻力计算可按一般换热器的设计方法进行,但计算相当烦琐,即先计算空气出口温度,然后计算有效平均温差,再分别求出空冷器管内、管外换热系数及整个管束的传热系数。求得空冷器所需传热面积。同时通过阻力计算求得空冷器的风机功率。表 8-3 给出了行业标准 NB/T47007—2010 推荐的空冷器翅片管的传热系数。

表 8-3　行业标准推荐的空冷器翅片管的传热系数

翅片管规格	翅片管型式				
	L	LL	KL	DR	G
	传热系数/[W/(m² · K)]				
高翅 (翅片管外径 Φ57)	710	720	730	735	750
低翅 (翅片管外径 Φ50)	600	610	640	650	680

8.2.6　表面蒸发式空冷器

1. 概述

目前,在炼油化工行业中普遍使用的空冷器为干式空冷器和湿式空冷器(包括增湿型和喷淋蒸发型)以及干湿联合空冷器。干式空冷器操作简单、使用方便;但其管内热流体出口温度取决于环境干球温度,一般以不低于 55 ℃ 为宜,而且热流体出口温度与设计气温之差不得低于 15 ℃,否则就不经济,所以它不能把管内热流体冷却到环境温度。此外使用干式空冷器时其热流体进口温度大部分从 180 ℃左右下降到 100~120 ℃,对于 120 ℃ 左右的热流体大多采用了热能回收措施而并非采用干式空冷器;因此干式空冷器对低温位热流体的冷却无能为力,为了得到较低的热流体出口温度,必须为干式空冷器配后水冷器。增湿型湿式空冷器(见图8-10)的工作机理是在空冷器的工作过程中在空气入口处喷雾状水,使空冷器的入口空气增湿降温,增湿后的低温空气经过挡水板除去夹带的水滴,再横掠翅片管束,从而增大空气入口温度与热流体出口温度之间的差值来强化管外传热。喷淋蒸发型湿式空冷器(见图8-11),其工作机理是在空冷器(管束多为立放横排管)的工作过程中直接向翅片管上喷雾状水,借助于翅片管上少量水的蒸发和空气被增湿降温而强化管外传热,它也有增湿型湿式空冷器的优点,我国目前炼油化工厂使用的湿式空冷器大多属此型式。但是喷淋蒸发型湿式空冷器的管排数不宜过多,一般为2~4排,而且只有前两排翅片管的迎水面才能被喷上水,第二排管以后其传热没有强化或强化很少;同时由于翅片管的结构特点,翅片表面无法完全被湿润,翅片管表面水的成膜性很差,翅片管上蒸发的水量很少,水的蒸发效率很低,翅片根部易积水,易结垢,增加了热阻,所以仅靠翅片管上水的蒸发带走的热负荷很小(占总负荷的10%~20%),因此它主要还是靠增湿降温后空气的温升带走管内大部分热负荷。湿式空冷器仅适合于冷却进口温度低于75 ℃的热流体(当热介质进口温度高于80 ℃时,翅片管表面极易结垢),它可将热流体冷却到高于环境湿球温度5 ℃左右。同时由于湿式空冷器要求喷雾化水,因此其喷淋系统的喷嘴出水口很小,一般为0.5~1 mm,使用中极易堵塞,严重影响湿式空冷器的冷却效果。

综上所述,干式和湿式空冷器的工作机理决定了其冷却效果均受环境气温影响较大,气温波动,风、雨、日晒以及季节变化均会显著地影响其冷却性能,故其操作弹性差,在冬季还会引起管内介质冻结;由于空气侧换热系数低,其传热面积要大得多,因此必须采用翅片管,故其投资较高。

针对空冷器存在的上述问题,国外有关研究人员于20世纪60年代开始了综合空冷和水冷优点的新型冷却器——蒸发式冷却器的理论和试验研究。我国研究人员也于20世纪80年代开始了相应的研究开发工作。

表面蒸发型空冷式换热器(以下简称蒸发空冷)是一种比湿空冷和干空冷加后水冷性能更优越的新型冷却器,是国内外近年来着力开发的一种新型冷换设备,是空冷技术的发展方向。

国外研制出的蒸发空冷现已被广泛应用于压缩机中间冷却、透平夹套水冷却、润滑油冷却和其他无机物水溶液冷却,美国Brounder公司制造的蒸发空冷已用于许多大型硫酸厂。德国GEA公司、美国BAC公司和FES公司都在开发研制蒸发空冷,其产品主要用于制冷和空调系统。

我国在20世纪80年代初从国外引进的十几套石蜡成型装置均带有蒸发空冷,用于其制冷剂的冷凝冷却。由此国内开始了有关蒸发空冷的开发研制工作。其中兰州石油机械研究所于1992年为兰州炼油化工总厂设计制造了一台蒸发空

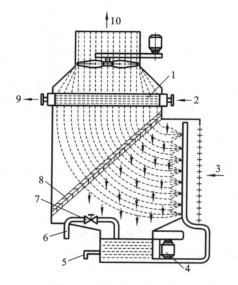

图 8-10　增湿型湿式空冷器

1—管束；2—热流体入口；3—空气入口；
4—循环水泵；5—排水管；6—供水管；
7—阀门；8—挡水板；9—热流体出口；
10—热空气出口

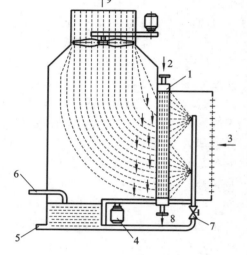

图 8-11　喷淋蒸发型湿式空冷器

1—管束；2—热流体入口；3—空气入口；
4—循环水泵；5—排水管；6—供水管；
7—阀门；8—热流体出口；9—热空气出口

冷,用于代替该厂第三套酮苯脱蜡装置制冷系统的立式水冷器(过热氨气冷凝器),测试数据表明这台蒸发空冷的冷却效果大大优于立式水冷器,使氨的出口温度接近环境湿球温度;随后兰州石油机械研究所于 1994 年为兰州炼油化工总厂 10^5 t/年气分装置设计制造了两台蒸发空冷,用于代替该装置原有的湿空冷,其冷却性能优于原来的湿空冷。国内开发研制的蒸发空冷主要用于炼油化工行业。

2. 蒸发空冷的工艺流程

蒸发空冷的工艺流程如图 8-12 所示。其工作过程是用管道泵将设备下部水箱中的循环冷却水输送到位于水平放置的光管管束上方的喷淋水分配器,由该分配器将冷却水向下喷淋到传热管外表面,使管外表面形成连续均匀的薄水膜。同时用引风式轴流风机将空气从设备下部空气吸入窗口吸入,使空气自下向上流动,横掠水平放置的光管管束。水一边从管壁吸收管内热流体释放的热量,一边又与穿过管束向上流动的空气接触,部分水蒸发进入空气中,其余的水逐渐放出其吸收的热量后恢复到其进口水温度,流到储水池中。此时传热管的管外换热除依靠水膜与空气流间的显热传递外,主要是依靠传热管外表面水膜的迅速蒸发来吸收管内的大部分热量,从而强化管外传热,使设备总体传热效率明显提高。传热管外表面水膜的蒸发使得空气穿过光管管束后湿度增加而接近饱和,引风式轴流风机将

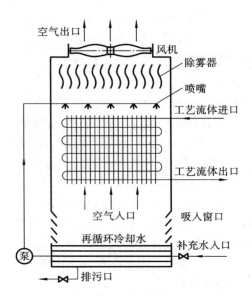

图 8-12 蒸发空冷的结构与工艺流程

饱和湿空气从管束中抽出使其穿过位于喷淋水分配器上方的除雾器,除去饱和湿空气中夹带的水滴后从设备顶部风机出口处排入大气中。风机位于设备顶部向上抽吸空气,从而在风机下部空间形成负压区域,加速了传热管外表面水膜的蒸发,有利于强化管外传热。在蒸发空冷中,工艺介质走管内水平流动,空气、水走管外,空气由下向上流动,喷淋水由上往下流动,水、空气与工艺介质为交叉错流,水与空气为逆流,从冷热介质的流程布置上也强化了传热传质过程。为防止水和空气对传热管外表面的腐蚀,对传热管外表面进行防腐处理,且传热管采用光管。

在蒸发空冷中,喷淋水一边循环喷淋一边蒸发,则喷淋水中的盐类浓度逐步增大,达到一定程度会在管外壁上结垢,使设备传热性能下降,所以应将储水池中的水连续或定期排放出一部分,以把盐类浓度控制在产生污垢的界限以下。为此要给储水池中补充一定量的新鲜水以保持水中盐类浓度,防止管外结垢,并补偿蒸发的水量和排放的水。蒸发空冷的喷淋水应采用软化水。

蒸发空冷一般采用光管为传热管,如果采用翅片管,从理论上讲扩大了传热和传质表面,但这里用翅片管的优越性不如干空冷那么显著,其主要原因如下:翅片管表面无法完全被水湿润,翅片上水的成膜性很差,而且翅片间的积水也会削弱翅片的作用,并使热阻增加。

蒸发空冷一般适用于温度低于 80 ℃ 的各种低温位工艺流体的冷却和冷凝。它可使工艺流体出口温度冷到接近环境湿球温度。如果工艺流体入口温度高于 80 ℃,在管束入口段管壁温度过高,使管外表面水膜容易结垢,增加了传热传质阻力,会降低蒸发空冷的传热效率。为此,当工艺流体入口温度高于 80 ℃ 时,将蒸发空冷中的除雾器用翅片管代替,使高温位热流体先流经翅片管束预冷到 80 ℃以下,再进入光管管束进行冷却或冷凝,使翅片管管束起到冷却与除雾的双重作用,从而扩大了蒸发空冷的适用范围,并增加了传热面积。

3. 蒸发空冷的优点

与干式和湿式空冷器相比,蒸发空冷有如下优点:

(1) 传热效率高,冷却效果好,所需传热面积小,结构紧凑。

因为蒸发空冷的管外传热是由管壁-水膜间的强制对流传热和水膜-空气间的直接接触蒸发传质传热两步完成,而水具有很高的汽化潜热,从而大大强化了管外表面的传热强度,其传热强度远远大于管壁-空气间的对流传热,使蒸发空冷的总体传热效率远远大于干空冷和湿空冷,所需传热面积小,结构紧凑,而且蒸发空冷可直接将管内热流体冷到较低温度(40 ℃以下),而不再需要后水冷器。在合理设计下可使管内热流体出口温度冷到接近环境湿球温度,故其冷却效果好,同时解决了干空冷为了获得较低冷却冷凝温度而必须配后水冷器的问题。

(2) 能耗和水耗小,操作费用低。

因为在蒸发空冷中空气携带热量主要是靠增加携湿量带走水的蒸发潜热,而不是靠空气温升显热,从而所需风量远远小于干空冷和湿空冷。而且由于采用光管管束,空气穿过管束的压降小,风机能耗进一步降低;同时光管外表面水的成膜性好,水的汽化潜热很高,在合理设计下,可达到较好的蒸发冷却效果,水耗很低;与干空冷加后水冷相比,它又省去了后水冷器,故其操作费用很低。

(3) 投资费用低,占地面积小。

从结构上看,蒸发空冷的最大特点是将冷却塔和列管式水冷器合为一体,从而省去了单独的循环水冷却系统,使一次性投资大大降低,减少了设备占地面积,而且由于蒸发空冷的传热管为光管,设备造价进一步降低。

(4) 操作弹性大,可操作性好。

因为蒸发空冷主要是靠管外水膜的蒸发而不是靠空气温升来带走管内的大部分热量,所以蒸发空冷对空气入口温度不敏感;管内热流体将其热量通过管壁传递给水膜,提高了水膜的温度,同时引风式风机在管束中形成负压,从而增大了管外水膜的蒸发效率,所以它对空气入口湿度也不敏感。因此环境气温、湿度的波动以及季节变化对蒸发空冷的冷却效果影响较小,故蒸发空冷的操作弹性大,适用地区广,可操作性好。

4. 蒸发空冷的典型结构形式

国内企业开发研制的蒸发空冷的典型结构如图 8-13 所示。它主要由以下部件组成:位于设备顶部的引风式风机;位于风机下方的除雾器;位于除雾器下方的喷淋水分配器;位于喷淋水分配器下方的光管管束;位于光管管束下方的构架与水箱;喷淋水输送管线与管道泵。

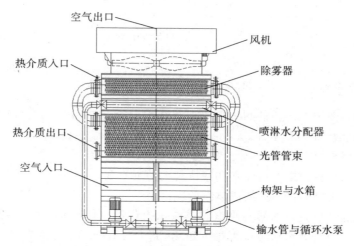

图 8-13　国内蒸发空冷典型结构示意图

　　上述前五个部件之间均采用翻边法兰螺栓连接,各连接面之间均采用橡胶板和密封胶进行密封,以防漏风、漏水。

　　与国外研发的蒸发空冷相比,国内企业研发的蒸发空冷主要存在以下问题:

　　(1) 除雾器由许多等间距布置的波形板组成,其除雾效果差(在安装中无法确保波形板均为等间距布置),水耗、能耗大,而且制造、安装、维护均不方便;

　　(2) 喷淋水分配器是固定的,在设备运行中无法清洗,喷淋水管线一般为碳钢管,易生锈,而且喷嘴安装在喷淋支管的下部,喷淋水中的泥沙等杂质易聚积在水管底部,易堵塞喷嘴,一旦喷淋水分配器的喷嘴被堵塞,传热管外表面无法完全被湿润,则设备冷却能力大大下降,势必造成设备停车检修。

　　(3) 只有一条喷淋水输送管线和一台管道泵,一旦该泵出现故障,设备的冷却效果会很差,会造成设备停车检修。

　　由以上比较可知,国外企业研发的蒸发空冷优势明显。

　　5. 蒸发空冷的适用范围与场合

　　蒸发空冷是一种将水冷与空冷、传热与传质过程融为一体,且兼有二者之长的新型节能、节水型高效冷凝冷却设备。它具有传热效率高、投资省、操作费用低、结构紧凑、占地面积小、安装维护方便而且维护费用低、操作稳定可靠等优点,适用于炼油和化工行业中各种塔顶油气的冷凝冷却、油品的冷却、压缩机级间冷却,也适用于电力、冶金、制冷等行业中的冷却水、蒸汽、制冷剂及其他工艺流体的闭路循环冷却,尤其对 80 ℃ 以下的低温位介质的冷凝、冷却具有其他冷却设备难以匹敌的优点。

8.3 电站空冷器

8.3.1 凝汽设备

凝汽设备是凝汽式汽轮机组的重要组成部分,它的工作性能直接影响整个汽轮机组的热经济性和安全性。

凝汽设备的任务如下:

(1) 在汽轮机的排汽口建立和保持规定的真空度;

(2) 将汽轮机的排汽凝结成洁净的凝结水。

提高汽轮机的进汽参数和降低其排汽压力都可以使汽轮机的理想焓降增大,热效率提高。有许多方法可降低排汽压力,其中最有效的方法是将排汽送到密闭的容器即凝汽器内,并用水或空气作为冷却介质,将排汽凝结成水。由于蒸汽凝结成水时,体积骤然缩小(如在水冷的凝汽器压力 0.0049 MPa 下,干蒸汽比水的体积约大 28000 倍),所以在凝汽器内会形成高度真空。同时再用抽气器不断将漏入凝汽器的空气抽出,以免漏入凝汽器的不凝结空气逐渐积累,使凝汽器内压力升高,这就是凝汽设备的工作原理。一般来说,汽轮机的排汽进入凝汽器后,其热量被由循环水泵不断送来的冷却水带走,排汽凝结成水并流入凝汽器底部的热水井,然后由凝结水泵送回热加热器和除氧器。抽气器不断地将凝汽器内的空气抽出以保持其良好的真空。

凝汽器按冷热介质换热形式可分为混合式与表面式两大类。

在混合式凝汽器中,做功后的蒸汽与冷却水直接混合。其结构简单,成本低,但其最大的缺点是不能回收凝结水,或者说回收成本过高,所以凝汽式电厂大都不采用混合式。现代汽轮机装置都采用表面式凝汽器。

在表面式凝汽器中,冷却工质与蒸汽被金属冷却表面隔开,互不接触。根据所用的冷却工质不同,又分为空气冷却式和水冷却式两种。水作为冷却介质时,凝汽器的传热系数高;空气冷却方式的传热系数相对较低,适于水资源紧缺或对环保有特殊要求的厂址。

8.3.2 电站空冷系统的型式

目前电厂用的空冷系统主要有以下三种:混凝式间接空冷系统、表凝式间接空冷系统、直接空冷系统。

1. 混凝式间接空冷(海勒式)系统

图 8-14 示出了混凝式间接空冷系统。该冷却系统主要由混合喷射式凝汽器和装有福哥型散热器的空冷塔构成。外表面经过防腐处理的圆形铝管,套以铝翅

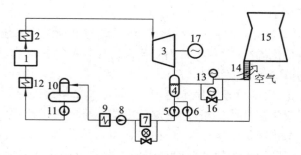

图 8-14　混凝式间接空冷系统示意图

1—锅炉；2—过热器；3—汽轮机；4—喷射式凝汽器；5—凝结水泵；6—冷却水循环泵；
7—凝结水精处理装置；8—凝结水升压泵；9—低压加热器；10—除氧器；11—给水泵；
12—高压加热器；13—调压水轮机；14—翅片管散热器；15—空冷塔；16—旁路节流阀；17—发电机

片的管束组成"∧"形排列的散热器，俗称为"缺口冷却三角"，在缺口处装上百叶窗，构成一个冷却三角形。系统中的冷却水是高纯度的中性水（pH＝6.8～7.2），冷却水在凝汽器中直接与排汽混合并使其冷凝成水。凝汽器出口处的水绝大部分（约 98%）由冷却水循环泵送至空冷塔散热器，与空气对流换热冷却后由调压水轮机将其送至喷射式凝汽器。凝汽器出口水中极少部分（约 2%）由凝结水泵经过凝结水精处理装置送机组回热系统。调压水轮机的主要功能如下：通过调节水轮机导叶开度调节喷射式凝汽器喷嘴前的水压，保证形成微薄而均匀的垂直水膜，以便与排汽充分接触。理论上调压水轮机有两种连接方式：一种是常用的立式水轮机与立式异步交流发电机连接；另一种是卧式水轮机与卧式循环水泵、卧式电动机同轴相连接。后一种连接方式在实践中尚未使用。

混凝式间接空冷系统主要优点如下：

（1）混凝式间接空冷系统凝汽器端差小于其他空冷模式，所以煤耗在空冷模式中相对较低，全厂热效率较高。

（2）环境自然风对其影响相对较小。新风进口与废热出口高差达百米，热风再循环难以发生。但是换热管束布置在塔体外圈，环境风可以通过百叶窗对管束换热状况产生一定的影响。总体来说，影响不大，且可以通过百叶窗的开度加以调节和防护。

主要缺点如下：

（1）空冷塔占地面积大。

（2）由于采用混合式凝汽器，循环冷却水和凝结水相混合，对循环冷却水的水质要求高，运行不经济。

（3）冬季运行防冻性能较差。该系统的空冷器采用铝管铝翅片，其管径小，易冻损。

2. 表凝式间接空冷(哈蒙式)系统

图 8-15 示出了表凝式间接空冷系统。该系统与常规湿冷系统基本相同,不同之处是用干冷塔替代湿冷塔,用不锈钢管凝汽器代替铜管凝汽器,用除盐水代替循环水,用密封式循环冷却水系统代替开式循环冷却水系统。由于冷却水温度变化时体积也发生变化,需要设置膨胀水箱,其顶部与冲氮系统连接,一定压力的氮气可对冷却水容积变化起补偿作用,还可避免冷却水与空气接触,保证水质良好。冷却塔底部设有储水箱和两台输送泵,可向塔内空冷散热器充水。散热器由椭圆形钢管外绕翅片或嵌套矩形钢翅片的管束组成。椭圆形钢管及翅片外表面进行整体镀锌处理。设有散热器的干冷塔采用自然通风。

表凝式间接空冷系统主要优点如下:

(1) 采用了表面式凝汽器,冷却水和凝结水分成两个独立系统,其水质可按各自的标准和要求处理,使系统便于操作。

(2) 系统基本上与传统湿冷系统相似,运行操作简单,原有运行人员易于掌握。

(3) 系统完全处于密闭状态,循环水泵扬程低,能耗少。

(4) 自然界的环境风对其影响小。系统中,冷却水与空气交换热量的翅片管束隐藏在混凝土的双曲线塔内,且废热的排出口在塔顶、新风进口在塔底,而塔高百米使得热风再循环难以发生。

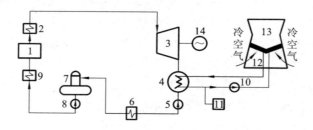

图 8-15　表凝式间接空冷系统示意图

1—锅炉;2—过热器;3—汽轮机;4—表面式凝汽器;5—凝结水泵;
6—低压加热器;7—除氧器;8—给水泵;9—高压加热器;10—循环水泵;
11—膨胀水箱;12—翅片管散热器;13—空冷塔;14—发电机

主要缺点如下:

(1) 空冷塔占地面积大。由于冷却水与空气是在干冷塔的表面换热器中交换热量,较之在传统水冷塔中喷淋换热需要更大的换热面积,从而需要占用比传统水冷塔更大的土地面积。

(2) 冬季运行防冻性能稍差。循环水在冬季低温情况下会发生冻结,需要加入防冻液。

3. 直接空冷系统

　　直接空冷系统如图 8-16 所示。汽轮机排汽流过粗大的排汽管送往室外的空冷凝汽器,凝汽器下侧的轴流风机输送空气流过散热器表面,将排汽凝结成水,流入凝结水箱,其后的工作流程和水冷系统相同。应指出的是,空冷凝汽器分为主凝器和分凝器两部分。主凝器设计成汽水顺流式,又称顺流凝汽器,形成凝汽器主体;分凝器设计成汽水逆流式,又称逆流凝汽器,构成抽空气区。抽真空系统是直接空冷的关键。空冷凝汽器的所有组件和排汽管应用两层焊接结构。中小型机组可直接在汽轮机房顶布置空冷凝汽器,大型机组通常将凝汽器布置在紧靠汽轮机房的外侧,在与主厂房平行的纵向平台上布置若干单元组,每组由多个主凝器和一个分凝器组成人字形排列结构,在每个单元组下部设置一台大直径轴流风机。

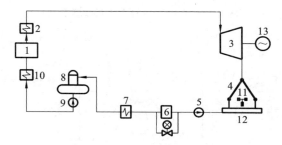

图 8-16　直接空冷系统示意图

1—锅炉;2—过热器;3—汽轮机;4—空冷凝汽器管束;5—凝结水泵;
6—凝结水精处理装置;7—低压加热器;8—除氧器;9—给水泵;10—高压加热器;
11—轴流式冷却风机;12—凝结水箱;13—发电机

　　直接空冷凝汽器系统的具体结构示于图 8-17 中。汽轮机排汽装置中出来的湿蒸汽进入大直径排汽管道,一部分蒸汽由于管路能量损失而凝结成水,汇入本体疏水扩容器,最终流到凝结水箱中。排汽中的大部分蒸汽进入蒸汽分配管,而后流经顺流凝汽器管束,在其中放热凝结。凝结下来的水进入凝结水收集管,未凝结的蒸汽通过收集管内液面上方的空间进入逆流凝汽器管束,放热凝结,凝结下来的水同样流入下方的收集管。在逆流凝汽器的顶部,未凝结的蒸汽和不凝结的空气被真空泵抽走,排放到环境大气。

　　顺流凝汽器的具体结构如图 8-18 所示。蒸汽从顶端的分配管分流进入 A 形架构的两侧翅片管中,底部的轴流风机输送大量的环境空气穿过两侧的翅片管。蒸汽在管内自上而下的流动中被管外的空气冷却,凝结成水流下;管外侧携带冷凝热的热空气从单元的上方排出至大气。逆流凝汽器的结构形式与顺流凝汽器大致相同,差异在于翅片管内蒸汽为自上而下流动,与翅片管内凝结水的流动方向相反,因而称为逆流凝汽器。

　　图 8-19 所示为一个空冷单元,包括一台冷却风机和一组翅片管束。

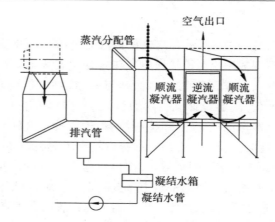

图 8-17　直接空冷凝汽器系统示意图

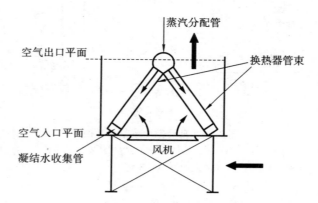

图 8-18　顺流凝汽器结构

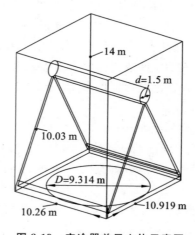

图 8-19　空冷器单元立体示意图

　　以内蒙古大唐托克托发电公司 5 号机组为例,其汽轮机是东方汽轮机厂生产的 600 MW 亚临界、一次中间再热、四缸四排汽式、直接空冷凝汽式汽轮机。汽轮机由直接空冷系统冷却,采用德国 GEA 公司的单排管技术。

　　汽轮机排汽经排汽口下方设置的一个排汽装置,再经排汽主管道穿过汽轮机房。排汽主管道上升到水平管后,从水平管上接出 8 根上升支管,水平与空冷凝汽器上联箱连接。

　　空冷凝汽器搁置在散热器平台上,56 组空冷凝汽器分为 8 个冷却单元垂直布置,每个单元有 7 组空冷凝汽器,其中 5 组为顺流,2 组为逆流,逆流凝汽器放在第 2 列和第 6 列。每组空冷凝汽器由 14 个散热器管束组成,以接近 60°角组成等腰三角形(A 形)结构,两侧分别为 7 个散热器管束。散热器管束采用大直径椭圆翅片管,顺流散热器管束是冷凝蒸汽的主要部位,可冷凝 75% ～ 80% 的蒸汽。逆流散热器管束主要是为了将系统内空气和不凝结气体排出,防止运行中在空冷凝汽器内的某些部位形成死区,避免冬季出现冻结的情况。

　　56 台轴流式变频调速冷却风机设置在每组空冷凝汽器下部,使空气流过散热器外表面将排汽凝结成水,流到凝结水箱。每台轴流风机配变频调节装置一套,布置在空冷凝汽器旁边。

　　直接空冷系统主要优点如下:

　　(1) 冷却效率高。直接用空气冷却汽轮机排汽,不像间接空冷机组那样需要循环冷却水作为二次冷媒,减少换热的中间环节,提高了换热效率。

　　(2) 占地面积小。空冷凝汽器通过支柱高位布置在汽轮机房外的架空平台上(小机组可在汽轮机房屋顶上布置),平台下的地面可以布置变频器等设施。而双曲线冷却塔的建造需要占用大片土地。

　　(3) 由于系统简单、设备较少,较之间接空冷系统,初投资少。

　　(4) 系统调节灵活,冬季运行防冻性能好。现在的直接空冷系统设计方案中,采用变频器改变风机电流,使风机转速和风量的控制更加方便;冬季时可使逆流单元的风机倒转,抽吸附近正转单元排出的热风,从而避免逆流单元发生冻结。

　　主要缺点如下:

　　(1) 自然界的环境风对其影响较大。直接空冷系统中,凝汽器管束的废热排出口与新风进口高度差较小,又置于高空,容易受到环境风的影响而使新风风温升高,降低了经济性,这一现象称为热风再循环或热风回流。另一方面,冷却风机的进风口直接暴露于环境中,容易受到高速环境风的影响,使得进口静压骤降,从而流量下降、风机空转,直接导致凝汽器冷却能力不足,机组背压升高,降低了经济性和安全性。

　　(2) 系统中风机数量多,噪声大。需要优化风机叶型,开发低噪风机,满足环保要求。

8.3.3 空冷方式与水冷方式的比较

1. 换热经济性

空气的换热能力比水低得多,空冷系统需要更大的换热面积。但是在年温差较大的地区(如北方),冬季时空气温度比水温低得多,可以有更大的传热温差。例如内蒙古等地区从11月至次年2月,机组的空冷风机几乎可以停转。在这种情况下,空冷风机全年电耗大为下降,即位于高纬度地区的空冷电厂具有较好的运行经济性。

2. 节水性

《火力发电厂节水导则》(2018年版)建议:

(1)在靠近煤源且其他建厂条件良好而水资源匮乏的地区,经综合技术经济比较认为合理时,宜采用空冷式汽轮机组。空冷汽轮机组的辅机冷却水宜采用带冷却塔的单独循环冷却水系统。

(2)滨海火力发电厂的主机凝汽器冷却水应使用海水,辅机宜采用海水开式与淡水闭式相结合的冷却系统。

实际上,采用海水直流冷却方式的节水性能与空冷方式同样优异,这一点可以从导则中规定的水耗率看出。单机容量300 MW及以上新建或扩建凝汽式电厂全厂发电水耗率指标:采用淡水循环供水系统时,2.16~2.88 m³/(MW·h);采用海水直流供水系统时,0.216~0.432 m³/(MW·h);采用空冷机组时,0.468~0.72 m³/(MW·h)。

图8-20为带冷却塔循环供水的燃煤火力发电厂全厂水量平衡图。图8-21为采用空冷机组的燃煤火力发电厂全厂水量平衡图。图8-22为海水直流供水的燃煤火力发电厂全厂水量平衡图。

以100 MW机组火力发电厂水量平衡为例,对表凝式间接空冷,采用淡水循环冷却塔方式,耗水2485 m³/h;采用表面式凝汽器的间接空冷,耗水497 m³/h;采用海水直流冷却系统,耗水362 m³/h。其中,采用淡水循环冷却塔方式时蒸发损失和风吹损失共1900 t/h,间接空冷时用于空冷系统补水和散热器冲洗的水量为210 t/h,海水直流冷却方式的这一项几乎为零;而电厂中其他共有损失(如工业废水处理、厂内汽水循环、锅炉排污等)同样只有300 t/h左右。由此可见,空冷方式(例子中所举为表凝式间接空冷,直接空冷的耗水率更低)和海水直流冷却方式都是建设节水型电厂的有效措施。

8.3.4 三种空冷系统的比较分析

1. 两种间接空冷方式的比较

(1)系统结构:混凝式间接空冷系统汽水与循环水混合冷却,需要大容量的水

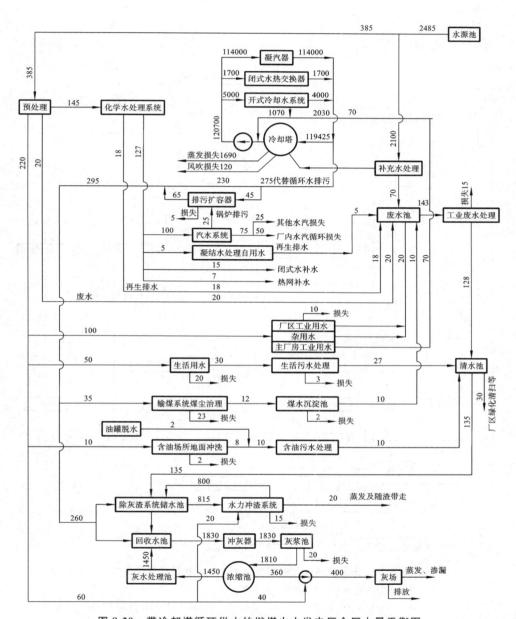

图 8-20 带冷却塔循环供水的燃煤火力发电厂全厂水量平衡图

注:(1)图中标注数字为 1 GW 发电装机容量下各点的水流量,单位为 m³/h。

(2)水耗率指标为 0.69 m³/(s·GW)。

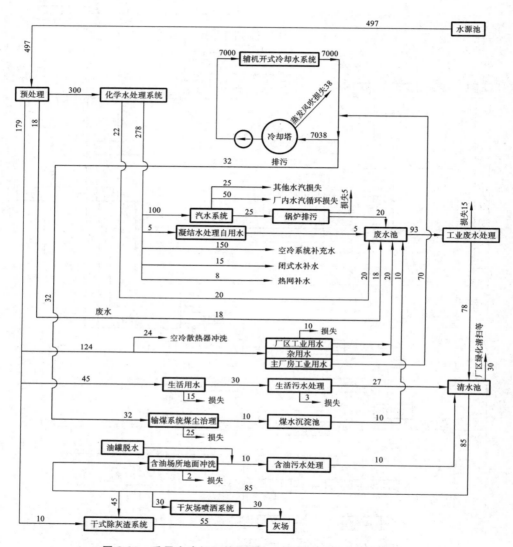

图 8-21　采用空冷机组的燃煤火力发电厂全厂水量平衡图

注：(1)本图按表面式凝汽器间接空冷系统考虑。

　　(2)图中标注数字为 1 GW 发电装机容量下各点的水流量，单位为 m³/h。

　　(3)水耗率指标为 0.138 m³/(s·GW)。

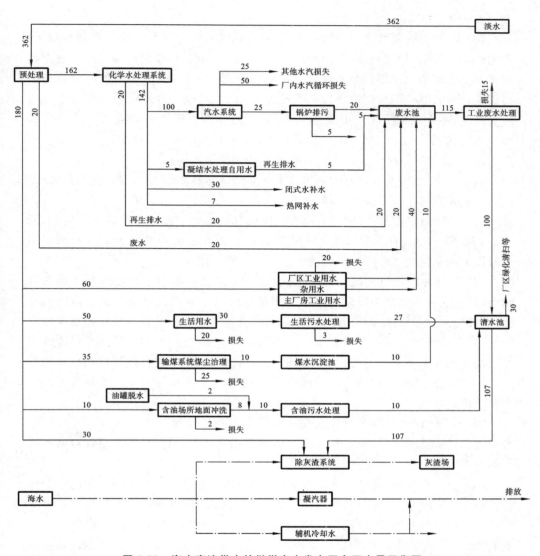

图 8-22 海水直流供水的燃煤火力发电厂全厂水量平衡图

注:(1)图中标注数字为 1 GW 发电装机容量下各点的水流量,单位为 m³/h。

(2)水耗率指标为 0.10 m³/(s·GW)。

处理设备;系统运行分为正压和微正压两部分,因此,需要水轮机或大型调节阀设备进行调压,设备多、系统复杂。而表凝式间接空冷系统中凝结水与循环水分为两个系统,两种水质可按各自的要求分别处理,系统相对简单、设备少。

(2)换热效率:混凝式间接空冷系统汽水与循环水为混合换热,机组运行的端差较低(理论端差为 0 ℃)。表凝式间接空冷系统汽水与循环水变成表面换热,端差一般在 3 ℃左右。

（3）防冻和防大风能力：混凝式间接空冷系统的空冷器采用铝管铝翅片，铝管管径小，易冻损。但经过设计和操控的不断改进，目前可以做到运行良好。混凝式间接空冷系统的散热器垂直布置在空冷塔底外圈，大风对空冷塔两侧的散热器影响较大。而表凝式间接空冷系统的空冷器采用钢管钢翅片，循环水与凝结水分为两个系统，冬季可在循环水中加防冻液，运行的可靠性要高于混凝式间接空冷系统。表凝式间接空冷散热器水平布置在塔内，因此受大风影响较小。

2. 直接空冷系统与表凝式间接空冷系统比较

（1）传热性能：直接空冷的传热温差比间接空冷高 30%左右，间接空冷系统的散热面积比直接空冷系统大 30%以上。

（2）占地面积：表凝式间接空冷系统的散热面积大于直接空冷系统。例如，对于 2×600 MW 机组（不包括循环水管道），直接空冷系统冷却设施的占地面积不到间接空冷系统的 1/3，直接空冷机组厂区布置更为紧凑。

（3）防冻和防大风性能：表凝式间接空冷机组，大风对其空冷凝汽器散热影响较小，因为表凝式间接空冷散热器水平布置在塔内。根据直接空冷机组运行的经验，系统对大风较敏感，存在热风回流现象。直接空冷工程的设计要根据夏季热风资料，对汽轮机房与空冷凝汽器平台的朝向进行详细的分析与研究，从而保证最大限度减小热风的影响。另外，为防止热回流，可采用在空冷平台四周设挡风板的办法，挡风板高度为由平台至蒸汽分配管顶部，采取这种措施后可在一定程度上改善系统的抗大风性能。

（4）噪声问题：表凝式间接空冷系统采用空冷塔冷却，基本无噪声，满足环保要求。直接空冷系统采用大型轴流风机，噪声相对较大，虽然可以采用低转速风机和低噪声的风机叶片，但低噪声风机价格较高。

（5）运行和检修：直接空冷系统相对简单，运行操作也比较简单，但直接空冷系统抽真空系统庞大，还有数量众多的大型轴流风机，检修维护工作量较大。表凝式间接空冷系统相对复杂，运行操作难度相对大。系统内大型转动机械只有循环水泵，而水泵为常规泵，机械检修量较少，但系统冷却面积大，还有百叶窗及其控制机构，因此表凝式间接空冷系统的总体检修工作量也不小。

（6）投资比较：表凝式间接空冷系统的初投资比直接空冷高 10%以上。表凝式间接空冷系统为二次换热，需要更大的换热面积，比直接空冷系统增加了一次表面换热器、大型循环水泵、水泵房、长距离的循环水管道和大型空冷塔。

（7）综合经济比较：表凝式间接空冷系统的运行背压低于直接空冷系统，运行电耗也低于直接空冷系统，即运行经济性好。而间接方式的初投资较高。一般来说，在电厂经济运行年限（25 年）内，两方案年总费用基本相同。直接空冷和水冷机组的经济性比较见表 8-4。

表 8-4 直接空冷和水冷机组的经济性比较

	2×600 MW 直接空冷机组的空冷凝汽器	2×600 MW 湿冷机组冷却水系统
初投资	5 亿元人民币	2 亿元人民币
水蒸发损失	0	1860 t/h
年运行时间	6000 h	6000 h
年节水	较湿冷节水 $1.116×10^7$ t	
使用年限	30 年,节水 $3.348×10^8$ t	30 年,耗水 13.392 亿元 (水价格 4 元/t)
发电煤耗	30 年 5.616 亿元	
总费用	10.616 亿元	15.392 亿元

8.3.5 空冷方式的选取

直接空冷的背压高于间接空冷,且直接空冷采用风机强制通风冷却,变工况运动灵活,防冻性能较优,因此适宜年温差大的地区和供热机组。直接空冷占地面积小,初投资低,但主厂房与空冷道的布置受风向的影响,使厂区总布置受到一定限制。考虑到今后煤价上涨是总趋势,煤价将成为成本电价的敏感性因素,因而从年总费用考虑,间接空冷会更优,另外间接空冷不存在噪声问题。

综上所述,间接空冷系统与直接空冷系统技术都已成熟,也有运行经验,具体采用哪种形式设计应根据建厂的具体条件,通过技术经济比较提出建议。

在选取空冷方式时,有以下问题需要考虑。

1. 管束的选择

管束是空冷器的主要元件,世界电厂空冷系统普遍采用的冷却元件有:①圆形铝管镶铝翅片;②热浸锌椭圆钢管套矩形翅片;③大直径热浸锌椭圆钢管套矩形翅片;④大直径扁管钎焊蛇形铝翅片(见图 8-23)。

在管排上,20 世纪 50 年代空冷电厂多采用多排管。80 年代改为双排管,90年代后采用单排管。世界上空冷电厂采用最多的空冷管束为德国 GEA 公司生产的大直径热浸锌椭圆钢管套矩形翅片,其具体尺寸为:椭圆钢管长度、外径为100 mm×20 mm,壁厚 1.5 mm;矩形钢翅片长宽为 119 mm×49 mm,片厚 0.6 mm,片距 4 mm(冷空气侧)、2.5 mm(热空气侧);每片散热器外形尺寸,长 8.95 m,宽 2.95 m,厚 0.52 m,每片散热器内有 2 排管错列布置,纵向节距 125 mm,横向节距 50 mm,每片散热器共有 115 根管。考虑迎风面积的折减系数为 0.91。

翅片制造技术是电厂空冷系统的关键制造技术之一，通过自动输送装置将金属带材送至高精度组合成型机成型，再通过光电跟踪计量装置计量，最后通过自动断料切割，从而制造出符合设计精度要求的翅片。翅片随后进行表面处理，以满足相应工况下 30 年的使用要求。翅片和换热管连接方式主要包括钎

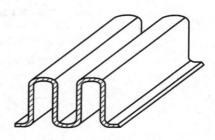

图 8-23   扁管钎焊蛇形翅片

焊工艺技术、胀接工艺技术等。钎焊工艺技术通过合理的助焊剂配方、严格的炉温和炉内气氛控制、精确的焊接时间将翅片和钢铝复合管进行焊接。优良的钎焊工艺可以降低接触热阻，增强换热效果，提升空冷系统的整体性能。胀接工艺技术通过专业设备、特定工艺将翅片和换热管紧密贴合。优良的胀接技术可以提升系统整体的换热效果。管束总成技术是将翅片管与管板、管箱连接的工艺技术，对管束强度和密封性的要求较高。

电厂空冷系统是大型系统工程，涉及的设备种类较多。核心设备空冷管束，一般由空冷厂商生产制造；电机、风机、减速机、变频器、清洗系统等配套设备，一般由空冷厂商对外采购。

2. 变工况的问题

直接空冷的空冷器受气候的影响很大，因此必须考虑变工况的问题。图 8-24、图 8-25 和图 8-26 分别为 600 MW 机组的环境温度变工况、排气热负荷变工况和迎面风速变工况图。

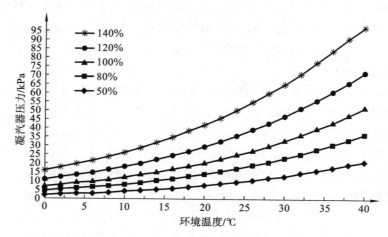

图 8-24   600 MW 机组环境温度变工况

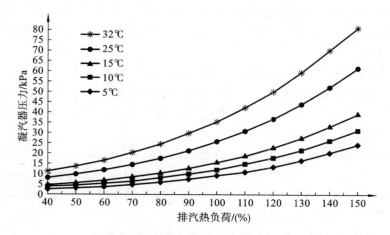

图 8-25　600 MW 机组排气热负荷变工况

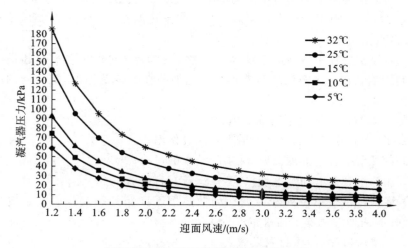

图 8-26　600 MW 机组迎面风速变工况

3. 直接空冷的防冻措施

当环境温度低于 2 ℃时,空冷系统进入冬季运行,凝结水的过冷保护成为空冷凝汽器运行的重要内容。凝结水过冷很容易因结冰导致空冷散热器的堵塞,如果频繁发生,散热器就可能变形甚至被损坏。因此,直接空冷机组在低于冰点的温度下运行期间,要严格采取措施避免出现凝结水过冷现象。在正常运行期间,当环境温度低于某一结霜点时,在逆流凝结管的上部会结霜。如果这种状况持续一段时间,比如在 24 h 内环境温度始终低于冰点,就可能逐渐地堵塞逆流散热器基管的下端,并且妨碍不可凝气体的排出。启停机过程中以及低负荷运行状态下,空冷防冻措施显得尤为重要。

　　空冷散热器管束冻结的原因有：①气象条件；②空冷凝汽器的进汽量、进汽参数、进汽时间；③空冷风机的运行方式的控制；④排汽参数的控制；⑤旁路系统及疏水系统的配合。

　　设备制造商提供的主要的防冻措施包括：

　　（1）如果在环境温度低于 2 ℃时，某凝结水的温度低于 20 ℃，排气压力相应提高 3 kPa。如果半小时后局部过冷现象仍然存在，第二台水环真空泵应投入使用。

　　（2）当环境温度低于 2 ℃时，逆流区风机反转程序启动，间隔 30 min（此数据可以调整）关闭 2 个逆流风机，并以反方向 15 Hz（30％）的速度运行 5 min（此数据可以调整），其他风机保持在开启状态。5 min 加热周期结束后，此逆流风机停运，过一段时间，将逆流风机调整为与其他风机方向、速度均相同。半小时后，第二排 2 个逆流风机按照上述同样进行操作，其他排的逆流风机逐一进行。

　　（3）如果排气温度和所有未隔离的抽空气的平均温度之差大于 15 ℃，且持续时间大于 10 min，则第 2 台真空泵启动。如果上述温差小于 6 ℃且持续 5 min 以上，第 2 台真空泵关闭。

　　（4）启停机过程中空冷进气蝶阀开启数量的多少，对最小热负荷和最小排量有很大的影响。在 4 个蒸汽隔离蝶阀阀体上加装伴热带及保温，防止阀内结冰无法开关。

　　实际实施时还采取以下防冻措施：

　　（1）在 16 个逆流区抽空气管道支管加装保温；

　　（2）在凝结水管道上加保温，减少凝结水的过冷；

　　（3）在补水管道上加装电加热，冬季运行一直投运；

　　（4）将每台机组第一列和最后一列散热器下联箱处加装保温及铝皮进行防冻，在最外侧两列散热器上铺帆布进行防风；

　　（5）冬季风机停运时，封闭风筒入口。

　　冬季空冷的注意事项包括：

　　（1）在 12 个逆流区抽空气管道加装伴热带及保温，系统运行中必须投入；

　　（2）在 4 个抽空气阀体加装伴热带，系统运行中必须投入以防阀结冰无法开关；

　　（3）机组在低负荷下长期运行，通过运行采取调整措施仍有部分散热器过冷时，应将产生过冷的散热器用帆布盖好保温，并将其对应风机的风筒用帆布封堵，减少散热器的通风量，从而避免散热器的进一步过冷；

　　（4）机组在冬季启动前（环境温度低于 2 ℃），应检查空冷凝结器各列进汽隔离阀是否关闭，如果阀门关闭不严密，应及时查明原因并进行处理；

　　（5）在空冷系统投运前 2 h 确认空冷凝汽器进汽隔离阀电加热投入运行，确

保阀门开关灵活。空冷系统停运前 1 h 确认空冷凝汽器进汽隔离阀电加热投入运行,待停机后 4 h 停运电加热;

(6)在空冷系统投入运行后,逆流抽空气管道伴热带必须投入运行,机组停运 2 h 后停运抽空气管道伴热带;

(7)机组正常运行中,检查空冷凝汽器各列凝结水温度,应控制在 45 ℃ 以上运行。检查空冷凝汽器各列逆流区抽空气温度,应控制在 35 ℃ 以上运行;

(8)空冷凝汽器投运后,确认各列散热器之间的隔离门已关闭,防止窜风;

(9)冬季运行期间应定期就地实测各列散热器上、下、中部的温度,且各列散热器上、中、下部温差不得超过 5 ℃,顺流散热器下部温度不得低于 50 ℃,尤其应注意各列凝结水温度测点对应侧的联箱温度不得低于 50 ℃(防止空冷散热器在运行中造成局部过冷);

(10)冬季启停机过程中,应设专人对空冷凝汽器各列散热器迎风面下联箱(凝结水温度)及散热器管束进行就地温度实测;

(11)在机组停机过程中,随着负荷的降低,结合凝结水温度的下降,逐渐进行降转速、停风机的操作,保证凝结水温度在 45 ℃ 以上。随着机组负荷的降低,当风机全部停运后,应逐渐停止单列散热器运行;

(12)如遇可预见的特殊天气,应提前做好防护措施(如加负荷、增加背压等),特殊天气应增加就地检查的次数;

(13)做好各种记录,为防冻工作提供充足的一手资料。

对于直接空冷机组,目前还无法避免极个别散热器冻结的现象,遇到个别特殊气象条件仍然会严重威胁空冷岛的安全运行。在个别特殊情况下,应在保证机组安全的前提下,牺牲一部分经济效益,确保空冷岛的安全稳定运行。

8.3.6 空冷电厂高效复合凝汽系统

1. 直接空冷电厂面临的新问题

全球气候变暖,夏天气温经常超过空冷电厂设计温度值。而且夏季也正是用电的高峰时段,而直接空冷凝汽温度高,汽轮机背压高,发电出力小。个别极端高温天气,由于汽轮机背压高,会引起汽轮机跳闸,严重危害电厂安全运行。这也是直接空冷电厂面临的新问题。表 8-5 给出了汽轮机背压与环境温度的关系。

表 8-5 汽轮机背压与环境温度的关系

环境温度/℃	−5	0	5	10	15	20	25	30	35	40
凝汽温度/℃	34.6	40.0	45.4	50.8	56.2	61.6	66.9	72.3	77.7	83.1
凝汽压力/kPa	5.5	7.4	9.8	12.9	16.7	21.4	27.3	34.5	43.2	53.7

解决的途径之一是扩大空冷面积。但这样会造成投资增大,而且多数时间用

不上,冬季更易引起管束结冰。如采用增加水冷器和冷却塔方案(见图8-27),虽然传热好,但投资大,耗水量也大。为此提出了一种新的空冷电厂高效复合凝汽系统,即在原有空气冷凝器的基础上增加一个小的水膜蒸发凝汽器(water film evaporation,WFE),由此构成复合凝汽系统,以应对原有空冷电厂夏季面临的问题。此系统传热好,投资不大,耗水量也不大。

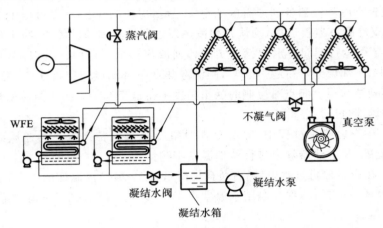

图8-27 空冷电厂高效复合凝汽系统

图8-28所示为空冷电厂高效复合凝汽系统。在夏季不用WFE时,三个阀可将WFE隔离开。当然采用增加水冷器和冷却塔方案,不用水冷系统时,三个阀也可将水冷器和冷却塔隔离开。

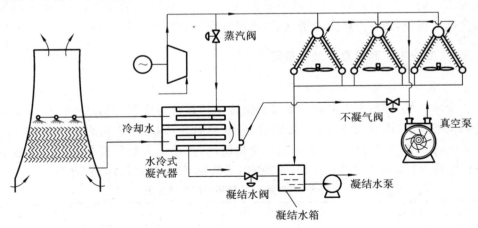

图8-28 采用增加水冷器和冷却塔方案

2. 水膜蒸发凝汽器的结构和特点

水膜蒸发凝汽器(WFE)的结构如图8-29所示。其最大特点是管束采用光管,上下管子之间增设了一块增膜板(见图 8-30)。若无增膜板,冷却水呈水柱、水滴状落下,有了增膜板后,冷却水顺着增膜板呈水膜状落下。而板两侧水膜面积远大于水柱和水滴表面积,由于水膜与空气对流传热和蒸发传热,换热效果显著增强,一般换热量可增加 20%～28%。增膜板安装的位置和方向,使其既不挡风,又不挡水,只起强化蒸发传热的作用。

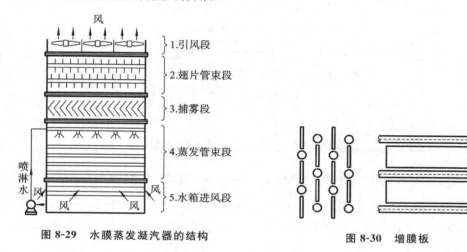

图 8-29　水膜蒸发凝汽器的结构

图 8-30　增膜板

　　水膜蒸发凝汽器的另一特点是采用仰角进风(见图 8-31)。它与通常采用的俯角进风相比,有如下优点:①挡下落水,不像俯角进风那样不挡反弹溅出水;②不像俯角进风那样,进风拐弯急,风阻大;③防止灰尘杂物飘入;④防止阳光射入水箱加热,生藻。

　　水膜蒸发凝汽器还采用带钩新型收水器(捕雾器、气水分离器),大大地提高了气水分离的效率;采用的新型真空管箱,简化了抽气排水结构,减轻了设备质量。图 8-32 所示为带钩新型收水器。

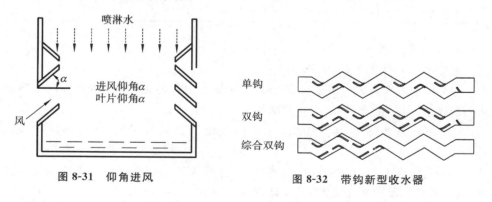

图 8-31　仰角进风

图 8-32　带钩新型收水器

3. 水膜蒸发凝汽器的优点

图 8-33 所示为水膜蒸发凝汽器与冷却塔加水冷器传热效果的比较。水膜蒸发凝汽器因为减少了传热环节,可以使热介质冷却到更低的温度,甚至低于环境温度。图 8-33 中,喷淋水温(28.2 ℃)＜热介质出口温度(30.2 ℃)＜环境温度(33.8 ℃)。其传热效果优于冷却塔加水冷器。

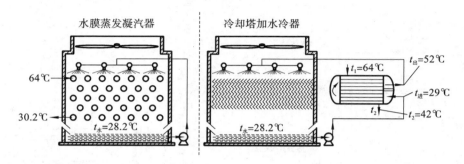

图 8-33　水膜蒸发凝汽器与冷却塔加水冷器传热效果的比较

根据兰州石化的统计数据,在同样换热量下,干空冷加后水冷和干空冷加蒸发空冷的能耗、水耗等指标的比较见表 8-6。通过比较可以看出,干空冷加蒸发空冷有明显的优点。

表 8-6　两种工艺方式的比较

指　　标	干空冷加后水冷	干空冷加蒸发空冷
能耗	100％	35％
水耗	100％	4％
运行费用	100％	30％
占地面积	100％	47％
一次性投资	100％	89％

4. 复合凝汽系统的作用

复合凝汽系统的作用如下:

(1) 保证安全满发。分流一部分到水膜蒸发凝汽器后,空冷岛单位汽量的散热面积增加,散热能力增强,背压可降下来。

(2) 缩短或消除不满发时段。水膜蒸发凝汽器数量足够,则可消除不满发时段。

(3) 气温高于 16 ℃时,保持设计背压,降低煤耗。分流乏汽到水膜蒸发凝汽器,减少空冷岛凝汽负荷,以保持设计背压,降低煤耗。

(4) 降低煤耗的同时,减少空冷岛风机电耗。水膜蒸发凝汽器若用中水,且保证供应,则非高温时段水膜蒸发凝汽器满负荷,减少空冷岛凝汽量,减少风量,节省用电。

5. 水膜蒸发凝汽器单元模块的基本结构和尺寸

水膜蒸发凝汽器单元模块的基本结构和尺寸如图 8-34 所示。风机段高约 400 mm,引风筒高约 600 mm,捕雾段高约 250 mm,喷淋段高约 600 mm,蒸发管束段高约 1800 mm,进风整流段高约 300 mm,百叶窗高约 800 mm,水箱内高约 600 mm。总高约 5.4 m。管束长 9 m,宽 3 m,占地面积 55 m²。每一单元模块包括 1 台喷淋泵、3 台风机,与电机直联。

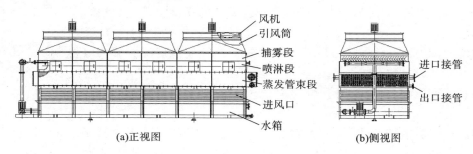

(a)正视图　　　　　　　　　　(b)侧视图

图 8-34　水膜蒸发凝汽器单元模块的基本结构和尺寸

6. 水膜蒸发凝汽器尖峰凝汽系统配置

水膜蒸发凝汽器尖峰凝汽系统配置见表 8-7。

表 8-7　水膜蒸发凝汽器尖峰凝汽系统配置

气温/℃	5	10	15	16	20	25	30
背压/kPa	8.4	10	10	16	16	16	16
10 台水膜蒸发凝汽器减少风量比例/(%)	6.7	6.7	5	10	9.6	8	6
4 台水膜蒸发凝汽器减少风量比例/(%)	3	3	2	4	4	3	2.3

参 考 文 献

[1]　胡振岭,荆云涛,刘万里.空冷技术研究[M].北京:北京理工大学出版社,2011.

[2]　温高.发电厂空冷技术[M].北京:中国电力出版社,2008.

[3]　章湘武,姚志东.空冷器技术问答[M].北京:中国石化出版社,2007.

[4]　水利部.2013 年中国水资源公报.http://www.mwr.gov.cn/sj/tjgb/

szygb/201612/t20161222-776053.html

[5]　吕洋.火电厂空冷系统优化及综合技术经济比较[J].科技创业家,2013(22):91-92.

[6]　刘轶斌.火电厂空冷系统优化及综合技术经济比较[D].北京:华北电力大学,2012.

[7]　郑衍娟.火电厂直接空冷系统设计与优化[D].济南:山东大学,2012.

[8]　张晓鲁,汪建平,孙锐,等.火电机组直接空冷系统优化设计方法研究[J].中国电机工程学报,2011,31(11):1-5.

[9]　雍鑫,陈增显.米东热电厂直接空冷系统的优化控制[J].陕西电力,2011(6):44-45.

[10]　陈俊丽,邵一鸣.火电厂空冷系统的热控设计研究[J].华电技术,2012,34(04):133-134.

[11]　金衍胜.火电厂直接空冷系统传热性能实验研究[D].北京:华北电力大学,2009.

[12]　张文宝,于淑梅.空冷机组热力系统的优化研究[J].热力透平,2006,35(4):167-168.

[13]　王雨新.火电厂空冷系统控制设备选型应注意问题探讨[J].石河子科技,2013(1):44-46.

[14]　我国电站空冷行业的生产制造技术.产业信息网.http://www.chyxx.com/industry/201310/221906.html

[15]　电站空冷系统是我国电力建设的新兴需求.中为咨询网.http://www.zwzyzx.com/show-278-171350-1.html

[16]　刘宏丽.浅析电站空冷系统[J].山西建筑,2007(36):179-180.

[17]　朱旭东.对电站空冷系统的探讨[J].应用能源技术,2013(3):28-30.

[18]　谢林.直接空冷技术的发展和应用[J].电力学报,2006,21(2):186-189.

[19]　赵之东,杨丰利.直接空冷凝汽器的发展和现状[J].华北电力技术,2004,5:44-46.

[20]　汪德良,曹顺安.我国发电厂凝汽器管材的生产、应用现状及市场前景分析[J].中国电力,2002,35(2):27-30.

[21]　马义伟.发电厂空冷技术的现状与进展[J].电力设备,2006,7(3):5-7.

[22]　刘博.电站汽轮机空冷凝汽器研究[D].武汉:华中科技大学,2007.